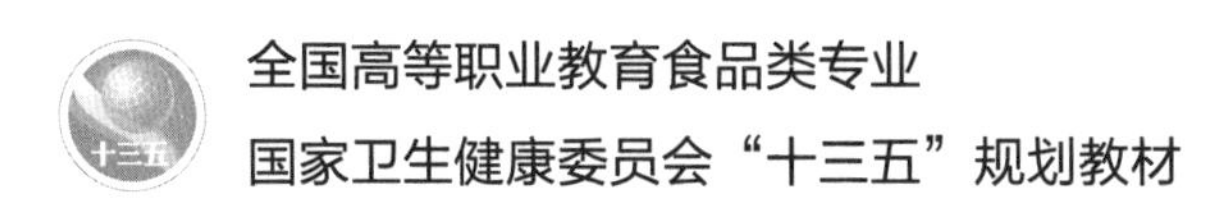

全国高等职业教育食品类专业

国家卫生健康委员会“十三五”规划教材

供食品类专业用

食品安全

主　编　李鹏高　陈林军

副主编　李新莉　张海芳　张英慧　饶春平

编　者（以姓氏笔画为序）

王英丽（内蒙古农业大学）

李鹏高（首都医科大学）

李新莉（苏州大学医学部公共卫生学院）

杨艳旭（天津医学高等专科学校）

肖　蕾（新疆医科大学）

吴　昊（大庆医学高等专科学校）

张英慧（佛山科学技术学院）

张海芳（内蒙古化工职业学院）

陈林军（上海健康医学院）

饶春平（苏州卫生职业技术学院）

席元第（首都医科大学）

彭晓莉（成都医学院）

人民卫生出版社

图书在版编目（CIP）数据

食品安全 / 李鹏高，陈林军主编．—北京：人民卫生出版社，2020

ISBN 978-7-117-29357-0

Ⅰ.①食…　Ⅱ.①李…　②陈…　Ⅲ.①食品安全-医学院校-教材　Ⅳ.①TS201.6

中国版本图书馆 CIP 数据核字（2019）第 281690 号

食 品 安 全

主　　编：李鹏高　陈林军
出版发行：人民卫生出版社（中继线 010-59780011）
地　　址：北京市朝阳区潘家园南里 19 号
邮　　编：100021
E - mail：pmph @ pmph.com
购书热线：010-59787592　010-59787584　010-65264830
印　　刷：北京印刷集团有限责任公司
经　　销：新华书店
开　　本：850 × 1168　1/16　**印张**：21
字　　数：494 千字
版　　次：2020 年 9 月第 1 版　2024 年 2 月第 1 版第 2 次印刷
标准书号：ISBN 978-7-117-29357-0
定　　价：69.00 元
打击盗版举报电话：010-59787491　E-mail：WQ @ pmph.com
质量问题联系电话：010-59787234　E-mail：zhiliang @ pmph.com

全国高等职业教育食品类专业国家卫生健康委员会“十三五”规划教材出版说明

《国务院关于加快发展现代职业教育的决定》《高等职业教育创新发展行动计划（2015-2018年）》《教育部关于深化职业教育教学改革全面提高人才培养质量的若干意见》等一系列重要指导性文件相继出台，明确了职业教育的战略地位、发展方向。食品行业是“为耕者谋利、为食者造福”的传统民生产业，在实施制造强国战略和推进健康中国建设中具有重要地位。近几年，食品消费和安全保障需求呈刚性增长态势，消费结构升级，消费者对食品的营养与健康要求增高。为实施好食品安全战略，加强食品安全治理，国家印发了《“十三五”国家食品安全规划》《食品安全标准与监测评估“十三五”规划》《关于促进食品工业健康发展的指导意见》等一系列政策法规，食品行业发展模式将从量的扩张向质的提升转变。

为全面贯彻国家教育方针，跟上行业发展的步伐，将现代职教发展理念融入教材建设全过程，人民卫生出版社组建了全国食品药品职业教育教材建设指导委员会。在指导委员会的直接指导下，经过广泛调研论证，人民卫生出版社启动了首版全国高等职业教育食品类专业国家卫生健康委员会“十三五”规划教材的编写出版工作。本套规划教材是“十三五”时期人民卫生出版社重点教材建设项目，教材编写将秉承“五个对接”的职教理念，结合国内食品类专业领域教育教学发展趋势，紧跟行业发展的方向与需求，重点突出如下特点：

1. 适应发展需求，体现高职特色　本套教材定位于高等职业教育食品类专业，教材的顶层设计既考虑行业创新驱动发展对技术技能型人才的需要，又充分考虑职业人才的全面发展和技术技能型人才的成长规律；既集合了我国职业教育快速发展的实践经验，又充分体现了现代高等职业教育的发展理念，突出高等职业教育特色。

2. 完善课程标准，兼顾接续培养　本套教材根据各专业对应从业岗位的任职标准优化课程标准，避免重要知识点的遗漏和不必要的交叉重复，以保证教学内容的设计与职业标准精准对接、学校的人才培养与企业的岗位需求精准对接。同时，本套教材顺应接续培养的需要，适当考虑建立各课程的衔接体系，以保证高等职业教育对口招收中职学生的需要和高职学生对口升学至应用型本科专业学习的衔接。

3. 推进产学结合，实现一体化教学　本套教材的内容编排以技能培养为目标，以技术应用为主线，使学生在逐步了解岗位工作实践、掌握工作技能的过程中获取相应的知识。为此，在编写队伍组建上，特别邀请了一大批具有丰富实践经验的行业专家参加编写工作，与从全国高职院校中遴选出的优秀师资共同合作，确保教材内容贴近一线工作岗位实际，促使一体化教学成为现实。

4. 注重素养教育，打造工匠精神　在全国“劳动光荣、技能宝贵”的氛围逐渐形成，“工匠精神”在各行各业广为倡导的形势下，食品行业的从业人员更要有崇高的道德和职业素养。教材更加强调要充分体现对学生职业素养的培养，在适当的环节，特别是案例中要体现出食品从业人员的行为准则和道德规范，以及精益求精的工作态度。

5. 培养创新意识，提高创业能力　为有效地开展大学生创新创业教育，促进学生全面发展和全面成才，本套教材特别注意将创新创业教育融入专业课程中，帮助学生培养创新思维，提高创新能力、实践能力和解决复杂问题的能力，引导学生独立思考、客观判断，以积极的、锲而不舍的精神寻求解决问题的方案。

6. 对接岗位实际，确保课证融通　按照课程标准与职业标准融通、课程评价方式与职业技能鉴定方式融通、学历教育管理与职业资格管理融通的现代职业教育发展趋势，本套教材中的专业课程，充分考虑学生考取相关职业资格证书的需要，其内容和实训项目的选取尽量涵盖相关的考试内容，使其成为一本既是学历教育的教科书、又是职业岗位证书的培训教材，实现“双证书”培养。

7. 营造真实场景，活化教学模式　本套教材在继承保持人卫版职业教育教材栏目式编写模式的基础上，进行了进一步系统优化。例如，增加了“导学情景”，借助真实工作情景开启知识内容的学习；“复习导图”以思维导图的模式，为学生梳理本章的知识脉络，帮助学生构建知识框架。进而提高教材的可读性，体现教材的职业教育属性，做到学以致用。

8. 全面“纸数”融合，促进多媒体共享　为了适应新的教学模式的需要，本套教材同步建设以纸质教材内容为核心的多样化的数字教学资源，从广度、深度上拓展纸质教材内容。通过在纸质教材中增加二维码的方式“无缝隙”地链接视频、动画、图片、PPT、音频、文档等富媒体资源，丰富纸质教材的表现形式，补充拓展性的知识内容，为多元化的人才培养提供更多的信息知识支撑。

本套教材的编写过程中，全体编者以高度负责、严谨认真的态度为教材的编写工作付出了诸多心血，各参编院校为编写工作的顺利开展给予了大力支持，从而使本套教材得以高质量如期出版，在此对有关单位和各位专家表示诚挚的感谢！教材出版后，各位教师、学生在使用过程中，如发现问题请反馈给我们（renweiyaoxue@163.com），以便及时更正和修订完善。

人民卫生出版社

2018年3月

全国高等职业教育食品类专业国家卫生健康委员会
“十三五”规划教材
教材目录

序号	教材名称	主编
1	食品应用化学	孙艳华　张学红
2	食品仪器分析技术	梁　多　段春燕
3	食品微生物检验技术	段巧玲　李淑荣
4	食品添加剂应用技术	张　甦
5	食品感官检验技术	王海波
6	食品加工技术	黄国平
7	食品检验技术	胡雪琴
8	食品毒理学	麻微微
9	食品质量管理	谷　燕
10	食品安全	李鹏高　陈林军
11	食品营养与健康	何　雄
12	保健品生产与管理	吕　平

全国食品药品职业教育教材建设指导委员会
成员名单

前　言

食品安全是食品、预防医学及医学营养等相关专业的专业课，本教材内容充分体现高职高专教材的特点和培养目标，以高等职业技术教育发展规划为基础，以满足行业创新发展对技术技能型人才的需要为前提，以职业技术人才就业为导向，适应高职院校学生全面发展，强化以食品生产岗位群所需的基本知识、基本理论和基本技能为主线的课程结构体系。本教材注重培养学生对食品专业各相关岗位的适用性，本着理论知识以"必需、够用"为度，技能以培养学生创新思维，提高创新能力、实践能力和解决问题能力为依据，将理论和技能一体化，使学生在学习理论知识的同时掌握所需的专业技能。

本教材分为食品安全基础知识、食品安全保障技术和食品安全监督管理三篇，其中食品安全基础知识篇包括：食品安全绪论、食品污染及其预防、食源性疾病及其预防、食品添加剂；食品安全保障技术篇包括：食品生产企业建筑与设施卫生、食品企业的卫生管理、餐饮业安全与卫生管理、食品流通中的安全与卫生管理；食品安全监督管理篇包括：各类食品的卫生及管理、食品质量控制体系、食品质量安全认证、食品安全性评价、食品安全政策与标准等内容。每个模块的教学都紧扣学生职业能力的培养，依据食品生产岗位群所需的知识、能力，对理论知识和实践知识（技能）进行整合，充分体现理论与实践的有机统一、教学内容与岗位需要的有机统一。

本教材编写人员有李鹏高（第一章）、陈林军（实训 13）、李新莉（实训 1、实训 2、实训 8、第九章第一节和第二节、第十二章、实训 12）、张海芳（第三章、实训 7、第十一章）、张英慧（第七章、第十章）、饶春平（第四章）、杨艳旭（第五章、第六章、第八章）、王英丽（第二章第一节和第二节、实训 3、实训 4）、吴昊（第十三章）、席元第（实训 5、实训 6、实训 9、实训 10、实训 11）、彭晓莉（第九章第三节）、肖蕾（第二章第三节和第四节）。

特此感谢同仁们的大力支持。由于编者水平有限，难免有不妥和疏漏之处，希望广大读者和专家批评指正，以便今后进一步修订完善。

编者

2020 年 6 月

目 录

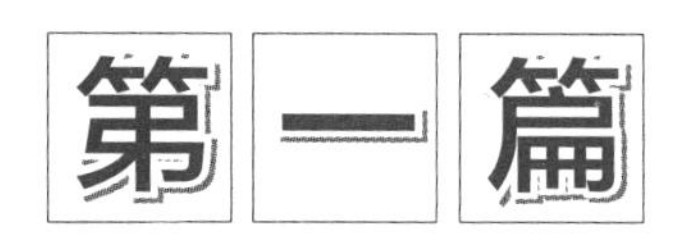

食品安全基础知识

第一章

食品安全绪论

导学情景

情景描述：

2012 年 9 月，辽宁省沈阳市某学校初一的三位男生李某、王某和蔡某在上学路上的小卖店每人买了一包辣条，边赶路边吃。上课半小时后，李某首先出现腹痛、嘴唇发绀、全身发抖、呼吸困难，王某和蔡某也相继出现类似的症状。学校马上叫了 120 急救车，三名同学被及时送到医院救治后，脱离危险。

学前导语：

很明显，这是一起食品安全事件，负责食品安全的相关公职人员将介入事件的调查和处理。那么，您认为食品安全人员要做哪几个方面的工作，才能有效减少类似事件的发生？本章我们将带领大家学习什么是食品安全学，以及这门学科的目的、内容、方法、历史和现状。

"民以食为天"，食品中含有人体必需的各类营养素，这些营养素是人类赖以生存的物质基础。但"病从口入"，食品中同时也可能含有对人体健康有毒有害的物质。

随着社会生产力水平的提高和食品生产加工技术的提升，百姓餐桌上的食品变得越来越丰富，食品从农场到餐桌的距离和时间也越来越长，经历的环节越来越多，在每一个环节都可能出现食品安全问题。如选种时，可能面临转基因种子的问题；耕种时，面临着选择和使用灌溉用水、植物生长调节剂、农药、除草剂等问题；庄稼收割、贮藏时，面临着使用收割机械、粮仓、包装袋造成的问题及各种杂物、害虫和微生物污染等问题；食品加工时，面临着选择配料、添加剂、加工工艺、加工机械及包装材料等的问题，还面临着如何消毒、防腐、运输等问题；食品运到商场以后则面临着存放、保质、过期处理等问题。总之，任何一个环节都可能出现问题，且任何一个环节出现问题，都可能导致食用者的身体健康受到损害，甚至危及生命！

因此，全面认识导致食品出现卫生和安全问题的原因，及时采取有效措施减少安全隐患，是关乎每个人健康和幸福的大问题，所有相关行业的生产者、经营者和管理者都必须重视。

第一节　基本概念和定义

1. 食品　《食品工业基本术语》（GB/T 15091—1994）中"食品"的定义为：可供人类食用或饮用的物质，包括加工食品、半成品和未加工食品，不包括烟草或只作药品用的物质。从食品卫生立法和管理的角度，广义的食品概念还涉及所生产食品的原料，食品原料种植、养殖过程接触的物质和环境，食品的添加物质，所有直接或间接接触食品的包装材料、设施以及影响食品原有品质的环境。

2. 食品卫生　根据世界卫生组织（WHO）的定义，食品卫生（food hygiene）是为防止食品污染和有害因素危害人体健康而采取的综合措施，包括在食品的培育、生产、制造直至被人摄食为止的各个阶段中，为保证其安全性、有益性和完好性而采取的全部措施。食品卫生是公共卫生的组成部分，也是食品科学的内容之一。

3. 食品安全　根据WHO的定义，食品安全（food safety）是指食物中有毒、有害物质对人体健康造成影响的公共卫生问题。但食品是否有毒（污染物质）是一个相对概念，自然界中不存在绝对不含污染物质的食品。随着高精密分析仪器检测限的提高，自然界中即使再优质的食品，也或多或少含有一些污染物质。所以，应理性地看待食品安全问题，不是要求“毒物零检出”，而是要求“毒物”的量“微”，不呈现出“毒性”，不产生“毒害”。

4. 食品质量　食品质量由各种要素组成，这些要素被称为食品所具有的特性，食品所具有的各种特性的总和，便构成了食品质量的内涵。按照国家标准《质量管理体系　基础和术语》（GB/T 19000—2016）及国际标准（ISO 9000：2015）对质量的定义，可以将食品质量定义为食品的一组固有特性满足要求的程度。这里所说的“要求”可以包括安全性、营养性、可食用性、经济性等几个方面。安全性指食品在消费者食用、储运、销售等过程中，保障人体健康和安全的能力。营养性指食品对人体所必需的各种营养物质的保障能力。可食用性指食品可供消费者食用的能力。经济性指食品在生产、加工等各方面所付出或所消耗成本的程度。

5. 食品卫生、食品质量和食品安全的关系　这三个概念有很多交叉、重合的地方。其中，食品安全是一个综合概念，涵盖范围最广，包括食品卫生、食品质量、食品营养等相关方面的内容及食品种植或养殖、加工、包装、贮藏、运输、销售、消费等环节。食品卫生、食品质量、食品营养等通常被理解为部门概念或者行业概念，均无法涵盖上述全部内容和全部环节。由于食品卫生、食品质量、食品营养、食品安全等概念在内涵和外延上存在许多交叉，也造成了食品安全监管中机构、职能重复的现象难以解决。

与卫生学、营养学、质量学等学科概念不同，食品安全还是一个社会治理（social governance）概念。不同国家以及不同时期，食品安全所面临的突出问题和治理要求有所不同。如目前在发达国家，所关注的主要是因科学技术发展所引发的问题，如转基因食品对人类健康的影响；而在发展中国家，所侧重的则是市场经济发育不成熟所引发的问题，如假冒伪劣、有毒有害食品的非法生产经营。我国目前的食品安全问题则包括上述全部内容。

另外，食品安全还是一个政治概念。无论发达国家，还是发展中国家，食品安全都是企业和政府对社会最基本的责任和必须做出的承诺，与生存权紧密相连，具有唯一性和强制性，通常属于政府保障或者政府强制的范畴。而食品质量等往往与发展权有关，通常属于商业选择或者政府倡导的范畴。近年来，国际社会逐步以食品安全的概念替代食品卫生、食品质量的概念，更加突显了食品安全的政治责任。

最后，食品安全还是一个法律概念。自20世纪80年代以来，一些国家及有关国际组织从社会系统工程建设的角度出发，逐步以食品安全的综合立法替代卫生、质量、营养等要素立法，如1990年英国颁布了《食品安全法》，2000年欧盟发表了具有指导意义的《食品安全白皮书》，2003年日本制定了《食品安全基本法》，部分发展中国家也制定了《食品安全法》。综合型的《食品安全法》逐步替代要素型的《食品卫生法》《食品质量法》《食品营养法》等，反映了时代发展的要求。

点滴积累

食品安全是一个综合概念，涵盖了食品卫生、食品质量、食品营养等相关方面的内容。

第二节 我国食品安全管理的历史与现状

一、我国食品安全管理的发展史

自1840年第一次鸦片战争以来，我国经历了长达百年的战乱。在1949年中华人民共和国成立伊始，国家满目疮痍，大量人口在饥饿线上挣扎，农村家庭的恩格尔系数（食品支出总额占个人消费支出总额的比重）超过70%，城镇家庭也超过了60%。因此，在1949年后的很长一段时期内，如何保障粮食“供应安全”、解决温饱问题是摆在全国人民面前的头等大事，我国的食品安全管理也正是在这样一个几乎零基础的情况下逐渐发展起来的。总的来说，可以将1949年以来食品安全的发展史划分为三个阶段。

（一）萌芽期（1949—1983年）

中华人民共和国成立之初，我国基本上还是一个以农业、手工业为主的国家，生产力水平极其低下，工业基础极其薄弱。在工业化的初期阶段，粮食短缺问题一直困扰着我国。食品安全工作的重点是保证供给安全，即如何供给充足数量的食品以满足人们的基本生存需求。

我国食品安全的法制化管理起步于20世纪50年代，并针对当时发现的某些比较突出的食品安全问题研制和实施食品卫生标准。1953年，全国开始建立卫生防疫站，负责食品卫生工作。1964年，颁布了《食品卫生管理试行条例》。1979年后，随着农业和农村经济体制改革的启动，高产水稻、小麦、玉米、豆类等培育成功，粮食产量稳步提高，人均粮食占有量达到400kg，肉、禽、蛋、鱼的消费量逐渐上升，食品结构得到初步改善。1979年颁布了《中华人民共和国食品卫生管理条例》并于1982年修订为《中华人民共和国食品卫生法（试行）》。但这部法律并没能立即推行，而是几经辗转，1995年才以《中华人民共和国食品卫生法》正式实施。

（二）起步期（1984—2000年）

1984年，按恩格尔系数及热量等营养素的摄入水平判断，我国居民的生活已基本达到温饱水平。粮食等淀粉类食品的消费比重逐步下降，肉、鱼、豆、蛋、奶等其他食品的消费比重逐步上升，食品消费结构明显改善。

进入20世纪90年代，随着工业化进程的加快，小康型和富裕型消费结构逐步形成，全社会开始更加关注食品的质量安全。但由于长期存在的对农业资源环境的不合理开发与利用问题，导致农业环境污染问题日益严峻，食品的食用安全和卫生隐患日益突出。为了从根本上解决农产品的污染和基本安全问题，我国开始大力发展高产优质高效农业，积极开展农业质量标准体系建设，促进优质农产品的迅速发展和农产品质量的全面提高。

20世纪80年代初，北京市最早提出“无公害蔬菜”的概念并逐渐在全国范围内展开。进入90年代后，我国开始实施以绿色食品模式和危害分析与关键控制点（HACCP）为主体的食品生产、加工双环节食品安全控制模式。控制的重点由单纯的初级农业生产扩大到了食品加工环节。要求农户和企业严格按照生产操作规程和技术标准组织生产，并推出了与之相配套的绿色食品认证制度、农产品检验检疫制度等多种控制方式。

以绿色食品和HACCP为主体的农业生产和食品生产加工双环节控制模式使我国食品安全工作的控制面逐渐加大，但对食品储运、销售、消费等后端环节的控制能力仍非常有限，导致这一时期我国食品污染事件仍频繁发生。伴随着这些事件的发生，我国颁布了大量的食品卫生标准和食品检验方法，《中华人民共和国食品卫生法》（简称《食品卫生法》）经中华人民共和国第八届全国人民代表大会常务委员会第十六次会议于1995年10月30日审议通过，标志着我国食品安全的法律规制进入了一个新的阶段。但这一时期，法律规制对于广大农民及食品生产经营者尚未形成有效的制度约束，控制的效果非常有限。

在这个时期，国际上相继暴发了疯牛病、口蹄疫、二噁英、禽流感等国际性食品安全问题，国际社会对食品安全的关注程度达到了一个前所未有的高度。食品安全不仅仅是一个科学概念上的公共卫生问题，而是越来越多地呈现出其对政治、经济的重大影响。在国际贸易中，关于食品质量与卫生条件的技术性要求变得日益严格甚至苛刻，开始形成以技术壁垒或绿色壁垒为代表的新型非关税贸易壁垒。

（三）发展期（2001年至今）

2001年加入世界贸易组织（WTO）后，我国的工业化进程进一步加快，生产力水平迅猛提高，到2010年左右，部分省份已进入工业化后期。加入WTO后，突破技术及绿色壁垒成为我国提升食品产品市场竞争力的主要变革方向和创新动力。在这个背景下，我国食品安全进入了一个全新的阶段，开始积极参与国际事务并与国际接轨。

2003年，为了加强食品安全监管，十届全国人大一次会议决定在国家药品监督管理局基础上组建“国家食品药品监督管理局（SFDA）”，作为国务院直属机构，增加对食品、保健品、化妆品安全管理的综合监督和组织协调职能，依法组织开展对重大事故的查处。2013年，“国家食品药品监督管理局”改为“国家食品药品监督管理总局（CFDA）”。2018年，为进一步推进市场监管综合执法、加强产品质量安全监管，组建国家市场监督管理总局，负责食品安全监督管理及食品安全监督管理综合协调。

2003年，《食品生产加工企业质量安全监督管理办法》发布实施，进一步规范完善了食品安全市场准入制度，使国内食品生产加工企业质量安全监督管理走上了法制化、制度化和规范化的道路。实施食品安全市场准入制度不仅是国内消费者对保证食品质量安全的迫切要求，也是我国加入WTO后提升农产品出口竞争力、市场监管与国际惯例接轨的重要一步，对我国食品的生产方式产生了重要的影响，对农户及食品企业在化肥、农药、添加剂等生产资料的使用上进行了强制性约束，从生产环节有效提高了食品安全水平，标志着我国食品安全控制开始由以往的被动应付向主动保障转变，同时也标志着我国食品安全进入了新的发展阶段。

从2002年开始，为提高我国日益突出的食品安全问题的综合控制能力，我国组织实施了一系列食品安全综合示范控制项目，采用食品安全全程综合控制模式，将控制面扩大到了食品生产、加工、流通、消费的全过程。首先，在农业生产环节，将绿色食品模式进一步发展为无公害、绿色、有机三类食品共同推进的三位一体发展模式。其次，在食品生产加工环节，继续实施以HACCP为主体的控制模式，并开始综合运用良好生产规范（good manufacturing practice，GMP）、卫生标准操作程序（SSOP）、国际标准化组织（ISO）标准等多种控制方式，控制手段更加多元化。在物流配送、市场销售等流通环节，实施市场准入、检验检疫制度，配套食品认证制度、HACCP认证制度。同时，在市场流通环节的监督管理上，由传统的分散管理向统一的监督管理体系转变；从单一对产品的监督管理向对企业和产品双重监督管理转变；从产品最终监督检验向食品生产全过程监督转变，控制的主动性全面增强。但是，由于我国对整个食品供应链同时进行控制尚处于初始阶段，各环节之间的协调性以及各环节控制主体之间的合作性仍有待加强。

2002年7月，卫生部制定并颁布了《食品企业HACCP实施指南》；2003年，参照国际食品法典委员会（Codex alimentarius commission，CAC）《食品卫生通则》附录《HACCP体系及其应用准则》等同制定了国家标准《危害分析与关键控制点（HACCP）体系及其应用指南》（GB/T 19538），其后相继颁布了乳制品、速冻食品、肉制品、调味品等HACCP的应用指南；2003年，卫生部发布《食品安全行动计划》，规定2006年所有的乳制品、果蔬汁饮料、碳酸饮料、含乳饮料、罐头食品、低温肉制品、水产品加工企业、学生集中供餐企业实施HACCP管理；2007年，酱油、食醋、植物油、熟肉制品等食品加工企业、餐饮业、快餐供应企业和医院营养配餐企业实施HACCP管理；2009年2月28日，十一届全国人大常委会第七次会议表决通过了《食品安全法》并于同年6月1日正式实施，明确规定国家鼓励食品生产经营企业符合GMP要求，实施HACCP体系，提高食品安全管理水平。2010年，为贯彻落实《食品安全法》，国务院设立食品安全委员会，加强了对食品安全工作的领导。2011年，随着国家食品安全风险评估中心的成立，我国食品安全科技支撑体系的建设迈上了一个新的台阶。2015年，修订后的《食品安全法》颁布实施，将网络食品安全监管也纳入法治化轨道，进一步提高了我国食品安全法律规制的水平。

这一时期，我国在参与国际事务方面也取得了许多成绩。2002年，我国在CAC首次牵头组织起草《减少和预防树果中黄曲霉毒素污染的生产规范》并于2005年7月在第28届CAC大会顺利获得通过；2006年，中国代表团在第29届CAC大会上代表国家成功申请成为国际食品添加剂法典委员会（CCFA）和农药残留法典委员会（CCPR）的主持国，成为我国参与国际食品法典事务的重要里程碑。2007年和2008年，我国连续承办了两届CCFA会议，提升了我国在食品法典领域的国际地位。

我国食品安全管理的不同发展阶段及其特征如表1-1所示。总的来说，我国食品安全管理的发展历程是一个控制手段不断增加，控制的主动性不断增强，控制的环节不断扩充的过程。控制的总体水平与发达国家的差距越来越小。目前，许多省份的发展已经进入工业化后期甚至后工业化阶段，食品安全的监管和控制水平也逐渐接近发达国家的水平。

表 1-1 我国食品安全管理的不同发展阶段及其特征

发展阶段	起止年	管理特征	优缺点
萌芽期	1949—1983 年	食品安全意识薄弱	仅关注农业生产环节的产量,不仅未能控制食品安全,反而降低了食品安全水平
起步期	1984—2000 年	绿色食品控制模式及 HACCP 为主体的双环节控制模式	仅能对农业初级生产环节和食品生产加工环节的危害因素进行控制,不能解决流通及消费环节的食品安全问题。控制的主动性增强,控制方式不断增加
发展期	2001 年至今	全程综合控制模式	控制面扩大到了“从农田到餐桌”的全过程,已解决食品生产、加工、流通及消费等各环节的食品安全问题,但系统性和协调性有待完善

知识链接

恩格尔系数

恩格尔系数（Engel's Coefficient）指的是家庭用于食品的支出占总支出的比例，是联合国粮农组织提出的判定生活发展阶段的一般标准。一个国家越穷，每个国民的平均收入中（或平均支出中）用于购买食物的支出所占比例就越大，随着国家逐渐富裕，这个比例呈下降趋势。一般而言，恩格尔系数达到 59% 以上为贫困，50%~59% 为温饱，40%~49% 为小康，40% 以下为富裕。

二、我国食品安全管理的现状

1. 法规体系 目前,《中华人民共和国食品安全法》《中华人民共和国农产品质量安全法》《中华人民共和国产品质量法》《中华人民共和国农业法》《中华人民共和国标准化法》《中华人民共和国进出口商品检验法》等法律是我国食品监管中最主要的法律。除此之外,还有大量与食品安全密切相关的配套法规、行政规章、食品安全标准及检验规程等。另外,各地方政府也出台了大量的地方性法规及地方行政规章。但还存在着法律条文抽象、规范体系不完善、修订滞后等问题。

2. 管理体系 按照 2015 年修订的《食品安全法》的要求,我国将建立省、市、县分级监管体制,由地方政府负责行政区域的食品安全监督管理工作,并将食品安全工作纳入地方国民经济和社会发展规划。将原来由质监、工商、食药监等部门分别承担的食品生产、流通、餐饮分段监管职能,调整为由国家市场监督管理部门统一监管。从理论上实现了食品安全的全程监管、统一监管、集中监管,即在整个供应链环节上的无缝对接。但还需要进一步合理配置监管部门的监管权限,明确职责,建立部门之间、地方之间的长效沟通协作机制,并充分发挥全社会共治的作用。2018 年组建国家市场监督管理总局,负责食品安全监督管理及食品安全监督管理综合协调,进一步加强了市场监管综合执法。

3. 科学支撑体系 在我国建立农业科技体系、食品工业科技体系和公共卫生体系的过程中,食品安全科学支撑体系也得到了较大的发展。2002 年,“十五”国家重大科技专项“食品安全关键技术”实施后,取得了一系列成果并被广泛应用。2011 年,随着国家食品安全风险评估中心的成立,我国食品安全科技支撑体系的建设又迈上了一个新的台阶。食品安全科技投入的增加也推动了我国食品安全学科的建设和发展，除中国农业科学院、中国疾病预防控制中心、中国农业大学等科研院所外，卫生、农业、质量监督检验检疫等部门均设立了与食品安全有关的科研机构，许多高校也纷纷增设食品安全专业，科技支撑能力和人才队伍建设已具备一定规模。

目前，我国食品安全技术支撑和科技水平的进步主要体现在：

（1）食品安全风险监测网络逐步健全。监测网络从国家、省、市、县延伸到了乡村，涉及老百姓餐桌上所有食品（30 大类），包括食品中绝大多数指标（300 余项），建立了包含约 2 000 万个数据的食品污染大数据库。

（2）以食源性疾病监测为“抓手”，在全国 9 774 家医院建立哨点，初步掌握了我国食源性疾病的分布及流行趋势。

（3）食品安全风险评估工作从无到有，其中稀土风险评估结果填补了国际空白，科学解决了稀土在茶叶等食品中的限量标准问题；食盐加碘评估提出了进一步精准实施“因地制宜、分类补碘”措施的科学建议等，为及时发现处置食品安全隐患和正确传播食品安全知识提供了有效技术支撑。

（4）完成 5 000 余项食品标准的清理整合，发布实施食品安全国家标准 1 200 余项，涵盖 1 万余项参数指标，构建了一整套较为完善的、与国际接轨的食品安全国家标准框架体系。

（5）食品安全基础研究工作进一步深入。通过国家重大科技专项、科技支撑计划重大项目的支持，研发了一批具有我国自主知识产权的技术、设备和我国食品安全监管急需的检测技术。

总之，我国目前已初步建立了食品安全控制体系，但尚存在许多问题，主要表现在对食品安全体系整体界定还不够清晰、食品安全法规及管理体系不够完善等方面。

三、我国食品安全面临的挑战

随着我国综合国力的持续提升，标有“中国制造”的食品不断走出国门、走向世界。与此同时，琳琅满目、种类繁多的异国食品也进入了我国居民的日常生活。在全球化背景下，我国食品安全管理面临的挑战突出表现在以下几方面。

1. 新的生物性污染物不断出现　当今食品安全学的一个重大课题就是要不断发现、认识和研究食品中新出现的生物性污染物；建立和执行生物性有害因素污染食品及引起食源性疾病的常规监测制度和监测网络；采用危险性分析方法评估微生物性危害，如第二十二次 CAC 大会和四十五届国际食品法典执行委员会要求成立联合国粮食及农业组织（FAO）/WHO 联合微生物危险性评估专家会议（JEMRA），开展微生物危险性评估以保证微生物方面的食品安全。在此基础上通过定量微生物危险性评价（MRA）和 HACCP 体系的建立，实现降低微生物性危害的最终目标。

2. 新的化学性污染物不断出现

（1）1999 年，比利时首先发现二噁英污染食品事件，并引起世界范围恐慌。

（2）在食品生产加工过程中产生的氯丙醇污染。

（3）在食品生产加工过程中产生的丙烯酰胺污染。

以上三种污染物的共同特点是在食品中含量少，但毒性大，甚至有明确的或潜在的致癌性。已引起有关国际组织、世界各国政府管理部门,科技界及消费者的高度重视及忧虑。

(4)违规使用农药,滥用兽药从而导致食品高残留污染。

(5)环境持久性有机污染物(POPs)对人类健康的危害持续存在。

今后的研究方向和工作任务是继续发现、鉴定食品中新的化学性污染物;建立高效、灵敏、特异性强、高通量的检测方法;加强对化学性污染物的监督、监测和危险性分析;为建立国际和国家标准、采取预防措施提供科学依据。另外,鉴于食品化学性污染种类繁多(可达几百种),进入人体并可检测到的外源性化学物质也可达上百种,即使含量很低、都在标准限制的含量以下,也需要研究多种化合物低剂量长期接触的累积和联合毒性。

3. 新技术和新型食品带来了新的食品安全问题　首先,生物技术带来食品安全的不确定性,甚至造成巨大冲击。以转基因技术为例,自1994年转基因番茄在美国批准上市以来,转基因技术得到了迅速推广和发展。从1996年至2015年,全球转基因作物的种植面积从170万公顷发展到1.797亿公顷,增加了100多倍。然而,迄今为止的科学进展,并不能否定转基因食品中长期风险的存在,各国也因此对转基因食品的规制采取不同的态度,如欧盟在2002年开始一直否决转基因番茄的商业化应用。

四、我国食品安全管理亟待解决的问题

1. 加强食品污染与食源性疾病的实验室和流行病学监测　建立与国际接轨的全球性监测网络与信息平台,以便各国之间迅速交换信息,共同采取应对措施和建立国际标准。

2. 全面系统地评估食品污染物的危害性　以科学为基础的危险性分析是20世纪90年代中期才建立起的一种方法,目前仅在一些发达国家对个别污染物进行了评估,还有必要对食品中存在的一切污染物(尤其是生物性)进行危险性分析,以便采取科学合理的预防措施。

3. 完善"从农田(或养殖场)到餐桌"的全过程管理模式　以预防为主的原则来减少食源性危害,尤其在全过程中要全面贯彻和建立食品GMP和HACCP系统。

4. 与国际食品安全标准(即CAC标准)接轨　食品安全与卫生已被WTO纳入其两个重要文件中:实施卫生与植物卫生措施协定(SPS协定)和贸易技术壁垒协议(TBT协议)。同时,WTO还将CAC所制定的标准、准则和技术规范指定为国际贸易仲裁标准,得到了越来越多国家的认同和采用。而以科学为基础的危险性分析更是SPS协定的重要内容,在解决重大食品安全问题和制定食品卫生标准中将会得到越来越多的应用。因此,我国应积极开展危险性评估,尽可能地多采纳CAC制定的标准。

总之,食品安全不仅关系到国民健康,还影响社会经济发展、国际贸易、国家声誉及政治稳定。在全球经济一体化的形势下,交通便利快捷、跨国贸易频繁,一个地区或一个国家发生的食品安全问题将迅速波及其他国家和地区。食品安全问题已不再局限于一个国家之内,因而受到国际组织和各国政府的高度重视。作为一门实践性很强的学科,我国的食品安全管理未来在整体设置上还需要进一步与国际接轨,加强国际交流与合作,定期修订相关法律法规,理顺管理机构职能,并加大科技投入,推动我国食品安全控制水平的不断提高,为全球食品安全做出应有贡献。

知识链接

1. 2015 年 10 月 1 日新修订的《食品安全法》施行后，国家食品药品监督管理总局制定的《食品生产许可管理办法》也同步实施（2017 年 11 月 7 日修订）。按照新规，新获证及换证食品生产者，应当在食品包装或者标签上标注新的食品生产许可证编号（由 SC 和 14 位阿拉伯数字组成），不再标注“QS”标志。2018 年 10 月 1 日起，食品生产者生产的食品不得再使用原包装、标签和“QS”标志。

2. 环境持久性有机污染物（简称 POPs）指人类合成的能持久存在于环境中，通过生物食物链（网）累积，并对人类健康造成有害影响的化学物质。它具备四种特性：高毒性、持久性、生物积累性、远距离迁移性。

点滴积累

1. 我国 1949 年以来食品安全的发展史分为萌芽期、起步期、发展期三个阶段。
2. 我国目前已初步建立了食品安全控制体系，但尚存在许多问题。

第三节　食品安全学的研究内容

作为一门研究食品对人体健康危害的风险和保障食物无危害风险的学科，食品安全学的研究领域紧紧围绕着如何最大限度地控制食品可能对人体产生的健康危害而展开，涵盖农学、食品科学、医学、理学、管理学、法学和传媒学等众多学科的内容。

一、食品安全学的基本原理和原则

（一）食品安全学的基本原理

主要包括四大基本原理，即“从农田到餐桌”（图 1-1）的整体管理理念、风险分析理论、透明性原则和法规效益评估原理。基于这些基本原理，已研究出了许多行之有效的食品安全控制技术，如根据“从农田到餐桌”的整体管理理念，对食品链上一些潜在的危害可以通过应用 GMP 加以控制，如良好农业规范（good agricultural practice，GAP）、良好卫生规范（good hygiene practice，GHP）、良好兽医规范（good veterinary practice，GVP）等；并根据 HACCP 技术预防食品生产、加工和处理的各个阶段可能产生的风险。基于风险分析理论，CAC 规范了风险分析的程序，鼓励成员国在本国食品管理体系中认可国际风险分析的结果，促进了全球食品安全控制体系的统一化。基于透明性原则，促进了消费者对食品质量与安全的信心，提高了食品安全管理部门的权威性和食品安全利益相关者对食品安全管理体系的认同性，可在发生食源性危害时最大限度地减少损失。基于法规效益评估原理，在制订和实施控制措施的过程中，应充分考虑食品工业遵守这些措施的费用及最终分摊到消费者身上的费用，以便制定最佳的食品安全控制机构和策略，平衡成本与回报之间的关系。

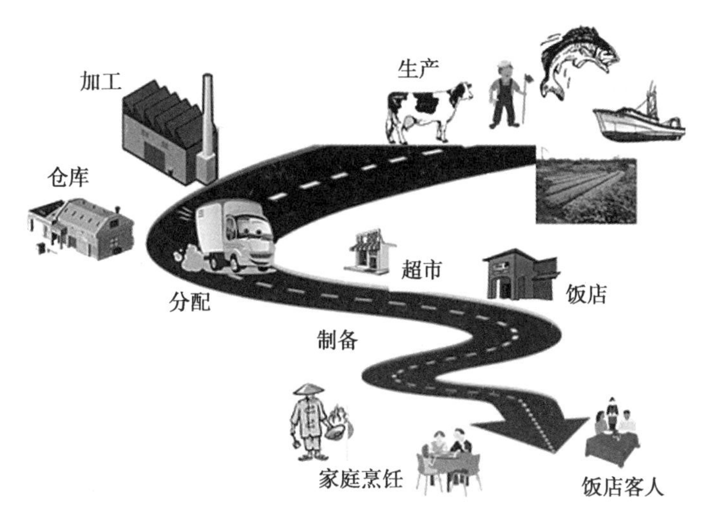

图 1-1　“从农田到餐桌”的食品链示意图

（二）食品安全管理的基本原则

当一个国家建立、升级、强化或改变国家食品安全管理体系时，必须考虑一些基本的原则和价值取向，主要包括①预防性原则：应尽量防患于未然，最大幅度地降低食品危害的风险；②应急性原则：建立应急机制以处理特殊的危害（如食品召回制度）；③科学性原则：应基于科学原理建立食品控制策略；④全链条原则：应充分考虑“从农田到餐桌”的整个食品链上的潜在风险；⑤经济性原则：应在经济损益与风险控制目标最大限度统一的基础上建立危害分析的优先制度和采取风险管理的有效措施；⑥利益相关者原则：食品安全的管理需要各种利益代言人的积极参与和互动。

二、食品安全控制技术

从学科领域的角度来看，食品安全的控制技术涉及多个学科，包括分析化学技术、毒理学评价技术、微生物分析技术、食品卫生检验技术、同位素技术、信息学技术、质量控制技术、分子生物学技术及计算机技术等。从食品安全的管理过程来看，食品安全学涉及风险评估技术、检测技术、溯源技术、预警技术、全程控制技术、规范和标准实施技术等。应用这些技术，最终可以建立一个完善的国家食品安全监控体系并与国际接轨，如我国自 2000 年开始在全国建设食品污染物监测网，参照全球环境、食品污染监测与评估计划，分别在 32 个省份设立食品污染物和食源性疾病致病因素监测点，对消费量较大的 60 余种食品、常见的 79 种化学污染物和致病菌进行常规监测；开展了四次全国膳食与营养调查和总膳食调查，掌握了我国食品中重要化学污染物的污染状况、特定食品中重要食源性致病菌（蛋中的沙门菌，生食牡蛎中的副溶血性弧菌等）的污染资料和全国居民膳食结构、饮食和疾病谱变化趋势。为进一步运用数学模型，深入开展科学危险性评估及食品安全标准的制定提供了基础数据。

三、食品安全标准及检验方法

（一）食品安全标准

我国自 20 世纪 50 年代开始制定和实施食品卫生标准，当时主要是针对发现的某些比较突出的食品安全问题而制定单项卫生标准。如1953年，卫生部制定酱油中的砷限量指标；1960年，卫生部、国家科学技术委员会等制定《食用合成染料管理暂行办法》，规定了允许使用的五种合成色素和使用限量；20世纪70年代末提出了粮、油、肉、蛋、乳等类别的易发生食品卫生问题的食品产品卫生标准，以及食品添加剂、汞、黄曲霉毒素、六六六和滴滴涕（dichloro-diphenyl-trichloroethane，DDT）、放射性物质限量等14类54项卫生标准。1963年，联合国粮农组织（FAO）和世界卫生组织（WHO）共同成立了食品法典委员会（CAC），负责制定推荐的食品卫生标准及食品加工规范，协调各国的食品卫生标准并指导各国和全球食品安全体系的建立。世界各国也制定了与之配套的本国的食品安全法律及技术规范、规章、办法等，并设立专门负责食品卫生监督与管理的部门，由专业人员队伍负责食品安全的日常监督与管理。1984年，我国正式成为CAC成员国，加强了对国际法典标准的跟踪研究，并于1986年经国务院批准成立了中国食品法典委员会。到20世纪90年代末，我国已制定了500余项各类食品卫生标准。

2001年，我国加入世界贸易组织（WTO）后，食品卫生标准面临着与国际接轨的严重挑战，必须重新进行大规模修订。2009年《食品安全法》实施后，我国对食用农产品质量安全标准、食品卫生标准、食品质量标准和有关食品的行业标准中强制执行的标准进行了清理整合，统一公布为“食品安全国家标准”。到2019年，国家卫生健康委员会已发布1 263项食品安全国家标准，涉及食品安全指标2万余项，初步构建起了符合我国国情的食品安全国家标准体系。

（二）食品安全检验方法

主要包括食品的理化检验和微生物学检验方法。

1. 食品理化检验方法　我国在1959年以前尚没有统一的食品理化检验方法；1978年，卫生部首次颁布《食品卫生检验方法（理化部分）》并于20世纪80年代初上升为国家标准（GB 5009）；1996年修订后的GB 5009中单一物质的测定方法达到165项；在“十五”国家科技攻关计划项目“食品安全关键技术”等课题的研究中又先后建立了二噁英、二噁英样多氯联苯、指示性多氯联苯、氯丙醇、丙烯酰胺和有机氯农药等持久性有毒污染物的分析方法。

2. 食品微生物检验方法　是伴随着我国食品污染事件的发生而逐步建立和发展的。1960—1962年，我国证实了副溶血性弧菌是引起食物中毒的病原菌，并建立了一整套常规检验方法及生化、血清、噬菌体的分型技术；1976年，卫生部颁布了《食品卫生检验方法（微生物学部分）》；1984年颁布了第一版国家标准《食品卫生微生物学检验》（GB 4789—1984）并于2004—2008年进行了全面系统的修订，增加了对微生物实验室的基本要求、国际食品微生物标准委员会的采样方案、样品检验的质量控制和检验后样品的处理，并制定了食品中大肠埃希菌O157∶H7及阪崎肠杆菌等的检验方法。

课堂活动

2009年《食品安全法》实施以后，我国对哪些行业标准进行了清理整合？到2019年，国家卫生健康委员会已发布多少项食品安全国家标准？请同学们分组讨论某一项食品安全国家标准，并向全班同学进行宣讲。

四、重大食品安全问题的处理

对突发的、重大的或新出现的食品安全事件进行重点研究甚至全球协作也是当前食品安全领域的重要工作之一。如针对我国部分地区出现的重要食品安全问题，我国科学工作者先后进行了酵米面中毒和变质银耳中毒、变质甘蔗中毒及肉毒毒素中毒的研究与控制；有机氯农药残留的科学研究；辐照食品研究；工业废水灌溉农田的安全性评价；食品安全突发事件的应急处理等相关研究工作等。对保障我国人民的健康与食品安全发挥了良好的作用。

总之，食品安全学就是研究如何避免和减少食品中的有害物质对人体健康的危害，最终达到保证食用者安全的目的的学科。如果说营养学是研究如何取食物之利，食品安全学就是研究如何避食物之害。

五、食品安全学的学习内容和学习目标

1. 学习内容　本教材的学习内容主要包括以下几个方面。

（1）食品的污染：主要阐明食品中可能存在的有害因素的种类、来源、性质、数量和污染食品的程度，对人体健康的影响及其机制，防止食品污染的措施等。

（2）食品及其加工技术的卫生问题：主要包括食品在生产、运输、贮存、销售等各环节可能或容易出现的卫生问题及预防管理措施。另外，还包括应用新技术形成的新型食品，如转基因食品、辐照食品等存在的卫生问题及管理。

（3）食源性疾病及食品安全评价体系的建立：包括食物中毒、人兽共患传染病、食源性寄生虫病等在内的食源性疾病的预防及控制。建立完善的食品安全评价体系不仅直接影响居民健康，更关系到国家经济发展和政治稳定。

（4）食品安全监督管理：重点阐述我国食品安全法律体系的构成、性质及在食品安全监督管理中的地位与功能。食品安全国家标准作为我国食品安全法的主要法律依据，其相关的制定原则与制定程序也是食品安全学的重要内容。此外，还包括食品生产企业加强自身卫生管理的手段如 GMP、HACCP 系统等。

2. 必备基础知识　为了学习以上知识，需要学生具备一定的流行病学、卫生统计学、食品理化检验学、实验动物学、生物化学、生理学、免疫学、微生物学、药理学、细胞生物学、分子遗传学、分子生物学及肿瘤学等相关学科领域的基础知识并能够运用到学习当中。

3. 学习目标

（1）知识目标：通过学习，学生应熟悉食品安全学相关的研究领域，并初步掌握以下理论知识。①食品污染及控制；②食物中毒的调查和处理；③食品添加剂的安全使用；④餐饮业和食品生产企业的安全卫生管理；⑤各类食品及食品在流通过程中的卫生与安全管理；⑥食品质量控制体系和食品安全认证；⑦食品安全性评价及制定食品安全政策与标准的理论基础。

（2）技能目标：通过学习，学生应初步具备以下能力。①能列举食品中的安全风险因素；②能描述常见有毒食品化学物的检测方法；③能描述食品化学物风险评估的方法；④能简要描述各种

食品添加剂；⑤能论述食品安全管理体系的必要性；⑥能持续不断地学习与食品安全有关的情报信息。

总之，学习食品安全学，培养高水平的食品安全专业人才是我国现代化进程中的重要一环。学好食品安全学，需要我们具备广泛而扎实的涉及多个学科、多个领域的基础知识，并明确目标，勤学苦练，勇于实践。

点滴积累

1. HACCP（hazard analysis and critical control point）是指危害分析与关键控制点，是保证食品安全的重要手段。
2. 食品安全学的基本原则和原理包括：①预防性原则；②应急性原则；③科学性原则；④全链条原则；⑤经济性原则；⑥利益相关者原则。
3. GMP是一套适用于制药、食品等行业的强制性标准，要求企业从原料、人员、设施设备、生产过程、包装运输、质量控制等方面按国家有关法规达到卫生质量要求，形成一套可操作的作业规范帮助企业改善卫生环境，及时发现生产过程中存在的问题并加以改善。
4. 危险性分析（risk analysis），也称风险分析，包括危险性评估、危险性管理和有关危险性的信息交流。

目标检测

一、选择题

（一）单项选择题

1.（　　）不是在腌渍、发酵、烧烤、熏制等食品中发现的具有“三致”毒性（致突变、致畸、致癌）的化学污染物

A. *N*-亚硝基化合物　　B. 多环芳烃　　C. 杂环胺

D. 盐酸克伦特罗　　E. 苯并芘

2. 食品安全学的四大基本原理不包括（　　）

A. “从农田到餐桌”的整体管理理念　　B. 风险分析理论

C. 透明性原则　　D. 强制性原则

E. 法规效益评估原理

3. 国际食品法典委员会的英文缩写是（　　）

A. GMP　　B. HACCP　　C. CAC

D. QS　　E. SOP

4. HACCP是（　　）的英文缩写

A. 危害分析与关键控制点　　B. 良好操作规范

C. 世界粮农组织　　D. 世界贸易组织

E. 从农田到餐桌

5. CAC 是(　　)国际机构共同成立的机构,负责制定推荐的食品卫生标准及食品加工规范,协调各国的食品卫生标准并指导各国和全球食品安全体系的建立

A. 世界卫生组织和 SOP　　B. 世界卫生组织和世界贸易组织

C. 联合国粮农组织和世界卫生组织　　D. WTO 与 FAO

E. FAO 与 CCFA

6. SPS 协定是指(　　)

A. 关贸总协议　　B. 贸易技术壁垒协议

C. 实施卫生与植物卫生措施协定　　D. 危险性分析协议

E. 风险交流协定

7. TBT 是(　　)的缩写

A. 全过程管理模式　　B. 全球性监测网络

C. 环境持久性有机污染物　　D. 丙烯酰胺

E. 贸易技术壁垒协议

8. 目前,我国已颁布了(　　)项食品安全国家标准

A. 10 000 余　　B. 5 000 余　　C. 4 000 余

D. 1 000 余　　E. 600 余

9. 我国在(　　)将网络食品安全纳入《食品安全法》

A. 2015 年　　B. 2012 年　　C. 2010 年

D. 2008 年　　E. 2007 年

10. 我国食品安全管理的起步期是指(　　)

A. 1949—1983 年　　B. 1974—1987 年　　C. 1984—2000 年

D. 1989—2000 年　　E. 2001—2008 年

11. 请找出绝对无毒的食品(　　)

A. 绿色有机蔬菜　　B. 野菜　　C. 香椿

D. 纯净水　　E. 都不是

12. 新修订的《食品安全法》是(　　)颁布实施的

A. 2018 年　　B. 2015 年　　C. 2012 年

D. 2010 年　　E. 2008 年

(二)多项选择题

1. 食品安全学的基本原理包括(　　)

A. 风险分析理论　　B. "从农田到餐桌"的整体管理理念

C. 透明性原则　　D. 法规效益评估原理

E. 制生、抑生、促生原理

2. 我国食品安全管理体系包括(　　)

A. 法规体系　　B. 管理体系

C. 科学支撑体系　　　　D. 农业质量标准体系

E. 农业科技体系

3. 我国在“十五”国家科技攻关计划项目“食品安全关键技术”等课题的研究中，先后建立了（　　）持久性有毒污染物的分析方法

A. 二噁英　　　　B. 多氯联苯　　　　C. 氯丙醇

D. 丙烯酰胺　　　　E. 有机氯农药

二、简答题

1. 简述我国食品安全管理的不同发展阶段及其特征。

2. 简述我国食品安全面临的挑战。

3. 简述食品安全管理的原则。

三、实例分析

1. 1946—1958 年，美国在位于太平洋马绍尔群岛的比基尼环礁进行了 67 次核武器爆炸试验，其中还包括第一枚氢弹（1952 年）的爆炸。爆炸的总当量达到了广岛原子弹爆炸当量的 7 000 倍，对比基尼环礁的地质、自然环境和遭辐射人群的健康造成严重的影响，相邻的比基尼岛上居民的食品和饮水均被污染。请分析这对岛上居民的食品安全会造成的影响，并给出解决问题的办法。

2. 1960 年在英格兰东南部的农庄中，在短短两三个月的光景，便死掉了约十万只火鸡，这就是历史上有名的“十万火鸡事件”。请查阅相关资料，找出这次事件的“真凶”。

（李鹏高）

实训 1　食物样品的采集、制备与保存

【实训目的和要求】

为了检验食品的感官性质、明确食品成分是否有缺陷、食品中添加的物质是否符合国家的标准规定、食品中有无掺假现象，以及食品在生产、运输和储藏过程中有无重金属、有害物质和各种微生物的污染等，需要对食品的卫生状况进行卫生管理和监督，食品检验是常用的手段。食物样品的采集、制备和保存是食品检验成败的关键，而且食物种类繁多，针对不同的食物，应采取不同的采样、制备和保存方法。通过本实验的学习，要求：

1. 了解和掌握不同特点的、常见食品的采样方法。

2. 掌握不同食品样品的制备和保存方法。

【实训内容和适用范围】

1. 本实验包括液体和半液体食品、均匀固体食品、不均匀固体食品和小包装食品的采样、样品制备和保存。

2. 本实验适用于液体和半液体食品、均匀固体食品、不均匀固体食品和小包装食品的采样、样品制备和保存。

3. 本实验的食品采样、样品制备和保存方法，适用于液体和半液体食品、均匀固体食品、不均匀固体食品和小包装食品的理化检验，不适用于以微生物检验为目的理化检验。

【实训步骤】

一、仪器和设备

1. 采样用的工具、仪器必须防水、防油。

2. 采样用的工具、仪器必须清洁、干燥，不得影响样品的气味、风味和样品组成。

3. 固体样品可采用固体样品采样器（大型采样器、小型采样器）；液体样品可用玻璃广口瓶、塑料桶。

4. 样品的制备，可选用捣碎机、标准筛。

5. 制备好的样品，可以保存于食品塑料袋、玻璃广口瓶中。

二、采样的一般要求

1. 在进行样品采集前，要了解待测食品的相关资料，明确采样目的，并根据采样目的，确定采样的件数、采样工具和采样方法。

2. 样品的采集，一般遵循随机化原则。在某些特殊情况下，可以进行有选择性的采样，如：为了查明食品中是否混入其他品种，或者是任意类型的混杂。因此，采样之前，一定要明确采样目的。

3. 采集的样品要有代表性，能够充分代表该批量食品的全部特征。

4. 采集的样品要真实，要根据检验目的，确定采样的方法，并到现场采样，防止伪造食品。

5. 样品采集要注重准确性，样品采集后，要及时填写采样单，并与采集的样品一一对应，防止张冠李戴。

6. 样品采集要注重合理性。不同性质、条件的样品，应该分类包装；根据不同的样品，选择不同的采样方法。

7. 样品采集要注重及时性。及时采样，采集后的样品及时送到实验室分析、检测。

三、食品样品的采集、制备和保存方法

（一）食品样品的采样方法

1. 到达采样现场，要了解食品的一般情况，包括种类、数量、批号等，以及食品的整体情况，包括感官性状、品质、贮存、包装情况等。

2. 根据不同的采样地点、食物特点，选择不同的采样方案。

（1）田间、养殖场抽样：可以采用下面的采样方法。

1）二次相反方向绕树旋转，每次按照四分圆随机采取。

2）在农作物的行列两侧采取。

3）若干个场所随机采取。

4）混合抽取的全部样品，从混样的不同位置采取。

（2）加工厂抽样：在加工厂的车间、仓库进行采样，通常包括下面的几种采样方法。

1）原材料采样：可以按照原料运达工厂的不同时间、批次采样。

2）堆放产品的采样：可以在成堆产品的不同平面、位置，随机抽样。

3）生产线上的抽样：家禽、家畜等可按照一定的时间间隔，在生产线上抽样；对于没有密封的包装产品如罐头，可在生产线上抽取若干个分样。

实训1

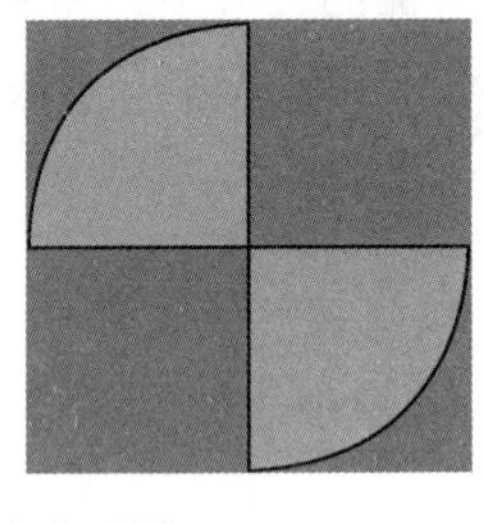

图 1-2　四分法采样

（3）仓库样品抽样：对于箱装、袋装等完整包装的食品，可以按照货堆的上、中、下三层，以及同一平面的四周和中心五点采样；对于散装货物，可以按照一定的时间间隔，在商品传送带上随机抽取。散装仓储粮食和固体食品，采用三层、五点抽样，混匀后，采用四分法（图 1-2）对角抽样至所需样品量。对于不便打开包装的样品，可以选取仓库中不同的堆放位置的样品进行随机采样，随机采样后，采用四分法对角抽样至所需样品量。

（4）对于液体类的样品，可以具体分为以下几种采样方法。

1）如植物油、鲜奶、酒类和其他饮料，首先要确定采样的单位，搅拌均匀后采集一份样品；当单个样品容量过大时，可按高度分为上、中、下三层，在四个角和中央各取等量的样品，混匀后再采样。

2）流动的液体：定时、定量从输出管口取样，混匀后再采样。

3）互不相溶的液体（如油与水的混合物）：先分离，再分别取样。

4）小包装的液体、半流体食品：按批号分批取样。同一批号的样品，250g 以上包装，不少于 3 件，250g 以下样品取 6 件。同一批次的样品，采用旋转摇荡法、反复倾倒法和使用液体搅拌器等方法混匀后再取样。

（5）对于固体类样品，可以具体分为以下几种采样方法。

1）均匀的固体：如散装仓储粮食及其他固体食品，采用大型采样器，按照上、中、下三层和五点取样，混合后按四分法对角取样。袋装食品，不方便打开时，可取仓库中不同存放部位若干，每袋采样固体采样器取样，混合后按四分法对角取样。

2）不均匀固体食品，如肉、鱼、果品、蔬菜等，本身各部位不均匀，个体大小、成熟程度差异很大，采样要注意代表性。①肉类、水产品：根据检验目的，选择合适的采样方法，可以在不同部位取样后混匀；一只或多只动物的同一部位取样后混匀，代表某一部位的情况；小个体的样品，随机取多个样品，切碎混匀后取样。大个体的样品，从若干个体取少量可食部分，切碎混匀后取样。②果蔬类：体积较小者，随机取若干个整体，切碎混匀，四分法取样；体积较大者，按生长长轴，纵剖 4 份或

8份，取对角线2份或4份，切碎混匀，四分法取样；体积蓬松的叶菜类，从多个包装分别抽取一定数量，切碎、混匀、分取。③被污染及食物中毒可疑食品：根据检验目的采样。结合食品的感官性状、污染程度，特征取样。④小包装食品：罐头、袋装或听装奶粉、瓶装饮料等，按照生产批号，随机抽样，粉碎、混匀、分取。

（二）食品样品的制备方法

经过采样得到的样品数量过多、颗粒过大、组成不均匀、需要剔除非食用部分及机械性杂质，经过粉碎、过筛、混匀等均匀化处理，这过程即为样品制备。样品制备的目的是保证样品的均匀性，保证取样时的任何部分都能代表全部样品的成分。样品制备的方法因产品类型不同而异。

1. 液体、浆体或悬浮液体　应该摇匀，用玻璃搅拌棒、液体搅拌器、电动搅拌棒充分搅拌。固体油脂可先溶化后混匀。

2. 固体样品　需要切细、粉碎、捣碎、研磨等。对于水分含量少、硬度大的固体样品，如谷类可采用磨粉机粉碎，使用标准筛过筛，为了保证全部样品过筛，可将样品反复过筛，用四分法将粮谷类食品缩分至300g左右；水分含量多、质地柔、韧性强的样品，如果蔬、肉类可采用组织捣碎机、研钵等制备成匀浆。

3. 罐头样品　一般需要经过去除核、去骨、去调味品处理后，再采用组织捣碎机、研钵等捣碎。

4. 互不相溶的液体　如油与水的混合物，可以先将二者分离，再分别取样。

（三）食品样品的保存方法

制备后的样品，应存放在密封洁净的容器内，如塑料袋或者玻璃广口瓶内，盛放样品的容器不得含有被检成分，并放置在通风处、常温条件下保存，并尽快检验。

易变质腐败的样品应放于0~5℃冰箱内保存，保存时间不宜过长，防止样品发生腐败变质，特殊情况可在样品中加入适量的乙醇或食盐，保证不影响分析结果，但不得加入其他防腐剂。

制备好的样品，在保存过程中，要注意稳定样品中的水分，防止水分蒸发损失或干燥食品的吸湿；对于含水分多、分析项目多的样品，短时间不能做完的样品，可先测其水分，保存烘干样品，将分析结果折算后，转换为新鲜样品中某物质的含量。

如果样品的待测成分不稳定（如维生素C）或容易挥发损失（如氰化物、有机磷农药等），可根据分析方法，在采样时加入某些溶剂或试剂，以固定待测成分。

另外，样品保存的环境必须清洁干燥，并避免运输、保存过程中的污染；存放的样品要按日期、批号、编号摆放以便查找；检验后的样品，在检验结束后，应保留一个月，以备复检，容易变质的食品不予保留；保存时应加封并尽量保持原样；检验取样均指食物的可食部分。

【实训注意事项】

1. 合理选择采样仪器、设备和容器。
2. 采样过程中，应保持样品原有微生物状况和理化指标。
3. 采集后的样品，应根据不同的样品特点和性质，进行分类包装。
4. 采样后，应详细、准确地填写样品标签，并确保标签与样品一一对应。

5. 采集后的样品，应及时送检，并注意样品的密封、避光、降温。

6. 采集后的样品应分为 3 份，分别用于检验、复查、备查。每份样品数量不少于 500g 或 500ml。

7. 采集后的样品，可以存放于硬质玻璃瓶、聚乙烯制品的容器内，液体、半液体样品，可用 3 个干净容器盛放。

【思考题】

1. 简述食品样品的采样要求。

2. 简述不同性状、特点的食品样品的采样、制备和保存方法。

（李新莉）

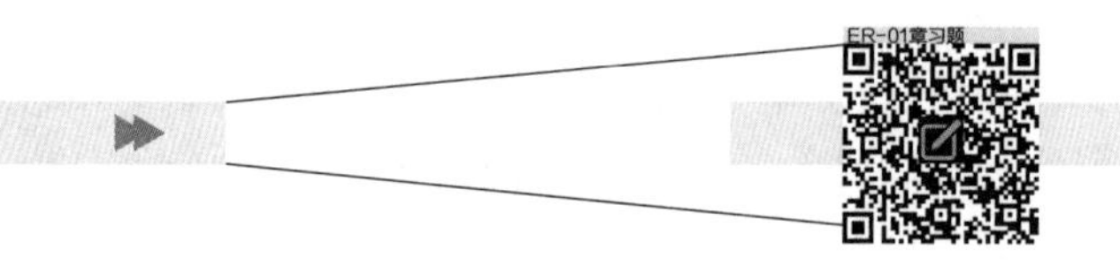

第二章

食品污染及其预防

导学情景

情景描述：

2008 年我国发生了一起严重的奶粉污染事件。事件起因是很多食用河北三鹿集团生产的婴幼儿奶粉的婴儿被发现患有肾结石，随后在其奶粉中发现化工原料三聚氰胺。根据官方公布的数字，截至 2008 年 9 月 21 日，因食用婴幼儿奶粉而接受门诊治疗咨询且已康复的婴幼儿累计 39 965 人，正在住院的有 12 892 人，此前已治愈出院 1 579 人，死亡 4 人。事件引起世界各国的高度关注和对乳制品安全的担忧。同年 9 月 24 日，国家质检总局表示，三聚氰胺事件已得到控制，9 月 14 日以后新生产的酸乳、巴氏杀菌乳、灭菌乳等主要品种的液态奶样本的三聚氰胺抽样检测中均未检出三聚氰胺。

学前导语：

食品安全问题一直是人们日常饮食中无法忽视的一个问题，接二连三的食品安全问题被曝光在公众的视野中，使普通大众对食品污染问题有了更深的认识，并认识到“食品污染是食品安全问题的起始点之一”。在人类历史上，发生过许多著名的食品污染事件，如英国的火鸡事件（黄曲霉毒素食物中毒）、苏丹红鸭蛋事件及“地沟油”事件等。出现在上述食品中的有毒有害污染物（三聚氰胺、黄曲霉毒素、苏丹红）对人体均具有慢性危害、致突变性和致癌性。

本章将从学习各类食品污染物种类及来源入手，提出相应的预防措施。

第一节　概述

食物从农场到餐桌的整个过程中的各个环节，都有可能受到某些有毒有害物质污染。这些进入到食物中的有毒有害物质会引起食品卫生质量降低，甚至对人体造成不同程度的危害。食品污染（food contamination），是指有毒有害物质在一定条件下进入食品，引发的食品安全性、营养性或感官性状发生改变的过程。

一、食品污染物的来源

食品污染物按其性质可分生物性污染、化学性污染及物理性污染三类。污染物进入食品的可能途径大体可分为：①对食品原料的污染，多来自于环境因素；②对食品加工过程的污染；③在食品贮存、运输、销售中对食品造成的污染。

1. 生物性污染　目前，食品生物性污染是造成食品安全问题的主要因素。

食品生物性污染包括微生物、寄生虫及其虫卵、昆虫及其虫卵的污染。其中，寄生虫及其虫卵主要是通过患者、患畜的粪便，直接或间接污染食品；昆虫及其虫卵主要来自食物原料中的甲虫、螨类、蛾类及动物食品和发酵食品中的蝇、蛆等。微生物污染主要包括细菌与细菌毒素、霉菌与霉菌毒素以及病毒等的污染，是造成食品生物性污染的主要因素。微生物污染不仅会造成或加速食品腐败变质现象，而且会引发食物中毒、传染病（如肝炎、口蹄疫）等。

2. 化学性污染　近年来，食品化学性污染成为发展中国家引起其食品安全问题的主要来源，其涉及范围较广，情况也较复杂。化学性污染物主要来自于生产、生活和环境中的污染，例如农药残留、兽药残留、包装材料及容器的有毒金属污染、食品加工中添加的 *N*- 亚硝基化合物前体（硝酸盐类和亚硝酸盐类）、食品加工和贮存过程中产生的有害物质（如多环芳烃化合物、杂环胺、有害醇类等）。此外，还包括一些非法添加物（如塑化剂）、化学染料（如苏丹红和三聚氰胺）等。

3. 物理性污染（包括放射性污染）　物理性污染物主要来自于食品的产运储销过程，如粮食中混入的草籽、食品包装机械容器中的杂物、运销过程中的灰尘等；食品的掺杂造假，如粮食中掺入的沙石、肉中注水等；以及主要来自于放射性物质开采、冶炼及意外事故造成的放射性污染。

二、食品污染的危害

食品污染现象是危及人类健康的一个不容忽视的问题，它造成的危害主要可归结为以下两个方面：

1. 食品污染直接影响食品的感官性状、营养价值，引起食品卫生质量问题。
2. 对机体健康造成不良影响，包括急性和慢性危害，如导致食源性疾病，致畸、致突变和致癌等。

案例分析

案例

2005 年 6 月，辽宁省《华商晨报》记者对辽宁省的养殖场和鱼药商店的调查发现：在水产养殖过程中，很多渔民仍然用孔雀石绿来预防鱼的水霉病、鳃霉病、小瓜虫病等，且在运输过程中，为了延长鳞受损的鱼的生命，鱼贩也常使用孔雀石绿。售卖孔雀石绿的鱼药商店仍然存在。2005 年 7 月 7 日，农业部办公厅下发了《关于组织查处“孔雀石绿”等禁用兽药的紧急通知》，在全国范围内严查违法经营、使用“孔雀石绿”的行为。2007 年 4 月，山东省日照市一家养殖企业起诉台湾 ×× 企业股份有限公司及其在山东省青岛市的独资企业青岛 ×× 饲料农牧有限公司生产的饲料产品“孔雀石绿”超标。2013 年 5 月，佛山市开始试行水产品产地标识准入制，对桂花鱼、生鱼、黄骨鱼三种价格较昂贵的鱼类配上“身份证”（即追溯码），可以查到具体的鱼塘。

请分析：这起食品安全事故报道的有毒物质是什么？违规操作的原因是什么？针对这些食品安全事故的处理方案有哪些？

分析

1. 这起食品安全事故报道的有毒物质是一种禁用兽药——孔雀石绿。

2. 养鱼场和水产品市场为延长水产品的保质期，非法添加了禁用兽药。此做法违反了《食品安全法》。

3. 应该杜绝非法添加违禁药物的现象，加强水产品市场监管，依据《食品安全法》的处罚条例，对水产品销售者违规行为进行处罚。同时，可参照佛山市试行水产品产地标识准入制，使用“追溯码”，加大监督监管力度。

点滴积累

食物从农场到餐桌的整个过程中的各个环节，都有可能受到某些有毒有害物质污染。

第二节　生物性污染

食品生物性污染包括微生物、寄生虫及其虫卵、昆虫及其虫卵的污染，其中以食品的微生物污染范围最广、危害最大，主要包括细菌与细菌毒素、真菌与真菌毒素以及病毒等的污染。

一、食品微生物污染及其预防

能引起食品腐败变质的细菌、霉菌、酵母等一旦进入食品，在适宜的条件下就会迅速生长繁殖，导致食品腐败变质，并给人类健康带来危害。

污染食品的微生物按其对人体的致病能力，可分为三类：致病性微生物、相对致病微生物和非致病性微生物。其中，非致病性微生物在自然界分布非常广泛，有许多是引起食品腐败变质和卫生质量下降的主要原因。

食品微生物污染可分为内源性污染和外源性污染。来自于食物原料的种植、养殖、饲养等过程的污染被称为内源性污染（也称第一次污染），内源性污染又根据污染的发病历程，可分为原发性污染和继发性污染。外源性污染（也称第二次污染）来自于食品加工、运输、贮藏、销售以及食用过程中，通过环境、机械设备及用具等使食品受到污染。

（一）食品微生物污染的来源

污染食品的微生物分布广泛，主要来源包括土壤、水、空气、人和动物、食品原辅材料、食品容器和包装材料等。

1. 土壤　土壤因存在着大量的有机质和无机质，为自然界微生物的存在提供了极为丰富的营养，素有“微生物的天然培养基”之称。土壤中微生物的含量多达 10^7~10^9 个/g，其中主要是细菌，其次是放线菌、霉菌、酵母，另外也可能有藻类和其他原生生物。

土壤作为微生物生存的大本营，具有以下特性：①具有一定的持水性，能够满足微生物对水分的要求；②土壤的酸碱度多数接近中性，其渗透压和团粒结构均适合于多种好氧和厌氧微生物的生长；③土壤的温度多介于10~30℃，全年变化幅度较小。此外，土壤的覆盖能够保护微生物免遭紫外线照射。

2. 空气　空气中因缺乏营养物质，且较干燥，又受到紫外线的照射等因素，不利于微生物的生长繁殖，但空气中仍然存在着微生物，它们主要来源于其他环境中的微生物群，如来自土壤中的尘埃、水面吹起的水滴、人和动物体表的干燥脱落物和呼吸道的排出物等在进入空气过程中把相应的微生物带进了空气。不同环境空气中菌群的数量和种类有很大差异，例如空气中主要有霉菌的孢子、细菌的芽孢及酵母。公共场所、畜舍、屠宰场及通气不良处的空气中菌群数量较多。空气中的尘埃越多，所含菌群的数量也就越多。海洋、高山等空气清新的地方菌群的数量则较少。

3. 水　水中的微生物主要来自于土壤、空气、动物排泄物、工厂废弃物、生活污物等。在食品加工中，水不仅是污染源，也是微生物污染食品的主要途径。这主要是由于水中有机质的存在，其有机物含量是决定水中微生物菌群数量的重要因素。所以在清洗食品原料时，即使是用洁净的自来水冲洗，如方法不当，也可能对食品造成二次污染。

4. 其他污染源

（1）人及动物：人体的皮肤、头发、口腔、消化道、呼吸道均携带许多微生物，它们通过人体直接或间接接触食品，就可能造成食品微生物污染，犬、猫、鼠、蟑螂、蝇等的体表及消化道也都带有大量的微生物，接触食品后同样会造成污染。

（2）各种加工机械设备、包装材料：它们本身没有微生物所需的营养成分，但食品颗粒或汁液残留在它们的表面后，会使微生物得以在其上生长繁殖，这些设备和包装材料在使用中就会通过与食品的接触而污染食品。

（3）食品原料及辅料：来自于自然界的动、植物原料。其表面及内部不可避免地带有一定数量的微生物，如果在加工过程中处理不当，容易使食品污染。

食品加工所用辅料如各种佐料、淀粉、面粉、糖等，通常仅占食品总量的一小部分，但往往也带有一定数量的微生物，它们一则来自于原辅料的表面与内部，二则来自于原辅料在生长、收获、运输、贮存、处理过程中的二次污染，如我们日常所食用的调料中含菌量高达10^8个/g。佐料、淀粉、面粉、糖中也含有一定数量的耐热菌。

（二）常见食品微生物的种类

出现在食品中的微生物除包括可引起食物中毒、人畜共患传染病等的致病微生物外，还包括能引起食品腐败变质并可作为食品受到污染标志的非致病微生物。

1. 分解蛋白质类食品的微生物　细菌、霉菌和酵母菌都能够通过分泌胞外蛋白酶来分解蛋白质类食品。细菌中的假单胞菌属、变形杆菌属、链球菌属、梭状芽孢杆菌属等分解蛋白质能力较强；埃希杆菌属、葡萄球菌属、黄杆菌属等分解蛋白质能力较弱。

霉菌中的青霉属、曲霉属、毛霉属、根霉属等都具有一定分解蛋白质的能力。但多数酵母菌对蛋白质的分解能力极弱，啤酒酵母属、毕赤酵母属、汉逊酵母属、假丝酵母属等能够使蛋白质缓慢分解。

2. 分解碳水化合物的微生物　绝大多数细菌和霉菌都有分解简单碳水化合物的能力，但自然界中能高效分解碳水化合物的微生物并不多。

细菌中蜡状芽孢杆菌、枯草杆菌、梭状芽孢杆菌、巨大芽孢杆菌等分解淀粉的能力较强，经常引起米饭发酵、面包黏液化；能分解果胶的细菌主要为芽孢杆菌属，会引起果蔬食品的腐败。霉菌中青霉属、曲霉属、木霉属等能分解纤维素和半纤维素，特别是绿色木霉、里氏木霉、康氏木霉分解纤维素的能力较强。绝大多数酵母菌不能使淀粉水解，大多数酵母菌有利用有机酸的能力，少数酵母菌能分解多糖（如拟内孢霉属），极少数酵母菌能分解果胶（如脆壁酵母）。

3. 分解脂肪的微生物　细菌中黄色杆菌属、假单胞菌属、产碱杆菌属和芽孢杆菌属中的许多种，都有分解脂肪的特性。一般来讲，对蛋白质分解能力强的需氧细菌大多数同时也能分解脂肪。常见的能够分解脂肪的霉菌有曲霉属、白地霉、代氏根霉、娄地青霉和芽枝霉属等。

酵母菌菌种中能够分解脂肪的不多，主要有解脂假丝酵母。这种酵母菌分解脂肪和蛋白质的能力较强，但不具有分解糖类的能力。

（三）食品微生物的生存条件

1. 食品的成分　食品中的水分存在形式是微生物生存的直接影响因素。

（1）水分活度（water activity，A_w）：表示食品中可被微生物利用的水。食品的水分活度直接影响每一种微生物在食品中生长繁殖的速度，但 A_w 不能根据食品的水分含量多少来确定。A_w 是指食品中水的蒸气压 P 与相同温度下纯水的蒸气压 P_0 的比值，即：$A_w=P/P_0$。A_w 值介于 0~1 之间。

不同生物其赖以生存的 A_w 不同，细菌生长所需的 $A_w>0.9$，酵母 $A_w>0.87$，真菌 $A_w>0.8$，细菌芽孢对 A_w 的要求会更高一些。一般食品 $A_w<0.6$ 时，绝大多数微生物将无法生长，所以，干燥食品（$A_w<0.6$）较少出现腐败变质现象。

（2）食物营养成分种类及含量：食物中含有微生物赖以生存的营养基质，如蛋白质、糖类、脂肪、无机盐、维生素等，这些成分种类及数量的不同，会引起不同种属微生物菌群的生长繁殖。共存于食品中的细菌种类及其相对数量的构成，被称为食品的细菌菌相，其中相对数量较多的细菌称为优势菌。通常用食品细菌菌相的分析检测来判定食品腐败变质的程度及特征。

（3）天然抑菌成分：食物原料在生长过程中会产生一些次级代谢产物，如鸡蛋清中的溶菌酶、葡萄皮中的酚类化合物等，对微生物生长有一定的抑制作用。

2. 食物本身的特性

（1）食品酸碱性：食品酸碱性可制约微生物生长，pH 值可改变微生物细胞膜的电离状况，从而影响微生物对营养物质的吸收及微生物的体内代谢。大多数微生物在中性 pH 值下生长良好，pH 值为 4.0 以下较难生长，尤其是细菌对食物 pH 值的要求较高，故低 pH 值的食品发生腐败变质多与酵母和真菌生长有关。

（2）渗透压：食品渗透压也是影响微生物的生命活动的一个重要因素。如果将微生物置于高渗溶液中，菌体将会发生生理脱水（生理干燥现象），导致其死亡。

（3）食品固有的组织结构：与天然食物相比，发生机械破损的食品更容易被微生物侵袭和破坏。

（四）食品卫生质量的微生物学污染指标

食品卫生指标作为评价食品卫生学质量的主要指标，具有重要的食品卫生学意义。细菌菌落总数和大肠菌群是用于反映食品卫生质量的主要细菌污染指标。

1. 细菌菌落总数及其食品卫生学意义　菌落总数是指在严格规定的条件下（培养基及其 pH 值、培育温度与时间、计数方法等），被检样品的单位质量（g）、容积（ml）或表面积（cm^2）内，所能培养生成的细菌菌落总数，以菌落形成单位（colony-forming unit，CFU）表示。

我国食品卫生标准中规定了食品菌落总数指标，以其作为控制食品污染的容许限度。菌落总数代表食品中细菌污染的数量。其卫生学意义为：

（1）反映食品清洁状态的标志，用于监督食品的清洁状态。

（2）用以预测食品的耐保藏程度，作为评定食品腐败变质程度（或新鲜度）的指标。

2. 大肠菌群及其食品卫生学意义　大肠菌群主要包括了四个菌属中的细菌，即肠杆菌科埃希菌属、柠檬酸杆菌属、肠杆菌属和克雷伯菌属，均系来自人和温血动物的肠道，需氧与兼性厌氧，不形成芽孢，在 35~37℃下能发酵乳糖产酸产气的革兰氏阴性杆菌。

作为我国食品卫生标准中规定的第二个细菌学指标，食品中大肠菌群的数量检测，常以大肠菌群最近似数（maximum probable number，MPN）表示，即相当于 100g 或 100ml 食品的最近似数。其卫生学意义为：①作为食品是否受到粪便污染的指示菌，因为大肠菌群都直接来自人与温血动物粪便；用于评价食品是否曾受到人与温血动物粪便的污染。②作为肠道致病菌污染食品的指示菌，因为大肠菌群与肠道致病菌来源相同，且在一般条件下大肠菌群在外界生存时间与主要肠道致病菌是一致的。

（五）食品腐败变质及其控制措施

食品腐败变质，是以食品本身的组成和性质为基础，在微生物、食品中的酶和其他因素作用下食品组成成分的分解过程。从食品卫生角度，食品腐败变质（food spoilage）是指食品在各种因素作用下，主要是微生物作用下，造成食品原有理化性质、感官性状及营养价值发生变化，降低或失去其营养价值和商品价值的过程，如肉、鱼、禽、蛋的腐臭，粮食的霉变，蔬菜水果的溃烂，油脂的酸败等。

1. 食品腐败变质的鉴定指标　引起食品腐败变质的原因和条件较为复杂，食品腐败变质的鉴定一般采用感官指标、物理指标、化学指标和微生物指标四个方面进行。

（1）感官指标：食品的感官评定是判定食品可接受度的直观手段，通过视觉、嗅觉、触觉、味觉、组织形态对食品卫生质量进行鉴定。食品初期腐败时，会产生腐败臭味，发生组织变软、变黏、颜色的变化（如褪色、变色、着色、失去光泽等）等现象。如蛋白质类食品腐败变质多伴随有恶臭气味；脂肪氧化分解，多产生特殊的刺激性臭味（“哈喇”气味）和油烧现象；含有较多碳水化合物的粮食、蔬菜、水果和糖类及其制品，会发生酸度升高，也可伴有其他产物所特有的气味，如饭馊味。

（2）化学指标：食品腐败变质引起食品化学组成的变化，并产生多种腐败性产物，因此，直接测定这些腐败产物就可作为判断食品质量的依据。含氮高的食品（如鱼、虾、贝类及肉类），多发生需氧性腐败，常以挥发性盐基氮含量作为评定指标，含氮量少而含碳水化合物丰富的食品，常测定其有机酸的含量或 pH 值的变化作为指标。

1）挥发性盐基总氮（total volatile basic nitrogen，TVBN）：蛋白质分解后会产生可溶于水的含氮类物质，TVBN 与食品腐败变质程度之间有明确的对应关系。TVBN 是指食品水浸液在碱性条件下能与水蒸气一起蒸馏出来的总氮量。该指标适用于鱼、肉类蛋白和大豆制品腐败鉴定的化学指标。

2）二甲胺和三甲胺：鱼、虾等水产品多用三甲胺测定来表示其新鲜程度。

3）*K* 值（*K* value）：主要适用于鉴定鱼类早期腐败。若 $K \leqslant 20\%$，说明鱼体新鲜；$K \geqslant 40\%$ 时，鱼体开始有腐败迹象。*K* 值是指 ATP 分解的肌苷（HxR）和次黄嘌呤（Hx）低级产物占 ATP 系列分解产物的百分比。

4）pH 值的变化：食品腐败变质初期，pH 值略微降低，随后上升，因此多呈现"V"字形变动。食品中 pH 值的变化，多因微生物或食品原料本身酶的作用，使其 pH 值下降；还可以由微生物的作用所产生的氨而促使 pH 值上升。

（3）物理指标：发生腐败变质的食品物理指标的检测与其蛋白质分解有关。蛋白质分解后会引起其所含的低分子物质增多，可测定食品浸出物量、浸出液电导度、折光率、冰点、黏度等指标，如肉浸出液的黏度测定能直接反映肉类腐败变质的程度。

（4）微生物指标：食品的微生物测定可反映食品被微生物污染的程度及是否发生变质，是判定食品生产的一般卫生状况以及食品卫生质量的重要依据。

2. 食品腐败变质的卫生学意义　食品腐败变质存在的卫生问题包括：①带有使人们难以接受的感官性状变化，如刺激性气味、异常颜色、酸臭味道和组织溃烂现象等。②主要营养成分分解，营养价值严重降低。③腐败变质伴随其菌相复杂和菌量增多，因而增加了致病菌和产毒霉菌等存在的机会，会引起人体的不良反应，甚至中毒现象。近些年来，食品腐败变质引发的中毒事件越来越多，如某些鱼类腐败产生的组胺使人体中毒；脂肪酸败产物引起人的不良反应甚至中毒，以及腐败产生的亚硝胺类、有机胺类和硫化氢等都具有一定毒性。④造成经济损失。

3. 食品腐败变质的控制措施　对于发生腐败的食物，一切处理的前提都必须以确保人体健康为原则。腐败变质的食品要及时准确鉴定，并严加控制，但这类食品的处理还必须充分考虑具体情况。

食品保藏是为达到防止食品腐败变质的目的，通过改变食品的温度、水分、所含氢离子浓度、渗透压以及采用其他抑菌杀菌的措施，将食品中的微生物杀灭或减弱其生长繁殖的能力。但各种食品保藏方法都难以将食品微生物全部杀灭，仅是延长微生物每代繁殖所需的时间。常见的食品保藏方法有化学保藏和物理保藏两种。

（1）化学保藏：包括盐腌、糖渍、酸渍和防腐剂保藏等。

1）盐腌法和糖渍法：通过改变微生物生存环境的渗透压，使菌体原生质脱水收缩，与细胞膜脱离，原生质凝固，从而使微生物死亡。一般盐腌浓度达 10%，大多数细菌受到抑制，但糖渍时浓度必须达到 60%~65%，才较可靠。

2）酸渍法：利用提高氢离子浓度，抑制微生物生长，达到防腐的目的。大多数微生物在 pH<4.5 不能很好生长，如泡菜和渍酸菜的保存。

3）防腐剂保藏：借助天然活性物质和人工合成化学物质，抑制或杀灭食品中引起腐败变质微生物。常用的食品防腐添加剂有防腐剂和抗氧化剂，前者如苯甲酸及其钠盐、山梨酸及其钾盐、生物防腐剂（如尼生素和纳他霉素等），后者可用于防止油脂酸败，如没食子酸丙酯（PG）、叔丁基羟基茴香醚（BHA）和 2，6- 二叔丁基对甲酚（BHT）。

（2）物理保藏：包括低温保藏、高温保藏、干燥脱水保藏和辐照保藏等。

1）低温保藏法：包括冷藏和冷冻两种方式。低温条件降低了食品本身酶活性和化学反应速度，以及微生物生长繁殖速度，可以防止或减缓食品的变质，在一定的期限内，可较好地保持食品的品质。

冷藏是指在不冻结状态下的低温贮藏，一般设定在 -1~10℃范围内。10℃以下大多数微生物难于生长繁殖，尤其是病原菌和腐败菌。冷冻保藏是指在 -18℃以下保藏。-18℃以下几乎所有的微生物不再生长繁殖，因此，冷冻保藏食品可以较长期保藏。其作用机理是 -18℃以下使食品中的微生物处于冰冻状态，细胞内游离水形成冰晶体，使菌体失去了可利用的水分和避免发生一定程度的机械性损伤。水分活性 A_w 值降低，渗透压提高，使细胞内细胞质因浓缩而增大黏性，引起 pH 值和胶体状态的改变，从而使微生物的活动受到抑制甚至死亡。另一方面，机械损伤也直接导致部分微生物的裂解死亡。因此，快速冻结有利于保持食品（尤其是生鲜食品）的品质。

2）高温保藏法：食品通过加热杀菌和使酶失活，达到保藏的目的，主要有巴氏杀菌法、加压杀菌、超高温瞬时杀菌和微波杀菌等。

巴氏杀菌法，又称常压杀菌法，即食品通过加热（100℃以下）以达到杀灭致病菌，破坏及降低腐败微生物数量为目的的一种杀菌方式。巴氏杀菌法适用于牛奶、pH<4.0 的蔬菜和果汁罐头、啤酒、醋、葡萄酒等食品。低温巴氏杀菌法采用 63℃，30 分钟；高温瞬间巴氏杀菌法采用 72℃，15 秒。常压杀菌更多采用水浴、蒸汽或热水喷淋式连续杀菌。

加压杀菌法，常用于中酸性、低酸性罐头食品和肉类食品。加压杀菌温度通常为 100~121℃（绝对压力为 0.2MPa），其杀菌温度和时间随罐内物料、形态、罐形大小、灭菌要求等而异。在罐头食品加工中，常使用 D 值和 F 值来表示杀菌条件。D 值是指在一定温度下，细菌死亡 90%（即活菌数减少一个对数周期）所需要的时间（min）。F 值是指在一定基质中，在 121.1℃下加热杀死一定数量的微生物所需要的时间（min）。由于罐头种类、包装规格大小及配方的不同，其 F 值是不同，因此，每种罐头在其生产上都要预先进行 F 值测定。

超高温瞬时杀菌（ultra high temperature for short times，UHT），适用于热处理敏感的食品，能最大程度地保持食品品质。例如，牛奶在高温下处理时间较长时，易发生一些不良的化学反应，蛋白质和乳糖发生美拉德反应，产生褐变现象；蛋白质分解而产生 H_2S 的不良气味；糖类焦糖化而产生异味；乳清蛋白质变性、沉淀等。

微波杀菌，一般指用频率在 300~30 000MHz 的电磁波，目前多用 915MHz 和 2 450MHz 两个频率。适用于加热含水量高、厚度或体积较大的食品，是一种食品加工新技术，具有快速、节能、对食品的品质影响小的特点。

3）食品的干燥脱水保藏：通过降低食品 A_w 或含水量来抑制可引起食品腐败微生物的生长。传统的干燥食品和冷冻干燥食品均采用这种保藏方式。

4）辐照保藏：亦称“食品照射”或“电离辐射灭菌”，指将食物暴露在游离辐射下，以灭除食物上的微生物、细菌、病毒或微小虫类等。其灭菌原理是以电磁波辐射的能量破坏生物体中的 DNA 结构，使微生物无法再继续繁殖，同时也能造成植物胚芽停止生长分化。

二、食品霉菌与霉菌毒素污染及其预防

霉菌在自然界分布很广，由于其可形成各种微小的孢子，因而很容易污染食品。霉菌及其毒素污染食品后，从食品卫生学角度应该考虑两方面的问题，即霉菌及其毒素通过食品引起食品变质和人畜中毒的问题。

课堂活动

近些年来，发生在我们周围的食品安全事故有哪些？请说明其污染物的来源及可能带来的危害？

（一）霉菌与霉菌毒素污染食品

1. 霉菌与霉菌毒素的概述　霉菌不是生物分类学名称，是一些丝状真菌的通称，它可以迅速蔓延，有的在2~3日内能够布满几厘米，是菌丝体比较发达而且没有较大子实体的一部分真菌。食品中最重要的霉菌是通过子囊孢子、接合孢子和分生孢子来进行繁殖的。与食品卫生关系密切的霉菌大部分属于半知菌纲中的曲霉菌属、青霉菌属和镰刀菌属，在食品中常见的霉菌还有毛霉属、根霉属、木霉属、交链孢霉属和芽枝霉属。

霉菌毒素主要是指霉菌在其所污染的食品中产生的有毒代谢产物，霉菌产毒只限于少数产毒霉菌，而产毒菌种中也只有一部分菌株产毒；霉菌毒素通常具有耐高温、无抗原性、主要侵害实质器官的特性，多数还具有致癌作用；根据霉菌毒素作用的靶器官，霉菌毒素对机体危害有肝脏毒性、肾脏毒性、神经毒性、光过敏性皮炎等。此外，同一菌种中的不同的菌株产毒能力不同，这与菌株本身的生物学特性和生存条件有关。

2. 霉菌与霉菌毒素的危害

（1）霉菌污染引起食品变质：霉菌或其孢子进入食品后，在基质及环境条件适宜时，首先会引起食品的腐败变质，使食品呈现异样颜色、产生霉味等异味；其次造成食品营养价值及商品价值降低，甚至完全不能食用；而且还可使粮谷类食品原料的加工工艺品质下降，如出粉率、出米率、黏度等降低。

（2）霉菌毒素引起人畜中毒：早在19世纪初就有麦角中毒的报道，在世界很多地方也都发生过赤霉病麦中毒。20世纪40年代日本的大米因受青霉菌污染而呈现黄色（黄变米），其中含有损害肝脏的毒素，食用后引起中毒。20世纪60年代又发现被黄曲霉污染并含有黄曲霉毒素的饲料引起畜禽中毒。

霉菌毒素污染食品多引起人畜中毒，但没有传染性，可与传染病相区分；霉菌的大量生长繁殖并产生毒素是霉菌毒素中毒的前提。霉菌毒素中毒需要合适的生长条件，如温度、湿度、通风条件等，所以经常表现出较明显的地域性和季节性，有些中毒甚至具有地方病的特征。

（二）食品中主要产毒霉菌及主要霉菌毒素

1. 主要产毒霉菌

（1）曲霉菌属：曲霉在自然界分布极为广泛，对有机质的分解能力很强，是重要的食品污染霉菌，可导致食品发生腐败变质，有些菌种还可产生毒素。例如，曲霉属中可产生毒素的菌种有黄曲

霉、赭曲霉、杂色曲霉和寄生曲霉等。此外，曲霉属中有些菌种如黑曲霉等被广泛用于食品工业。

（2）青霉菌属：青霉分布广泛，种类很多，多存在于土壤、粮食及果蔬中，是引起水果、蔬菜、谷物及食品腐败变质的主要霉菌菌种。有些菌种及菌株同时还可产生毒素，包括岛青霉、桔青霉、黄绿青霉、扩展青霉、皱褶青霉和荨麻青霉等。此外，青霉菌属有些菌种具有很高的经济价值，能产生多种酶及有机酸。

（3）镰刀菌属：镰刀菌属中大部分菌种是植物的病原菌，并能产生毒素，包括梨孢镰刀菌、拟枝孢镰刀菌、三线镰刀菌、雪腐镰刀菌、粉红镰刀菌等。

2. 主要霉菌毒素　目前已知的霉菌毒素约有200种。与食品污染关系密切的霉菌毒素有黄曲霉毒素、镰刀菌毒素、展青霉素等，此外还有杂色曲霉毒素、桔青霉毒素、黄绿青霉毒素、黄天精、红天精等。这些霉菌毒素易污染谷类、大米、大麦、玉米等作物，对动物均有较强的毒性。

（三）食品霉菌污染的预防措施

食品霉菌污染的预防措施主要以防霉为主，去除毒素为辅的原则，加强食品卫生安全管理，以及加强监测易污染食品。

1. 食品防霉　是预防食品被黄曲霉毒素污染的最根本措施。从食品生产安全体系方面考虑，应从田间开始防霉，例如要防虫、防倒伏；在收获时要及时排除霉变玉米棒；粮食入仓后，要保持粮库内干燥，注意通风。此外，选用和培育抗霉菌的粮谷新品种也是粮食作物防霉工作的一个重要方面。

2. 去除毒素　目前常用的霉菌毒素去除方法有挑选霉粒、碾压加工、加水搓洗、植物油加碱法、物理去除和紫外线照射等。

3. 加强卫生知识的宣传教育。

三、食源性寄生虫和病毒对食品的污染

（一）食源性寄生虫对食品的污染

寄生虫（parasite）是一种需要有寄主才能存活的生物，生活在寄主体表或体内，包括吸虫、蛔虫、螨虫、旋毛虫等。寄生虫及其虫卵直接污染食品或通过患者、患畜的粪便污染水体或土壤后，再污染食品，人经口摄入而发生食物源性寄生虫病。食品中常见的寄生虫包括猪囊尾蚴、旋毛虫、华支睾吸虫等。

1. 寄生虫的传染源和传播途径　食品中寄生虫的传染源是感染了寄生虫的人和动物，包括患者、病虫、携带寄生虫的宿主。其传播途径主要是消化道，寄生虫从传染源通过粪便排出，污染环境，进而污染食品。人体感染食源性寄生虫病，多因生食含有感染性虫卵的蔬菜或未洗净的蔬菜和水果所致（如蛔虫），或者因生食或半生食含感染期幼虫的畜禽肉类、鱼虾贝类而受感染（如旋毛虫）。

寄生虫通过食物传播的途径主要有以下三种：①人—环境—人，如蛔虫等；②人—环境—中间宿主—人，如猪肉绦虫等；③携带寄生虫的宿主—人，或携带寄生虫的宿主—环境—人，如旋毛虫等。

2. 寄生虫污染的主要预防措施　寄生虫污染大多与未加热的生食和即食制品的交叉污染有关。无论是哪种寄生虫，其存活的两个主要因素是合适的寄主和合适的环境（温度、水、盐度等）。

预防寄生虫污染的措施如下：①需要消除传染源。在寄生虫的流行区域开展普查、防疫、检疫、驱虫和灭虫工作，一旦发现患者和患畜，及时进行药物治疗。②加强食品卫生监督检验和卫生宣传教育。加强食品中寄生虫的检验，合理处理带寄生虫的畜肉、鱼贝类和其他食品，禁止其上市出售；严禁用含有寄生虫的原料加工食品；保持饮用水和食品加工用水的卫生。同时，做好食品安全知识的宣传，教育人们改变不良饮食习惯。不进食生食或半生不熟的食品以及没有腌透、熏熟的食品，蔬菜和水果在食用前应清洗干净，不饮用生水和生乳，饭前便后要洗手。此外，及时切断寄生虫及其虫卵传播途径。选择适宜方法消灭中间宿主，消除苍蝇、蟑螂、老鼠等传播媒介。③保持环境卫生。适当处理人类、动物的排泄物，充分利用堆肥、发酵、沼气等多种方法处理粪便，以杀灭其中的寄生虫虫卵，使其达到无害后方可使用；同时在寄生虫流行的地区，严禁放牧。

（二）病毒对食品的污染

与细菌不同，病毒只是简单地存在于被污染的食物中，它是最小和最简单的生命形式，但不能在食品中繁殖和生长。食源性病毒是指以食物为载体，导致人类患病的病毒，包括：①以粪—口途径传播的病毒，如脊髓灰质炎病毒、小圆结构病毒、轮状病毒、冠状病毒、环状病毒和戊型肝炎病毒；②以畜禽产品为载体传播的病毒，如禽流感病毒、朊病毒和口蹄疫病毒等。

目前，众多食源性病毒引起的疾病还没有很好的治疗方法，因而，讲究卫生和严格规范食品加工过程中的操作方法是预防和杜绝食源性病毒传播所必需的。病毒污染的主要预防措施包括：①加强卫生教育，提高食品安全意识；②严格执行食品安全操作制度，对食品进行高温消毒，对饮食环境和餐饮设备也要采取相关消毒措施；③养成良好的卫生习惯，经常对手进行清洗消毒。

点滴积累

1. 细菌菌落总数和大肠菌群是用于反映食品卫生质量的主要细菌污染指标。
2. 食品腐败变质的鉴定指标：感官评定、化学指标、物理指标和微生物指标。
3. 食品霉菌污染的预防措施主要以防霉为主，去除毒素为辅。
4. 美拉德反应（Maillard reaction）由法国化学家 L. C. Maillard 在 1912 年提出，又称羰氨反应，是食品中的羰基化合物（还原糖类）和氨基化合物（氨基酸和蛋白质）经过复杂的反应最终生成褐色或黑色大分子物质（称为类黑精或拟黑素）的反应。作为一种广泛存在于食品工业的非酶褐变反应，美拉德反应可以使食品带有令人愉悦的色泽和香气，被应用于烤面包、烤馒头，以及肉类香精和烟草香精的生产中。但是，美拉德反应会造成食品营养成分损失、产物不能被消化，甚至产生丙烯酰胺等有毒物质。

第三节　化学性污染

食品化学性污染是指无意中进入到食物中的有毒、有害化学物质而引起的污染，是食品污染的重要组成部分。化学性污染的来源复杂，种类繁多，对人体健康具有显著危害，可引起急性中毒，同时还有致畸、致癌、致突变等远期效应。

化学性污染来源主要有：①生产、生活和环境中的污染物，如农兽药、有害金属、二噁英等。②在食品加工贮存期间产生的物质，如 *N*- 亚硝基化合物、丙烯酰胺、氯丙醇等。③从生产加工、运输、贮存和销售工具、容器、包装材料及涂料等途径进入食品中的原料材质、单体及助剂等。④滥用食品添加剂等。

基于上述原因，食品化学性污染一直以来都是人们关注的热点，了解化学污染物种类，查明污染途径，明确危害，形成相应的防控技术，是食品卫生监督管理的重要内容和主要工作。

一、农药对食品的污染

（一）农药

早在公元前 1550 年，人们就知道某些化学物质具有驱虫防病的作用。之后，随着工业水平的不断提高，这些化学物质被分离出来，经综合调配，广泛应用于现代农业生产中。一般认为农药是指用于防治对农牧业生产有害的生物和调节植物生长的化学药品，主要分为天然和人工合成两种。

（二）农药污染食品的途径

农药污染食品的途径大致可以分为 4 类，一是直接污染；二是间接污染；三是通过食物链污染；四是加工和储运过程中的其他污染。

1. 直接污染　农产品是食品生产的主要原材料，而在栽培种植过程中，为降低农作物受病虫害的影响，往往需喷施一些农药。这些喷施的农药，特别是农药的不规范施用往往会导致农药残存于农产品表面或内部，而直接造成食品的农药污染。另外，初加工食品，特别是无包装的食品，在贮藏过程中，为降低虫害和真菌的危害，也需喷施一些农药，这些农药的不规范施用也是造成食品直接污染的重要途径。

2. 间接污染　农药，特别是一些毒性高的农药，多具有残留时间长的特点，如我国已禁用的 HCH、DDT 等，其中 HCH 的土壤残留期为 3~5 年，DDT 残留期为 3~10 年。采用此类被污染的农田种植农产品，也会造成食品农药的间接污染。此外，农药喷施过程中，约有 40%~60% 农药沉降至土壤中，5%~30% 的药剂扩散于大气中，并逐渐累积，这些累积的农药可通过土壤、水和大气等途径进入农产品或食品，造成间接污染。

3. 通过食物链的污染　顾名思义，食物链污染主要是指农药经食物链传递、富集、积累和生物放大，而致使食品被农药污染。如农药经饲草—奶牛而造成的生鲜乳农药污染等，此处只是以生鲜乳为例，描述通过食物链的农药污染，并不表明生鲜乳中确实存在此类污染。

4. 其他途径　主要包括加工和储运中造成的污染，如误用造成的意外污染以及非农用杀虫剂污染等。

（三）常用农药的危害

1. 有机氯农药　有机氯农药是一类含氯的烃类、碳环或杂环化合物，多用于农作物的虫害防控，农业生产应用较早。如多种禁限用或高毒农药 DDT、HCH、林丹、毒杀酚等均属有机氯农药。该类农药化学性质稳定，难降解，具有脂溶性，易在土壤、水、大气等环境介质中长时间存在，且能在不同环境介质之间迁移转化，对人类健康和自然环境危害较大。

有机氯农药容易随食物链富集放大，在肝、肾、心等组织中蓄积，具有神经毒性、致癌性、生殖毒性及出生缺陷等毒害作用。有机氯农药被认为与记忆衰退、视神经萎缩和阿尔茨海默病等疾病具有一定的潜在联系；同时，有机氯农药对食管癌、非霍奇金淋巴瘤、胰腺癌、前列腺癌、结直肠癌、乳腺癌的发生也有一定诱发作用；在生殖毒性方面，有机氯农药可增大患子宫内膜异位症的风险，可导致女性内分泌紊乱、月经不调等，能抑制卵巢合成孕酮，进而对胚胎着床产生不良影响；在出生缺陷方面，人体内蓄积的有机氯农药可以通过乳汁以及胎盘传递给子代，引起子代免疫系统、生殖力降低和出生低体重等缺陷。

2. 有机磷农药　有机磷农药是我国一段时期内应用较为广泛的一种杀虫剂。乐果、氧化乐果等均属此类农药。其药效强、用途广、易分解，在人、畜体内一般不积累，部分急性毒性很强。

研究表明，长期低剂量暴露于有机磷农药环境中会造成机体多部位损伤，癌症、阿尔茨海默病、帕金森综合征、糖尿病等都与包括有机磷农药在内的环境污染物有关。有机磷农药与儿童社会情感问题，如孤独症、脑性瘫痪和精神发育迟滞等疾病间具有一定的潜在联系。此外，该类农药还可抑制胆碱酯酶活性，引起胆碱能神经功能紊乱。

3. 氨基甲酸酯类农药　氨基甲酸酯类农药属杀虫剂，具有杀虫广谱、对人畜低毒、选择性强、合成简单等特点。灭多威、涕灭威、西维因、叶蝉散、呋喃丹、异索威等均属此类农药。该类农药具有一定的水溶性，可经雨水的冲刷、河流及大气的搬运作用进入湖泊、海洋。

氨基甲酸酯类农药可对农作物、水产品产生直接污染或通过食物链传递富集存在于动物性来源的食品中，从而对人类的健康产生威胁。氨基甲酸酯类农药可对职业暴露人群的精液质量产生一定影响，造成精子 DNA 损伤。此外，该类农药还有导致人淋巴细胞染色体畸变，引起细胞微核率升高，致使人外周血淋巴细胞 DNA 损伤，引起人体内分泌失调，干扰生物体内正常的生理活动，诱发不同程度的生殖毒性等毒害作用。

4. 拟除虫菊酯农药　拟除虫菊酯类农药是以天然除虫菊素为先导物合成的一类化合物。与有机氯、有机磷和氨基甲酸酯类农药相比，该类农药具有高效、低毒、低残留、用量少、相对安全等特点。常见拟除虫菊酯类农药包括敌杀死、高效氟氯氰菊酯、溴氰菊酯、氯氰菊酯等。

基于上述特点，近年来，该类农药的使用量大幅增加，年均增长率达 11.6%，在全球杀虫剂市场中排名第二，随着使用量的不断提高，人类和环境生物接触到拟除虫菊酯类农药的风险也越来越大。研究表明，拟除虫菊酯类农药对非靶标生物具有神经和内分泌干扰发育及生殖毒性等多方面的毒理学效应。

（四）农药污染食品防范措施

1. 合理规范使用农药是降低食品农药污染的重要措施。具体可依据《农药安全使用标准》（GB 4285）和《农药合理使用准则》（GB 8321.1~GB 8321.9）进行农药的规范使用。上述标准对主要作物常用农药的用药剂量、用药次数以及安全间隔期进行了详细规定，规定了最高用药量或最低稀释倍数，最高使用次数和安全间隔期（最后一次施药到距收获时的天数）。

2. 加快高效低残留新农药的研究与推广是现行农业生产中不可或缺的重要组成部分，因此可在满足病虫害防控的基础上，集大学、科研院所和社会各界之合力，进行低残留农药的研究开发，同时加快适宜农药的推广应用，逐步降低农药对食品的污染。

3. 不断充实和完善食品中残留农药限量标准。标准是评判农药使用规范程度的重要依据，故在进行农药新产品的研究开发中，还应配套开展对应残留限量的研究探讨，为新农药的规范施用提供依据。

4. 关于加强对农药及化肥的生产经营和管理，许多国家都有严格的农药管理和登记制度。我国国务院1997年发布的《农药管理条例》中规定由国务院农业行政主管部门负责全国的农药登记和农药监督管理工作。同时还规定了我国实行农药生产许可制度，未取得农药登记和农药生产许可证的产品不得生产、销售和使用。

5. 开展降解或消除技术的研究集成，通过加工技术，降低食品农药污染程度。开展加工原料中主要残留农药种类、分布规律及其特性的研究探讨，在此基础上，依据研究结果，结合目标食品工艺特点，增加有效的工艺环节，降低食品的农药污染。如对易溶于水、化学性质不稳定的农药，可通过去皮、淋洗或热处理等方法，降低残留水平。

二、兽药对食品的污染

1. 兽药 指用于预防、治疗、诊断畜禽等动物疾病，有目的地调节其生理机能并规定了其作用、用途、用法、用量的物质（含饲料药物添加剂）。

2. 兽药污染食品的途径 兽药对食品的污染途径相对单一，主要有两种。一是未按规范用药，包括非法使用违禁或淘汰药物、滥用药物、未执行休药期等，造成畜禽中残留的兽药污染食品；二是环境污染等带来的兽药残留。

3. 常用兽药的危害 目前常用对人畜危害较大的兽药及兽药饲料添加剂主要包括抗生素，合成抗菌药物类，抗寄生虫药，杀虫剂，磺胺类、呋喃类和激素类等药物。这些兽药的毒性表现主要是过敏变态反应、致癌、致畸、致突变等。同时，兽药的分解物或在动物和人体内的代谢物也可能有毒性，甚至毒性更强，这还有待于进一步研究证实。

4. 兽药污染食品预防措施 通过法律、技术、管理、保障机制、消费导向等方法，督促和保障生产者按照要求进行畜禽的饲养、管理、加工和运输，使动物性食品中的兽药残留处于可接受的水平。具体措施包括制定和颁布养殖标准，实现标准化养殖，确保畜禽产品质量；建立健全的可追溯体系，提高生产者的自律意识；开发低残留兽药新制剂等。

三、食品加工过程中形成的有害物质对食品的污染

食品加工过程中，形成有害物质主要包括*N*-亚硝基化合物、多环芳烃化合物、杂环胺类化合物、丙烯酰胺和氯丙醇。

（一）*N*-亚硝基化合物

1. *N*-亚硝基化合物的基本结构是 $R_1(R_2)=N-N=O$，可分为*N*-亚硝胺和*N*-亚硝酰胺，前者化学性质稳定，不易水解，在中性和碱性环境中稳定，在酸性和紫外光照射下可缓慢裂解；后者化学性质活泼，在酸碱下均不稳定。

2. 污染来源　*N*-亚硝基化合物是由两类前体化合物在适合的条件下合成：一类为仲胺和酰胺，另一类为硝酸盐亚硝酸盐。这两类前体广泛存在于各种食物中，如畜禽肉类及水产品中的蛋白质，在烘烤、腌制、油炸等过程中，蛋白质会分解产生胺类；贮存过久的新鲜蔬菜、腐烂蔬菜及放置过久的煮熟蔬菜中的硝酸盐在硝酸盐还原菌的作用下会转化为亚硝酸盐；乳制品中含有枯草杆菌，可使硝酸盐还原为亚硝酸盐；腌制肉制品时应防腐要求加入的硝酸盐和亚硝酸盐等。胃是人体内合成亚硝基化合物的主要场所，当胃部患有炎症时，胃酸分泌减少，胃内细菌繁殖，细菌可促进*N*-亚硝基化合物的合成。

3. 危害　*N*-亚硝基化合物可通过消化道、呼吸道、皮肤接触或皮下注射诱发肿瘤。一次大剂量摄入，可产生以肝坏死和出血为特征的急性肝损害。长期小剂量摄入，则产生以纤维增生为特征的肝硬化，并在此基础上发展为肝癌。关于致癌的机制，两类*N*-亚硝基化合物有所不同。亚硝酰胺（如甲基亚硝基脲、甲基亚硝基脲烷、甲基亚硝基胍）本身为终末致癌物，无须体内活化就有致癌作用，而亚硝胺（如二甲基亚硝胺、吡咯烷亚硝胺）本身是前致癌物，需要在体内活化、代谢产生自由基，使核酸或其他分子发生烷化而致癌。

4. 预防措施　预防*N*-亚硝基化合物中毒的关键是减少食品中的*N*-亚硝基化合物前体物质，具体措施包括：避免食物霉变或被其他微生物污染、减少食品加工过程中硝酸盐和亚硝酸盐的使用量、避免施用钼肥、使用阻断剂减少亚硝胺的形成等。另外，保持良好的饮食习惯，如少吃暴腌菜等也是防止*N*-亚硝基化合物中毒的良好措施。

（二）多环芳烃化合物

1. 多环芳烃是指由2个或2个以上苯环以线状、角状、簇状等排列方式构成的一类有机化合物。常见具有致癌作用的此类化合物多为四到六环的稠环化合物，如苯并芘、苯并蒽和苯并荧蒽等。

2. 污染来源　该类化合物污染食品的方式包括：①环境污染，食品加工原材料受到污染；②在收获运输等过程中直接接触导致污染；③加工过程中产生，如油料的炒籽、脱臭，食品的烧烤、煎炸、烟熏等。

3. 危害　多环芳烃主要通过食物或饮水进入人体，在肠道内被吸收，进入血液后很快分布于全身。乳腺和脂肪组织可蓄积苯并芘。动物实验发现，此类化合物具有致癌、致畸、致突变毒害作用，经口摄入的苯并芘可通过胎盘进入胎仔体内，引起毒性及致癌作用。

4. 预防措施　控制食品加工原料包括动物性和植物性原料的生长环境，尽可能地减少环境因素带来的污染；优化食品生产工艺，改善原材料干制方式、食品加工方式、加工时间、温度条件等，减少加工过程带来的污染；选择合适的包材和贮存方式，降低因迁移而导致的污染等。

（三）杂环胺类化合物

1. 杂环胺类是由碳、氮与氢原子组成具有多环芳香烃结构的化合物，从化学结构上可分为氨基咪唑氮杂芳烃类和氨基咔啉类两大类。

2. 污染来源　杂环胺类化合物主要是畜禽肉、鱼肉等蛋白质含量丰富的食物在经长时间高温烹调加工时产生的。

3. 危害　杂环胺类化合物的主要生物学危害是致突变和致癌。如肉类烤焦后生成的此类物质会促使小白鼠前列腺发生癌变，诱导大鼠结肠癌和乳腺癌，并可在怀孕的啮齿动物内经胎盘转移，从授乳动物转移给吸乳的幼小动物，继而致癌和产生毒性作用等。

4. 预防措施　肉中的前体物、脂肪、水分、抗氧化剂、加工方式以及加工温度和时间等都是影响食品杂环胺类化合物生成量的因素。由此，依据前体物特性，选择适宜的加工方式、控制选用合理的温度和处理时间是降低此类化合物污染的有效措施。

（四）丙烯酰胺

1. 丙烯酰胺是一种无色、无味的小分子有机物，具有良好的水溶性，多存在于油炸和焙烤类淀粉基质食品中。

2. 污染来源　食品中的丙烯酰胺主要来源于美拉德反应，原料中天冬酰胺和还原糖是美拉德反应中丙烯酰胺形成的主要前体物质。

3. 危害　日常饮食中摄入丙烯酰胺会提高肾癌和乳腺癌的风险，动物实验表明：丙烯酰胺会引发神经毒性和遗传毒性，导致基因突变和 DNA 损伤，属二类致癌物。此外，丙烯酰胺对神经系统也有一定的损害作用，作用部位大致在皮质下，受损部位包括大脑皮质、小脑、视丘、苍白球、杏仁核、脊髓前角细胞、脊神经节细胞和周围神经远端部分。

4. 预防措施　直接去除食品中的丙烯酰胺很难，只能通过一些技术方法降低食品中的丙烯酰胺含量，常用方法有调整加工工艺法、食品添加剂法、生物法以及复合法。

（五）氯丙醇

1. 氯丙醇一般指丙三醇上的羟基被 1~2 个氯原子取代所形成的一类同系物、同分异构体的总称。

2. 污染来源　主要来源是食品生产加工中用盐酸水解工艺生产水解植物蛋白过程；另外，高温烘焙、熏制食品和油脂类食品的精炼过程也会产生一定量的氯丙醇。

3. 危害　主要是致死作用与胸腺萎缩、氯痤疮、肝毒性、免疫毒性、发育毒性和致畸性、生殖毒性，属Ⅰ级致癌物。

4. 预防措施　现行可应用于减少食品生产过程中氯丙醇污染的技术方法主要有两种，一种是降解法，即通过生物或化学降解方法，减少食品中氯丙醇含量；另一种是工艺改进法，此类技术方法主要是通过酶法或酸酶结合法取代盐酸水解工艺，降低氯丙醇生成量。

四、有害金属及非金属对食品的污染

人体中含有很多金属及非金属元素，如钙、磷是构成机体组织的重要成分，钾、钠是具有生理功能的重要物质。但有些元素不是人体所需，摄入过量还会引起中毒，如镉、铅、汞、砷等，这些均被称为有害金属及非金属。食品中有害金属及非金属的来源主要是农业化学物质、排放的工业三废、自然环境以及食品加工过程等。

与非金属相比，控制有害金属对食品的污染，更为迫切和重要。镉、铅、汞、砷是污染食品的重要有害金属。

（一）镉

1. 污染途径　植物性食品与动物性食品中镉的污染途径有所不同。其中，植物性食品中的镉污染主要来源于冶金、冶炼、陶瓷、电镀工业及化学工业等排出的三废；动物性食物来源于自然环境，如大气、水、土壤，循环往复通过食物链进入人体。

2. 危害　镉对体内巯基酶具有较强的抑制作用，长期摄入镉后可引起镉中毒，主要损害肾脏、骨骼和消化系统，特别是损害肾近曲小管上皮细胞，影响重吸收功能，临床上会出现蛋白尿、氨基酸尿、高钙尿和糖尿，使体内呈负钙平衡而导致骨质疏松症。日本神通川流域的“骨痛病”（痛痛症）就是由于镉污染造成的一种典型的公害病。此病的主要特征是背部和下肢疼痛、行走困难、蛋白尿、骨质疏松和假性骨折。

（二）铅

1. 污染途径　铅在自然界以化合物状态存在，为质软强度不高的重金属。食物中的铅来源包括环境污染导致动植物原料中含有过量的铅；另外，食品添加剂以及接触食品的管道、容器、器具和涂料等也是食品中铅的重要污染途径。

2. 危害　铅的毒性作用主要是损害神经系统、造血系统和肾脏。食物铅污染中毒主要是慢性损害作用，主要表现为贫血、神经衰弱、神经炎和消化系统症状，如食欲缺乏、胃肠炎、口腔金属味、面色苍白、头昏、头痛、乏力、失眠、烦躁、肌肉关节疼痛、便秘、腹泻等，严重者可导致铅中毒性脑病。儿童摄入过量铅可影响其生长发育，导致智力低下。

（三）汞

1. 污染途径　食品中的汞污染途径主要是环境污染。

2. 危害　无机汞化物多引起急性中毒，有机汞多引起慢性中毒。有机汞在人体内的生物半衰期平均为 70 天左右，而在脑内半衰期为 180~250 天。甲基汞可与体内含巯基的酶结合，成为酶的抑制剂，从而破坏细胞的代谢和功能。慢性甲基汞中毒的病理损害主要为细胞变性、坏死，周围神经髓鞘脱失。中毒表现起初为疲乏、头晕、失眠，而后感觉异常，手指、足趾、口唇和舌等处麻木，严重者可出现共济失调、发抖、说话不清、失明、听力丧失、精神紊乱，甚至可因疯狂痉挛而死。

（四）砷

1. 污染途径　砷是具有金属光泽的类金属，存在于岩石、土壤和水中。多被用于农作物除草剂、杀虫剂和各种防腐剂的生产中，不规范使用上述制剂可造成农作物砷污染，使食品中砷含量升高。

2. 危害　无机砷化合物一般都有剧毒，对消化道有直接腐蚀作用，使接触部位产生溃疡、糜烂、出血甚至坏死。砷在细胞内与酶的巯基结合可使其失去活性，引起细胞死亡，如发生在神经细胞，可引起神经系统病变。砷还可以麻痹血管运动中枢和直接作用于毛细血管，使血管充血，但血压下降。砷中毒严重者可出现肝脏、心脏及脑等器官的缺氧性损害。

（五）有害金属污染食品的预防措施

不同有害金属的来源不同，且有害金属对食品的污染还呈现较强的地域性。由此，应因地制宜，查明来源，依据来源特点，制定相应的防控技术方法，预防有害金属污染食品。

五、食品容器和包装材料对食品的污染

食品容器、包装材料是指包装、盛放食品用的塑料、纸、金属、竹、木、搪瓷、陶瓷、橡胶、天然或化学纤维和玻璃制品。塑料、橡胶、陶瓷、搪瓷是主要的包装容器或包装材料。食品在生产加工、储存运输、流通使用中都离不开包装材料，但很多包装材料可能对食品造成生物、化学性污染。

（一）常见容器和包装材料

1. 塑料　塑料是重要的食品包装材料，应用于食品包装领域的塑料制品，主要有以下 4 类。

（1）聚乙烯（PE）和聚丙烯（PP）：聚乙烯塑料是由乙烯单体聚合而成。其透明度不高、防湿性好、柔性好、有一定的拉伸和撕裂强度，化学稳定性好、毒性较小，一般日常使用的塑料袋多为此类材质。

聚丙烯塑料是由丙烯单体聚合而成。质量轻，透明度、光泽度好，具有优良的机械性能、拉伸强度、硬度和韧性，耐热性好，是目前使用最为广泛的食品包装复合薄膜的基材。

（2）聚苯乙烯（EPS）：普通的聚苯乙烯树脂为无毒、无臭、无色透明颗粒，似玻璃状脆性材料，其制品具有极高的透明度，透光率可达 90% 以上，具有刚性及耐腐蚀性好的特点。

（3）聚氯乙烯（PVC）：聚氯乙烯成品无增塑剂异味，机械强度优良，质轻，化学性质稳定。目前超市用于盒装食品的保鲜膜及食品包装盒大多为此类材料。

（4）聚偏二氯乙烯（PVDC）：聚偏二氯乙烯是由偏氯乙烯单体聚合而成的高分子化合物。主要作为火腿肠等灌肠食品的肠衣。

上述塑料包装材料通常由一种或几种活性单体合成，这些单体在不恰当的使用过程中，极易被人体吸收，造成危害，有害单体主要是苯乙烯、氯乙烯、双酚 A、异氰酸酯、己内酰胺和三聚氰胺，其毒害作用主要包括以下几个方面。

（1）长期接触苯乙烯可对神经、血液、免疫系统、生殖系统及肝脏、肺、肾脏等多器官造成损伤。

（2）氯乙烯可能是一种多系统、多器官的致癌剂，可诱发人类除肝血管肉瘤外的其他肿瘤，如肺癌和脑肿瘤等，其次还可引起肢端溶骨症、雷诺病、硬皮综合征、血小板减少、神经衰弱等。

（3）双酚 A 化学结构与雌激素类似，属内分泌干扰物，具有弱雌激素活性和强抗雄激素活性，能直接或间接通过其衍生物干扰生物的正常内分泌功能。

（4）异氰酸酯属于剧毒类挥发物，可通过呼吸道和皮肤进入体内，导致哮喘等一系列肺部疾病。

（5）己内酰胺易经皮肤吸收，导致全身性皮炎以及神经衰弱。

（6）三聚氰胺能给人带来不同程度的危害，特别是婴幼儿长期接触三聚氰胺会导致泌尿系统异常，并引发肾衰竭。

2. 橡胶　橡胶分为天然橡胶、合成橡胶两大类，两者都是高分子化合物，用于制造瓶盖、奶嘴、橡胶管道等。天然橡胶不能被消化酶分解，也不能被细菌、霉菌的酶所分解，所以天然橡胶本身既不

分解，也不被人体吸收，一般认为无毒。合成橡胶有多种，包括硅橡胶、丁橡胶、苯乙烯丁二烯橡胶等，有害程度各不相同。

3. 陶瓷、搪瓷及其他包装材料　陶器、瓷器表面材料的主要成分为各种金属盐类，如铅盐、镉盐，同食品长期接触容易融入食品，特别是易溶于酸性食品如食醋、果汁、酒等，会导致食用者中毒。另外，陶器、瓷器制作过程中坯体上涂的彩釉、瓷釉、陶釉等的溶出也是造成食品污染的潜在危害。

除上述材料外，纸、金属和玻璃制品也是重要食品的包装材料，其中纸制品加工过程中使用的与接触食物易发生反应和迁移的助剂、油墨、金属以及玻璃着色剂等也是造成食品化学性污染的重要因素。

课堂活动

如果有新的原材料用作食品容器投产，在广泛推行过程中如何预防食品的化学性污染？

（二）容器和包装材料污染食品的预防措施

容器和包装材料多为独立生产，由此，如何保障容器和包装材料的安全性是防止其对食品造成污染的主要方法。具体可通过建立健全的食品包装法规制度及其标准，加强监督，确保使用的容器和包装材料稳定、安全；加强新型、绿色、可食性包装的研究应用等方法，提高食品容器和包装材料的安全性。

点滴积累

1. 有害金属元素伤害的主要靶器官　镉—肾脏、骨骼和消化系统；铅—神经系统、造血系统和肾脏；汞—神经系统；砷—各系统癌症。
2. 农药污染食品的4条途径　①直接污染；②间接污染；③通过食物链污染；④加工和储运过程中的其他污染。

第四节　物理性污染

一、食品的杂物污染

（一）污染途径

1. 生产时的污染　包括灰尘和烟尘的污染；粮食收割时草籽的混入；动物宰杀时血污、毛发、粪便的污染等。

2. 食品贮存过程中的污染　如昆虫的尸体、鼠或雀的毛发、粪便等对食品的污染，食品包装容器和材料的污染。

3. 食品运输过程中的污染　如运输车辆、装运工具、不清洁的铺垫物和遮盖物的污染。

4. 意外污染及掺假。

（二）预防措施

1. 加强食品生产、贮存、运输、销售过程的监督管理，执行 GMP。

2. 通过采用先进的加工工艺设备和检验设备，如筛选、磁选和风选去石，清除杂草籽及泥沙石灰等异物，定期清洗专用池、槽，防尘、防蝇、防鼠、防虫，尽量采用食品小包装。

3. 制定食品卫生标准，如 GB/T 1355《小麦粉》中规定了磁性金属物的限量。

二、食品的放射性污染

（一）食品中的天然放射性核素

由于存在与生长环境间固有的物质交换，大多数动植物性食品中会含有不同程度的天然放射性物质，又称为“食品的天然放射性本底”。食品中天然放射性核素主要是 ^{40}K 和少量的 ^{226}Ra、^{228}Ra、^{210}Po 以及天然钍和天然铀等。

（二）环境中人为的放射性核素污染及其向食品中的转移

1. 环境中人为的放射性核素污染 人类活动引起食品中放射性核素的输入主要包括核爆炸、核废料排放和意外事故 3 个方面。

（1）核爆炸：原子弹和氢弹在爆炸时产生大量的放射性物质。一次空中核爆炸产生的放射性物质，统称为放射性尘埃。大气中的放射性尘埃可在局部和全球造成污染。

（2）核废物排放：核工业生产中的采矿、冶炼、燃料精制、浓缩、反应堆组件生产和核燃料再处理过程均可通过废物的排放污染环境，进而污染食品。

（3）意外事故：意外事故造成的放射性核素泄漏，主要是局部污染，可导致食品含有很高的放射性。

知识链接

放射性核素

相对于稳定性核素来说，放射性核素也叫不稳定核素，不稳定的原子核能自发地放出射线（如 α 射线、β 射线等），通过衰变形成稳定的核素。

2. 环境中放射性核素向食品转移途径 环境中放射性核素可以通过食物链向食品迁移，主要有以下 3 条途径。

（1）向水生生物体内转移：放射性核素进入水体后可溶解于水或者以悬浮状态存在。由于放射性物质和含有放射性核素的水生生物残骸可长期沉积于水底，不断释放放射性核素，因此即使消除了放射性污染源，该水体仍旧可以保持长时间的放射性，使水生生物继续受到污染。

（2）向植物转移：含有放射性核素的雨水、污水污染环境后，植物表面吸附的放射性核素可直接渗透入植物组织，植物的根系也可从土壤中吸收放射性核素。

（3）向动物转移：环境中的放射性核素可通过牧草、饲料和饮水等途径进入动物体内，半衰期

长的 ^{90}Sr 和 ^{137}Cs 等是食物链中的重要核素，可造成对动物的污染，并可进入奶制品和蛋中。

3. 食品中常见的放射性核素污染

（1）^{131}I：是核爆炸早期及核反应堆运转过程中产生的主要裂变物。进入消化管可完全被吸收，并富集于甲状腺内。^{131}I 可通过侵染牧草污染牛奶。

（2）^{90}Sr：在核爆炸中产生，因其半衰期较长（约 29 年），可在环境中长期存在，造成全球性沉降。^{90}Sr 广泛存在于土壤中，是食品放射性核素污染的主要来源。

（3）^{137}Cs：半衰期长达 30 年，非常容易被吸收并参与钾的代谢过程，主要通过肾脏排出，部分通过粪便排出。

课堂活动

如果你是东京电力公司的负责人，从食品安全的角度，当发生核电站的事故后，应该从哪些方面进行监测，采取什么样的防控措施防止水生生物受到进一步的污染？

（三）食品放射性污染对人体的危害

环境中的放射性物质通过各种环节进入人体，造成多方面的危害，主要表现为对免疫系统、生殖系统的损伤和致畸、致癌、致突变作用。

（四）食品放射性污染的预防

1. 加强污染源管理，严防泄漏，杜绝不规范排放。
2. 强化卫生监督，摸排风险，做好预警，严防污染的发生、发展。
3. 健全限量标准，为其危害程度的科学研判和有效防控奠定基础。

点滴积累

1. 食品中的物理性污染通常指食品生产加工过程中混入食品的杂质超过规定的含量引起的食品安全问题。
2. 环境中放射性核素向食品转移的途径包括：向水生生物体内转移，向植物转移，向动物转移。
3. 辐照食品在安全剂量范围内照射，是安全并且对人体无害的。

目标检测

一、选择题

（一）单项选择题

1. 对食品发生腐败变质与发酵起决定作用的是（　　）

A. 微生物　　B. 食品本身的性质　　C. 食品所处的环境因素

D. 食品的种类　　E. 化学污染物

2. 食品的水分活性（活度）在（　　）时，微生物容易生长繁殖而造成食品腐败变质。

A. >0.6　　B. <0.6　　C. <0.4

D. >0.4　　E. 0.4~0.6

3. 食品腐败是指食品中的化学成分向（　　）物质变化。

A. 无害小分子　　B. 无害大分子　　C. 有害小分子

D. 有害大分子　　E. 化学物质

4. 巴氏杀菌的温度和时间为（　　）

A. 60℃ 30 分钟　　B. 60℃ 40 分钟　　C. 80℃ 50 分钟

D. 80℃ 60 分钟　　E. 85℃ 15 分钟

5. 高能射线辐照食品贮存保鲜的主要机理是（　　）

A. 降低水分活度　　B. 破坏菌体细胞　　C. 钝化或分解酶类

D. 产生高温杀菌　　E. 杀死芽孢

6. 陶器、瓷器表面覆盖的陶釉或者瓷釉称为釉药，在同以下（　　）食品长期接触容易溶入食品中，使食用者中毒

A. 醋　　B. 果汁　　C. 酱油

D. 白酒　　E. 以上都是

7. 引起水俣病的毒性物质是（　　）

A. 汞　　B. 铅　　C. 镉

D. 镍　　E. 铁

8. 聚偏二氯乙烯的英文简称（　　）

A. PET　　B. PE　　C. PVC

D. PVDC　　E. PDVC

9. 下面属于有机氯农药的是（　　）

A. 敌杀死　　B. 托布津　　C. 毒杀酚

D. 叶蝉散　　E. 敌敌畏

10. 食品中人为放射性核素污染主要不包括（　　）

A. 核爆炸　　B. 核废物排放　　C. 意外事故

D. 采矿排放　　E. 海啸

11. 食品放射性污染的预防不包括（　　）

A. 加强监督管理　　B. 强化卫生监督　　C. 健全限量标准

D. 做好预警　　E. 辐射残留

（二）多项选择题

1. 决定食品是否发生变质以及变质程度的因素是（　　）

A. 食品本身的性质　　B. 微生物的种类和数量

C. 当时所处的环境因素　　D. 食品加工方式

E. 食品加工条件

2. 食品的化学性污染种类繁多，较常见的有（　　）

A. 农药和兽药　　B. *N*- 亚硝基化合物　　C. 二噁英

D. 霉菌及其毒素　　E. 丙烯酰胺

3. 与食品污染关系密切的霉菌毒素有(　　)

A. 黄曲霉毒素　　B. 镰刀菌毒素　　C. 展青霉素

D. 细菌毒素　　E. 大肠菌群

4. 食品霉菌污染的预防措施主要有(　　)

A. 食品防霉为主　　B. 去除毒素为辅

C. 加强食品卫生安全管理　　D. 加强监测易污染食品

E. 制定食品包装卫生标准

二、简答题

1. 什么是食品腐败变质?

2. 影响食品腐败变质的因素有哪些?

3. 常见的化学性食品污染物有哪些? 如何预防?

4. 砷对人体的危害有哪些?

5. 放射性污染对人体的危害有哪些?

三、实例分析

某食品卫生检验所从一批变质花生仁中,分离出一类化合物,其结构均为二呋喃香豆素衍生物,不溶于水、己烷、石油醚和乙醚;溶于氯仿、甲醇和乙醇,在紫外线照射下能产生荧光。试分析该化合物可能是什么? 防止食品被该化学物污染的根本措施有哪些?

(王英丽　肖　蕾)

实训 2　食品的感官性状分析

【实训目的和要求】

食品感官分析是通过视觉、嗅觉、味觉和触觉对食品的品质进行评定,该方法可用于评价食品的可接受性和鉴别食品的质量。目前,食品的感官性状分析已成为许多食品公司在产品质量管理、新产品开发、市场预测、顾客心理研究等许多方面的重要手段。通过本实验的学习,要求:

1. 掌握食品感官性状检查和分析的方法、样品制备的要求。

2. 能够根据食品的感官性状,初步判断食品的可接受性和卫生质量。

【实训内容和适用范围】

1. 本方法规定了食品感官分析的样品要求以及感官分析的程序。

2. 本方法适用于常见食品的感官分析。

【实训步骤】

一、工具、仪器和设备

白瓷盘、匙、烧杯、量筒、锡纸、微波炉、平底锅、蒸锅等。

二、食品感官分析的要求

1. 食品感官分析实验室的用水应为双蒸水、去离子水，或者经过过滤处理后，去除异味的水。

2. 从事食品感官分析的人员，要求视觉、嗅觉、味觉和触觉符合感官评定的标准和要求，而且在文化、种族、宗教或其他方面，对所评定的食品没有禁忌。

3. 进行感官评定前，要熟悉被评定样品的色、香、味、质地、类型、风格、特征。

4. 进入实验室，不得使用有气味的化妆品、要穿清洁无异味的工作服。

5. 在感官评定开始前 1 小时漱口、刷牙，在此后至检测开始前，可以饮水，但是不能进食任何东西。

6. 进行感官评定的样品，应用无味的容器盛放。

三、样品的采集和制备

（一）样品的采集

1. 采集样品时，不能破坏样品的感官性质，如果样品需要包装，应采用食品级的聚乙烯薄膜及时包装。

2. 采集的样品在运输过程中，要注意食品的保鲜，防止样品变质；运输样品的工具、容器要清洁、卫生，而且在使用之前要进行清洗和消毒；食品样品最好单独运输，切忌与有毒、有害的物品混装运输。

3. 采集后的样品，如生鲜类食品，应该立即进行感官评定；对于其他食品样品，如果不能立刻进行检验，要根据样品的特性，以保持食品样品原有性状为原则，采用合适的方法贮存。

（二）样品的制备

1. 冷冻状态样品的制备 冷冻状态的样品，应该先在冻结状态下进行感官检查，然后让样品在室温条件下，自然解冻，样品中心温度达到 2~3℃时，可根据样品的特性，进行样品的进一步制备。

2. 需要加热样品的制备 如果样品需要进行加热制备，首先要根据实验要求，确定样品的加热时间和条件，需要烤的样品，样品要用铝箔包裹后，可放在平底煎锅中烤制或放入蒸锅中蒸；或将样品放入耐热、不透水的薄膜袋中密封，然后放入沸水中隔水煮；也可将样品放入微波加热专用的容器中，用微波加热。

四、感官分析的步骤

1. 组织形态检验 将待评定的样品，倒入白瓷盘中，观察组织、形态是否符合标准。有些样品如罐头类，需要加热至汤汁溶化，然后重复上述的步骤。

2. 色泽检验 将待评定的固体物样品，倒入白瓷盘中，观察其色泽是否符合标准；如果样品有汤汁，将汁液倒入烧杯中，观察其透明度，是否有杂物；如果汤汁混浊，可将其倒入量筒，静置3分钟后，观察色泽和透明度；果汁类样品，将其静置30分钟后，观察有无沉淀、分层的现象。

3. 滋味和气味检验 根据样品的特性，检验其是否具有该产品应有的滋味和气味。可食用的肉禽水产品类，要特别注意有无哈喇味和异味；蔬菜水果类，是否具有该蔬菜、水果应有的特征性气味。通常该类感官分析，不得超过2小时。

【思考题】

1. 食品感官分析的基本要求是什么？
2. 进行感官分析样品的制备方法有哪些？
3. 食品感官分析的内容和方法有哪些？

（李新莉）

实训3 食品细菌性污染的检测

项目一 食品中菌落总数的检测

【实训目的和要求】

1. 熟悉菌落总数测定范畴及基本操作步骤。
2. 掌握菌落总数计数方法。

【实训内容和适用范围】

1. 菌落总数是在需氧情况下，37℃培养48小时，能在普通营养琼脂平板上生长的细菌菌落总数，而厌氧或微需氧菌、有特殊营养要求的以及非嗜中温的细菌，由于现有条件不能满足其生理需求，故难以繁殖生长。菌落总数并不表示实际中的所有细菌总数，且不能区分其中细菌的种类，所以有时被称为杂菌数，需氧菌数等。

2. 菌落是指细菌在固体培养基上生长繁殖而形成的能被肉眼识别的生长物，它是由数以万计相同的细菌集合而成。当样品被稀释到一定程度，与培养基混合，在一定培养条件下，每个能够生长繁殖的细菌细胞都可以在平板上形成一个可见的菌落。

【实训原理】

菌落总数的测定，一般将被检样品制成几个不同的10倍递增稀释液，然后从每个稀释液中分别取出1ml置于灭菌平皿中与营养琼脂培养基混合，在一定温度下，培养一定时间后（一般为48小时),记录每个平皿中形成的菌落数量,依据稀释倍数,计算出 1g(或 1ml)原始样品中所含细菌菌落总数。

【实训仪器、设备和材料】

1. 仪器及设备　恒温培养箱:(36 ± 1)℃或(30 ± 1)℃;冰箱:2~5℃;恒温水浴箱:(46 ± 1)℃;天平:感量为 0.1g;振荡器;均质器。

2. 材料　无菌吸管:1ml(具有 0.01ml 刻度)、10ml(具有 0.1ml 刻度)或微量移液器及吸头;无菌锥形瓶:容量 250ml、500ml;无菌培养皿:直径 90mm;pH 计或 pH 比色管或精密 pH 试纸;放大镜或 / 和菌落计数器;平板计数琼脂培养基;磷酸盐缓冲液;无菌生理盐水。

【实训步骤】

样品的稀释→倾注平皿→培养 48 小时→计数报告。

1. 样品的处理和稀释

(1)样品的处理

采样的代表性:如是固体样品,取样时不应集中一点,宜多采几个部位。固体样品必须经过均质或研磨,液体样品需经过振摇,以获得均匀稀释液。

以无菌操作取检样 25g(或 25ml),放于 225ml 灭菌生理盐水或其他稀释液的灭菌玻璃瓶内(瓶内预置适当数量的玻璃珠)或灭菌乳钵内,经充分振摇或研磨制成 1∶10 的均匀稀释液。固体检样在加入稀释液后,最好置灭菌均质器中以 8 000~10 000r/min 的速度处理 1 分钟,制成 1∶10 的均匀稀释液。

用 1ml 灭菌吸管吸取 1∶10 稀释液 1ml,沿管壁缓慢注入含有 9ml 灭菌生理盐水或其他稀释液的试管内,振摇试管混合均匀,制成 1∶100 的稀释液。另取 1ml 灭菌吸管,按上项操作顺序,制 10 倍递增稀释液,如此每递增稀释一次即换用 1 支 1ml 灭菌吸管。

(2)无菌操作:操作中所用玻璃器皿必须是完全灭菌的,不得残留有细菌或抑菌物质。所用剪刀、镊子等器具也必须进行消毒处理。

样品如果有包装,应用 75% 乙醇在包装开口处擦拭后取样。

操作应当在超净工作台或经过消毒处理的无菌室进行。琼脂平板在工作台暴露 15 分钟,每个平板不得超过 15 个菌落。

2. 倾注培养　根据对污染情况的估计,选择 2~3 个适宜稀释度,分别在制 10 倍递增稀释液的同时,以吸取该稀释度的吸管移取 1ml 稀释液于灭菌平皿中,每个稀释度做两个平皿。将凉至 46℃营养琼脂培养基注入平皿约 15ml,并转动平皿,混合均匀。同时将营养琼脂培养基倾入加有 1ml 稀释液(不含样品)的灭菌平皿内作空白对照。

待琼脂凝固后,翻转平板,置(36 ± 1)℃温箱内培养(48 ± 2)小时,取出计算平板内菌落数目,乘以稀释倍数,即得 1g(或 1ml)样品所含菌落总数。

3. 计数操作　培养规定时间后,应立即计数,计数每个平板上的菌落数。可用肉眼观察,必要时用放大镜检查，以防遗漏。在记下各平板的菌落总数后，求出同稀释度的各平板平均菌落数，计算处原始样品中 1g（或 1ml）中的菌落数，进行报告。

计数时应选取菌落数在 30~300 之间的平板，若有两个稀释度均在 30~300 之间时，按国家标准方法要求应以二者比值决定，比值小于或等于 2 取平均数，比值大于 2 则选其中较小数字（有的规定不考虑其比值大小，均以平均数报告）。

4. 结果的表述　按国家标准方法规定菌落数在 1~100 时，按实有数字报告，如大于 100 时，则报告前面两位有效数字，第三位数按四舍五入计算。固体检样以克（g）为单位报告，液体检样以毫升（ml）为单位报告，表面涂擦则以平方厘米（cm^2）为单位报告。

培养结束后如果不能立即计数，应将平板放置于 0~4℃，但不得超过 24 小时。

若所有稀释度均不在计数区间。如均大于 300，则取最高稀释度的平均菌落数乘以稀释倍数报告之。如均小于 30，则以最低稀释度的平均菌落数乘稀释倍数报告之。如菌落数有的大于 300，有的又小于 30，但均不在 30~300 之间，则应以最接近 300 或 30 的平均菌落数乘以稀释倍数报告之。如所有稀释度均无菌落生长，则应按小于 1 乘以最低稀释倍数报告之。有的规定对上述几种情况计算出的菌落数按估算值报告。

当计数平板内的菌落数过多（即所有稀释度均大于 300 时），但分布很均匀，可取平板的 1/2 或 1/4 计数，再乘以相应稀释倍数作为该平板的菌落数。

【实训注意事项】

1. 要按照《微生物检验规范》要求及时观察结果，出现异常，要及时分析原因进行反馈。

2. 无菌操作时，为减少样品稀释误差，在连续递次稀释时，每一稀释液应充分振摇，使其均匀，同时每一稀释度应更换一支吸管。在进行连续稀释时，应将吸管内液体沿管壁流入，勿使吸管尖端伸入稀释液内，以免吸管外部黏附的检液溶于其内。为减少稀释误差，采用取 10ml 稀释液，注入到 90ml 缓冲液中。

样品稀释液主要是灭菌生理盐水，有的采用磷酸盐缓冲液（或 0.1% 蛋白胨水），后者对食品已受损伤的细菌细胞有一定的保护作用。如对含盐量较高的食品（如酱油）进行稀释，可以采用灭菌蒸馏水。

3. 倾注时所用培养基的温度和使用量　①所用培养基应在 46℃水浴内保温，温度过高会影响细菌生长，过低琼脂易于凝固而不能与菌液充分混匀。如无水浴，应以皮肤感受较热而不烫为宜。②倾注培养基的量规定不一，从 12~20ml 不等，一般以 15ml 较为适宜，平板过厚可影响观察，太薄又易于干裂。倾注时，培基底部如有沉淀物，应将底部弃去，以免与菌落混淆而影响计数观察。③为使菌落能在平板上均匀分布，检液加入平皿后，应尽快倾注培养基并旋转混匀，可正反两个方向旋转，检样从开始稀释到倾注最后一个平皿所用时间不宜超过 20 分钟，以防止细菌有所死亡或繁殖。

培养条件的控制：①培养温度一般为 37℃（水产品的培养温度，由于其生活环境水温较低，故多采用 30℃）。②培养时间一般为 48 小时，有些方法只要求 24 小时的培养即可计数。培养箱应保持一定的湿度，琼脂平板培养 48 小时后，培养基失重不应超过 15%。

为了避免食品中的微小颗粒或培养基中的杂质与细菌菌落发生混淆，不易分辨，可同时作一稀释液与琼脂培养基混合的平板，不经培养，而于 4℃环境中放置，以便计数时作对照观察。在某些场合，为了防止食品颗粒与菌落混淆不清，可在营养琼脂中加入氯化三苯四氮唑（TTC），培养后菌落呈红色，易于分辨。

【思考题】

1. 简述菌落总数的含义。
2. 简述菌落总数测定的基本操作步骤。

项目二　食品中大肠菌群的检测

【实训目的和要求】

1. 熟悉大肠菌群 MPN 计数法检测食品中大肠菌群。
2. 掌握大肠菌群 MPN 计数的检验原理。
3. 了解大肠菌群检测的卫生学意义。

【实训内容和适用范围】

1. 根据《食品卫生微生物学检验标准》GB/T 4789.3—2016。检测方法有稀释培养计数法（MPN 法）和平板计数法。第一法适用于大肠菌群含量较低的食品中大肠菌群的计数，第二法适用于大肠菌群含量较高的食品中大肠菌群的计数，本实验仅介绍第一种方法。

大肠菌群是在一定培养条件下能发酵乳糖、产酸产气的需氧和兼性厌氧革兰氏阴性无芽孢杆菌。该菌群主要来源于人和温血动物的粪便，作为粪便污染指标评价食品的卫生状况，进而用来推断食品中肠道致病菌污染的可能性。

2. 大肠菌群不是细菌学上的分类命名，而是根据卫生学方面的要求，提出的与粪便污染有关的细菌，这些细菌在生化及血清学方面并非完全一致。

【实训原理】

MPN 法是统计学与微生物学结合的一种定量检测法。将待测样品经一定系列稀释并培养后，再根据其未生长的最低稀释度与生长的最高稀释度，应用统计学概率论推算出待测样品中大肠菌群的最大可能数（most probable number，MPN）。

【实训仪器、设备和材料】

1. 仪器及设备　恒温培养箱：（36±1）℃；冰箱：2~5℃；恒温水浴箱：（46±1）℃；天平：感量 0.1g；振荡器。

2. 材料　pH 计或 pH 比色管或精密 pH 试纸；无菌吸管：1ml（具有 0.01ml 刻度）、10ml（具有 0.1ml 刻度）或微量移液器及吸头；无菌锥形瓶：容量 500ml；无菌培养皿：直径 90 mm；月桂基硫酸盐胰蛋白胨（lauryl sulfate tryptose，LST）肉汤；煌绿乳糖胆盐（brilliant green lactose bile，BGLB）肉汤；结晶紫中性红胆盐琼脂（violet red bile agar，VRBA）；无菌磷酸盐缓冲液；无菌生理盐水；1mol/L NaOH 溶液；1mol/ L HCl 溶液。

【实训步骤】

（一）检验程序

大肠菌群 MPN 计数的检验程序见图 2-1。

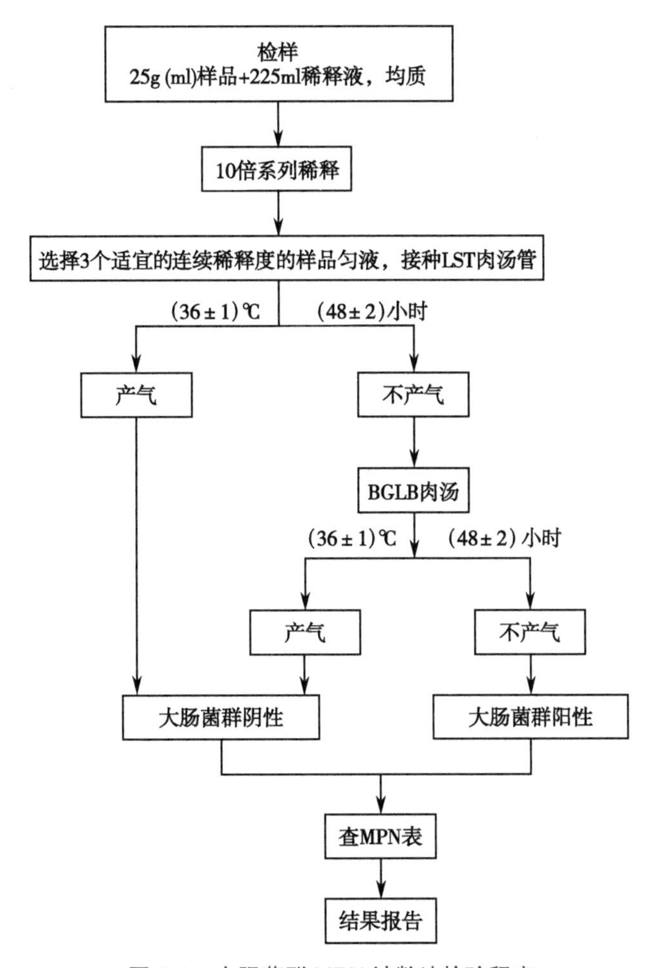

图 2-1　大肠菌群 MPN 计数法检验程序

（二）操作步骤

1. 样品的稀释

（1）样品匀液（1∶10）制备。固体和半固体样品：称取 25g 样品，放入盛有 225ml 磷酸盐缓冲液或生理盐水的无菌均质杯内，8 000~10 000r/min 均质 1~2 分钟，或放入盛有 225ml 磷酸盐缓冲液或生理盐水的无菌均质袋中，用拍击式均质器拍打 1~2 分钟，制成 1∶10 的样品匀液。

液体样品：以无菌吸管吸取 25ml 样品置盛有 225ml 磷酸盐缓冲液或生理盐水的无菌锥形瓶

（瓶内预置适当数量的无菌玻璃珠）或其他无菌容器中充分振摇或置于机械振荡器中振摇，充分混匀，制成1∶10的样品匀液。

（2）调节pH值：样品匀液的pH应在6.5~7.5之间，必要时分别用1mol/L NaOH溶液或1mol/L HCl溶液调节。

（3）样品匀液的稀释：用1ml无菌吸管或微量移液器吸取1∶10样品匀液1ml，沿管壁缓缓注入9ml磷酸盐缓冲液或生理盐水的无菌试管中（注意吸管或吸头尖端不要触及稀释液面），振摇试管或换用1支1ml无菌吸管反复吹打，使其混合均匀，制成1∶100的样品匀液。

根据对样品污染状况的估计，按上述操作，依次制成十倍递增系列稀释样品匀液。每递增稀释1次，换用1支1ml无菌吸管或吸头。从制备样品匀液至样品接种完毕，全过程不得超过15分钟。

2. 初发酵试验　每个样品，选择3个适宜的连续稀释度的样品匀液（液体样品可以选择原液），每个稀释度接种3管LST肉汤，每管接种1ml（如接种量超过1ml，则用双料LST肉汤），（36±1）℃培养（24±2）小时，观察管内是否有气泡产生，（24±2）小时内产气者进行复发酵试验（证实试验），如未产气则继续培养至（48±2）小时，产气者进行复发酵试验。未产气者为大肠菌群阴性。

3. 复发酵试验（证实试验）　用接种环从产气的LST肉汤管中分别取培养物1环，移种于BGLB肉汤管中，（36±1）℃培养（48±2）小时，观察产气情况。产气者，计为大肠菌群阳性管。

4. 结果的表述　大肠菌群最可能数（MPN）的报告：按（3）确证的大肠菌群BGLB阳性管数，依据大肠菌群最可能数（MPN）检索表，报告1g（ml）样品中大肠菌群的MPN值。

【实训注意事项】

1. 要按照《微生物检验规范》要求及时观察结果，出现异常，要及时分析原因进行反馈。

2. 在培养过程中，要随时监控培养箱温度，保证其在适宜的温度进行培养；严格按照实验操作规程进行。

【思考题】

1. 大肠菌群及大肠菌群最大可能数（MPN）的含义。

2. 简述大肠菌群MPN计数的检验程序及实验结果分析。

（王英丽）

实训4　食品中黄曲霉毒素B_1的检测（ELISA法）

【实训目的和要求】

1. 学习并掌握用ELISA方法检测坚果、粮食、食用油等制品中黄曲霉毒素B_1的方法。

2. 熟悉ELISA法检测黄曲霉毒素B_1的原理。

【实训内容和适用范围】

本法适用坚果、粮食、食用油等制品中 AFB_1 的测定。

【实训原理】

待测样品中的黄曲霉毒素 B_1 经提取浓缩后，加入一定量的抗体与样品提取液混合，经竞争培养后，在固相载体表面形成抗原抗体复合物。洗除多余抗体成分，然后加入酶标记物和酶的底物后，在酶的催化作用下，底物发生降解反应，产生有色物质，通过酶标检测仪测出酶底物的降解量，从而推测出被检样品中的抗原量。

【实训仪器、设备和材料】

1. 仪器、设备　微孔板酶标仪，内置 490nm 滤光片；天平：最小感量 0.01g；离心机：转速≥ 6 000r/min；旋涡混合器。

2. 材料　四甲基联苯胺（TMB），30% 过氧化氢，牛血清白蛋白（BSA），吐温 -20 等。

抗体：抗黄曲霉毒素 B_1 的单克隆抗体（或抗血清）。

包被抗原：黄曲霉毒素 B_1 与载体蛋白（牛血清白蛋白）的结合物。

酶标二抗：羊抗鼠 IgG 与辣根过氧化物酶结合物。

ELISA 缓冲液：包被缓冲液为 pH 9.6 的磷酸盐缓冲液，洗液为含 0.05% 吐温 -20 的 pH 7.4 的磷酸盐缓冲液，底物缓冲液为 pH 5.0 的磷酸 - 柠檬酸缓冲液，终止液为 1mol/L 的硫酸。

黄曲霉毒素 B_1 的标准溶液：用甲醇配成 1mg/ml 的黄曲霉毒素贮备液，–20℃冰箱贮存，检测当天，准确吸取贮存液，用 20% 甲醇的 PBS 稀释成制备标准曲线的所需浓度。

【实训步骤】

1. 毒素提取　称取 10g 样品于锥形瓶中，加入 50ml 乙腈 - 水（50∶50，体积比），用 2mol/L 碳酸盐缓冲液调 pH 值至 8.0 进行提取，振摇 30 分钟后，滤纸过滤，滤液用含 0.1% BSA 的洗液稀释后，供 ELISA 检测备用。

2. 包被抗原　包被缓冲液稀释至 10μg/ml，包被酶标微孔板，100μl/ 孔，4℃过夜。

3. 稀释抗体和测定　酶标微孔板用洗液洗 3 次，每次 3 分钟，之后每孔加 50μl 系列标准黄曲霉毒素 B_1 溶液（制作标准曲线）或 50μl 样品提取液，然后再加入 50μl 稀释抗体，37℃培养 1.5 小时。

酶标微孔板用洗液洗 3 次，每次 3 分钟，之后每孔加 100μl 酶标二抗，37℃培养 2 小时。

酶标微孔板用上法洗后，每孔加 100μl 底物溶液（100mg 四甲基联苯胺溶于 1ml 二甲基甲酰胺中，取 75μl 四甲基联苯胺溶液，加入 100ml 底物缓冲液，加 10μl 30% 过氧化氢溶液），37℃培养 30 分钟后，用 1mol/L 硫酸，40μl/ 孔，终止反应，酶标仪 490nm 测出吸光值。

4. 结果的表述

（1）根据标准品浓度与吸光度变化关系绘制标准工作曲线。

（2）黄曲霉毒素 B_1 的浓度按下面公式进行计算。

$$黄曲霉毒素B_1含量 = m' \times \frac{V_1}{V_2} \times D \times \frac{1}{m} \quad (ng/g)$$

式中　m'——酶标微孔板上所测得的黄曲霉毒素的量（ng），根据标准曲线求得

V_1——样品提取液的体积，ml

V_2——滴加样液的体积，ml

D——样液的总稀释倍数

m——样品质量，g

（3）精密度：此方法检测灵敏度为 0.1~1ng/ml。

【实训注意事项】

1. 所有试剂均需低温保存，并严格遵守保质期。

2. 操作过程需谨慎、小心，做到有良好的重复操作性。

3. 由于按标准曲线直接求得的黄曲霉毒素 B_1 浓度的单位为 ng/ml，因此在计算所测试样中黄曲霉毒素 B_1 含量时，需要计入测孔中加入的试样提取的体积。

【思考题】

1. 简述 ELISA 法检测黄曲霉毒素 B_1 的原理。

2. 哪些样品中需要检测其黄曲霉毒素 B_1？

（王英丽）

实训 5　果蔬中拟除虫菊酯类农药的检测（气相色谱法）

【实训目的和要求】

1. 通过实训了解果蔬中拟除虫菊酯类农药检测的卫生学意义。

2. 熟悉样品的制备、提取、净化等预处理过程的操作原理和方法，进一步掌握气相色谱定性与定量方法的基本原理与应用。

3. 掌握带电子捕获检测器（ECD）的气相色谱仪和相应的色谱工作站的具体操作过程。

【实训内容和适用范围】

1. 拟除虫菊酯（pyrethroids）是一类结构或生物活性类似天然除虫菊酯的仿生合成杀虫剂。它是一种高效、广谱、安全的新型杀虫剂，杀虫效果好，其杀虫效力比一般杀虫剂高 1~2 个数量级。目

前，已合成的拟除虫菊酯数以万计，迄今已商品化的拟除虫菊酯有近40个品种，在全世界的杀虫剂销售额中占20%左右。常见的拟除虫菊酯农药品种有溴氰菊酯（deltamethrin）、氯菊酯（permethrin）、氰戊菊酯（fenvalerate）、氯氰菊酯（cypermethrin）和胺菊酯（tetramethrin）等。

2. 拟除虫菊酯对人、畜的毒性比含有机磷和氨基甲酸酯的杀虫剂低，所以比较安全。由于拟除虫菊酯杀虫剂是模拟天然物质合成的，在自然界中容易分解，且无内吸作用及渗透作用，在农产品中残留较低；加之因高效而用量少，故对食品及环境污染较轻。食物的残留污染主要是来自农业生产和卫生杀虫的使用。

3. 尽管拟除虫菊酯对人类的毒性较低，但当人体大量摄入时仍可引起喘息、气短、流鼻涕及鼻塞等症状。皮肤接触可引起皮疹、皮痒或者水疱。长期接触和摄入可导致机体内分泌失调以及影响人类神经系统功能。

【实训原理】

试样中氯菊酯、氰戊菊酯和溴氰菊酯农药用有机溶剂提取，经液液分配及层析净化除去干扰物质，用电子捕获器检测，根据色谱峰的保留时间定性，外标法定量。

【实训仪器、设备和材料】

1. 仪器及设备　气相色谱仪：附电子捕获检测器（ECD）；组织捣碎机；电动振荡器；旋转蒸发仪；过滤器具：布氏漏斗（直径80mm）抽滤瓶（200ml）；具塞三角烧瓶：100ml；分液漏斗：250ml；层析柱。

2. 试剂及材料　石油醚：分析纯，沸程60~90℃，重蒸；苯：重蒸；丙酮：分析纯，重蒸；无水硫酸钠：分析纯；弗罗里硅土：层析用，于620℃灼烧4小时后备用，用前140℃烘2小时，趁热加5%水灭活。

农药标准品：氯菊酯≥99%、氰戊菊酯≥99%、溴氰菊酯≥99%。准确称取标准品，用苯溶解并配成1mg/ml的储备液，使用时用石油醚稀释配成单品种的标准使用液。再根据各农药在仪器上的响应情况，吸取不同量的标准储备液，用石油醚稀释成混合标准使用液。

【实训步骤】

1. 样品制备　取果蔬菜试样擦净，去掉非可食部分后备用。

2. 样品处理　称取20g果蔬试样，置于组织捣碎杯中，加入30ml丙酮和30ml石油醚，于捣碎机上捣碎2分钟，捣碎液经抽滤，滤液移入250ml分液漏斗中，加入100ml 2%硫酸钠水溶液，充分摇匀，静置分层，将下层溶液转移到另一个250ml分液漏斗中，用20ml石油醚萃取，合并三次萃取的石油醚层，过无水硫酸钠层，于旋转蒸发仪上浓缩至10ml。

3. 净化　玻璃层析柱中先加入1cm高无水硫酸钠，再加入5g 5%水脱活弗罗里硅土，最后加入1cm高无水硫酸钠，轻轻敲实，用20ml石油醚淋洗净化柱，弃去淋洗液，柱面要留有少量液体。

准确吸取试样提取液2ml，加入已淋洗过的净化柱中，用100ml石油醚-乙酸乙酯（95∶5）洗脱，收集洗脱液于蒸馏瓶中，于旋转蒸发仪上浓缩近干，用少量石油醚多次溶解残渣于刻度离心管中，最终定容至1.0ml，供气相色谱分析。

4. 测定

（1）气相色谱参考条件：①色谱柱。石英弹性毛细管柱，0.25mm（内径）×15m，内涂有OV-101固定液。②气体流速。氮气40ml/min，尾气吹60ml/min，分流比1∶50。③温度。柱温自180℃升至230℃保持30分钟，检测器、进样口温度250℃。

（2）色谱分析：吸收1μl试样液注入气相色谱仪，记录色谱峰的保留时间和峰高。再吸取1μl混合标准使用液进样，记录色谱峰的保留时间和峰高。根据组分在色谱上的出峰时间与标准组分比较定性；用外标法与标准组分比较定量。

5. 结果的表述

计算公式

$$X=\frac{h_i \times m_{si} \times V_2}{h_{si} \times V_1 \times m} \times K$$

式中　X——试样中农药的含量，mg/kg

h_i——试样中i组分农药峰高，mm

m_{si}——标准品种i组分农药的含量，ng

V_2——最后定容体积，ml

h_{si}——标准品中i组分农药峰高，mm

V_1——试样进样体积，μl

m——试样的质量，g

K——稀释倍数

【实训注意事项】

1. 本方法适用果蔬菜中氯菊酯、氰戊菊酯和溴氰菊酯的多残留分析。采用本方法检测蔬菜中氯菊酯、氰戊菊酯和溴氰菊酯的检出限依次为16μg/kg、3.0μg/kg、1.6μg/kg。

2. 新鲜样品含水量较大，预处理过程要注意除水，可用无水硫酸钠脱水，不可将含水分的样品制备液进样，以免损坏色谱柱。

【思考题】

1. 本方法是否适用于粮食中拟除虫菊酯农药的检测？

2. 本方法是否适用于动物性食品中拟除虫菊酯农药的检测？

（席元第）

实训 6　食品中镉的测定（石墨炉原子吸收光谱法）

【实训目的和要求】

1. 通过实训了解食品中镉测定的卫生学意义。
2. 熟练掌握样品前处理方法。
3. 掌握石墨炉原子吸收光谱法测定食品中镉含量的原理及方法。

【实训内容和适用范围】

1. 镉产生于工业上的金属原料的释放、化肥中的磷石以及采矿和金属工业。镉存在于周围空气、饮用水、烟草、工业环境、土壤、灰尘和食物包装及食物本身中。镉进入食品主要通过含镉的土壤，一般来说，动物性食物含镉量比植物性食物略高。含镉化肥、农药、工业三废以及容器与包装材料等均可造成食品的镉污染。

2. 镉不是人体必需元素，其进入人体后，干扰铜、锌、钴等必需元素的正常代谢，抑制某些酶系统，大量摄入可引起急性中毒。长期低浓度摄入，可引起慢性中毒。中毒症状为肺气肿、肾功能损害、支气管炎、高血压、贫血、牙龈颈部黄斑，严重的导致骨痛病。

3. 目前，食品中镉的测定方法很多，其中石墨炉原子吸收光谱法为国家标准分析方法（GB 5009.15—2014），该方法灵敏度高，试样前处理简单方便。本实训主要介绍石墨炉原子吸收光谱法测定食品中镉含量。

【实训原理】

试样经灰化或酸消解后，注入原子吸收分光光度计石墨炉中，电热原子化后吸收 228.8nm 共振线，在一定浓度范围，其吸收值与镉含量成正比，与标准系列比较定量。

【实训仪器、设备和材料】

1. 仪器及设备　原子吸收光谱仪（附石墨炉及铅空心阴极灯）；马弗炉；天平：感量为 1mg；恒温干燥箱；瓷坩埚、可调式电炉、可调式电热板。[注：所用玻璃仪器均需以硝酸 - 水（1∶5）浸泡过夜，用水反复冲洗，最后用去离子水冲洗干净。]

2. 试剂及材料

（1）硝酸、硫酸、过氧化氢溶液（30%）、高氯酸（优级纯）。

（2）硝酸溶液（1+1）：取 50ml 硝酸，慢慢加入 50ml 水中。

（3）硝酸溶液（0.5mol/L）：取 3.2ml 硝酸，加入 50ml 水中，稀释至 100ml。

（4）盐酸溶液（1+1）：取 50ml 盐酸，慢慢加入 50ml 水中。

（5）硝酸 - 高氯酸（4+1）混合酸溶液：取 4 份硝酸与 1 份高氯酸混合。

（6）2% 磷酸铵溶液：称取 2.0g 磷酸铵，以水溶解稀释至 100ml。

（7）镉标准储备液：准确称取 1.000g 金属镉（99.99%），分次加 20ml 盐酸（1+1）溶解，加 2 滴硝酸，移入 1 000ml 容量瓶，加水至刻度，混均，此溶液每毫升含 1.0mg 镉。

（8）镉标准使用液：每次吸取镉标准储备液 10.0ml 于 100ml 容量瓶中，加硝酸（0.5mol/L）至刻度，如此经多次稀释成每毫升含 100.0ng 镉的标准使用液。

【实训步骤】

1. 样品预处理

（1）米粮、豆类去杂质后，磨碎，过 20 目筛，贮存于塑料瓶中，保存备用。

（2）蔬菜、水果、鱼类、肉类及蛋类等水分含量高的鲜样用食品加工机或匀浆机打成匀浆，贮存于塑料瓶中，保存备用。

2. 样品消解（可根据实验室条件选用以下任何一种方法消解）

（1）干法灰化：称取 1.000~5.000g 试样（精确到 0.001g，根据镉含量而定）于瓷坩埚中，先小火在可调式电热板上炭化至无烟，移入马弗炉（500 ± 25）℃灰化 6~8 小时，冷却。若个别试样灰化不彻底，则加 1ml 混合酸在可调式电炉上小火加热，反复多次直至消化完全，放冷，用硝酸溶液（0.5mol/L）将灰分溶解，用滴管将样品消化液洗入或过滤入（视消化后样品的盐分而定）10~25ml 容量瓶中，用水少量多次洗涤瓷坩埚，洗液合并于容量瓶中并定容至刻度，混匀备用；同时做试剂空白。

（2）湿式消解法：称取 1.000~5.000g（精确到 0.001g）试样于锥形瓶中，放数粒玻璃珠，加 10ml 混合酸（或再加 1~2ml 硝酸），加盖浸泡过夜，加一小漏斗至电炉上消解，若变棕黑色，再加混合酸，直至冒白烟，消化液呈无色透明或略带黄色，放冷，用滴管将样品消化液洗入或过滤入（视消化后样品的盐分而定）10~25ml 容量瓶中，用水少量多次洗涤锥形瓶，洗液合并于容量瓶中并定容至刻度，混匀备用；同时做试剂空白。

3. 测定

（1）仪器参考条件：调试机器至最佳状态，参考条件波长为 228.8nm；狭缝为 0.5~1.0nm；灯电流为 8~10mA；干燥温度为 120℃，20 秒；灰化温度为 350℃，15~20 秒；原子化温度为 1 700~2 300℃，4~5 秒；背景校正为氘灯或塞曼效应。

（2）标准曲线绘制：吸取镉标准使用液 0、1.0ml、2.0ml、3.0ml、5.0ml、7.0ml、10.0ml 于 100ml 容量瓶中稀释至刻度，相当于 0、1.0ng/ml、2.0ng/ml、3.0ng/ml、5.0ng/ml、7.0ng/ml、10.0ng/ml，各吸取 10μl 注入石墨炉，测定其吸光值，并求得吸光值与浓度关系的一元线性回归方程。

（3）样品测定：分别吸取样品消化液和空白液各 10μl 注入石墨炉，测定其吸光值，代入标准系列的一元线性回归方程中求得样液中镉含量。

4. 结果的表述

（1）计算公式

$$X=\frac{(m_1-m_2)\times V\times 1\,000}{m\times 1\,000}$$

式中　X——样品中镉含量，μg/kg（μg/L）

m_1——测定样品消化液中镉含量，ng/ml

m_2——空白液中镉含量，ng/ml

V——样品消化液总体积，ml

m——样品质量或体积，g（ml）

（2）以重复性条件下获得的两次独立测定结果的算术平均值表示，结果保留两位有效数字。

（3）精密度：①在重复性条件下获得的两次独立测定结果的绝对差值不得超过算术平均值的20%。②分析过程中所使用的化学试剂均为优级纯以上。

【实训注意事项】

1. 在采样和制备过程中，应注意不使样品污染。

2. 基体改进剂的使用：对有干扰样品，则注入适量的基体改进剂，磷酸铵溶液（20g/L）一般为5μl或与样品同量消除干扰。标准使用液也要加入与样品测定时等量的基体改进剂磷酸铵溶液。

【思考题】

1. 食物中镉的测定除了使用石墨炉原子吸收光谱法，是否还可以使用其他方法？

2. 石墨炉原子吸收光谱法除了可以用于食物中镉的测定，还可以用于食物中哪些有害金属的测定？

（席元第）

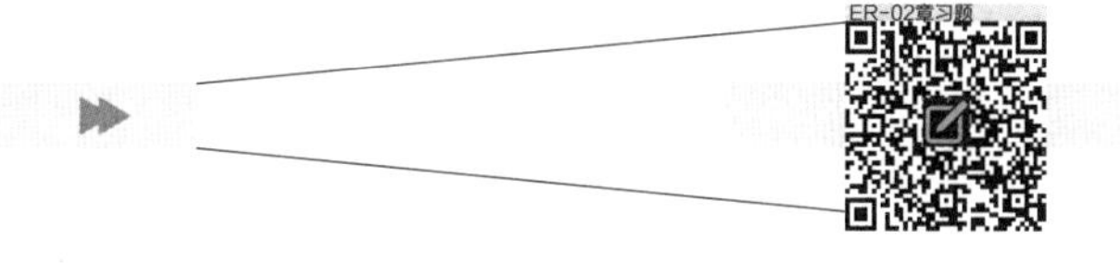

第三章

食源性疾病及其预防

导学情景

情景描述：

2006 年 3 月 4 日，泰国北部难府村民在参加庆典时，吃了当地生产的腌渍竹笋罐头。之后短短 12 小时内，上百位村民突然发生四肢无力，甚至窒息现象，约 170 名村民同时出现呕吐、腹泻、吞咽困难、口干、肌肉乏力等症状，其中大部分患者住院治疗。泰国卫生部官员判定，这是一起肉毒杆菌污染引发的食物中毒事件。

学前导语：

肉毒杆菌即肉毒梭状芽孢杆菌，在适宜条件下可迅速生长，大量繁殖，产生一种以神经毒性为主要特征的可溶性肉毒毒素（外毒素）。该毒素毒性极强，是目前已知最毒的毒素之一，其毒力比氰化钾大 10 000 倍，1μg 即可使人致死。本章我们将带领同学们学习各类食源性疾病及相应的预防措施。

第一节　食源性疾病概述

食源性疾病（foodborne disease）是当今世界上分布最广泛、最常见的疾病之一，是一项重要的公共卫生问题。“食源性疾病”一词由传统的“食物中毒”逐渐发展而来，这一发展表明了人们对“由食物摄入引起的疾病”认识上的发展。由于生物性、化学性、物理性致病因子从食品生产到消费（“农场到餐桌”）的任何阶段均可进入食物中，因此食物中的致病因子广泛存在，食源性疾病的发病频繁，且波及面广，对人体健康和社会经济的影响较大。

一、食源性疾病的概念

WHO 对食源性疾病的定义为“通过摄入食物进入人体的各种致病因子引起的、通常具有感染或中毒性质的一类疾病”，即指通过食物摄入的方式和途径致使病原物质进入人体并引起的中毒性或感染性疾病。根据 WHO 的定义，食源性疾病包括 3 个基本要素：①食物是携带和传播病原物质的媒介；②导致人体罹患疾病的病原物质是食物中所含有的各种致病因子；③临床特征为急性中毒或急性感染。

二、食源性疾病的范畴

食源性疾病主要包括最常见的食物中毒，经食物而感染的肠道传染病，食源性寄生虫病以及由食物中有毒、有害污染物所引起的中毒性疾病。食源性疾病的发生涉及广泛存在的生物性、化学性、物理性致病物以及食物和饮水，故发病较为频繁。

随着人们对疾病认识的发展和深入，食源性疾病的范畴还在扩大，如食源性变态反应性疾病，由食物营养不平衡所造成的某些慢性退行性疾病（如心脑血管疾病、肿瘤、糖尿病等），由食物中某些污染物所致的慢性中毒性疾病等。

三、食源性疾病的监测

目前世界上只有少数几个发达国家建立了食源性疾病年度报告制度，且漏报率相当高，可高达90%，发展中国家的漏报率在95%以上。据WHO报告，食源性疾病的实际病例数要比报告的病例数多300~500倍，报告的发病率不到实际发病率的10%。

我国于2001年建立食源性疾病监测网，开始进行全国性的食源性疾病监测。覆盖区域为9个省、直辖市和自治区（包括北京市、上海市、江苏省、浙江省、广西壮族自治区等），2008年扩展到16个监测地区。2009年《食品安全法》实施以后，食源性疾病报告系统覆盖全国31个省份。监测点分县（区）、地（市）、省和国家四级，各监测点通过网络直报的方式上传报告数据。

四、食源性疾病的致病因素

能引起人类食源性疾病的致病因子是多种多样的，主要包括生物性、化学性和物理性三大因素。

1. 生物性因素

（1）细菌及其毒素：细菌及其毒素是引起食源性疾病最重要的病原物。包括①引起细菌性食物中毒的病原菌，如沙门菌属、大肠埃希菌属、副溶血性弧菌属等。②引起人类肠道传染病的病原菌，如致痢疾的志贺菌，致霍乱的霍乱弧菌等。③引起人畜共患病的病原菌，如炭疽杆菌、鼻疽杆菌、结核杆菌、布鲁氏菌等，可通过其感染的食物进入人体而致病。

（2）寄生虫和原虫：可引起人畜共患寄生虫病的有囊尾蚴（绦虫）、毛线虫（旋毛虫）、弓形虫以及其他寄生虫。

（3）病毒和立克次体：是婴儿秋季腹泻的常见病毒，如轮状病毒、柯萨齐病毒、埃可病毒、腺病毒、冠状病毒、诺如病毒、甲型肝炎病毒、朊病毒（蛋白性传染颗粒）等。

（4）有毒动物及其毒素：河鲀体内的河鲀毒素、某些海鱼鱼体中的雪卡毒素、贝类中的石房蛤毒素等，除此之外，还包括动物食物贮存时产生的毒性物质，如鱼体不新鲜或腐败时形成的组胺。

（5）有毒植物及其毒素：果仁中的有毒物质；苦杏仁及木薯中的氰苷类；粗制棉籽油中所含的毒棉酚；四季豆中的皂素；鲜黄花菜中的类秋水仙碱；马铃薯在贮存时其芽眼处产生的龙葵素；蔬菜不新鲜或低盐腌渍过程中产生的亚硝酸盐等。

（6）真菌毒素：包括黄曲霉毒素、赭曲霉毒素、脱氧雪腐镰刀菌烯醇、雪腐镰刀菌烯醇、玉米赤霉烯醇、T-2毒素以及展青霉毒素等。

2. 化学性因素　主要包括农药残留；兽药（抗生素）残留；不符合要求的食品生产工具、容器、包装材料以及非法添加剂；有毒有害化学物质如镉、铅、砷、偶氮化合物等；食品加工中可能产生的有毒化学物质，如反复高温加热油脂产生的油脂聚合物；烘烤或烟熏动物性食物产生的多环芳烃类；食品腌渍过程中产生的亚硝酸盐等。

3. 物理性因素　主要来源于放射性物质的开采、冶炼、国防以及放射性核素在生产活动和科学实验中使用时，其废物不合理的排放及意外性的泄漏，通过食物链的各个环节污染食品，尤其是半衰期较长的放射性核素 ^{131}I、^{90}Sr、^{89}Sr、^{137}Cs 污染食品，引起人体慢性损害及远期的损伤效应。

五、食物中毒概述

案例分析

案例

2003 年 3 月，×× 县发生了一起七日内家庭三次食物中毒事件，首次食物中毒发生于 3 月 2 日晚 8 时，刘某一家除其子因上学于当日下午 5 时离家去学校食宿外，其余一家三口均在食用新蒸馍后约 1 小时发生腹痛、腹泻、恶心、呕吐，经村卫生院对症治疗后于当晚 10 时左右症状消失，未予特别注意。3 月 3 日晚 7 时，刘某一家三口于晚饭后约 1 小时再次发病，症状与第一次基本相似，引起刘某的重视，3 月 8 日刘某及其子一家四口食用新蒸馍后发生第三次食物中毒。医生针对刘家三次中毒的时间、发病人、发病症状以及三次发病前后的共同经历的描述进行分析后得出结论是食物中毒。那么医生是如何判断的呢？

分析

首先，患者都发生了腹痛、腹泻、恶心、呕吐等症状，而且 3 人的症状都一样。

其次，发病症状与食物有关，都是食用了新蒸馍后所引起的。

再次，潜伏期短，在一个小时就发病，而且在短短的一周时间内连续发生三次。

最后，人与人之间无直接的传染。

上述案例的四点总结符合食物中毒的发病特征，因此医生判断可能是食用了新蒸馍导致了食物中毒。

食物中毒（food poisoning）指人体摄入含有生物性、化学性有毒有害物质的食物，或把有毒有害物质当作食物摄入后出现的非传染性的急性、亚急性疾病。食物中毒是最常见的食源性疾病，它不包括因暴饮暴食引起的急性胃肠炎、寄生虫病（如旋毛虫）及食源性肠道传染病（如伤寒），也不包括因一次大量或长期少量多次摄入某些有毒、有害物质而引起的以慢性损害为主要特征的疾病。

1. 食物中毒的流行病学特点　食物中毒发生的原因各不相同，但发病具有下述共同特点。

（1）发病呈暴发性，潜伏期短，来势急剧，短时间内可能有多数人发病，发病曲线呈上升趋势。

（2）发病与食物有关，患者在近期内都食用过同样的食物，发病范围局限在食用该有毒食物的人群，停止食用该食物后很快停止，发病曲线在突然上升之后即突然呈下降趋势，无余波。

（3）中毒患者临床表现基本相似，以恶心、呕吐、腹痛、腹泻等胃肠道症状为主。

（4）人与人之间无直接传染。

课堂活动

同学们在日常生活中发生过食物中毒吗？有什么症状呢？是什么食物引起的？

2. 食物中毒的种类　食物中毒按病原物质可分为以下4类。

（1）细菌性食物中毒：指由于食用了含有大量细菌或细菌毒素的食物而引起的中毒。主要有沙门菌食物中毒、变形杆菌食物中毒、副溶血性弧菌食物中毒、葡萄球菌食物中毒、肉毒梭菌食物中毒、蜡状芽孢杆菌食物中毒、大肠埃希菌食物中毒、李斯特菌食物中毒、志贺菌食物中毒等。

（2）有毒动植物食物中毒：指误食有毒动植物或摄入因加工、烹调不当未能除去有毒成分的动植物食物而引起的中毒。如河鲀鱼中毒、鱼类引起的组胺中毒、毒蕈中毒、发芽马铃薯中毒等。

（3）化学性食物中毒：指误食有毒化学物质或食入被其污染的食物而引起的中毒，如某些金属或类金属化合物中毒、亚硝酸盐中毒、农药中毒等。

（4）真菌毒素和霉变食物中毒：指食用被产毒真菌及其毒素污染的食物而引起的急性疾病。发病率较高，死亡率因菌种及其毒素种类而异，如赤霉病麦中毒、霉变甘蔗中毒。

点滴积累

1. 食源性疾病的3个基本要素：①传播疾病的媒介—食物；②食源性疾病的致病因子—食物中的病原体；③临床特征—急性中毒性或感染性表现。
2. 食源性疾病的病原物分类：①生物性病原物；②化学性病原物；③物理性病原物。
3. 食物中毒的特征：①发病与食物有关；②发病潜伏期短；③中毒患者临床表现基本相似；④人与人之间无直接传染。
4. 食物中毒按病原物质可分为4类：细菌性食物中毒、有毒动植物食物中毒、化学性食物中毒以及真菌毒素和霉变食物中毒。

第二节　细菌性食物中毒

根据国内外的统计，在各类食物中毒中，细菌性食物中毒占有较大的比重。我国每年发生的细菌性食物中毒事件占食物中毒事件总数的30%~90%，中毒人数占食物中毒总人数的60%~90%。细菌性食物中毒发病率较高，但死亡率很低，一般病程短，预后良好。

1. 细菌性食物中毒的流行病学特征　细菌性食物中毒的发生与不同区域人群的饮食习惯有密切关系。美国多食牛肉、蛋和糕点，葡萄球菌食物中毒最多；日本喜食生鱼片，副溶血性弧菌食物中毒最多；我国食用畜禽肉、蛋类较多，多年来一直以沙门菌食物中毒居首位。

细菌性食物中毒全年皆可发生，但在夏秋季节发生较多，主要由于气温较高，微生物容易生长繁殖，而且在此时期内人体防御机能往往有所下降，易感性增强，因此最易发生。

2. 细菌性食物中毒的原因　往往是由于食品被致病性微生物污染后，在适宜的温度、水分、pH

值和营养条件下，微生物急剧大量繁殖，食品在食用前不经加热或加热不彻底，或熟食品又受到病原菌的严重污染并在较高室温下存放，或生熟食品交叉污染，经过一定时间微生物大量繁殖，从而使食品含有大量活的致病菌或其产生的毒素，以致食用后引起中毒。

此外，食品从业人员如患有肠道传染病或者本身是带菌者，都能通过操作过程使病菌污染食品，引起食物中毒。

3. 细菌性食物中毒的类型　一般可分为毒素（肠毒素）型、感染（细菌侵入）型和混合型3类。

（1）毒素型食物中毒：食品被病原菌污染后，这些细菌在食物中繁殖并产生毒素，因食用这种食物而引起的中毒，称为毒素型食物中毒。大多由金黄色葡萄球菌、肉毒杆菌引起。

（2）感染型食物中毒：病原菌污染食物后，在食物中大量繁殖，人体摄入这种含有大量活菌的食物后引起消化道感染而造成的中毒，称为感染型食物中毒，如沙门菌、肠炎弧菌。

（3）混合型食物中毒：细菌经由食品进入人体后，就在肠管内繁殖，并且形成芽孢，产生肠毒素而引起的食物中毒，称为混合型食物中毒。

细菌性食物中毒一般都表现有明显的胃肠炎症状，如有发热和急性胃肠炎症状，可能为细菌性食物中毒的感染型；若无发热而有急性胃肠炎症状，则可能为细菌性食物中毒的毒素型。

4. 细菌性食物中毒的预防

（1）选择新鲜和安全的食品：尽量不生食动物性食品，不吃病死的畜禽和腐败变质的食品。预包装食品应该在其保质期内食用，不购买和食用来源不明的食品。

（2）食品要彻底加热：许多食品（尤其是动物性食品）可能会被致病菌和其他病原体污染，充分加热、煮透是杀灭食品中病原体的有效方法。加热时，食品所有部位的温度必须达到70℃以上。加工大块肉类食品时，为使肉块的中心部位熟透，必须保证足够的加热时间。

（3）尽快吃掉已做熟的食品，剩余的食物应妥善存放：从安全的角度考虑，食品出锅后应尽快吃掉，夏秋季节在室温下存放不要超过4小时，剩饭要在10℃以下冷藏。但食品在冰箱中也不能无限期保存，因为在低温下有些微生物也能缓慢繁殖（如李斯特菌）。存放的熟食在食用前必须重新加热处理，加热温度至少要达到70℃以上。

（4）保持厨房或食品加工场所卫生：做到生熟食品分开，厨房或食品加工场所应当有相应的通风、冷藏、洗涤、消毒和污水排放设备，而且布局要合理，防止交叉污染。

（5）养成良好的卫生习惯：从事食品加工的人员必须保持良好的个人卫生，在加工食品前应反复洗手。每次操作的间隙之后必须洗手，尤其是在上厕所之后。处理生鱼、肉、禽之后，需再次洗手方能处理其他食品。患有肠道传染病、皮肤化脓性感染的人，应禁止从事食品加工和销售工作。消费者应养成良好的卫生习惯，做到饭前、便后洗手。

一、沙门菌属食物中毒

沙门菌属种类繁多，其中引起食物中毒的主要有鼠伤寒沙门菌、猪霍乱沙门菌、肠炎沙门菌等。沙门菌进入肠道后大量繁殖，除使肠黏膜发炎外，大量活菌释放的内毒素同时引起机体中毒。

1. 流行病学特点

（1）中毒全年都可发生，多见于夏、秋两季，主要在5—10月，7—9月最多。

（2）中毒食品以动物性食品多见。主要是肉类，如病死牲畜肉、冷荤、熟肉等，也可由鱼、禽、奶、蛋类食品引起。

（3）中毒原因主要是由加工食品用具、容器或食品存储场所生熟不分、交叉感染，食前未加热处理或加热不彻底引起。

2. 临床表现　沙门菌食物中毒临床上有五种类型，即胃肠炎型、类霍乱型、类伤寒型、类感冒型和败血症型。其共同特点如下：

（1）潜伏期一般为12~36小时。短者6小时，长者48~72小时，大都集中在48小时。

（2）中毒初期表现为头痛、恶心、食欲缺乏，以后出现呕吐、腹泻、腹痛、发热，重者可引起痉挛、脱水、休克等。腹泻一日数次至十余次，或数十次不等，主要为水样便，少数带有黏液或血。

3. 救护措施

（1）急救：洗胃、催吐、导泻，用0.05%的高锰酸钾溶液反复洗胃。

（2）对症处理：补充水分纠正电解质紊乱。

4. 预防措施

（1）防止污染：不食用病死牲畜肉，加工冷荤熟肉一定要生熟分开。控制感染沙门菌的病畜肉类流入市场。

（2）高温杀灭细菌：烹调时肉块不宜过大，肉块深部温度须达到80℃以上，持续12分钟即肉中心部位变为灰色而无血水；禽蛋煮沸8分钟以上等。

（3）控制食品中沙门菌的繁殖：影响沙门菌繁殖的主要因素是温度和贮存时间。沙门菌繁殖的最适温度为37℃，但在20℃以上即能大量繁殖，因此低温冷藏食品5℃以下是控制沙门菌繁殖的重要措施，避光、隔氧，则效果更佳。

知识链接

内毒素和外毒素

细菌毒素根据来源、性质和作用的不同，可分为内毒素和外毒素两类。

内毒素是革兰氏阴性细菌细胞壁中的一种成分，叫作脂多糖（LPS），对宿主有毒。只有当细菌死亡、溶解或用人工方法破坏菌细胞后才释放出内毒素来，所以叫作内毒素。其毒性成分主要为类脂质A。内毒素位于细胞壁的最外层、覆盖于细胞壁的黏肽上。各种细菌的内毒素的毒性作用较弱，大致相同，可引起发热、微循环障碍、内毒素休克及弥漫性血管内凝血等。内毒素耐热而稳定，抗原性弱。

外毒素是指某些病原菌生长繁殖过程中分泌到菌体外的一种代谢产物，或存在于胞内在细菌溶解后释放的毒素。其主要成分为可溶性蛋白质。许多革兰氏阳性菌及部分革兰氏阴性菌等均能产生外毒素。外毒素不耐热、不稳定、抗原性强，可刺激机体产生抗毒素，抗毒素可中和外毒素，用作治疗。

二、副溶血性弧菌食物中毒

副溶血性弧菌食物中毒是我国沿海地区最常见的一种食物中毒。副溶血性弧菌是一种嗜盐性细菌，存在于近岸海水、海底沉积物和鱼、贝类等海产品中，为革兰氏阴性杆菌，兼性厌氧；在30~37℃、pH 7.4~8.2、含2%~4%氯化钠的普通培养基上生长最佳，生长的pH值范围为5.0~9.6；温度范围为15~40℃。

副溶血性弧菌不耐热，75℃，5分钟或90℃，1分钟即可杀灭。对酸敏感，在稀释1倍的食醋中经1分钟即可死亡。在淡水中生存不超过2天，海水中能生存47天以上。适宜温度下经3~4小时，此细菌可急剧增加，带有此细菌的食品即可引起食物中毒。

1. 流行病学特点

（1）副溶血性弧菌食物中毒多发生在6—9月高温季节，海产品大量上市时。男女老幼均可患病，以青壮年为多，病后免疫力不强，可重复感染。

（2）中毒食品主要是海产品，其中以墨鱼、带鱼、虾、蟹最为多见，其次为盐渍食品。

（3）中毒原因主要是烹调时未烧熟、煮透，或熟制品污染后未再彻底加热。

2. 临床表现

（1）潜伏期一般在6~10小时，最短者1小时，长者24~48小时。

（2）发病急，主要症状为恶心、呕吐、腹泻、腹痛、发热，发病5~6小时后腹痛加剧，脐部阵发性绞痛为本病特点。

（3）腹泻多为水样便，重者为黏液便和黏血便。呕吐、腹泻严重，失水过多者可引起虚脱并伴有血压下降。

（4）大部分患者发病后2~3天恢复正常，少数重症患者可由于休克、昏迷而死亡。

3. 预防措施

（1）加工海产品，如鱼、虾、蟹、贝类一定要烧熟煮透。蒸煮时间需加热100℃ 30分钟。海产品用盐渍（40%盐水）也可有效地杀死细菌。

（2）烹调或调制海产品、拼盘时可加适量食醋。

（3）加工过程中生熟用具要分开；对烹调后的鱼虾和肉类等熟食品，应放在10℃以下存放，存放时间最好不超过2天。

三、单核细胞李斯特菌食物中毒

李斯特氏菌为革兰氏阳性、不产芽孢和不耐酸的杆菌。李斯特氏菌在5~45℃均可生长，而在5℃低温条件下仍能生长则是李斯特氏菌的特征，该菌经58~59℃ 10分钟可被杀灭，在−20℃可存活一年，耐碱不耐酸，在pH 9.6中仍能生长，在10% NaCl溶液中可生长，在4℃的20% NaCl溶液中可存活8周。

1. 流行病学特点

（1）春季可发生，而发病率在夏、秋季呈季节性增长。

（2）引起李斯特氏菌食物中毒的主要食品有乳及乳制品、肉类制品、水产品、蔬菜及水果，尤以在冰箱中保存时间过长的乳制品、肉制品最为严重。

（3）牛乳中李斯特氏菌的污染主要来自粪便，人类、哺乳动物和鸟类的粪便均可携带李斯特氏菌。

2. 临床表现　由李斯特氏菌引起的食物中毒一般有 2 种类型，即侵袭型和腹泻型。

（1）侵袭型的潜伏期为 2~6 周。患者开始常有胃肠炎的症状，最明显的表现是败血症、脑膜炎、脑脊膜炎、发热，有时可引起心内膜炎。孕妇、新生儿、免疫缺陷的人为易感人群。病死率高达 20%~50%。

（2）腹泻型患者的潜伏期一般为 8~24 小时，主要症状为腹泻、腹痛、发热。

3. 预防措施　对冰箱冷藏的熟肉制品及直接入口的方便食品、牛乳等，食用前要彻底加热。

四、大肠埃希菌食物中毒

大肠埃希菌广泛存在于人和动物的肠道中，部分菌株对人有致病性，又称致病性大肠埃希菌或致泻性大肠埃希菌，是重要的食源性疾病病原菌。大肠埃希菌是革兰氏阴性短杆菌，不产生芽孢，有微荚膜，周生鞭毛，好氧或兼性厌氧，在 15~45℃、pH 4.3~5.0 均可生长，最适生长温度 37℃，最适 pH 7.4~7.6.。

1. 流行病学特点

（1）流行与饮食习惯有关。病菌基本上是通过食品和饮品传播，且多以暴发形式流行，尤以食源性暴发更多见。

（2）常见中毒食品是肉及肉制品、汉堡包、生牛奶、奶制品、蔬菜、鲜榨果汁、饮品等，传播途径以通过污染食物经粪口途径感染较为多见，直接传播较罕见。

（3）中毒多发生在夏秋季，尤以 6—9 月更多见。人类对此类菌普遍易感，其中小儿和老人最易感。

2. 临床表现

（1）急性胃肠炎：主要由肠产毒性大肠埃希菌引起，易感人群主要是婴幼儿和旅游者。潜伏期一般 10~15 小时，短者 6 小时，长者 72 小时。临床症状为水样腹泻、腹痛、恶心、发热 38~40℃。

（2）急性菌痢：主要由肠侵袭性大肠埃希菌引起。潜伏期一般为 48~72 小时，主要表现为血便、脓性黏液血便，腹痛、发热，病程 1~2 周。

（3）出血性肠炎：主要由肠出血性大肠埃希菌引起，潜伏期 3~4 天，主要表现为突发性剧烈腹痛、腹泻，先水便后血便。病程 10 天左右，病死率 3%~5%，老年人、儿童多见。

3. 预防措施

（1）停止食用可疑中毒食品。

（2）不吃生的或加热不彻底的牛奶、肉等动物性食品。不吃不干净的水果、蔬菜。剩余饭菜食用前要彻底加热。防止食品生熟交叉感染。

（3）养成良好的个人卫生习惯，饭前便后洗手。避免与患者密切接触，或者在接触时应注意个人卫生。特别要注意保护年老体弱等免疫力低下的人群。

（4）食品加工、生产企业尤其是餐饮业应严格保证食品加工、运输及销售的安全性。

五、金黄色葡萄球菌食物中毒

金黄色葡萄球菌为革兰氏阳性球菌。无芽孢，无鞭毛，不能运动，呈葡萄状排列。为兼性厌氧菌，对营养要求不高，在普通琼脂培养基上培养24小时后，菌落呈圆形，边缘整齐，光滑、湿润、不透明，颜色呈金黄色。最适生长温度为35~37℃，最适pH为7.4。葡萄球菌产生的肠毒素耐热性很强，煮沸1.5~2小时后仍保持毒性。故在一般的烹调温度下，食物中如有肠毒素存在，仍能引起食物中毒。

1. 流行病学特点

（1）全年皆可发生，但多见于夏、秋季节。

（2）中毒食品主要为乳类及其制品、蛋及蛋制品、各类熟肉制品，其次为含有乳制品的冷冻食品。

（3）中毒原因主要是被葡萄球菌污染后的食品在较高温度下保存时间过长，如在25~30℃环境中放置5~10小时，就能产生足以引起食物中毒的葡萄球菌肠毒素。

（4）人和动物的化脓性感染部位常成为食品的葡萄球菌污染源。例如，乳牛患化脓性乳腺炎时乳汁污染；家畜家禽患化脓性感染对其肉尸污染；化脓性皮肤病、上呼吸道感染和口腔疾病患者，经接触或空气污染食品，呈带菌者污染。

2. 临床表现

（1）起病急骤，潜伏期短，一般在2~3小时，多在4小时内，最短1小时，最长不超过10小时。

（2）中毒表现为典型的胃肠道症状，表现为恶心、呕吐、中上腹痛和腹泻，以呕吐最为显著。呕吐物中常有胆汁、黏液或血液。病程较短，一般1~2天内痊愈，很少死亡。

（3）年龄越小对葡萄球菌肠毒素的敏感性越强，因此儿童发病较多，病情较成人严重。

3. 预防措施

（1）防止污染：防止带菌人群对各种食物的污染，定期对食品加工人员、饮食从业人员、保育员进行健康检查，患手指化脓、化脓性咽炎、口腔疾病的工作人员应暂时调换其工作；防止葡萄球菌对奶的污染，要定期对健康奶牛的乳房进行检查，患化脓性乳腺炎时，其奶不能食用。健康奶牛的奶在挤出后，应迅速冷却至10℃以下；患局部化脓性感染的畜、禽被宰杀后应按病畜、病禽肉处理，将病变部位除去后，按条件可食肉经高温处理以熟制品出售。

（2）防止肠毒素的形成：食物应冷藏或置于阴凉通风的地方，放置时间亦不应超过2小时，尤其是气温较高的夏、秋季节。食用前还应彻底加热。

案例分析

案例

2004年6月22日7时30分，江西省南昌市卫生局陆续接到食物中毒报告，反映新建县等地有人由于中午和晚上进食江西×××实业有限公司下属企业生产的“×××”卤菜后，出现恶心、呕吐、腹泻等中毒症状。23日南昌市三家医院收治的中毒人数已超过170人，年纪最大的66岁，最小的4岁，其中三分之二是少儿，患者病情稳定，无死亡病例。

分析

中毒事件发生后，南昌市卫生防疫站迅速展开调查，对患者进食食物采样进行细菌培养检测，确认是金黄色葡萄球菌污染所致。进一步调查发现食物中毒原因主要出在销售环节，5家销售店的食品运输专用车辆以及更衣间等消毒设备均有欠缺，其中3家洗手消毒设备不到位、4家专用工具窗口的清洗消毒设备不到位、1家没有卫生许可证，这些因素为细菌繁殖和毒素的产生提供了条件，造成金黄色葡萄球菌大量繁殖，从而引发食物中毒事件。

六、肉毒梭状芽孢杆菌食物中毒

肉毒梭状芽孢杆菌（简称肉毒杆菌）是一种革兰氏阳性厌氧菌，具有芽孢，主要存在于土壤、江河湖海的淤泥及人畜粪便中。食物中毒是由肉毒梭菌产生的外毒素即肉毒毒素所致。引起人类中毒的肉毒梭菌有A、B、E、F四型，其中A、B型最为常见。该类毒素是一种强烈的神经毒素，毒性比氰化钾强1万倍。

肉毒梭菌芽孢能耐高温，干热180℃，5~15分钟方能杀死芽孢。A型毒素比B型或E型毒素致死能力更强。我国报道的肉毒梭菌食物中毒多为A型，B型、E型次之，F型较为少见。

1. 流行病学特点

（1）四季均可发生中毒，冬、春季节多发。

（2）中毒食品主要为家庭自制的发酵豆、谷类制品（面酱、臭豆腐），其次为肉类和罐头食品。

（3）中毒原因主要是被污染了肉毒毒素的食品在食用前未进行彻底的加热处理。

2. 临床表现

（1）潜伏期数小时至数天不等，一般为12~48小时，最短者6小时，长者可达8~10天。

（2）中毒主要表现为运动神经麻痹症状，如头晕、无力、视物模糊、眼睑下垂、复视、咀嚼无力、走路不稳、张口困难、咽喉阻塞感、饮食发呛、吞咽困难、呼吸困难、头颈无力、垂头等。

（3）患者症状的轻重程度可有所不同，病死率较高。

3. 预防措施

（1）不吃生酱、生肉及可疑含毒食品。

（2）自制发酵酱类时，原料应清洁新鲜，腌前必须充分冷却，盐量要达到原料重的14%以上，并提高发酵温度。要经常日晒，充分搅拌，氧气供应充足。

（3）肉毒梭菌毒素不耐热，经80℃，30分钟或100℃，10~20分钟，可使各型毒素破坏。所以，对可疑食品进行彻底加热是破坏毒素预防肉毒中毒的可靠措施。

案例分析

案例

××××年1月江苏省灌云县××乡某村民自制“黄豆冬瓜酱”（一种豆类发酵食品），送亲友及自家食用，食用方式为佐餐小菜。进食者6人在2~14天陆续发病，表现为渐进性的神经麻痹，主要症状有头晕、恶心、呕吐、视力模糊、复视、眼睑下垂、言语不清、吞咽及呼吸困难。其中3人终因呼吸肌麻痹致呼吸衰竭而死亡。

分析

发病者的中毒症状为典型的肉毒梭菌中毒表现，故怀疑为肉毒梭菌食物中毒。鉴于发病者都曾食用该村民自制的“黄豆冬瓜酱”，而未食用的家人或邻居均未发病，为此对“黄豆冬瓜酱”进行有关毒素、肉毒梭菌的分离培养。检验后发现，在剩余的“黄豆冬瓜酱”中检出E型肉毒毒素，并培养出肉毒梭菌。

七、志贺菌属食物中毒

志贺菌也称痢疾杆菌，为革兰氏阴性杆菌，可产生耐热性肠毒素（内毒素）和神经毒素（外毒素）。肠毒素可引起腹泻、白细胞减少、发热、肝糖原下降；神经毒素不耐热，经80℃，1小时即被破坏，主要作用于小血管，使患者出现神经症状。

1. 流行病学特点

（1）痢疾杆菌致病力较强，感染10~200个菌即可发病。

（2）志贺氏菌食物中毒多发生于7—10月。

（3）中毒食品以冷盘和凉拌菜为主。熟食品在较高温度下存放较长时间是中毒的主要原因。

2. 临床表现

（1）潜伏期一般为10~24小时，短者6小时。

（2）发病时患者出现剧烈腹痛、呕吐及频繁的腹泻，并伴有水样便，粪便中混有血液和黏液。

（3）严重者（儿童多见）可出现高热惊厥、昏迷，或手脚发冷、发绀、脉搏细而弱，血压低等表现。

3. 预防措施

（1）不要食用存放时间长的熟食品，注意食品的彻底加热和食用前再加热。

（2）养成良好的卫生习惯，接触直接入口食品之前及便后必须用肥皂洗手。

（3）不吃不干净的食物和腐败变质的食物，不喝生水。

（4）制作生冷、凉拌菜时必须注意个人卫生及操作卫生。

课堂活动

同学们，你们在生活中遇到过细菌性食物中毒事件吗？是怎么处理的？根据所学知识谈谈如何预防？

八、其他细菌引起的食物中毒

有关其他细菌性食物中毒的情况见表 3-1。

表 3-1　其他细菌性食物中毒

	蜡状芽孢杆菌食物中毒	变形杆菌食物中毒	椰毒假单胞菌食物中毒	产气荚膜梭菌食物中毒
病原	蜡状芽孢杆菌产生的腹泻毒素和呕吐毒素	普通变形杆菌、奇异变形杆菌	椰毒假单胞菌及米酵菌酸和毒黄素	产气荚膜梭菌及其肠毒素
中毒食物	剩米饭、米粉、甜酒酿、剩菜等	动物性食品	酵米面、银耳	鱼、畜、禽等动物性食品
潜伏期、季节性	6—10 月多见，呕吐型 0.5~5 小时，腹泻型 8~16 小时	5~18 小时，短者 1~3 小时，长者 60 小时	多数在 12 小时内，少数长达 1~2 日	8~20 小时，夏秋季节多发
临床表现	呕吐型以腹部不适、恶心、呕吐为主；腹泻型以腹痛、腹泻为主	急性腹泻，伴恶心、呕吐、头痛、发热	胃部不适、恶心、呕吐，肝肾损害，死亡率 30%~50%	多呈急性胃肠炎症状，腹泻、腹痛
预防措施	剩饭必须冷藏，食用前充分加热	防止污染，控制细菌繁殖和食前彻底加热杀菌	不食用酵米面食品及腐烂变质的银耳	肉类食品要彻底加热，剩饭菜食用前再加热

点滴积累

1. 细菌性食物中毒一般分为毒素型、感染型和混合型。
2. 细菌性食物中毒的预防措施：①选择新鲜和安全的食品；②食品要彻底加热；③尽快吃掉做熟的食品，剩余的食物应妥善存放；④保持厨房或食品加工场所卫生，做到生熟食品分开；⑤养成良好的卫生习惯。

第三节　有毒动植物中毒

有毒动植物食物中毒主要包括河鲀鱼、有毒贝类等引起的有毒动物中毒和毒蕈、豆角、木薯、含氰苷果仁等引起的有毒植物中毒。该类食物中毒发病率及病死率较高。

动物性中毒食品可分为两类：一类是将天然含有有毒成分的动物或动物的某一部分当作食品（如河鲀鱼）；另一类是在一定条件下产生大量有毒成分的动物性食品（如含组胺高的青皮红肉鱼类）。

植物性中毒食品可分为三类：①将天然含有有毒成分的植物或其加工制品当作食品（如桐油、大麻油等）；②加工过程中未能破坏或除去有毒成分的植物性食品（如苦杏仁、四季豆等）；③在一定条件下产生了大量有毒成分的植物性食品（如发芽的马铃薯）。

一、有毒植物中毒

（一）毒蕈中毒

案例分析

案例

2002 年 8 月 15 日，湖南省某大学教授黄某携妻子肖某及分别在美国和俄罗斯读博士的两个儿子黄 × 宁、黄 × 帆在天童森林公园旅游，在一棵大松树下采集 500g 左右灰白色野生蘑菇，当天晚上用高压锅烧煮后四人一起食用。食用后约 10 分钟，肖某出现恶心、呕吐等中毒症状。接着，其他人也陆续出现同一症状，一家四口到某医院急诊室就诊。除黄某留院观察外，两个儿子在治疗后要求回家，肖某没有明显不适感觉。然而此后不久，两个儿子症状加重，再次回到医院。因中毒太重，黄某、黄 × 帆于 17 日先后死亡，黄 × 宁经全力救治后脱离危险，但身体仍有严重损害。

请分析：该案例的中毒原因是什么，该如何预防?

分析

这是一起典型的毒蕈中毒事件，属脏器损害型，死亡率高。预防毒蕈中毒，最可靠的方法是切勿采摘自己不认识的蘑菇食用。

1. 有毒成分　毒蕈又称毒蘑菇，是指食后可引起中毒的蕈类。在我国目前已鉴定的蕈类中，可食用蕈近 300 种，有毒蕈约 100 种，可致人死亡的至少 10 种，它们是褐鳞小伞、肉褐鳞小伞、白毒伞、褐柄白毒伞、毒伞、残托斑毒伞、毒粉褶蕈、秋生盔孢伞、包脚黑褶伞、鹿花蕈。由于生长条件的差异，不同地区发现的毒蕈种类、大小、形态不同，所含毒素亦不一样。

毒蕈的有毒成分十分复杂，一种毒蕈可以含有几种毒素，而一种毒素又可存在于数种毒蕈之中。毒蕈中毒全国各地均有发生，多发生在高温多雨的夏秋季节，以家庭散发为主，有时在一个地区连续发生多起，常是因误采食毒蘑菇而中毒。

2. 中毒表现　毒蕈中毒的临床表现复杂多样，因毒蕈种类与有毒成分不同，临床表现也不同。目前，按临床表现分为 5 种类型。

（1）胃肠炎型：引起此型中毒的毒蕈多见于红菇属、乳菇属、粉褶蕈属、黑伞蕈属、白菇属和牛肝蕈属，国内以红菇属为多。有毒物质可能为类树脂、甲醛类的化合物，对胃肠道有刺激作用。主要症状为剧烈恶心、呕吐、阵发性腹痛，以上腹部疼痛为主，不发热。经对症处理可迅速恢复，一般病程 2~3 天，很少死亡。

（2）神经精神型：引起该型中毒的毒蕈种类约有 30 种，所含毒性成分多种多样，多为混合并存，尚在研究之中。临床表现除有轻度的胃肠反应外，主要为神经精神症状，如精神兴奋或抑郁、精神错乱，部分患者尚有迫害妄想、类似精神分裂症。另外尚有明显的副交感神经兴奋症状，如流涎、流泪、大量出汗、瞳孔缩小、脉缓、血压下降等。病程一般 1~2 天，死亡率低。

（3）溶血型：潜伏期 6~12 小时，最长可达 2 天，初始表现为恶心、呕吐、腹泻等胃肠道症状，发病 3~4 天后出现溶血性黄疸、肝脾大、肝区疼痛，少数患者出现血红蛋白尿。严重者出现心律不齐、谵妄、抽搐或昏迷等。也可引起急性肾功能衰竭，导致预后不良。病程 2~6 天，一般死亡率不高。

引起此型中毒的毒蕈为鹿花蕈，有毒成分为鹿花蕈素，有强烈的溶血作用。此毒素具有挥发性，对碱不稳定，可溶于热水，烹调时如弃去汤汁可去除大部分毒素。

（4）脏器损害型：此型中毒最为严重，病情凶险，如不及时抢救，死亡率极高。毒素为剧毒，主要有毒成分为毒肽类和毒伞肽类，存在于毒伞属（如毒伞、白毒伞、鳞柄白毒伞）、褐鳞小伞蕈及秋生盔孢伞蕈。

（5）日光性皮炎型：引起该型中毒的毒蘑菇是胶陀螺（猪嘴蘑），潜伏期一般为 24 小时左右，开始多为颜面肌肉震颤，继而手指和脚趾疼痛，上肢和面部可出现皮疹。暴露于日光部位的皮肤可出现肿胀，指甲部剧痛、指甲根部出血，患者的嘴唇肿胀外翻。少有胃肠炎症状。

3. 急救与治疗 主要有以下 2 个方面。

（1）及时催吐、洗胃、导泻、灌肠，迅速排出毒物：凡食用毒蕈后 10 小时内均应彻底洗胃，洗胃液可用 1∶4 000 高锰酸钾溶液。洗胃后给予活性炭可吸附残留的毒素。

（2）根据各型毒蕈中毒采取不同治疗方案：①胃肠炎型可按一般食物中毒处理；②神经精神型可采用阿托品治疗；③溶血型可用肾上腺皮质激素治疗，一般状态差或出现黄疸者，应尽早应用较大量的氢化可的松并同时给予保肝治疗；④脏器损害型可用二巯基丙磺酸钠治疗，该药品可破坏毒素、保护体内含巯基酶的活性。

4. 预防措施 关于毒蕈与可食用蕈的鉴别，目前尚缺乏简单可靠的方法，一般认为毒蕈有如下一些特征（仅作参考）：颜色奇异鲜艳，形态特殊，蕈盖有斑点、疣点，损伤后流浆、发黏，蕈柄上有蕈环、蕈托，气味恶劣，不长蛆，不生虫，破碎后易变色，煮时能使银器变色、大蒜变黑等。因此，为预防毒蕈中毒的发生，最可靠的方法是切勿采摘自己不认识的蘑菇食用。

（二）苦杏仁、木薯中毒

案例分析

案例

河南安阳林州农村的 ×× 在家与姐姐一起玩耍时，看到窗台上晾晒着几个杏核，趁姐姐不注意砸开吃了 5 粒。没过多长时间，原先活泼的 ×× 不时出现呕吐症状。家人发现后立即把他送到当地医院。初步诊断为苦杏仁中毒，在进行解毒急救后，×× 被转到安阳第一人民医院。医生给孩子洗了胃，并注射了解毒药品。因病情无法控制，安阳市第一人民医院医生劝家长把孩子转到了郑州大学第一附属医院。据郑大第一附属医院儿科专家介绍，由于中毒时间太长，苦杏仁中产生的氢氰酸已经侵入人体组织细胞中，至于将来会不会出现后遗症无法断定。

请分析：苦杏仁中毒的机理是什么？如何预防它发生？

分析

这是一起苦杏仁引起的食物中毒事件，苦杏仁在人体内水解后释放出氢氰酸，氢氰酸属于剧毒物质。为预防此类事件的发生，要加强宣传教育，不生吃各种苦味果仁。

1. 有毒成分　苦杏仁、桃仁、李子仁、枇杷仁、樱桃仁中含有苦杏仁苷，木薯、亚麻仁中含有亚麻苦苷，苦杏仁苷和亚麻苦苷可在人体内水解后释放出氢氰酸，而引起中毒。氢氰酸属剧毒物质，对人的最小致死量为0.4~1mg/（kg·bw）。

2. 中毒表现　苦杏仁中毒潜伏期为半小时至数小时，一般为1~2小时。主要症状为口内苦涩、头晕、头痛、恶心、呕吐、心慌、脉速、四肢无力，继而出现不同程度的呼吸困难、胸闷，有时身上可发出苦杏仁味，严重者意识不清、呼吸微弱、四肢冰冷、昏迷，常发出尖叫。继而意识丧失，瞳孔散大，对光反射消失，牙关紧闭，全身阵发性痉挛，最后因呼吸麻痹或心跳停止而死亡，也可引起周围神经症状。空腹、年幼及体弱者中毒症状重，病死率高。

3. 急救与治疗

（1）催吐：用5%硫代硫酸钠洗胃。

（2）解毒治疗：首先吸入亚硝胺异戊酯，接着缓慢静脉注射3%亚硝酸钠溶液，而后静脉注射新配制的50%硫代硫酸钠溶液。

（3）对症治疗。

4. 预防措施　加强宣传教育，不生吃各种苦味果仁，也不能食用炒过的苦杏仁。若食用果仁，必须用清水充分浸泡，再开盖蒸煮，使氢氰酸挥发掉。不吃生木薯，食用时必须将木薯去皮，加水浸泡2天，再开盖蒸煮后食用。

（三）四季豆中毒

1. 有毒成分　四季豆又名菜豆、豆角、芸豆、扁豆、刀豆等。在烹调时如炒煮不够熟透，其中的有害成分皂素和植物红细胞凝集素未被破坏，可能会引起食物中毒。

2. 中毒表现　中毒后2~4小时出现肠胃炎症状，表现为恶心、呕吐、腹痛、头晕，少数患者有胸闷、心慌、出冷汗、手脚发冷、四肢麻木、畏寒等。病程短，恢复快，预后良好。

3. 急救与治疗

（1）轻症中毒者，只需静卧休息，少量多次地饮服糖开水或浓茶水。

（2）中毒严重者，若呕吐不止，造成脱水，或有溶血表现，应及时送医院治疗。

（3）民间方用甘草、绿豆适量煎汤当茶饮，有一定的解毒作用。

4. 预防措施　预防四季豆中毒，必须要炒熟、煮透，使豆角失去原有的生绿色和豆腥味后再食用。凉拌菜时，应煮10分钟以上，不可贪图其脆嫩。

（四）发芽马铃薯中毒

1. 有毒成分　马铃薯又名土豆、山药蛋、洋山芋等。马铃薯的有害成分是一种茄碱，又称马铃薯毒素或龙葵素，在马铃薯的芽、花、叶及块茎的外层皮中含量较高。食用发芽或表皮变绿的马铃薯后，可发生食物中毒。

2. 中毒表现　发芽马铃薯食物中毒潜伏期为数十分钟至10小时。中毒症状为舌、咽部麻痒，胃部灼痛及胃肠炎症状，瞳孔散大，耳鸣，重者抽搐、意识散失，甚至死亡。

3. 急救与治疗　主要通过催吐、导泻治疗手段并联合对症支持治疗。可用1∶5 000高锰酸钾或0.5%鞣酸或浓茶洗胃，导泻。

4. 预防措施　为防止马铃薯发芽，应将其存贮于干燥阴凉处，也不宜长时间日晒风吹。如发芽多或皮肉变黑绿色者不能食用；发芽不多者，可剔除芽及芽眼部，去皮后浸水，烹调时加点醋，以破坏残余毒素。

（五）其他有毒植物食物中毒

其他有毒植物食物中毒见表 3-2。

表 3-2　其他有毒植物食物中毒

名称	中毒原因	有毒成分	中毒临床表现	治疗及预防
鲜黄花菜	烹调加工方法不当	秋水仙碱	食后 0.5~4 小时发病，恶心、呕吐、腹泻、头晕、口渴、咽干等	最好食干制品，鲜黄花菜需用水浸泡或用开水烫后弃水炒熟食用
白果中毒	与烹调方法有关	银杏酸、银杏酚	潜伏期 1~12 小时，呕吐、腹泻、头痛、恐惧感、惊叫、抽搐、昏迷，甚至死亡	白果需去皮加水煮熟煮透后弃水食用，不吃生白果或变质白果
有毒蜂蜜中毒	因蜜蜂采了有毒花粉酿蜜所致	钩藤属植物的生物碱	潜伏期 1~2 天，口干、舌麻、恶心、呕吐、头痛、心慌、腹痛、肝大、肾区疼等	对症治疗。加强蜂蜜的检验工作，防止毒蜜流入市场
黑斑甘薯中毒	甘薯贮藏不当霉变所致	甘薯黑斑病菌及有毒成分 4- 薯醇和 1- 薯醇	潜伏期 24 小时，症状为头痛、胃肠炎。重者体温升高，神志不清、抽搐、昏迷，可致死亡	对症治疗。做好甘薯保藏工作，防止霉变

二、有毒动物中毒

（一）河鲀中毒

案例分析

案例

孙某一家和亲戚一起租住在浙江省余姚市 ×× 村的一套民房。4 月 14 日早近 6 点，孙某丈夫的堂兄弟出门，在靠近一家酒店的路上发现一条鱼，挺大，鼓着肚子，在路面上还能蹦几下。他不认识这条鱼，以为是从鱼贩车上掉下来的，就拿了回来。午饭时间，只有孙某、她两岁的儿子和宋阿姨三人。这条鱼红烧后，孙某吃的是鱼卵，儿子和阿姨吃的主要是鱼肉。吃完没多久，三人相继出现口唇、舌头、手指发麻等症状。下午两点半左右，邻居听到孙家有人喊救命，跑去一看，孙某已倒在地上。之后，患者被紧急送到附近的慈溪市第三人民医院抢救，经抢救虽恢复了心跳，但没有恢复自主呼吸。下午 5 点，又转送到慈溪市人民医院急救中心。当晚，孙某两岁的儿子和宋阿姨经过灌肠洗胃后脱离危险，从抽出来的液体中可以看到一些没消化的鱼肉，对液体化验后发现含神经毒素（河鲀鱼毒素）。但孙某的情况仍然很差，15 日晚，经抢救无效死亡。

请分析：该案例中的食物中毒是由什么引起的？如何预防？

分析

从中毒者的中毒症状来看，基本可以确定为食用河鲀鱼中毒。事发后，慈溪市、余姚市两地卫生部门迅速介入调查。慈溪市卫生局发布的食品卫生安全 2006 年第 2 号预警称：任何单位和个人不得出售河鲀鱼，并禁止任意丢弃河鲀鱼；宾馆、饭店等餐饮单位禁止烧制和出售河鲀鱼；广大市民不要轻易购买和食用不认识或可疑的鱼类，不要捡拾来历不明的鱼类。

河鲀是一种味道鲜美，但含有剧毒物质的鱼类。江浙一带民间流传一句俗语“拼死吃河鲀”，可见该鱼味美诱人，食之却要冒生命危险。在我国河鲀鱼中毒主要发生在沿海地区及长江、珠江等河流入海口处。

1. 有毒物质　河鲀鱼的有毒成分为河鲀毒素，是一种神经毒素，可分为河鲀毒、河鲀酸、河鲀卵巢毒素及河鲀肝脏毒素。毒素对热稳定，220℃以上才可被分解。河鲀鱼的卵巢和肝脏毒性最强，其次为肾脏、血液、眼睛、鳃和皮肤。新鲜洗净的鱼肉一般不含毒素。但鱼死后较久时，毒素可渗入肌肉，使本来无毒的肌肉也含毒。河鲀毒素常随季节变化而有差异，河鲀鱼中毒多发生于春季。每年 2~5 月为生殖产卵期，毒性最强。6—7 月产卵后，卵巢萎缩，毒性减弱。

2. 中毒表现

（1）发病急，潜伏期一般 10~45 分钟，不超过 3 小时。

（2）先感觉手指、口唇、舌尖麻木或有刺痛感，然后出现恶心、呕吐、腹痛、腹泻等胃肠道症状，并有四肢无力、口唇、舌尖及肢端麻痹，进而四肢肌肉麻痹，以致身体摇摆、行走困难，甚至全身麻痹呈瘫痪状。

（3）严重者眼球运动迟缓，瞳孔散大，对光反射消失，随之言语不清，发绀，血压和体温下降，呼吸先迟缓、浅表，继而呼吸困难，最后呼吸衰竭以致死亡。

3. 急救与治疗　目前对河鲀毒素尚无特效解毒剂，一旦中毒应分秒必争进行抢救，尽快排出毒物和给予对症处理。

（1）催吐：用筷子或压舌板刺激咽部催吐，或口服 1% 硫酸锌 50~200ml 水溶液催吐。

（2）洗胃、导泻：用 1∶2 000 高锰酸钾液或 0.5% 药用炭悬浮液反复洗胃。口服 20g 硫酸钠或硫酸镁导泻。缓慢静脉注射丁溴东莨菪碱 20mg/ 次，3 次 /d，维持 1~2 天。导泻可用等渗洗肠液或大黄 15g。无论病情轻重，一律予以催吐、洗胃、导泻处理，以免毒素蓄积及遗留造成中毒程度加深。

（3）补液：静脉滴注 1 000ml 10% 葡萄糖加入 0.5g 维生素 C，能加速排毒。

（4）吸氧：呼吸衰竭时吸氧，还可用尼可刹米、山梗菜碱、安纳咖等药物，参照说明书用量，交替注射。

（5）升压：血压下降可用阿拉明、多巴胺等升压药。

（6）维持有效通气：河鲀鱼中毒的早期致死原因是呼吸肌麻痹所致呼吸衰竭，维持患者的有效通气是抢救成功的关键。当患者出现呼吸肌麻痹、呼吸困难、经皮血氧饱和度下降时，就应该及时进行气管插管机械通气。

（7）血液灌流得以早期开展：血液灌流是对河鲀鱼中毒有特效的解毒方法，但需要早期进行。

4. 预防措施　河鲀鱼中毒的发生，主要是误食引起。有人则因喜食河鲀鱼，但未将毒素除净以致食后引起中毒。一般居民往往不易做到安全食用。因此，卫生部门应做好下列工作：

（1）加强宣传，使群众了解河鲀鱼有毒，并能识别形状，以防误食。

（2）加强市场管理，禁止出售河鲀鱼。市场出售海杂鱼类时应事先仔细挑拣，将拣出的河鲀鱼妥善处理，不可随便丢弃。

（3）在生产过程中对捕获的河鲀鱼应分别装运，由水产部门统一收购，集中加工。加工后经鉴定合格、证明无毒方能出厂。

（二）鱼类组胺中毒

1. 有毒成分　鱼类组胺中毒主要是因食用了某些不新鲜的鱼类（含有较多的组胺），同时也与个人的过敏体质有关，是一种过敏性食物中毒。中毒原因除组胺外，腐败胺类（二甲胺及其氧化物）等类组胺物质可与组胺起协同作用，使毒性增强。中毒不仅容易在过敏体质的人群中发生，非过敏体质的人食用同样也可能发生中毒。引起中毒的海产鱼主要是青皮红肉鱼类，如金枪鱼、秋刀鱼、竹荚鱼、沙丁鱼、青鳞鱼、金线鱼、鲐鱼等。

2. 中毒表现

（1）潜伏期一般为 0.5~1 小时，最短 5 分钟，最长达 4 小时。中毒特点是发病快、症状轻、恢复迅速，发病率可达 50%，偶有死亡病例。

（2）临床表现为面部、胸部及全身皮肤潮红，眼结膜充血并伴有头痛、头晕、脉搏加快、胸闷、心跳加快、血压下降。有时可出现荨麻疹，咽喉烧灼感，个别患者可出现哮喘。一般体温正常，大多在 1~2 日内恢复健康。

3. 急救与治疗

（1）催吐、洗胃和导泻，以排除毒物。

（2）抗组胺药物能快速消除中毒症状，可口服苯海拉明、扑尔敏等。组胺受体拮抗剂如雷尼替丁、西咪替丁效果较好，亦可用大剂量维生素 C。不宜服用抗组胺药物者，可静脉注射 10% 葡萄糖酸钙 10ml，1~2 次 /d。

（3）症状严重时，可用氢化可的松或地塞米松静脉滴注。

（4）对症支持治疗。

4. 预防措施

（1）不吃腐败变质的鱼，特别是青皮红肉的鱼类。

（2）对于易产生组胺的青皮红肉鱼类，家庭在烹调前可采取一些去毒措施。首先应彻底刷洗鱼体，去除鱼头、内脏和血块，然后将鱼切成两半后用冷水浸泡。在烹调时加入少许醋或雪里红或山楂，可使鱼中组胺含量下降 65% 以上。

（三）麻痹性贝类中毒

太平洋沿岸地区有些贝类在 3—9 月可使人中毒，中毒的特点为神经麻痹，所以称为麻痹性贝类中毒。

1. 有毒成分 贝类在某些地区、某个时期有毒与海水中的藻类有关。当贝类食入有毒的藻类后,其所含的有毒物质即进入贝体内并在贝体内呈结合状态,但对贝类本身没有毒性。当人食用这种贝类后,毒素可迅速从贝肉中释放出来并对人呈现毒性作用。目前已从贝类中分离、提取和纯化了几种毒素,其中石房蛤毒素发现的最早,是一种白色、溶于水、耐热、分子量较小的非蛋白质毒素,很容易被胃肠道吸收。该毒素耐热,一般烹调温度很难将其破坏。

2. 中毒表现

(1)潜伏期短,几分钟至20分钟。

(2)开始为唇、舌、指尖麻木,随后腿、颈部麻痹,然后运动失调。患者可伴有头痛、头晕、恶心和呕吐,最后出现呼吸困难。

(3)膈肌对此毒素特别敏感,重症者常在2~24小时因呼吸麻痹而死亡,病死率为5%~18%。病程超过24小时者,则预后良好。

3. 急救与治疗 目前尚无解毒药物,应及时采取排毒措施及对症、支持治疗。

4. 预防措施 主要应进行预防性监测,当发现贝类生长的海水中有大量海藻存在时,应测定当时捕捞的贝类所含的毒素量。

课堂活动

生活中常见的含天然有毒物质的动植物食品有哪些?你知道如何防止其引起的食物中毒吗?

点滴积累

1. 常见的含天然有毒物质的植物性食物有毒蕈、苦杏仁、四季豆、发芽马铃薯、鲜黄花菜等。
2. 常见的含天然有毒物质的动物性食物有河鲀、不新鲜的鱼类、麻痹性贝类等。

第四节 化学性食物中毒

常见的化学性食物中毒包括有机磷引起的食物中毒、亚硝酸盐食物中毒、砷化物引起的食物中毒等。

一、亚硝酸盐中毒

案例分析

案例

2010年10月8日上午8时许,某旅行团游客在四川省××景区食用当地酒店提供的早餐后出现胸闷、头晕、呕吐,手指、嘴唇发黑,甚至抽搐等中毒症状,其中一名游客病情严重,于送院后不久死亡。

请对该案例中的食物中毒进行分析（中毒食物、中毒物质）。

分析

四川省疾病预防控制中心提取了××酒店自助餐的食品样品进行检测，检验结果显示，1kg面条中亚硝酸盐的含量是10.8g，1kg烫饭的含量为11.3g，1kg泡菜的含量是8.41g。这些食品的亚硝酸盐含量已经超标500倍以上。这是一起急性亚硝酸盐食物中毒事件。

该事件发生的原因主要是：酒店员工将加工卤肉后剩余亚硝酸钠存放于厨房操作台下，后酒店原厨房工作人员全部更换，厨房已开封使用的盐、味精等易耗品未进行移交。10月8日早晨6时许，厨房员工制作早餐时，误将亚硝酸钠作为食盐，加入炒菜、烫饭、面条等食物中，游客和员工食用后，相继出现呕吐等中毒现象。

根据《食品安全法》和《食品添加剂新品种管理办法》规定，食品添加剂应当在技术上确有必要且经过风险评估证明安全可靠，方可列入允许使用的范围。餐饮服务单位不具备使用亚硝酸盐的技术必要性。为保证食品安全，保障公众身体健康，禁止餐饮服务单位采购、储存、使用食品添加剂亚硝酸盐。

亚硝酸盐食物中毒指食用了含硝酸盐及亚硝酸盐的蔬菜或误食亚硝酸盐后引起的一种高铁血红蛋白血症，也称肠源性青紫症。常见的亚硝酸盐有亚硝酸钠和亚硝酸钾。蔬菜中常含有较多的硝酸盐，特别是当大量施用含硝酸盐的化肥或土壤中缺钼时，可增加植物中的硝酸盐。

1. 亚硝酸盐的来源

（1）蔬菜在生长过程中可从土壤中吸收大量的硝酸盐，新鲜蔬菜储存过久、尤其腐烂及煮熟蔬菜放置过久，菜内原有的硝酸盐在其还原菌的作用下转化为亚硝酸盐。

（2）刚腌不久的蔬菜含有大量的亚硝酸盐，尤其是加盐量少于12%、气温高于20℃的情况下，可使菜中亚硝酸盐含量增加，第7~8天达高峰，一般于腌后20天降至最低。

（3）个别地区的井水含硝酸盐较多（一般称为“苦井”水），如用这种水煮饭并在不卫生的条件下存放过久，在细菌的作用下硝酸盐还原成亚硝酸盐。

（4）食用蔬菜过多时，大量硝酸盐进入肠道，对于儿童胃肠功能紊乱、贫血、蛔虫症等消化功能欠佳者，肠道内细菌可将硝酸盐转化为亚硝酸盐，且由于形成过多、过快而来不及分解，结果大量亚硝酸盐进入血液导致中毒。

（5）腌肉制品加入过量硝酸盐或亚硝酸盐。

（6）误将亚硝酸盐当作食盐应用。

2. 中毒表现

（1）潜伏期：误食纯亚硝酸盐引起的中毒，潜伏期一般为10~15分钟；大量食入蔬菜或未腌透菜类者，潜伏期一般为1~3小时，个别可长达20小时后发病。

（2）症状体征：有头痛、头晕、无力、胸闷、气短、嗜睡、心悸、恶心、呕吐、腹痛、腹泻，口唇、指甲及全身皮肤、黏膜发绀等。严重者可有心率减慢、心律不齐、昏迷和惊厥等症状，常因呼吸循环衰竭而死亡。

3. 急救与治疗　催吐、洗胃和导泻为主要处理方式；应用氧化型亚甲蓝（美蓝）、维生素C、葡萄糖等解毒剂；以及对症治疗。

4. 预防措施

（1）保持蔬菜新鲜，禁食腐烂变质蔬菜。短时间不要进食大量含硝酸盐较多的蔬菜；勿食大量刚腌制的菜，腌菜时盐应稍多，至少待腌制15天以上再食用。

（2）肉制品中硝酸盐和亚硝酸盐的用量应严格按国家卫生标准的规定，不可多加。

（3）不喝苦井水，不用苦井水煮饭、煮粥，尤其勿存放过夜。

（4）妥善保管好亚硝酸盐，防止错把其当成食盐或碱而误食中毒。

课堂活动

试分析亚硝酸盐引起食物中毒的原因有哪些。

二、砷化合物中毒

砷（As）本身毒性不大，而其化合物一般都有剧毒，常见的有三氧化二砷、砷酸钙、亚砷酸钠、砷酸铅等。特别是三氧化二砷（As_2O_3）毒性最强，又名砒霜、白砒、信石。

1. 中毒原因　常见原因是食品加工时，使用的原料或添加剂中含砷量过高，或误食含砷农药拌种的粮食及喷洒过含砷农药不久的蔬菜，或将三氧化二砷当作食盐、面碱、小苏打等使用，用盛过含砷杀虫剂的容器或袋子盛放食品和粮食，或食用碾磨过农药的工具加工过的米面等。

2. 中毒表现　潜伏期为十几分钟至数小时，中毒后患者口腔和咽喉部有烧灼感，口渴及吞咽困难，口中有金属味，常表现为剧烈恶心、呕吐（甚至吐出血液和胆汁）、腹绞痛、腹泻（水样或米汤样，有时混有血）。由于剧烈吐泻而脱水，血压下降，严重者引起休克、昏迷和惊厥，并可发生中毒性心肌病和急性肾功能衰竭，若抢救不及时，中毒者常因呼吸循环衰竭，肝功能衰竭，于1~2日内死亡。

3. 急救与治疗　催吐，彻底洗胃以排除毒物；应用特效解毒剂：巯基类药物如二巯基丙醇、二巯基丙磺酸钠和二巯基丁二酸钠；病情严重，特别是伴有肾功能衰竭者应用血液透析，以及对症治疗。

4. 预防措施

（1）严格保管好砷化物、砷制剂农药，实行专人专库管理。盛放过砷化合物的容器严禁存放粮食和食品。

（2）蔬菜、果树收获前半个月内停止使用含砷农药，防止蔬菜、水果农药残留量过高。

（3）砷中毒死亡的家禽，应深埋销毁，严禁食用。

知识链接

“声名狼藉”的砒霜

砒霜，即三氧化二砷，又称信石、鹤顶红，有剧毒。最早是被用来治疗梅毒或肺结核病的一种辅助药物，后被开发用来制杀虫剂或灭鼠药。砒霜为白色粉末，没有特殊气味，与面粉、淀粉、小苏打很相似，所以容易误食中毒。

由于其毒性强烈，无臭无味，难以在尸体上被检验出来，两千多年来，砒霜就一直与“中毒”“暴死”这样的词汇联系在一起，早已被人们看作是一种杀人的武器。

砒霜的毒性很强，进入人体后能破坏某些细胞呼吸酶，使组织细胞不能获得氧气而死亡；还能强烈刺激胃肠黏膜，使黏膜溃烂、出血；亦可破坏血管，引起出血，破坏肝脏，严重的会使人体因呼吸和循环衰竭而死亡。

尽管砒霜是一种“一级”毒药，但它在治疗人类疾病方面，能够起到很多作用。中医认为其具有蚀疮去腐、杀虫、劫痰、截疟之功效，可用于治疗瘰疬、痈疽恶疮等。现代研究表明，利用亚砷酸（三氧化二砷，即砒霜的水溶物）注射液的联合靶向治疗，可治疗急性早幼粒细胞白血病。

三、农药中毒

案例分析

案例

2010 年 4 月 1—9 日，青岛一些医院陆续接到 9 名食用韭菜后中毒的患者，主要表现为头疼、恶心、腹泻等症状，经医院检查属于有机磷农药中毒。被查出的毒韭菜主要是来自山东潍坊高密及潍坊寿光等地。此次事件中共检出农药残留超标蔬菜 1 930 kg，全部销毁。受毒韭菜事件的影响，在青岛地区韭菜的主要产地莱西市 ×× 镇的 1 000 多亩韭菜没有卖出去，即使低价都无人问津。

请分析，韭菜中为什么会有有机磷农药呢？

分析

在蔬菜种植过程中，为防治病虫害而合理施用农药本不会对人体健康产生影响，但是如果施用农药过程中技术指导缺失或不规范，导致随意调整用量、超量使用、未按安全间隔期使用，将可造成蔬菜农药残留超标，对居民健康产生严重影响。

为预防类似事件再次发生，青岛市农委制定了相应改善措施：为韭菜种植基地（农户）建立档案，按照属地管理原则，实行韭菜产品三级质量安全监管责任包干和责任追究制度。同时，在韭菜种植区推行农药专供或定点供应制度，种植户使用农药，一律要对使用记录登记在案，对出圃的韭菜要进行自检或委托检测机构检验，建立韭菜产品质量安全追溯体系。对韭菜种植区经营高毒高残留农药和种植过程中违规使用禁限用农药的行为，依法严查。

蔬菜、水果在老百姓每日膳食中必不可少，严格控制各种农药污染途径，减少农药残留，对于预防因农药引起的化学性食物中毒具有重要意义。

有机磷农药是目前市场上销售量和使用量最大的一类农药，它具有高效、易分解、低残留的优点，对于防治病虫害、保证农业增产增收发挥了重要作用。但有机磷农药有一定毒性，在生产和使用过程中如不注意防护，往往可发生食物中毒。由于误食引起的急性中毒，每年都有发生。

1. 中毒原因

（1）误食农药拌过的种子或误把有机磷农药当作酱油或食用油而食用，或把盛装过农药的容器再盛装油、酒及其他食物等引起中毒。

（2）喷洒农药不久的瓜果、蔬菜未经安全间隔期即采摘食用，可造成中毒。

（3）误食被农药毒杀的家禽。

2. 中毒表现　中毒的潜伏期一般在2小时以内，误服农药纯品者可立即发病。根据中毒症状的轻重可将急性中毒分为三度。

（1）轻度中毒表现为头疼、头晕、恶心、呕吐、多汗、流涎、胸闷无力、视力模糊等，瞳孔可能缩小。血中胆碱酯酶活力减少30%~50%。

（2）中度中毒除上述症状外，可出现肌束震颤、轻度呼吸困难、瞳孔明显缩小、血压升高、意识轻度障碍、血中胆碱酯酶活力减少50%~70%。

（3）重度中毒时出现瞳孔缩小如针尖大，呼吸极度困难、皮肤青紫、肺水肿、抽搐、昏迷、呼吸衰竭、大小便失禁等，少数患者出现脑水肿。血中胆碱酯酶活力减少70%以上。

需要特别注意的是某些有机磷农药，如马拉硫磷、敌百虫、对硫磷、乐果、甲基对硫磷等有迟发性神经毒性，即在急性中毒后的第二周产生神经症状，主要表现为下肢软弱无力、运动失调及神经麻痹等。

3. 急救与治疗

（1）催吐、反复洗胃，以彻底排出毒物。洗胃液一般可用2%苏打水或清水，但误服敌百虫者不能用苏打水等碱性溶液，可用1∶5 000高锰酸钾溶液或1%氯化钠溶液。但对硫磷、内吸磷、甲拌磷及乐果等中毒时不能用高锰酸钾溶液，以免这类农药被氧化而增强毒性。

（2）应用特效解毒剂。轻度中毒者可单独给予阿托品，以拮抗乙酰胆碱对副交感神经的作用。中度或重度中毒者需要阿托品和胆碱酯酶复能剂（如解磷定、氯磷定）两者并用。胆碱酯酶复能剂可迅速恢复胆碱酯酶活力，对于解除肌束震颤、恢复患者神态有明显疗效。

4. 预防措施

（1）有机磷农药必须由专人保管，必须有固定的专用贮存场所，其周围不能存放食品。

（2）喷洒及拌种用的容器应专用，配药及拌种的操作地点应远离畜圈、饮水源和瓜菜地，以防污染。

（3）喷洒农药必须穿工作服，戴手套、口罩，并在上风向喷洒，喷药后须用肥皂洗净手、脸，方可吸烟、饮水和进食。

（4）喷洒农药及收获瓜、果、蔬菜，必须遵守安全间隔期。

（5）禁止食用因剧毒农药致死的各种畜禽。

（6）禁止孕妇、哺乳期妇女参加喷药工作。

四、甲醇中毒

甲醇又称木醇、木酒精，为无色、透明、略有乙醇味的液体，是工业酒精的主要成分之一。甲醇是一种强烈的神经和血管毒物，对人体的毒害作用是由甲醇本身及其代谢产物甲醛和甲酸引起的，可作用于中枢神经系统、损害视神经，造成视神经萎缩、视力减退，甚至双目失明。

知识链接

工业酒精

即工业上使用的酒精，也称变性酒精、工业火酒，纯度一般为95%和99%。主要有合成和酿造（玉米或木薯）两种生产方式，合成的一般成本低，甲醇含量高，价格便宜；酿造的工业酒精一般乙醇含量大于或等于95%，甲醇含量低于0.01%，价格比较贵。工业酒精不能用于人体的消毒，也不能用于兑制食用酒。饮用工业酒精后会引起中毒、失明，甚至死亡。我国明令禁止使用工业酒精生产各种酒类。

1. 中毒原因　引起甲醇中毒的主要原因是饮用了含甲醇的工业酒精勾兑的“散装白酒”。甲醇很容易经消化管被吸收，一般误饮5~10ml可致严重中毒，30~100ml可致死亡。

2. 中毒表现　急性中毒一般在饮用后8~36小时发病，中毒早期呈酒醉状态，主要表现为恶心、呕吐、腹痛、头痛、头晕、乏力、步态不稳、嗜睡等。严重者出现瞳孔散大、视力模糊、失明、癫痫样抽搐、神志不清、脑水肿等。慢性中毒可导致视力减退、视野缺损、视神经萎缩、失明，伴有神经衰弱综合征和自主神经功能紊乱等。

3. 急救与治疗

（1）患者应立即移离现场，用1%碳酸氢钠洗胃，硫酸镁导泻。

（2）透析疗法：中毒严重者应及早进行血液透析或腹膜透析，以减轻中毒症状，挽救患者生命，减少后遗症。

（3）静脉点滴解毒剂：乙醇为甲醇中毒的解毒剂，应用乙醇可阻止甲醇氧化，促进甲醇排出。用10%葡萄糖液配制5%乙醇溶液，静脉缓慢滴注。

（4）纠正酸中毒：根据血气分析或二氧化碳结合力测定结果及临床表现，及早给予碳酸氢钠溶液或乳酸钠溶液。

（5）对症治疗和支持治疗：根据病情积极防治脑水肿，降低颅内压，改善眼底血循环，防止视神经病变。维持呼吸、循环功能及电解质平衡。给予大量B族维生素。

4. 预防措施　预防甲醇中毒的关键在于加强食品卫生监督管理，严禁用工业酒精勾兑白酒，未经检验合格的酒类不得销售；消费者不要饮用私自勾兑和来源不明的散装白酒。

点滴积累

1. 常见的化学性食物中毒有亚硝酸盐食物中毒、砷化合物食物中毒、农药中毒、甲醇中毒等。
2. 亚硝酸盐中毒、砷化合物中毒、农药中毒和甲醇中毒的急救措施通常为催吐、洗胃，应用特效解毒剂及时处理。

第五节　真菌毒素和霉变食物中毒

霉菌是真菌的一部分。霉菌在自然界分布很广，同时由于其可形成各种微小的孢子，因而很容易污染食品。霉菌污染食品后不仅可造成腐败变质，而且有些霉菌还可产生毒素，造成误食人群的真菌毒素中毒。真菌毒素是霉菌产生的一种有毒次生代谢产物，自从20世纪60年代发现强致癌的黄曲霉毒素以来，真菌与真菌毒素对食品的污染日益引起人们的重视。

1. 真菌产毒的条件　真菌产毒需要一定的条件，影响真菌产毒的条件主要是食品基质中的水分、环境温度和湿度，以及空气的流通情况。

（1）湿度：霉菌的繁殖需要一定的水分活度，因此水分活度小的食品中，自由运动的水分子较少，能提供给微生物利用的水分少，不利于微生物的生长与繁殖，有利于防止食品的腐败变质。

（2）温度：大部分霉菌在18~30℃都能生长，10℃以下和30℃以上时生长明显减弱，在0℃几乎不生长。但个别霉菌可耐受低温。一般霉菌产毒的温度略低于最适宜温度。

（3）基质：霉菌的营养来源主要是糖和少量氮、矿物质，因此极易在含糖的饼干、面包、粮食等食品上生长。

2. 真菌毒素中毒的特点

（1）食物被真菌污染。

（2）一般的烹调方法不能破坏被真菌污染的食品中的真菌毒素。

（3）真菌毒素能耐高温，没有抗原性，机体对真菌毒素不产生抗体。

（4）真菌毒素具有主要侵害实质器官的特性，而且真菌毒素多数具有致癌作用。

（5）真菌毒素中毒往往有明显的季节性和地区性。

（6）摄入真菌毒素的量不同，对人体的危害也不同。

课堂活动

生活中哪些食物容易发生霉变呢？霉变食物能食用吗？如何预防霉变的发生？

一、黄曲霉毒素

黄曲霉毒素（简称AFT或AT）是黄曲霉和寄生曲霉的代谢产物。寄生曲霉的所有菌株都能产生黄曲霉毒素，但我国寄生曲霉罕见。黄曲霉是我国粮食和饲料中常见的真菌，由于黄曲霉毒素的致癌力强，因而受到重视，但并非所有的黄曲霉都是产毒菌株，即使是产毒菌株也必须在适合产毒的环境条件下才能产毒。

知识链接

黄曲霉毒素的由来

20世纪60年代，英国东南部的一些农场大约有10万只火鸡不明原因地突然死亡，一时间造成了极度恐慌和不安，其震惊的程度不亚于疯牛病。由于病因不明，只得取名为X病，这就是举世闻名的“火鸡X病”事件。后来经过食品、毒理和细菌学方面专家的通力合作，终于找出了引起火鸡大批死亡的原因：他们从饲料——玉米粉中分离出一种未知的由黄曲霉菌产生的毒素，命名为“黄曲霉毒素”。

1. 黄曲霉毒素的性质 黄曲霉毒素的化学结构是一个双氢呋喃和一个氧杂萘邻酮。现已分离出 B_1、B_2、G_1、G_2、B_{2a}、G_{2a}、M_1、M_2、P_1 等十几种。其中以 B_1 的毒性和致癌性最强，它的毒性是氰化钾的 10 倍，是砒霜的 68 倍，仅次于肉毒毒素，是真菌毒素中最强的；致癌作用比已知的化学致癌物都强，比二甲基亚硝胺强 75 倍。黄曲霉毒素具有耐热的特点，裂解温度为 280℃，在水中溶解度很低，能溶于油脂和多种有机溶剂。

2. 对食品的污染 黄曲霉毒素污染可发生在多种食品上，如粮食、油料、水果、干果、调味品、乳和乳制品、蔬菜、肉类等，其中以玉米、花生和棉籽油最易受到污染，其次是稻谷、小麦、大麦、豆类等。花生和玉米等作物是黄曲霉毒素菌株适宜生长且易产生黄曲霉毒素的基质。花生和玉米在收获前就可能被黄曲霉污染，使成熟的花生不仅污染黄曲霉而且可能带有毒素，玉米果穗成熟时，不仅能从果穗上分离出黄曲霉，且能够检出黄曲霉毒素。

目前有 60 多个国家制定了食品和饲料中黄曲霉毒素限量标准和法规。实际或建议的限量标准：食品中黄曲霉毒素 B_1 为 5μg/kg；食品中黄曲霉毒素 B_1、黄曲霉毒素 B_2、黄曲霉毒素 G_1 和黄曲霉毒素 G_2 总和为 10~20μg/kg；牛奶中黄曲霉毒素 M_1 为 0.05~0.5μg/kg，奶牛饲料中的黄曲霉毒素 B_1 为 10μg/kg。

3. 毒性 黄曲霉毒素有很强的急性毒性，也有明显的慢性毒性与致癌性。

（1）急性毒性：黄曲霉毒素是一种毒性极强的剧毒物，对鱼、鸡、鸭、大鼠、豚鼠、兔、猫、狗、猪、牛、猴及人均有强烈毒性。它的毒害作用主要是引起肝脏变化，导致急性肝炎、出血性坏死、肝细胞脂肪变性和胆管增生。脾脏和胰脏也有轻度的病变。国内外均有多次报道，其中最典型的是印度霉变玉米事件，该事件直接导致十人死亡，数百人患上不同类型的肝脏疾病。

（2）慢性毒性：黄曲霉毒素持续摄入所造成的慢性中毒，其主要表现是动物生长障碍，肝脏出现亚急性或慢性损伤。其他症状如食物利用率下降、体重减轻、生长发育缓慢、母畜不孕或产仔少等。

（3）致癌性：动物实验证明长期摄入低浓度的黄曲霉毒素或短期摄入高浓度的黄曲霉毒素均可诱发肝癌，此外还可诱发胃癌、肾癌、直肠癌、乳腺癌、卵巢及小肠等部位的肿瘤。这一结果至少在 8 种动物身上得到了证实，但不同动物的致癌剂量差异很大，其中以大白鼠最为敏感。

4. 急救与治疗 黄曲霉毒素中毒无特效解毒剂，以对症、保肝等综合治疗为主。

（1）彻底清除毒物：早期中毒者，可催吐、洗胃或导泻，必要时可灌肠，以促进毒素的排出。

（2）保护肝肾功能：对急性中毒者，给予大剂量维生素 C 及 B 族维生素、能量合剂、肝泰乐等药物治疗。

（3）对症治疗：解痉镇痛、利尿、纠正水电解质紊乱，必要时行血液透析治疗。

（4）抗真菌药物的应用：如两性霉素 B，亦可选用灰黄霉素、制霉菌素等。

5. 预防措施 防霉、去毒和限制食品中毒素残留是预防黄曲霉毒素危害的 3 个主要环节。

（1）防霉：防霉是预防食品被黄曲霉毒素及其他霉菌污染的最根本措施。食品霉变要有足够的湿度、温度和氧气，其中湿度尤其重要。因此，防霉的主要措施是控制食品中的水分。就粮食而言，从田间收获、脱粒、晾晒、运输至入库等过程中，都应注意防霉。

1）减少霉变源：收获时要及时排除霉变部分。

2）环境层面防霉：①在田间要防虫、防倒伏。②脱粒后应及时晾晒，使水分降至安全水分以下，一般稻谷含水量在13%以下，玉米12.5%、大豆11%、花生8%。③在保藏过程中应注意控制粮库的温湿度，使其相对湿度不超过70%，温度降至10℃以下，还要注意通风；另外除氧充氮或用二氧化碳进行保藏效果亦可以。

3）贮运过程中防霉变：应保持谷粒、花生、豆类等外壳完整无破损。

（2）去毒：主要采用以下几种方式去毒。

1）挑除霉粒：适用于花生。因黄曲霉毒素主要存在于发霉、变色、破损及皱缩的花生中，挑除后，可使黄曲霉毒素含量显著降低。

2）碾轧加工：适用于大米。黄曲霉毒素主要存在于米糠及大米表层，精度碾轧加工可降低米中毒素含量。

3）脱胚去毒：适用于玉米。将玉米碾成3mm左右的碎粒，加入清水，搅拌，轻搓，胚部碎片轻而上浮，捞出浮层。

4）加碱去毒：适用于食用油。黄曲霉毒素在碱性条件下，其结构中的内酯环被破坏，形成香豆素钠盐，能溶于水，故加碱后再用水洗，即可将毒素去除。

5）其他方法：如紫外线照射、盐炒法等也有一定的去毒效果。

（3）限制各种食品中黄曲霉毒素的含量：我国食品中黄曲霉毒素 B_1 限量指标见表3-3。

表3-3　食品中黄曲霉毒素 B_1 限量指标

食品种类	限量/（μg/kg）	食品种类	限量/（μg/kg）
玉米、玉米面（渣、片）及玉米制品	≤20	花生油、玉米油	≤20
稻谷、糙米、大米	≤10	植物油脂（花生油、玉米油除外）	≤10
小麦、大麦、其他谷物	≤5.0	酱油、醋、酿造酱（以粮食为主要原料）	≤5.0
小麦粉、麦片、其他去壳谷物	≤5.0		
发酵豆制品	≤5.0	婴幼儿配方食品	≤0.5（以粉状产品计）
花生及其制品	≤20		
其他熟制坚果及籽类	≤5.0	婴幼儿谷类辅助食品	≤0.5

注：来源于GB 2761—2011《食品中真菌毒素限量》。

二、镰刀菌毒素

镰刀菌毒素同黄曲霉毒素一样被看作是自然发生的最危险的食品污染物。镰刀菌毒素是由镰刀菌产生的。镰刀菌在自然界广泛分布，侵染多种作物。有多种镰刀菌可产生对人畜健康威胁极大的镰刀菌毒素。镰刀菌毒素已发现有十几种，按其化学结构可分为以下三大类，即单端孢霉烯族化合物、玉米赤霉烯酮和丁烯酸内酯。

1. 单端孢霉烯族化合物　单端孢霉烯族化合物是由雪腐镰刀菌、禾谷镰刀菌、梨孢镰刀菌、拟枝孢镰刀菌等多种镰刀菌产生的一类毒素。是引起人畜中毒最常见的一类镰刀菌毒素。我国粮食和饲料中常见的是脱氧雪腐镰刀菌烯醇（DON）。DON主要存在于麦类赤霉病的麦粒中，在玉米、稻谷、蚕豆等作物中也能感染赤霉病而含有DON。赤霉病的病原菌是赤霉菌，其无性阶段是禾谷镰刀霉。这种病原菌适合在阴雨连绵、湿度高、气温低的气候条件下生长繁殖。DON又称致吐毒素，易溶于水，热稳定性高，烘焙温度210℃、油煎温度140℃或煮沸，只能破坏50%。

人误食含DON的赤霉病麦（含10%病麦的面粉250g）后，多在1小时内出现恶心、眩晕、腹痛、呕吐、全身乏力等症状。少数伴有腹泻、颜面潮红、头痛等症状。以病麦喂猪，猪的体重增长缓慢，宰后脂肪呈土黄色，肝脏发黄，胆囊出血。DON对狗经口的致吐剂量为0.1mg/kg。

2. 玉米赤霉烯酮 又称F-2毒素，它首先从有赤霉病的玉米中分离得到。玉米赤霉烯酮是一种雌性发情毒素。动物吃了含有这种毒素的饲料，就会出现雌性发情综合症状。禾谷镰刀菌、黄色镰刀菌、粉红镰刀菌、三线镰刀菌、木贼镰刀菌等多种镰刀菌均能产生玉米赤霉烯酮。玉米赤霉烯酮不溶于水，溶于碱性水溶液。禾谷镰刀菌接种在玉米培养基上，在25~28℃培养2周后，再在12℃下培养8周，可获得大量的玉米赤霉烯酮。赤霉病麦中有时可能同时含有DON和玉米赤霉烯酮。饲料中含有玉米赤霉烯酮在1~5mg/kg时才出现症状，500mg/kg含量时出现明显症状。

3. 丁烯酸内酯 丁烯酸内酯在自然界发现于牧草中，牛饲喂带毒牧草导致烂蹄病。丁烯酸内酯是三线镰刀菌、雪腐镰刀菌、拟枝孢镰刀菌和梨孢镰刀菌产生的，易溶于水，在碱性水溶液中极易水解。

三、霉变甘蔗中毒

霉变甘蔗中毒是指食用了保存不当而霉变的甘蔗引起的急性食物中毒。发病者多为儿童，且病情常较严重，甚至可危及生命。

1. 有毒成分 引起中毒的有毒成分是霉变甘蔗中的3-硝基丙酸，它是由引起甘蔗霉变的节菱孢霉菌产生的神经毒素，主要损害中枢神经。

2. 中毒表现 潜伏期为15~30分钟，最长可达48小时。潜伏期越短，症状越严重。中毒初期有头晕、头痛、恶心、呕吐、腹痛、腹泻，部分患者有复视或幻视导症状。重者可很快出现阵发性抽搐、四肢强直或屈曲，手呈鸡爪状，大小便失禁，牙关禁闭，面部发绀，严重者很快进入昏迷，体温升高，最终死于呼吸衰竭。幸存者常因中枢神经损害导致终生残疾。

3. 急救与治疗

（1）中毒早期：应立即催吐，继之用0.2%高锰酸钾溶液洗胃，亦可用活性炭混悬液消化道灌入吸附毒素，硫酸钠或甘露醇导泻，必要时结肠灌洗。

（2）一般治疗：适当补充液体防止脱水，纠正酸中毒及电解质紊乱，并应用抗生素预防继发性感染。重症脑水肿者可应用高压氧疗法提高血氧含量，减轻症状。

（3）对症治疗：急性期消除脑水肿和改善脑循环，静脉给予20%甘露醇、呋塞米和50%葡萄糖交替使用，控制脑水肿的发展；恢复期可用促进脑细胞代谢及脑细胞活化剂（如胞二醇胆碱、脑活素、细胞色素C等）保护脑组织，防止或减少后遗症。惊厥抽搐时，适当给予镇静剂如苯巴比妥（鲁米那）、安定等，小儿亦可水合氯醛灌肠。

4. 预防措施　甘蔗应成熟后再收割,不成熟的甘蔗易于霉变。甘蔗收割、运输、贮存过程应注意防伤、防冻、防霉变。严禁销售和食用不成熟或有病害的甘蔗。

点滴积累

1. 常见的真菌毒素有黄曲霉毒素、镰刀菌毒素等。
2. 黄曲霉毒素是我国粮食和饲料中常见的真菌毒素，尤其以玉米和花生最易受污染，具有强致癌力。

第六节　食物中毒的调查和处理

食品安全监督机构遇到食物中毒发生时,应及时进行现场调查处理,调查清楚发生食物中毒的原因,分析发生规律,提出预防其再次发生的措施。

一、食物中毒的抢救与组织

食物中毒发生以后,卫生防疫人员应及时到达现场并组织好抢救患者的工作。同时,采取如下措施:禁止继续出售和食用可疑食物,并予以暂时封存;搜集可疑中毒食物及患者的吐泻物送检。在重大食物中毒事故现场,应成立临时急救指挥小组,以便顺利开展工作。

1. 排出未被吸收的毒物　排出未被吸收毒物的方法有以下几种:催吐,洗胃,导泻与灌肠等。

2. 阻滞毒物的吸收和保护胃肠黏膜　局部应用拮抗剂,直接与胃肠道中尚未被吸收的毒物发生作用,使其毒性降低或变成无毒物质,减少毒物对胃肠黏膜的作用,延缓吸收。常用口服拮抗剂有通用解毒剂、中和剂、沉淀剂和氧化剂等。

3. 促进毒物排泄　毒物被人体消化系统吸收后多在肝脏解毒,经肾脏随尿排出。大量饮水或静脉输液对稀释体内毒物,保护肝、肾,促进毒物排出十分重要。一般可饮用糖盐水,静脉滴注生理盐水或5%、10%葡萄糖溶液等。如尿量少,可静脉滴注20%甘露醇或25%山梨醇100~250mg,以加速尿液排出。

4. 对症治疗　毒物已损及有关脏器,出现各种危重症状时,如不积极治疗,必将影响患者的康复甚至危及生命。因此,及时对症处理很有必要。抢救时,排毒解毒和对症治疗同时并用,可取得更好的效果。

知识链接

中毒后自救四步法

1. 催吐　对中毒后不呕吐的人，可用手指或其他代用品触及咽喉部，直至中毒者吐出清水为止；或者饮用大量稀盐水。

2. 导泻　可用温盐水灌肠导泻。

3. 洗胃　最方便的可用肥皂或浓茶水洗胃，也可用1%的盐水，此法能同时除去已到肠内的毒物，起到洗肠的作用。

4. 解毒　在进行上述急救处理后，还应当对症治疗，服用解毒剂。最简便的可吃生鸡蛋清、生牛奶或将大蒜捣汁冲服。

特别提醒

（1）有不良生理反应，应立即停止食用可疑食品，就地收集封存，以备检验。

（2）为防止呕吐物堵塞气道而引起窒息，应让患者侧卧，便于吐出。

（3）在呕吐过程中，不要让患者喝水或吃食物，但在呕吐停止后马上给患者补充水分。

（4）留取呕吐物和大便样本，给医生检查。

（5）如腹痛剧烈，可采取仰睡姿势并将双膝弯曲，有助于缓解腹肌紧张。

（6）患者腹部盖毯子保暖，有助于血液循环。

（7）当患者出现脸色发青、冒冷汗、脉搏虚弱时，要马上送医院。

（8）在等待救护车期间，为防止反复呕吐发生的脱水，最好让患者饮用加入少量食盐和糖的糖盐水，补充丢失的体液，防止发生休克。

（9）对于已发生昏迷的患者不要强行向其口内灌水，防止窒息。

二、食物中毒的现场调查和处理

1. 调查目的

（1）确定此次中毒是否是食物中毒，大致属于何种类型，引起中毒的可疑食品及致病因素。

（2）采取措施，防止中毒在该地区继续发生。

（3）进一步修正和确定治疗方案。

2. 调查的步骤和内容

（1）现场调查中应首先向单位负责人、医务人员、炊事员、伙食管理人员以及患者等人员询问有关食物中毒的经过和简要情况、可疑食品、中毒人数、发展趋势以及采取的具体措施。

（2）与在场医务人员一起询问中毒经过和检查患者中毒表现的特点以及与食物的关系，以便确定是否为食物中毒。

（3）确定潜伏期。潜伏期对确定是否是食物中毒以及何种类型的食物中毒具有重要意义。在判断潜伏期时，要注意多数患者的发病时间。

（4）确定中毒现场。调查全部中毒人员的分布，即工作、居住、就餐地点，从而找出患者与进餐地点的关系。

（5）确定中毒餐次和中毒食物。询问全部患者发病前24~48小时各餐所吃的食物，并力争查明所有进餐人员所吃食物的情况。

（6）确定何种类型的食物中毒。应根据中毒的特点进行分析，如有发热和急性胃肠炎症状，可能是细菌性食物中毒的感染型；如无发热而有急性胃肠炎症状，可能是细菌性食物中毒的毒素型。

（7）封存剩余一切可疑食物。可疑食物确定后，对已售出零散的同批食物应全部查清并立即追回。

（8）对现场进行安全学调查。为控制和预防食物中毒的发生，应对现场环境卫生及加工场所的卫生条件、食物来源和生产过程逐步调查。

（9）对封存食物做相应的处理。对引起中毒食物的处理，要本着保证食物中毒不再发生的原则，持客观慎重的态度来对待，调查中应做好详细记录，必要时应查明或索取有关资料和证件。

（10）通过全面调查，针对中毒原因、存在问题提出控制食物中毒发生的预防措施。

案例分析

案例

×××× 年 7 月 14 日晚，某社区卫生服务中心接到该市某医院电话报告，称三号楼 2 单元有一家 3 口全部出现腹泻、腹痛、发热，请求处理。接到报告后，该所立即打电话给市卫生监督中心，并赴现场调查处理。

分析

1. 准备工作

（1）收集相关的食物中毒和食源性疾病参考书、食品中毒相关标准等。

（2）收集若干食物中毒案例分析和调查处理的实例。

2. 调查程序

（1）病症询问：经初步调查，该家庭有 6 口人，为外地来该市打工的民工户，租一套房子，吃住均在一起。发病的 3 人为两兄弟（年龄分别为 30 岁和 23 岁，发病时间分别为 14 日上午 10 点左右和中午 2 点左右）和哥哥的妻子（30 岁，最早发病者，14 日凌晨 3 点出现症状，上午到医院就诊），3 名患者均有发热（38.5~39.2℃）、腹痛、腹泻（2~6 次 /d，开始为稀便后为水样便）、头晕、头痛，一名患者有呕吐。

（2）食物史调查：发病前一天（7 月 13 日）该家庭早餐为稀饭、馒头、咸菜，全家食用。中餐为面条（加少量酸菜炒肉），3 个孩子在家食用。晚餐主食为米饭，菜肴是炒土豆、盐肉冬瓜汤、皮蛋，并饮用了啤酒，全家食用。

（3）紧急处理：3 名患者马上被送往医院，协助收集食物和呕吐物为分析化验之用。对可疑物封存。经服用抗生素，补液等处理后，1~2 天内痊愈出院。

（4）进一步调查分析：进一步调查表明，13 日早餐和晚餐 6 人均在家吃，中餐仅 3 人在家吃，发病的 3 人中午均没在家吃饭。故以晚餐中某种食品引起食物中毒的可能性最大。晚餐约下午 6 点半开始，6 人均食用了米饭、炒土豆和盐肉冬瓜汤，5 人饮了不等量的啤酒，而只有 3 名发病者食用了皮蛋，未食用皮蛋的 3 人未发病，且皮蛋食用较多者症状最重。故皮蛋最可能是引起中毒的食物。

（5）溯源：卫生监督员对患者家庭的菜肴加工场所及当日餐食的原辅料和加工情况等进行了检查和了解，皮蛋是患者家属于 7 月 13 日下午 6 点左右从附近一家个体小超市购买的，一盒 6 只，晚餐食用时剥开蛋壳就发现其中 4 只蛋内容物凝固不全，放入盘内蛋黄可流动。检查皮蛋包装盒，只标注了生产厂家而未标注生产日期和保质期等。除皮蛋外未发现其他异常。

卫生监督员采集了患者家庭剥下的沾有蛋内容物的皮蛋壳 1 只（因一盒 6 只皮蛋均已吃完），赶到超市收集了小超市正在销售的皮蛋 2 盒，以及 3 名患者的肛拭子，送实验室检查。结果 3 名患者的肛拭子和沾在壳上的皮蛋内容物均检出 B 群沙门菌，但小超市的皮蛋中未检出致病菌。

（6）确诊和处理：结合以上调查、临床表现和实验室检验结果，确定这是一起食用被沙门菌污染的皮蛋引起的食物中毒。进一步对皮蛋加工厂家的调查表明，该厂家系小规模的作坊式生产，对原料蛋无严格的检验程序，也常常不在包装盒上标注生产日期和保质期。故造成中毒原因可能是被沙门菌严重污染的蛋混入了用于加工皮蛋的原料蛋中，其后的加工环节又未能杀灭沙门菌，加之可能因为产品长期存放，导致其中沙门菌大量生长繁殖，食入后引起食物中毒。监督员依照有关法律对该皮蛋加工厂家进行了相应的处罚。

目标检测

一、选择题

（一）单项选择题

1. 下列哪种食物中毒属于化学性食物中毒（　　）

A. 毒蕈中毒　　B. 黄曲霉毒素中毒　　C. 亚硝酸盐中毒
D. 发芽土豆中毒　　E. 河鲀中毒

2. 在天然污染的食品中以黄曲霉毒素（　　）最多见，而且其毒性和致癌性也最强，故在食品监测中以其作为污染指标

A. B_1　　B. G_1　　C. M_1
D. H_1　　E. B_2

3. 黄曲霉毒素最容易污染（　　）食品

A. 乳制品　　B. 粮食和油料作物　　C. 蔬菜
D. 饮料　　E. 水果

4. 发芽马铃薯易引起食物中毒，主要是因为其芽眼部分含有一种有害成分（　　）

A. 皂素　　B. 龙葵碱　　C. 胰蛋白酶抑制剂
D. 棉酚　　E. 秋水仙碱

5. 人和动物的化脓性感染部位常成为食品的污染源，是因为含有（　　），因此患有上呼吸道感染或手部化脓者，必须暂时调离餐饮加工和服务岗位

A. 副溶血性弧菌　　B. 链球菌　　C. 金黄色葡萄球菌
D. 沙门菌　　E. 大肠埃希菌

（二）多项选择题

1. 食物中毒的特点有（　　）

A. 发病呈暴发性，潜伏期短，来势急剧

B. 常常出现恶心、呕吐、腹痛、腹泻等消化管症状

C. 发病与食物有关

D. 食物中毒患者对健康人不具传染性

E. 食物中毒患者具有传染性

2. 食物中毒按病原物质可分为（　　）四类

A. 细菌性食物中毒　　B. 有毒动植物中毒　　C. 物理性食物中毒

D. 化学性食物中毒　　E. 真菌毒素和霉变食品中毒

3. 河鲀鱼的有毒成分为河鲀毒素，其中（　　）和（　　）的毒性最强

A. 卵巢　　B. 肾脏　　C. 血液

D. 肝脏　　E. 皮肤

4. 下列食物易引起食物中毒的有（　　）

A. 霉变甘蔗　　B. 发芽马铃薯　　C. 苦杏仁

D. 未煮熟的豆角　　E. 银杏

5. 细菌性食物中毒的类型有（　　）

A. 感染型　　B. 毒素型　　C. 混合型

D. 化学型　　E. 物理型

二、简答题

1. 什么是食源性疾病？

2. 什么是食物中毒？有何特点？

3. 常见的化学性食物中毒有哪些？如何预防？

4. 引起细菌性食物中毒的原因主要是什么？如何预防？

5. 如何预防毒蕈中毒？

三、实例分析

沟谢村村民张某为播种小麦，请亲戚来家帮种，于××××年11月3日上午10时，从沟谢集市个体鱼贩蒋某处购买已化冻的海鲐鱼1kg，中午红烧食用，下午1点钟开饭，16人就餐，其中一桌8人吃红烧鲐鱼，饭后半小时张某等8人先后出现头痛、头晕、恶心、视力模糊、眼结膜充血、酒醉样面容、心率变速等症状，下午4时左右全部到刘集镇卫生院就诊治疗，另一桌8人没有吃鲐鱼无一人发病。请分析该案例属于什么类型的食物中毒？如何预防？

（张海芳）

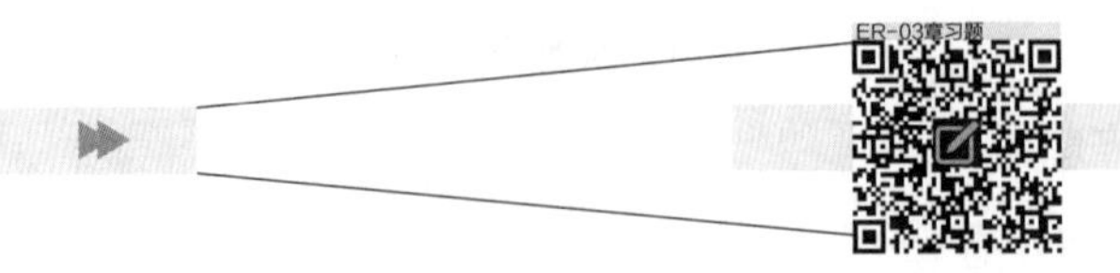

实训 7　食物中毒案例调查和处理

【实训目的和要求】

1. 掌握食物中毒的调查方法。
2. 熟悉食物中毒原因、临床表现及有关诊断标准。
3. 了解食物中毒的现场应急处理措施。

【实训内容和适用范围】

以提供案例为剧本，每小组编排一个小品对食物中毒案例进行调查与处理。

食物中毒案例如下：

上海 ×× 饭店食物中毒事件

×××× 年 10 月 31 日晚 8 时起，上海市 ×× 区中心医院肠道门诊部在较短时间内，相继接收 20 余名诉说恶心、呕吐、腹部疼痛和腹泻的患者进行急诊治疗。

据门诊医师称，患者临床表现主要为上腹部阵发绞痛，继之腹泻。一般当晚 10 余次，呈洗肉水样血便，有的甚至转变为脓血便，里急后重不明显，除恶心、呕吐外，部分患者有畏寒、发热（37.5~40℃）、乏力、脱水等症状，个别患者出现中毒性休克、酸中毒、肌痉挛等，且接诊患者均于当晚 6 时在 ×× 饭店参加亲友举办的喜庆酒席。

该中心医院肠道门诊部于当晚 11 点半即向所属区卫生防疫站报告，区防疫站值班人员已在 11 时起接到本区内其他几个医院类似的电话报告，遂向市卫生防疫站值班室汇报，并请各医院肠道门诊部仔细了解患者进餐情况和临床特征，以便进一步调查证实是否系食物中毒。

经各医院详细记录，各区卫生防疫站的实地调查和市卫生防疫站的资料汇报，发现从 10 月 31 日晚起，共有 42 家医院作出食物中毒的报告，患者当晚均在该大饭店进餐，共约 1 002 人，在医院因食物中毒就诊者共 762 人，罹患率为 76%，年龄最大者 80 岁，最小者 1 岁。根据 552 例患者调查发现，潜伏期平均为 5.5 小时（2~27 小时），进餐后 4~6 小时发病达高峰，大多数患者病程 2~4 天，重者持续 10 余天。

根据上述分析，考虑系细菌性食物中毒，且化验室检验结果如下。

（1）患者吐泻物：

吐泻物细菌学检验

样本内容	样本数 / 份	细菌检验结果	
患者粪便	78	副溶血性弧菌阳性	70 份（占 89.7%）
		变形杆菌阳性	1 份（占 1.2%）
呕吐物	10	副溶血性弧菌阳性	1 份（占 10%）

（2）剩余熟食：采集饭店和顾客家中的剩余食品19份，检出副溶血性弧菌13份，检出率为68.4%。同时检出蜡样芽孢杆菌5份，变形杆菌1份。

（3）剩余生的河虾：感官检验肉质灰白，无异味，质量尚可；微生物检验检出副溶血性弧菌；理化检验挥发性盐基氮为19.88mg/kg。

（4）熟食间工具、用具、容器环节采样24份，检出副溶血性弧菌3份，大肠埃希菌类22份。

市防疫站带队到达该饭店调查发现：该饭店晚宴席菜肴由苏、广两帮厨师掌勺。主要品种有什锦大冷盆、六道热炒、四道大菜和两道点心。什锦大冷盆和点心分别由熟食专间和点心间统一配置，热炒和大菜则由苏、广两帮厨房间分别烹调。结果两帮宴席顾客均有发病。所有患者都食用过什锦冷盆菜。有一未赴宴者食用了带回家的剩余冷盆菜，结果也发病。而未食用者则无发病。除一名患者仅食用5~6块熟牛肉外，其余都食用过冷盆菜中的盐水虾，且摄入量多者，一般病情较为严重。有2名厨师因不相信盐水虾会引起食物中毒，结果亲口尝后也发病。据说大多数顾客反映盐水虾质量较差，虾灰黑，有氨味，肉质“糊”，无弹性，壳肉粘连不易剥脱。经进一步现场卫生状况调查，表明盐水虾在加工过程中，一次烹调30余斤且未翻动，造成锅底部烧焦有枯焦味，而上部则又未烧煮透。熟食专间任何人可随意进出，专间内苍蝇乱飞，工具和容器生熟不分，并且用浸泡过盐水虾的水再去浸泡白斩鸡。熟食间内用具、容器均未严格消毒，并随意乱放。经环节采样24件，检出大肠埃希菌类22件，检出副溶血性弧菌3件。当天室外温度和湿度较高，而供应晚餐的100只什锦冷盆菜却已于下午1时全部配好，在熟食专间内放置长达5小时。

该饭店引起的重大食物中毒事故，其特点是规模大，来势凶，病情严重，严重影响了顾客的身体健康。为此，该区卫生防疫站根据《中华人民共和国食品卫生法》第三十七条第四、五款，作出责令该饭店部分品种停业改进和罚款3万元的行政处罚。该饭店在这次食物中毒事件中，经济损失共7万多元。

【实训步骤】

1. 案例展示（录像或案例）见教材。
2. 预习（调查分析流程）。
3. 小品准备。
4. 小品表演（每小组时间为10~15分钟）。
5. 同学互评。
6. 完成实训报告。

【实训报告】

1. 简述小品剧本内容及含义。
2. 老师与同学评分标准。

"食物中毒"小品表演评分表

	主题突出	表达清楚	联系实际	精彩表现	参与程度	合计
1						
2						
3						
4						
5						
6						
7						
8						

注：每项评分满分为 20 分。根据各组代表的表现程度分别评分。不参与对本组的打分。

3. 实训小结

（1）写下感受最深的小品，以及对学习食物中毒的基础理论知识的启发与理解。

（2）如果怀疑是食物中毒，应如何确诊？询问哪些问题？做些什么？

4. 实训评分

项目标准	分值	比例 /%	评分
规范操作	30	30	
实训结果与评价	20	20	
实训态度	20	20	
团队合作	15	15	
职业情感交流	15	15	
合计			

【思考题】

1. 该饭店发生的食物中毒是属于哪种类型？为什么？本次患病情况是否符合该类型流行特点？
2. 根据上述实验室检验结果，你是否能对这起食物中毒事故作出病因诊断？说明其根据。
3. 该起食物中毒的中毒食品是什么？并阐述其理由。
4. 你认为该饭店主要存在哪些卫生问题？

（张海芳）

实训 8　马铃薯中龙葵碱的检测

【实训目的和要求】

龙葵碱，又被称为茄碱、龙葵毒素、马铃薯毒素，广泛存在于马铃薯、番茄及茄子等茄科植物中。未成熟的番茄、发芽的马铃薯都含有龙葵碱。马铃薯中龙葵碱的含量与品种和季节密切相关，一般为 0.005%~0.01%，并随着贮藏时间的延长，龙葵碱的含量逐渐增加，特别是马铃薯发芽后，其幼芽和芽眼部分的龙葵碱含量高达 0.3%~0.5%。人食入 0.2~0.4g 龙葵碱即可引起中毒。通过测定马铃薯中龙葵素的含量，可以对马铃薯的安全性和可食用性进行评价。通过本实验的学习，要求：

1. 掌握马铃薯中龙葵碱的提取方法。
2. 掌握马铃薯中龙葵碱的分析方法。

【实训内容和适用范围】

1. 本实验包含了马铃薯中龙葵碱的测定方法——比色法。
2. 本实验所用的比色法可用于马铃薯中龙葵碱含量的定量测定。

【实训原理】

龙葵碱不溶于水、乙醚和石油醚，可溶于甲醇、乙醇、戊醇、丙酮等。对碱较稳定，pH 值大于 8 时沉淀。经稀酸水解后，可生成茄碱和相应的糖（包括葡萄糖、鼠李糖和半乳糖）。在稀硫酸性环境下，与酸反应生成茄啶。茄啶在酸性环境中与甲醛溶液作用生成橙红色化合物，在一定范围内，颜色的深浅与茄啶含量成正比。可用分光光度计在 520nm 处测定。

【实训仪器、设备和材料】

1. 实验材料　马铃薯，取适量马铃薯，发芽处理。洗净，组织捣碎机捣碎，混匀。60℃烘干，植物样品粉碎机粉碎，备用龙葵碱标准品：α- 茄碱，纯度 >99.8%。

2. 仪器与试剂

（1）试剂：95% 乙醇（分析纯）；浓氨水（分析纯）；浓硫酸（分析纯）；冰醋酸（分析纯）。

1% 硫酸：量取 5.65ml 浓硫酸，缓缓注入冷水中，于 1 000ml 容量瓶中定容，摇匀。

1% 甲醛：量取 25ml 的甲醛，加入冷水中，于 1 000ml 容量瓶中定容，摇匀。

1% 氨水：量取 45.5ml 的浓氨水，加入冷水中，于 1 000ml 容量瓶中定容，摇匀。

（2）仪器：磁力搅拌器、水浴锅、脂肪提取器、紫外分光光度计、圆底烧瓶、直形冷凝管、电子天平（0.1mg）、组织捣碎机、植物样品微粒粉碎机。

【实训步骤】

1. 提取分离龙葵素

（1）乙醇法：称取20g的马铃薯鲜样品，将样品和几个玻璃珠（防止加热沸腾）放置于250ml的圆底烧瓶中，添加100ml的95%乙醇，将圆形烧瓶连接直形冷凝管，放置于水浴锅内，调节温度为85~95℃，水浴加热4个小时。冷却，过滤取滤液，回收乙醇近干，然后将剩余的乙醇倒入蒸发皿中，将乙醇蒸干。用30ml的5%硫酸溶解剩余物，过滤，收取滤液，加入浓氨水调节pH为10~10.5，冷却，放置于冰箱过夜。4℃，5 000r/min离心，去上清液，用1%氨水洗涤，再离心，洗涤，洗涤至洗涤液澄清，离心，取沉淀即得粗样品。

（2）乙醇—乙酸法：称取2g的烘干马铃薯鲜样品，加100ml乙醇和3ml乙酸，磁力搅拌器搅拌15分钟，过滤。滤液装入索氏脂肪抽提器的称脂瓶，滤渣用滤纸包住，放入索氏脂肪提取器的滤纸筒内，水浴抽提16小时后，回收乙醇近干，然后将剩余的乙醇倒入蒸发皿中，将乙醇蒸干。用30ml的5%硫酸溶解剩余物，过滤，收取滤液，加入浓氨水调节pH为10~10.5，冷却，放置于冰箱过夜。4℃，5 000r/min离心，去上清液，用1%氨水洗涤，再离心，洗涤，洗涤至洗涤液澄清，离心，取沉淀即得粗样品。

2. 测定的步骤和方法

（1）配制龙葵碱标准溶液：精确称取0.050 0g龙葵碱，加入1%硫酸溶液溶解，移入50ml容量瓶中，加入1%硫酸溶液至刻度，摇匀。此溶液每毫升含龙葵碱1mg。

（2）绘制标准曲线：取0、0.2ml、0.4ml、0.6ml、0.8ml、1.0ml标准溶液，用1%硫酸稀释到2ml，置冰浴中逐渐加入5ml硫酸（宜3分钟以上时间滴完），放置1分钟，然后置冰浴中滴加2.5ml 1%甲醛（在2分钟以上时间滴完），放置90分钟后，于520nm波长测定吸光度。

（3）样品的测定：将提取的粗样品用1%硫酸溶解，定容到10ml。取2ml的样品溶液，与标准曲线的制备同样操作，先预测其大概浓度，再以1%硫酸调节样品浓度，使之在0.2mg/ml以下，取2ml按标准曲线制备项下操作，于520nm波长测定吸光度，计算含量。

（4）结果的表述：马铃薯中龙葵碱含量的计算公式如下。

$$X(\text{mg/100g})=(P\times V\times 50)\div m$$

式中 X——100g样品中所含龙葵碱的量

P——测定结果相应的标准浓度（mg/ml）

V——样品提取之后定容总体积（ml）

m——样品量（g）

【思考题】

简述龙葵素分离、提取的方法。

（李新莉）

第四章

食品添加剂

导学情景

情景描述：

2015年5月20日，浙江省金华市食品药品监管局对金华市×××食品有限公司监督检查，对“哩脊肉串”“蒙古肉串”等产品现场抽样送检，有1批次“蒙古肉串”检出日落黄，有3批次“哩脊肉串”检出诱惑红。经查，该企业为了使肉串卖相更好，在“蒙古肉串”“哩脊肉串”生产加工过程中超范围使用食品添加剂“日落黄”“诱惑红”等。在速冻调制食品中添加日落黄和诱惑红，违反了《食品安全法》及食品安全国家标准《食品添加剂使用标准》（GB 2760—2014）规定。依据《最高人民法院最高人民检察院关于办理危害食品安全刑事案件适用法律若干问题的解释》，该企业相关责任人涉嫌构成生产、销售不符合食品安全标准食品罪。

学前导语：

食品添加剂是随着食品工业的发展而逐步形成和发展起来的，合理使用食品添加剂可以改善食品的组织状态、增强食品的色香味和口感，防腐保鲜，延长食品保质期。但是，另一方面，食品添加剂如果使用不当，或者食品添加剂本身混入有害成分，就可能对人体健康带来危害。因此，正确认识和合理使用食品添加剂，有助于最大限度地保证食品安全，防止损害消费者健康。

第一节　概述

一、食品添加剂定义

为了规范食品添加剂的使用、保障食品添加剂使用的安全性，国家卫生行政部门根据《中华人民共和国食品安全法》的有关规定，制定颁布了食品安全国家标准《食品添加剂使用标准》（GB 2760—2014）。它对食品添加剂的定义是“为改善食品品质和色、香、味，以及为防腐、保鲜和加工工艺的需要而加入食品中的人工合成或者天然物质。营养强化剂、食品用香料、胶基糖果中基础剂物质、食品工业用加工助剂也包括在内。”《复配食品添加剂通则》（GB 26687—2011）规定，复配食品添加剂是指为改善食品品质，便于食品加工，将两种或两种以上单一品种的食品添加剂，添加或不添加辅料，经物理方法混匀而成的食品添加剂。由于食品工业的快速发展，食品添加剂已经成为现代食品工业的重要组成部分，并且已经成为食品工业技术进步和科技创新的重要推动力。在食品添加剂的使用中,除保证其发挥应有的功能和作用外,最重要的是应保证食品的安全卫生。

二、食品添加剂主要分类

一般来说,食品添加剂按其来源可分为天然的和化学合成的两大类。天然食品添加剂是指利用动植物或微生物的代谢产物等为原料,经提取所获得的天然物质;化学合成的食品添加剂是指采用化学手段,使元素或化合物通过氧化、还原、缩合、聚合、成盐等反应而得到的物质。目前使用的大多属于化学合成食品添加剂。

食品添加剂按用途分,各国的分类大同小异,差异主要是分类多少的不同。美国将食品添加剂分成16大类,日本分成30大类,我国将其分为22类:防腐剂;抗氧化剂;发色剂;漂白剂;酸味剂;凝固剂;疏松剂;增稠剂;消泡剂;甜味剂;着色剂;乳化剂;品质改良剂;抗结剂;增味剂;酶制剂;被膜剂;发泡剂;保鲜剂;香料;营养强化剂;其他添加剂。

三、食品添加剂使用原则

目前国内外对于食品添加剂的安全性问题均给予了高度的重视。我国食品添加剂的使用必须符合食品安全国家标准《食品添加剂使用标准》(GB 2760—2014)、《复配食品添加剂通则》(GB 26687—2011)、《食品安全法》或国家卫生行政部门规定的品种及其使用范围和使用量。

1. 食品添加剂使用基本要求　食品添加剂首先应该是对人类无害的,其次才是对食品色、香、味等性质的改善和提高。

(1)不应对人体产生任何健康危害。

(2)不应掩盖食品腐败变质。

(3)不应以掩盖食品本身或加工过程中的质量缺陷或以掺杂、掺假、伪造为目的而使用食品添加剂。

(4)不应降低食品本身的营养价值。

(5)在达到预期效果的前提下尽可能降低在食品中的使用量。

2. 在下列情况下可使用食品添加剂

(1)保持或提高食品本身的营养价值。

(2)作为某些特殊膳食用食品的必要配料或成分。

(3)提高食品的质量和稳定性,改进其感官特性。

(4)便于食品的生产、加工、包装、运输或者贮藏。

3. 食品添加剂质量标准　按照食品安全国家标准《食品添加剂使用标准》(GB 2760—2014)的规定,允许使用的食品添加剂应当符合相应的质量规格要求。

4. 食品添加剂带入原则　在下列情况下食品添加剂可以通过食品配料(含食品添加剂)带入食品中。

(1)根据食品安全国家标准《食品添加剂使用标准》(GB 2760—2014),食品配料中允许使用该食品添加剂。

(2)食品配料中该添加剂的用量不应超过允许的最大使用量。

（3）应在正常生产工艺条件下使用这些配料，并且食品中该添加剂的含量不应超过由配料带入的水平。

（4）由配料带入食品中的该添加剂的含量应明显低于直接将其添加到该食品中通常所需要的水平。

当某食品配料作为特定终产品的原料时，批准用于上述特定终产品的添加剂允许添加到这些食品配料中，同时该添加剂在终产品中的量应符合食品安全国家标准《食品添加剂使用标准》（GB 2760—2014）的要求。在所述特定食品配料的标签上应明确标示该食品配料用于上述特定食品的生产。

5. 复配食品添加剂使用基本要求 复配食品添加剂不应对人体产生任何健康危害，在达到预期的效果下，应尽可能降低在食品中的用量。生产复配食品添加剂的各种食品添加剂和辅料，应符合食品安全国家标准《食品添加剂使用标准》（GB 2760—2014）和国家卫生行政部门的规定，具有共同的使用范围，其质量规格应符合相应的食品安全国家标准或相关标准。复配食品添加剂在生产过程中不应发生化学反应，不应产生新的化合物。其生产企业应按照国家标准和相关标准组织生产，制定复配食品添加剂的生产管理制度，明确规定各种食品添加剂的含量和检验方法。

课堂活动

一种植物油产品是某种蛋糕的配料，为了方便这种蛋糕的生产，这种植物油中添加了在蛋糕的生产过程中起着色作用的β-胡萝卜色素。根据GB 2760—2014规定，β-胡萝卜色素不能在植物油中使用，但可以作为着色剂在蛋糕中使用，最大使用量为1.0g/kg。那么，在这种用于蛋糕生产的植物油中可以添加β-胡萝卜色素吗？

四、食品添加剂的卫生管理

1. 我国对食品添加剂的卫生管理

（1）制定和执行食品添加剂使用标准和法规：1981年我国正式颁布《食品添加剂使用卫生标准》（GB 2760—1981），其中包括食品添加剂的种类、名称、使用范围、最大使用量等，同时颁布了保证该标准贯彻执行的《食品添加剂卫生管理办法》。之后，我国先后对GB 2760进行了多次修订。我国在《食品安全法》中对食品添加剂也有相应的法律规定。

（2）食品添加剂新品种的管理：食品添加剂新品种是指未列入食品安全国家标准和国家卫生行政部门允许使用的和扩大使用范围或者用量的食品添加剂品种。食品添加剂新品种应按《食品添加剂新品种管理办法》和《食品添加剂新品种申报与受理规定》的审批程序，经批准后才能生产和使用。

（3）食品添加剂生产经营和使用管理：《食品安全法》和《食品生产许可管理办法》规定，申请食品添加剂生产许可，应当具备与所生产食品添加剂品种相适应的场所、生产设备或者设施、食品安全管理人员、专业技术人员和管理制度。食品添加剂生产许可申请符合条件的，由申请人所在地县级以上地方食品药品监督管理部门依法颁发食品生产许可证，并标注食品添加剂，有效期为5年。食品添加剂经营者应当在取得营业执照后30个工作日内向所在地县级人民政府食品药品监督管理部门备案。

2. 国际上对食品添加剂的卫生管理　FAO/WHO（联合国粮农组织和世界卫生组织）设立的食品添加剂联合专家委员会（JECFA）建议将食品添加剂分为四类。

（1）GRAS 物质：GRAS 物质（general recognized as safe）即一般认为是安全的物质。可以按照正常需要使用，不需要建立 ADI（acceptable daily intake，即一日允许摄入量）。

（2）A 类：又分为 A1 和 A2 两类。A1 类是指经过安全性评价，毒理学性质已经清楚，认为可以使用并已制定出正式 ADI 值者。A2 类是指目前毒理学资料尚不完善，但是已经制定了暂定 ADI 值，并允许暂时使用于食品的物质。

（3）B 类：毒理学资料不足，尚未建立 ADI 值者。B1 类为 JECFA 曾经进行过安全评价，因毒理学资料不足未制定 ADI 值者。B2 类为 JECFA 尚未进行安全评价者。

（4）C 类：原则上禁止使用的食品添加剂。C1 类为根据毒理学资料认为在食品中使用是不安全的。C2 类为应严格限制在某些食品中作特殊使用者。

在此基础上，世界各国在食品添加剂使用时都有各自严格的规定。

点滴积累

1. 常见超量使用的食品添加剂有防腐剂、甜味剂、着色剂、漂白剂等。
2. 超范围使用或隐瞒使用危害，如葡萄酒中检出苋菜红、糖精钠、甜蜜素、安赛蜜等。
3. 为隐瞒食品本身不足滥用添加剂，如“福尔马林”用于鱼类防腐，“三聚氰胺”用于奶粉，滥用苏丹红类色素、吊白块、石蜡、甲醛、罗丹明 B、酸性橙、工业酒精等。

第二节　各类食品添加剂的安全使用

一、酸度调节剂

1. 定义　用以维持或改变食品酸碱度的物质。主要用于改善食品的风味，同时又可以提高食品的防腐和抗氧化能力。常用的酸度调节剂包括各种有机酸（如乳酸、酒石酸、苹果酸、柠檬酸、琥珀酸等）及其盐类（如柠檬酸钠、柠檬酸钾等）。

2. 种类和使用　酸度调节剂包括多种有机酸及其盐类。我国已批准使用的酸度调节剂有35 种。在食品加工过程中，可以单独使用，也可以掺配使用。其中柠檬酸、乳酸、酒石酸、苹果酸、柠檬酸钾等均可按正常需要用于食品。有机酸大多数都存在于各种天然食品中，由于各种有机酸及盐类均能参与体内代谢，所以毒性相对较低，可按生产需要适量使用。对生产酸度调节剂的盐酸、硫酸等原料要注意纯度要高，在成品中不得检出游离无机盐。另外，酸中砷含量不能超过 1.4mg/kg，重金属（以铅计）的含量不得超过 0.001%。

二、抗氧化剂

1. 定义　抗氧化剂是指可防止或延缓油脂或食品成分氧化分解、变质，提高食品的稳定性的物质，可以延长食品的贮存期、货架期。食品中因含有大量脂肪（特别是多不饱和脂肪酸），容易氧化酸败，因此，常使用抗氧化剂来延缓或防止油脂及富含脂肪食品的氧化酸败。

2. 种类和使用　抗氧化剂按来源分为天然抗氧化剂和人工合成抗氧化剂两类。天然抗氧化剂包括生育酚和茶多酚等；人工合成抗氧化剂包括丁基羟基茴香醚（BHA）、二丁基羟基甲苯（BHT）、异抗坏血酸及其盐类等。抗氧化剂按添加方式分为两类，即溶入添加和物料不接触添加。溶入添加又分为水溶性和油溶性两类。水溶性抗氧化剂如异抗坏血酸及其盐类，油溶性抗氧化剂如丁基羟基茴香醚、特丁基对苯二酚（TBHQ）、没食子酸丙酯（PG）等。物料不接触添加包括小包装除氧剂及喷洒在包装上等。

（1）丁基羟基茴香醚：因为加热后效果保持性好，是国际上广泛使用的抗氧化剂之一。BHA 毒性很小，较为安全。BHA 和其他抗氧化剂有协同作用，并与增效剂如柠檬酸等合用，其抗氧化效果更为显著。

BHA 对动物脂肪的抗氧化作用较强：单独使用 BHA 可将猪油的氧化稳定性从 4 小时提高到 16 小时。与增效剂柠檬酸一起使用，可提高到 36 小时。如果在 BHA 与 PG 或 BHT 的混合物中再加一种螯合剂如柠檬酸，则将更有效。BHA 对植物油的作用比动物油小。

（2）二丁基羟基甲苯：与其他抗氧化剂相比，稳定性较高，耐热性好，在普通烹调温度下对其抗氧化效果影响不大，抗氧化效果也好，用于长期保存的食品与焙烤食品很有效，是国际上特别是在水产加工方面广泛应用的廉价抗氧化剂。一般与 BHA 并用，并以柠檬酸或其他有机酸为增效剂。相对 BHA 来说，毒性稍高一些。（许多食品添加剂被怀疑是致癌的，其中就包括 BHA 和 BHT，由于没有最终结论，至今无法确定它的安全性。）

（3）没食子酸丙酯：没食子酸丙酯亦称棓酸丙酯，对热比较稳定。PG 对猪油的抗氧化作用较 BHA 和 BHT 强些，毒性较低。我国《食品添加剂使用卫生标准》（GB 2760）规定，没食子酸丙酯可用于食品油脂、油炸食品、干鱼制品、饼干、方便面、速煮米、果仁罐头、腌腊肉制品，其最大使用量为 0.1g/kg。

（4）特丁基对苯二酚：特丁基对苯二酚是抗氧化效果较好的新合成的抗氧化剂，是较新的一类酚类抗氧化剂，其抗氧化效果较好，尤为适用于植物油抗氧化，可使食用油脂的抗氧化稳定性提高 3~5 倍。无异臭味，据报导在植物油内添加 0.01%~0.03%，其效果比 BHA、BHT、PG 都好，可独用或与 BHA 或 BHT 混合使用。

（5）L- 抗坏血酸（维生素 C）：作为抗氧化剂可用于啤酒，最大使用量为 0.04g/kg；用于发酵面制品为 0.2g/kg。有效防止新鲜的或加工过的肉制品褪色，防止烹调过的肉制品腐败。用 L- 抗坏血酸溶液对猪肉表面进行喷淋或浸沾处理可延缓其表面褪色。将约 200mg/kg 抗坏血酸加入到碎肉或未熟制的香肠中去，可将高铁肌红蛋白的生成时间延长 1~2 年。

三、漂白剂

1. 定义　漂白剂是指能够破坏、抑制食品的发色因素，使其褪色或使食品免于褐变的物质。

2. 种类和使用　按其作用方式分为两类：氧化漂白剂、还原漂白剂。漂白剂除可改善食品色泽外，还具有抑菌等多种作用，在食品加工中应用甚广。氧化漂白剂除了作为面粉处理剂的二氧化氯等少数品种外，实际应用很少。至于像过氧化氢，我国仅许可在某些地区用于生牛乳保鲜外，不作氧化漂白剂使用。漂白剂除具有漂白作用外，还具有防腐作用。此外，由于亚硫酸的强还原性，能消耗果蔬组织中的氧，抑制氧化酶的活性，可防止果蔬中的维生素 C 被氧化破坏。

（1）二氧化硫：遇水形成亚硫酸，有抑制微生物生长的作用，可达到食品防腐的目的。其漂白、防腐作用主要是由于其具有还原性。经二氧化硫漂白的物质可因它的消失而变色，所以通常会在食品中残留一定量的二氧化硫。但残留量过高会使制品带有二氧化硫的气味，对所添加的香料、色素等均有不良影响，并且对人体不利，故使用时必须严格控制其残留量。二氧化硫气体对眼和呼吸道黏膜有强烈刺激作用，若 1L 空气中含数毫克即可使人因声门痉挛窒息而死。根据《食品添加剂使用卫生标准》规定，可用于葡萄酒和果酒，最大使用量为 0.25g/kg，二氧化硫残留量不得超过 0.05g/kg。

（2）硫黄：硫黄通过燃烧产生二氧化硫而具有漂白食品并防止食品褐变的作用。本品不可直接加入食品，仅用于熏蒸。熏硫时的用量及时间依不同需要而定。熏硫处理必须注意安全，熏房应严密，通风要良好。硫黄易燃，注意防火。掌握合适的温度，温度过高硫黄会直接升华，附着在食品的表面，使食品有很重的硫黄味。根据《食品添加剂使用卫生标准》（GB 2760—2014）规定可用于熏蒸：蜜饯凉果、水果干类、干制蔬菜、经表面处理的鲜食用菌和藻类、食糖、魔芋粉。最大使用量为 0.1~0.9g/kg。硫黄必须纯净，不得有砷检出。

（3）亚硫酸盐类：亚硫酸盐能产生具有还原性的亚硫酸，亚硫酸可以将着色物质还原，具有漂白作用。亚硫酸是强还原剂，能消耗组织中的氧，抑制需氧型微生物的活动，并能抑制某些微生物活动所需酶的活性，对于防止果蔬中维生素 C 的氧化破坏很有效。在食品中多用于蜜饯、干果等食品的处理、保藏水果原料及其半成品，但应严格控制二氧化硫的残留量。亚硫酸盐在人体内可被代谢成硫酸盐并通过解毒过程从尿中排出。

四、着色剂

着色剂又称色素，是使食品赋予色泽和改善色泽的物质。食品加工中目前允许使用的着色剂包括一些天然着色剂和人工合成着色剂。

（一）天然着色剂

1. 定义　天然着色剂是来自天然物质（主要是来源于动植物或微生物代谢产物），利用一定的加工方法获得的有机着色剂。经过纯化后的天然色素，其作用也有可能和原来的不同；而且在精制的过程中，其化学结构也可能发生变化；此外，在加工过程中，还有被污染的可能，故不能认为天然色素就一定是纯净无害的。与合成着色剂相比，天然着色剂具有安全、无毒之特点，但十分不稳定，工艺性能较差，提取价格较高。天然着色剂虽然安全性高，但作为添加剂，也有限量。

2. 种类和使用　天然着色剂可分为植物色素如甜菜红、姜黄素等，动物色素如胭脂虫红、紫胶红等，微生物色素如红曲色素等。

（1）甜菜红：是从红甜菜中提取的水溶性天然食用色素，为红甜菜中所有有色化合物的总称，由红色的甜菜色苷和黄色的甜菜黄素组成。我国规定该类色素在食品中可按正常生产需要适量使用。

（2）姜黄色素：是从多年生草本植物姜黄根茎中提取的黄色色素（纯品为橙黄色结晶粉末，有胡椒气味并略微带苦味），主要成分为姜黄素、脱甲基姜黄素和双脱甲基姜黄素。这种色素着色性较强（特别是对蛋白质），不易被还原，对光、热稳定性较差，易与铁离子结合而变色。一般用于咖喱粉和蔬菜加工产品等着色和增香。我国允许的添加量因食品种类不同而异，具体允许使用量参见我国《食品添加剂使用卫生标准》（GB 2760—2014）规定。

（3）胭脂虫红色素：胭脂虫是一种寄生在胭脂仙人掌上的昆虫，雌虫体内存在一种蒽醌色素，名为胭脂红酸。胭脂红酸作为化妆品和食品的色素沿用已久。这种色素可溶于水、乙醇、丙二醇，在油脂中不溶解，其颜色随 pH 值改变而不同，pH<4 时显黄色，pH=4 时呈橙色，pH=6 时呈现红色，pH=8 时变为紫色。与铁等金属离子形成复合物亦会改变颜色，因此在添加此种色素时可同时加入能配位金属离子的配位剂，例如磷酸盐。胭脂红酸对热、光和微生物都具有很好的耐受性，尤其在酸性 pH 值范围，但染着力很弱，一般作为饮料着色剂，用量约为 0.005%。

（4）紫胶红（虫胶红）色素：紫胶虫是豆科黄檀属、梧桐科芒木属等属树上的昆虫，其体内分泌物紫胶可供药用，中药名称为紫草茸。我国西南地区四川省、云南省、贵州省以及东南亚均产紫胶。目前已知紫胶中含有五种蒽醌类色素，紫胶红酸蒽醌结构中的苯酚环上羟基对位取代不同，分别称为紫胶红酸 A、B、C、D、E，紫胶红酸一般又称为虫胶红酸。紫胶红酸与胭脂红酸性质类似，在不同 pH 值时显不同颜色，即在 pH<4，和 pH=4、6 和 8 时，分别呈现黄、橙、红和紫色。我国最大使用量不得超过 0.5g/kg。

（5）红曲色素：是红曲菌产生的色素，这种色素早在我国古代就是用于食品着色的天然色素。目前已证实红曲色素为混合物，并对其中的 6 种进行了化学结构鉴定，表明属于氧芮并类化合物，其中显黄色、橙色和紫红色的各有 2 种。红曲色素可溶于乙醇水溶液、乙醇和乙醚等溶剂，具有较强的耐热性等优点，相对不耐光；并且对一些化学物质，例如亚硫酸盐、抗坏血酸有较好的耐受性。在 0.25% 色素溶液中，添加 100mg/kg 的抗坏血酸或亚硫酸钠、过氧化氢，放置 48 小时后仍不变颜色。但强氧化剂次氯酸钠易使其漂白。Ca^{2+}、Mg^{2+}、Fe^{2+} 和 Cu^{2+} 等离子对色素的颜色均无明显影响。红曲色素是我国允许使用的食用色素之一，广泛用于肉制品（香肠、火腿、叉烧肉）、豆制品、糖、果酱和果汁等的着色。

（6）焦糖色素：也称酱色。焦糖色素是糖质原料，如蔗糖、糖浆等加热脱水生成的复杂的红褐色或黑褐色混合物。为我国传统使用的色素之一，属于半天然色素。我国已经明确规定加铵盐制成的焦糖色素因毒性问题不允许使用，非铵盐法生产的焦糖色素可用于罐头、糖果和饮料等。

（二）合成着色剂

1. 定义　合成色素主要指用人工合成的方法从煤焦油中制取或以苯、甲苯、萘等芳香烃化合物为原料合成的有机色素，故又称为煤焦油色素或苯胺色素。

2. 种类和使用　合成色素的特点是色彩鲜艳、性质稳定、着色力强、牢固度大、可取得任意颜色，成本低廉，使用方便。但合成色素大多数对人体有害。合成色素的毒性有的为本身的化学性质对人体有直接毒性；有的在代谢过程中产生有害物质；此外，在生产过程中还可能被砷、铅或其他有害化合物污染。食品工业生产中，广泛使用合成色素，务必注意安全性，不能超过使用限量。我国对人工合成着色剂的限制较严，目前允许使用 8 种水溶性合成色素，即苋菜红、胭脂红、新红、赤藓红、日落黄、柠檬黄、亮蓝、靛蓝。

（1）苋菜红：苋菜红即食用红色2号，又名蓝光酸性红，苋菜红属偶氮磺酸型水溶性红色色素，为红色颗粒或粉末状，无臭味，可溶于甘油及丙二醇，微溶于乙醇，不溶于脂类。0.01%苋菜红水溶液呈红紫色。对光、热和盐类较稳定，且耐酸性很好，但在碱性条件下容易变为暗红色。此外，这种色素对氧化还原作用较为敏感，不宜用于有氧化剂或还原剂存在的食品（例如发酵食品）的着色。最近几年对苋菜红进行的慢性毒性试验，发现它能使受试动物致癌致畸，因而对其安全性问题产生争议。我国和其他很多国家目前仍广泛使用这种色素，按我国食品安全国家标准《食品添加剂使用标准》（GB 2760—2014）规定苋菜红在食品中的允许用量为0.025~0.3g/kg。

（2）胭脂红：即食用红色1号，胭脂红为红色水溶性色素，难溶于乙醇，不溶于油脂，为红色至暗红色颗粒或粉末状物质，无臭味，对光和酸较稳定，但对高温和还原剂的耐受性很差，能被细菌所分解，遇碱变成褐色。大白鼠喂饲试验结果表明，这种色素无致肿瘤作用。我国食品安全国家标准《食品添加剂使用标准》（GB 2760—2014）规定胭脂红最大允许用量为0.025~0.3g/kg，主要用于饮料、配制酒、糖果等。

（3）柠檬黄：又名酒石黄肼，即食用黄色5号，为水溶性色素，也溶于甘油、丙二醇、稍溶于乙醇，不溶于油脂，对热、酸、光及盐均稳定，耐氧性差，遇碱变红色，还原时褪色。人体每日允许摄入量（ADI）<7.5mg/kg。最大允许使用量为0.04~0.5g/kg。

（4）日落黄：是橙黄色均匀粉末或颗粒。耐光、耐酸、耐热，易溶于水、甘油，微溶于乙醇，不溶于油脂。在酒石酸和柠檬酸中稳定，遇碱变红褐色。ADI为<2.5mg/kg。可用于饮料、配制酒、糖果等，最大允许使用量为0.02~0.5g/kg。

（5）靛蓝：又名靛胭脂、酸性靛蓝或磺化靛蓝，是世界上使用最广泛的食用色素之一。靛蓝的水溶液为紫蓝色，在水中溶解度较低，21℃时溶解度为1.1%，溶于甘油、丙二醇，稍溶于乙醇，不溶于油脂，对热、光、酸、碱、氧化作用均较敏感，耐盐性也较差，易为细菌分解，还原后褪色，但染着力好，常与其他色素配合使用以调色。ADI<2.5mg/kg。我国规定最大允许使用量为0.05~0.3g/kg。

（6）亮蓝：亮蓝又名蓝色1号，是紫红色均匀粉末或颗粒，有金属光泽。有较好的耐光性、耐热性、耐酸性和耐碱性，溶于乙醇、甘油。可用于饮料、配制酒、糖果和冰淇淋等，最大允许使用量为0.025~0.5g/kg。

（7）赤藓红：又名樱桃红或新酸性品红，即食用红色3号，为水溶性色素，溶解度7.5%（21℃），对碱、热、氧化还原剂的耐受性好，染着力强，但耐酸及耐光性差，在pH<4.5的条件下，形成不溶性的酸。在消化道中不易吸收，即使吸收也不参与代谢，故被认为是安全性较高的合成色素。ADI<2.5mg/kg。用于饮料、配制酒和糖果等，最大允许使用量为0.015~0.1g/kg。

（8）新红：为红色粉末，易溶于水，微溶于乙醇，不溶于油脂，可用于饮料、配制酒、糖果等，最大允许使用量0.05~0.1g/kg。

五、护色剂

1. 定义　护色剂又称发色剂，是指能与肉及肉制品中呈色物质作用，使之在食品加工、保藏等过程中不致分解、破坏，呈现良好色泽的物质。食品护色剂可分为护色剂和护色助剂。在食品的加工过程中，为了改善或保护食品的色泽，除了使用色素直接对食品进行着色外，有时还需要添加适量的护色剂，使制品呈现良好的色泽。常用的护色剂有亚硝酸钠（钾）、硝酸钠（钾）、葡萄糖酸亚铁、D-异抗坏血酸及其钠盐7种，以亚硝酸盐为主。护色剂主要用于肉制品。护色剂还具有抑菌作用，亚硝酸盐在肉制品中，对抑制微生物的增殖有一定的作用。

2. 种类和使用　常用的护色剂是（亚）硝酸盐，由于硝酸盐与亚硝酸盐的外观、口味均与食盐相似（且比之食盐淡），在食品企业中易误食引起中毒，且中毒状态均比较严重。摄取多量亚硝酸盐进入血液后，可使正常的血红蛋白变成亚硝基血红蛋白，失去携带氧的功能，导致组织缺氧，严重时可窒息而死。中毒潜伏期为0.5~1小时，症状为头晕、恶心、呕吐、全身无力、心悸、全身皮肤发紫，严重者呼吸困难、血压下降、昏迷、抽搐。如不及时抢救，会因呼吸衰竭而死亡。还有一个重要的安全卫生问题是广泛存在的胺类反应，生成具有致癌性的亚硝酸胺类化合物。抗坏血酸与亚硝酸盐有高度亲和力，在体内能防止亚硝化作用，从而几乎能完全抑制亚硝基化合物的生成。所以在肉类腌制时添加适量的抗坏血酸，有可能防止生成致癌物质。

用于肉制品及罐头的护色。使用限量为150ppm；残余量为罐头≤50ppm，肉制品≤30ppm。

亚硝酸盐对肉毒梭状芽孢杆菌有特殊的作用，这也是使用亚硝酸盐的重要理由之一。对这种添加剂，基本原则是尽量不用，少用；妥善保管、做好标志，防止误食；用量要仔细计算，使用时最好2人以上对其进行操作，以防发生悲剧。包装物外要有醒目标签，剩余的试剂，要立即归库，专人妥善保管。

课堂活动

1. 准备3~5套不同类型食品的营养标签，可选择谷类加工食品、配方乳粉、脱脂乳粉和进口食品营养标签等。

2. 整体观察，阅读食品标签信息，对食品添加剂进行解读，然后评价。

六、酶制剂

1. 定义　酶制剂由动物或植物的可食或非可食部分直接提取，或由传统或通过基因修饰的微生物（包括但不限于细菌、放线菌、真菌）发酵、提取制得，用于食品加工，具有特殊催化功能的生物制品。

2. 种类和使用　我国允许使用的酶制剂有：木瓜蛋白酶——从未成熟的木瓜的胶乳中提取；蛋白酶——由米曲霉、枯草芽孢杆菌等所制得；α-淀粉酶——多来自枯草杆菌；糖化型淀粉酶——用于生产本酶制剂的菌种有黑曲霉、根酶、红曲酶、拟内孢酶；果胶酶——由黑曲霉、米曲霉、黄曲霉生产；还有果胶酶、β-葡聚糖酶、纤维素酶、碱性脂肪酶、α-乙酰乳酸脱羧酶、植酸酶、木聚糖酶等。我国酶制剂产品主要应用于酿酒、淀粉糖生产等行业。

（1）α-淀粉酶：最适pH为4.5~7.0，最适温度为70℃，细菌α-淀粉酶最适温度可达85℃。为便于保藏，常加入适量的碳酸钙等抗结剂防止结块。我国规定α-淀粉酶可按正常生产需要适量使用于淀粉、糖、发酵酒、蒸馏酒和酒精中。

（2）木瓜蛋白酶：从木瓜的未成熟果实中提取出乳液，经凝固、干燥制得粗制品。最适pH 5~7，最适温度 65℃。我国规定可用于啤酒等酒类的澄清，肉类嫩化，饼干、糕点松化，生产水解蛋白质等。

七、增味剂

1. 定义　指为补充、增强、改进食品中的原有口味或滋味的物质。有的称为鲜味剂或品味剂。我国历来称为鲜味剂。

2. 种类和使用　我国允许使用的氨基酸类型和核苷酸类型增味剂，有 5′- 鸟苷酸二钠、5′- 肌苷酸二钠、5′- 呈味核苷酸二钠、辣椒油树脂等 7 种。

（1）谷氨酸及谷氨酸钠：L- 谷氨酸为白色结晶性粉末，无臭，有酸味和鲜味，微溶于水，形成酸性溶液，饱和溶液的 pH 值约为 3.2。谷氨酸钠易溶于水，在 150℃时失去结晶水；210℃时发生吡咯烷酮化，生成焦谷氨酸；270℃左右时则分解。对光稳定，在碱性条件下加热发生消旋作用，呈味力降低。谷氨酸属于低毒物质。在一般用量条件下不存在毒性问题，不需要特殊规定。谷氨酸及谷氨酸钠广泛应用于烹调食品以及加工食品的调味。食品种类不同，其用量亦不相同。一般用量为 0.2~1.5g/kg，也有某些食品用量在 5g/kg 以上。

（2）5′- 肌苷酸二钠：以 5%~12% 的含量并入谷氨酸钠混合使用，其呈味作用比单用谷氨酸钠高约 8 倍。本品可被生鲜动、植物组织中的磷酸酶分解，失去呈味力。因此，生鲜组织加入本品凉拌以前，最好用 85℃以上的热水烫漂，以破坏酶的活性后再添加。近来，已发展特殊的包衣加工技术，以保护其不受鱼肉等食品中磷酸酶的分解，并使其发挥最大的呈味力。食品安全国家标准《食品添加剂使用标准》（GB 2760—2014）规定，可在各类食品中按生产需要适量使用。

（3）5′- 鸟苷酸二钠：与谷氨酸钠或 5′- 肌苷酸二钠并用，有显著的协同作用，鲜味大增。本品可被磷酸酶分解失去呈味力，故不宜用于生鲜食品中。这可通过将食品加热到 85℃左右钝化酶后使用。食品安全国家标准《食品添加剂使用标准》（GB 2760—2014）规定，可在各类食品中按生产需要适量使用。本品通常很少单独使用，而多与谷氨酸钠（味精）等并用。混合使用时，其用量约为味精总量的 1%~5%，酱油、食醋、肉、鱼制品、速溶汤粉、速煮面条及罐头食品等均可添加，其用量约为 0.01~0.1g/kg。也可与赖氨酸盐等混合后，添加于蒸煮米饭、速煮面条、快餐中，用量约 0.5g/kg；尚可与 5′- 肌苷酸二钠以 1∶1 配合，广泛应用于各类食品。

八、防腐剂

1. 定义　指能抑制食品中微生物的繁殖，防止食品腐败变质，延长食品保存期的物质。

2. 种类和使用　防腐剂按照来源可分为天然防腐剂和化学防腐剂两类；按其抗微生物的作用和性质可分为杀菌剂和抑菌剂；按照物质的性质一般分为酸型、酯型、生物型和其他等。一般认为，防腐剂对微生物的作用在于抑制微生物的代谢，使微生物的发育减缓和停止。

（1）酸型防腐剂：常用的有苯甲酸、山梨酸和丙酸（及其盐类）。这类防腐剂的抑菌效果主要取决于它们未解离的酸分子，其效力随 pH 值而定，酸性越大，效果越好，在碱性环境中几乎无效。

1）苯甲酸及其钠盐：苯甲酸又名安息香酸。在水中溶解度低，故多使用其钠盐。成本低廉，是一种常用的有机杀菌剂，能抑制微生物细胞呼吸酶的活性，酸性条件下（pH<4.5）防腐效果好，pH=3

时抗菌效果最强，对很多微生物都有效。苯甲酸进入人体肝脏后，大部分在9~15小时内与甘氨酸结合成马尿酸，剩余部分与葡萄糖醛酸化合而解毒，并全部从尿中排出，不在人体内蓄积。但由于苯甲酸钠有一定的毒性，已逐步被山梨酸钠替代。

2）山梨酸及其盐类：山梨酸又名花楸酸。在水中的溶解度有限，故常使用其钾盐。山梨酸是一种不饱和脂肪酸，可参与机体的正常代谢过程，生成二氧化碳和水，故山梨酸可看成是食品的成分，可以认为对人体是无害的。目前已广泛地用于食品、饮料、酱菜中，从发展趋势看，应用范围还在不断扩大。

3）丙酸及其盐类：抑菌作用较弱，使用量较高。常用于面包糕点类，价格也较低廉。毒性低，可认为是食品的正常成分，也是人体内代谢的正常中间产物。对霉菌、需氧芽孢杆菌和革兰氏阴性杆菌有效，特别对能引起面包等食品产生黏丝状物质的需氧型芽孢杆菌等抑制效果很好，而且对酵母菌几乎无效，所以广泛用于面包糕点类食品防腐。

（2）酯型防腐剂：包括对羟基苯甲酸甲酯钠、对羟基苯甲酸乙酯及其钠盐，是苯甲酸的衍生物。对霉菌、酵母与细菌有广泛的抗菌作用。对霉菌和酵母的作用较强，但对细菌特别是革兰氏阴性杆菌及乳酸菌的作用较差。作用机理为抑制微生物细胞呼吸酶和电子传递酶系的活性，以及破坏微生物的细胞膜结构。其抑菌的能力随烷基链的增长而增强；溶解度随酯基碳链长度的增加而下降，但毒性则相反。但对羟基苯甲酸乙酯和丙酯复配使用可增加其溶解度，且有增效作用。在胃肠道内能迅速完全吸收，并水解成对羟基苯甲酸而从尿中排出，不在体内蓄积。

对羟基苯甲酸酯类及其钠盐可应用于酱油、醋等调味品，腌制品，烘焙食品，酱制品，饮料，黄酒以及果蔬保鲜等领域。对羟基苯甲酸酯的抗菌力比苯甲酸、山梨酸强，其抗菌性也是来源于未电离分子发挥的作用。由于羧基酯化后，分子可以在更宽的pH值范围内不发生电离，所以在pH 4~8范围内抗菌效果均好。最大使用量为0.012~0.5g/kg。

（3）生物型防腐剂：主要是乳酸链球菌素。乳酸链球菌素是乳酸链球菌属微生物的代谢产物，可用乳酸链球菌发酵提取而得。乳酸链球菌素的优点是在人体的消化道内可为蛋白水解酶所降解，因而不以原有的形式被吸收入体内，是一种比较安全的防腐剂。不会向抗生素那样改变肠道正常菌群，以及引起常用其他抗生素的耐药性，更不会与其他抗生素出现交叉抗性。我国规定乳酸链球菌素的使用范围为除巴氏杀菌乳、灭菌乳、特殊膳食用食品以外的乳及乳制品，食用菌和藻类罐头，杂粮罐头、杂粮灌肠制品，方便湿面制品，米面灌肠制品，预制肉制品，熟肉制品，熟制水产品，蛋制品，醋、酱油等调味品，饮料类，最大使用量为0.15~0.5g/kg。

（4）其他防腐剂

1）双乙酸钠：既是一种防腐剂，也是一种螯合剂。对谷类和豆制品有防止霉菌繁殖的作用。我国规定，双乙酸钠可应用于豆干类、原粮、糕点、肉制品、水产品、调味品、膨化食品，在各类适用食品中的最大使用量范围为1.0~10.0g/kg。

2）二氧化碳：二氧化碳分压的增高，影响需氧微生物对氧的利用，能终止各种微生物呼吸代谢，但二氧化碳只能抑制微生物生长，不能杀死微生物。我国规定按生产需要适量使用。

（5）常用防腐剂比较

1）安全性：山梨酸类 > 对羟基苯甲酸酯类 > 苯甲酸类。

2）pH 值范围：山梨酸类 pH<5.5；苯甲酸 pH<4.5；对羟基苯甲酸酯类 pH 4~8。

3）价格：苯甲酸类价格低廉，山梨酸类偏高，对羟基苯甲酸酯类更高。

九、甜味剂

1. 定义　指赋予食品甜味的物质，是世界各地使用最多的一类食品添加剂。

2. 种类和使用　按化学结构和性质可分为糖类和非糖类甜味剂。按来源可分为天然甜味剂和人工合成甜味剂。天然甜味剂有①糖醇类：木糖醇、山梨糖醇、甘露糖醇、乳糖醇、麦芽糖醇、异麦芽糖醇、赤鲜糖醇；②非糖类：甜菊糖苷、甘草、奇异果素、罗汉果素、索马甜。人工合成甜味剂有①磺胺类：糖精、环己基氨基磺酸钠、乙酰磺胺酸钾；②二肽类：天门冬酰苯丙酸甲酯（又称阿斯巴甜）、1-α- 天冬氨酰 -*N*-（2，2，4，4- 四甲基 -3- 硫化三亚甲基）-D- 丙氨酰胺（又称阿力甜）；③蔗糖的衍生物：三氯蔗糖、异麦芽酮糖醇（又称帕拉金糖）、新糖（果糖低聚糖）。此外，按营养价值可分为营养性和非营养性甜味剂，如蔗糖、葡萄糖、果糖等就是营养性甜味剂，这些糖类除赋予食品以甜味外，还是重要的营养素，供给人体以热能，通常被视作食品原料，一般不作为食品添加剂加以控制。

（1）糖精及糖精钠：学名为邻 - 磺酰苯甲酰，是世界各国广泛使用的一种人工合成甜味剂，价格低廉，甜度大，其甜度相当于蔗糖的 300~500 倍。由于糖精在水中的溶解度低，故我国规定使用其钠盐（糖精钠），量大时呈现苦味。一般认为糖精钠在体内不被分解，不被利用，大部分从尿排出而不损害肾功能。不改变体内酶系统的活性。糖精及其钠盐加热后会缓慢分解，使甜味消失并产生苦味，所以在加工时须避免加入糖精后再加热。

我国规定其可用于酱菜类、复合调味料、蜜饯、配制酒、雪糕、冰淇淋、冰棍、糕点、饼干和面包，瓜子，用于话梅、陈皮类，最大用量为 0.15~5.0g/kg。婴幼儿食品不得使用糖精。

（2）天门冬酰苯丙氨酸甲酯（阿斯巴甜）：是一种二肽衍生物，食用后在体内分解成相应的氨基酸，甜度是蔗糖的 100~200 倍，味感接近于蔗糖。可用于罐头食品外的其他食品，其用量按生产需要适量使用。此外，许多含有天门冬氨酸的二肽衍生物，如阿力甜，亦属于氨基酸甜味剂，属于天然原料合成，甜度高。阿斯巴甜可像蛋白质一样在体内代谢而被吸收利用，不会蓄积在组织中，被认为安全可靠，常食不产生龋齿，不影响血糖，不引起肥胖、高血压、冠心病等。我国规定，可按正常需要适量用于各类食品中，通常用量为 0.3~3.0g/kg。

（3）安赛蜜：是一种新型高强度甜味剂，甜感持续时间长，味感优于糖精钠，吸收后迅速从尿中排出，不在体内蓄积，与阿斯巴甜 1∶1 合用，有明显的增效作用。

我国规定，安赛蜜可广泛用于风味发酵乳、以乳为主要配料的即食风味食品或其预制产品、水果罐头、糖果、杂粮罐头、焙烤食品、调味品、饮料类果冻等食品中，在各类适用食品中的最大使用量为 0.3~4.0g/kg。

（4）甜菊糖苷：由原产于南美巴拉圭多年生草本植物甜叶菊的茎叶、叶干燥破碎后，用水抽提，精制而成。经研究证明，甜菊糖苷食用安全，是一种可替代蔗糖、较为理想的甜味剂。其甜度约为蔗糖的 300 倍，能量仅为蔗糖的 1/300，且在体内不参与新陈代谢，因而适合于制作糖尿病、肥胖症、心血管病患者食用的保健食品。用于糖果，还有防龋齿作用。

我国规定可用于发酵乳、冷冻饮品、蜜饯凉果、熟制坚果、糖果、糕点、果汁（味）型饮料、膨化食品、茶制品等，使用量分别为 0.17~10.0g/kg。

（5）山梨糖醇：又名山梨醇，产品可为液体也可为白色吸湿性粉末或晶状粉末，片状或颗粒，无臭。易溶于水，微溶于乙醇和乙酸。甜度约为蔗糖的一半，热值与蔗糖相近。

我国规定可按生产需要用于糕点、鱼糜及其制品、软饮料、冷饮、糖果、焙烤食品、布丁类、糖衣等，最大使用量为 0.5~50g/kg；人食用后在血液中不转化为葡萄糖，其代谢过程不受胰岛素控制，使用山梨糖醇的食品，可供糖尿病、肝病、胆囊炎患者食用。

（6）麦芽糖醇：白色结晶性粉末或无色透明的中性黏稠液体，由麦芽糖氢化制得，易溶于水，不溶于甲醇和乙醇。甜度为蔗糖的 85%~95%，具有耐热性、耐酸性、保湿性和非发酵性等特点。可按生产需要适量用于雪糕、冰棍、糕点、果汁（味）型饮料、饼干、面包、酱菜和糖果；用于果汁（味）型饮料按稀释倍数的 80% 加入。本品热能仅为蔗糖的 5%，为低热值甜味剂，又因其在体内不被代谢，适用于供糖尿病、肥胖症、心血管病患者食用的疗效食品。用于儿童食品，可防龋齿。还可用作果汁、蜜汁饮料、果酱等的保香剂、增稠剂；配制酒、果汁酒、甜酒、清凉饮料的增稠剂。用于食品加工可防色变、龟裂、霉变。也可用于咸菜保湿。用于乳酸饮料，利用其难发酵性，可使饮料甜味持久。用于果汁饮料，可作为增稠剂；用于糖果、糕点，其保湿性和非结晶性可避免干燥和结霜。

知识链接

《食品添加剂使用标准》（GB 2760—2014）新旧版区别举例

食品安全标准《食品添加剂使用标准》（GB 2760—2014）于 2015 年 5 月 24 日正式实施。新版标准 3.4.2 条指出："当某食品配料作为特定终产品的原料时，批准用于上述特定终产品的添加剂允许添加到这些食品配料中，同时该添加剂在终产品中的量应符合本标准要求。在所述特定食品配料标签上应明确标示该食品配料用于上述特定食品的生产。"这类常见配料如：用于肉制品加工的复合调味料和裹粉、煎炸粉；用于糕点加工的蛋糕预拌粉。规定食品添加剂由食品原料带入食品终产品的情况，3.4.2 条与 3.4.1 条（即旧版 3.4 条）的区别如下。

——3.4.1 规定的是添加剂在食品原料中发挥工艺作用，随原料不可避免被带入终产品，在终产品不发挥工艺作用。

——3.4.2 规定的是添加剂在食品原料中不发挥工艺作用，以食品原料为载体被加入终产品，在终产品中发挥工艺作用。

举例：某植物油产品是某种蛋糕的配料，为方便蛋糕（终产品）生产，该植物油中添加了在蛋糕生产过程中起着色作用的 β- 胡萝卜素（脂溶性色素，在植物油中分散均匀，便于在蛋糕中使用）。根据 GB 2760—2014 的规定，β- 胡萝卜素不能在植物油中使用，但可作为着色剂在焙烤食品中食用，蛋糕属于焙烤食品，因此 β- 胡萝卜素可在蛋糕中使用，最大使用量为 1.0g/kg。由此可判断，在该植物油中可添加 β- 胡萝卜素且在植物油中的添加量换算到蛋糕中时不超过 1.0g/kg，该情况符合带入原则 3.4.2。同时，该植物油标签上应明确标示用于蛋糕生产。

目标检测

一、选择题

（一）单项选择题

1. 属于食用合成色素的是（　　）

A. 萝卜红　　B. 柠檬黄　　C. 菊花黄
D. 玉米黄　　E. 姜黄

2. 属于食用天然色素的是（　　）

A. 苋菜红　　B. 赤藓红　　C. 新红
D. 越橘　　E. 靛蓝

3. 我国许可使用的合成甜味剂是（　　）

A. 甜蜜素　　B. 乳糖　　C. 低聚糖
D. 果葡萄糖浆　　E. 葡萄糖

4. 基本色调为黄色、蓝色和（　　）

A. 红色　　B. 橙色　　C. 白色
D. 黑色　　E. 绿色

5. 下列物质属于非营养甜味剂的是（　　）

A. 葡萄糖　　B. 甘草　　C. 麦芽糖醇
D. 果葡萄糖浆　　E. 蔗糖

6. 下列物质能加入婴幼儿食品中的是（　　）

A. 糖精　　B. 牛磺酸　　C. 亚硝酸钠
D. 溴酸钾　　E. 甜蜜素

7. 下列物质不属于还原漂白剂的是（　　）

A. 焦亚硫酸钠　　B. 亚硫酸钠　　C. 硫黄
D. 溴酸钾　　E. 二氧化硫

8. 下列甜味剂具有特殊苦味的是（　　）

A. 低聚果糖　　B. 低聚木糖　　C. 低聚龙胆糖
D. 低聚半乳糖　　E. 以上都不是

9. 下列对亚硝酸的理解正确的是（　　）

A. 防腐剂　　B. 护色剂　　C. 增香剂
D. 致癌性　　E. 以上都不是

10. 下列抗氧化剂不属于脂溶性抗氧化剂的是（　　）

A. BHA　　B. BHT　　C. PG
D. TBHQ　　E. L- 抗坏血酸

11. 最新的预包装食品标签通则是（　　）年实施的

A. 1994　　B. 2004　　C. 2002
D. 2012　　E. 2014

12. 最新的《食品添加剂使用标准》是(　　)年颁布的

A. 1994　　B. 2014　　C. 2011

D. 2012　　E. 2015

13. 糖精的学名为(　　)

A. 邻 - 磺酰苯甲酸　　B. 苯甲酸　　C. 苯丙氨酸甲酯

D. 邻 - 磺酰苯甲酰　　E. 苯甲酸丙酯

14.《食品安全标准食品添加剂使用标准》(GB 2760—2014)于(　　)正式实施。

A. 2015 年 5 月 24 日　　B. 2014 年 5 月 24 日　　C. 2016 年 5 月 24 日

D. 2014 年 6 月 30 日　　E. 2015 年 6 月 30 日

15. 柠檬酸用于各种汽水的用量大约在(　　)

A. 1~3g/kg　　B. 1.2~1.5g/kg　　C. 1.5g/kg

D. 1g/kg　　E. 2~3g/kg

16. 下列(　　)甜味剂的甜度约为蔗糖的 300 倍

A. 糖精　　B. 麦芽糖醇　　C. 甜菊糖苷

D. 山梨糖醇　　E. 安赛蜜

(二)多项选择题

1. 影响防腐剂作用的因素有(　　)

A. 温度　　B. 气体组成　　C. 食品成分

D. pH 值　　E. 水分活度

2. 下列色素属于偶氮类的是(　　)

A. 苋菜　　B. 柠檬黄　　C. 赤藓红

D. 亮蓝　　E. 姜黄

3. 下列物质属于营养甜味剂的是(　　)

A. 葡萄糖　　B. 果葡萄糖浆　　C. 麦芽糖醇

D. 甘草　　E. 木糖醇

4. 苹果酸可作为(　　)

A. 酸度调节剂　　B. 酸味剂　　C. 抗氧化增效剂

D. 增味剂　　E. 香料

二、简答题

1. 食品添加剂使用时应符合哪些基本要求?

2. 试从安全性、价格等方面比较常用的几种防腐剂。

(饶春平)

ER-04 复习题

第二篇

食品安全保障技术

第五章

食品生产企业建筑与设施卫生

导学情景

情景描述：

2011年11月，三大国内速冻食品知名品牌速冻食品相继被检出金黄色葡萄球菌，这是在当时国家现行的《速冻预包装面米食品卫生标准》（GB 19295—2003）中规定“不得检出”的致病性细菌。该事件使得速冻食品行业陷入“细菌门”。不仅市场销售受到明显影响，速冻食品行业似乎也因此进入了“速冻期”。

学前导语：

根据速冻食品加工工艺和质量要求，速冻食品从生产到销售的各个环节都必须在低温下进行，不论哪一环节出现疏忽，都会影响产品品质。就速冻面米制品（包括速冻饺子、云吞等）而言，在生产过程中导致“金黄色葡萄球菌”污染的两大主要途径，一是由原料肉在切割加工过程中带入；二是食品操作人员带菌导致。这些都与食品生产企业的安全卫生管理不严格、不规范有密切关系。本章我们将带领大家学习食品生产企业为保障食品安全在选址、建筑时应遵守的原则和要求，以及在食品安全管理方面应该采取的具体措施。

第一节　食品企业选址与建筑

食品企业的选址、设计及配套卫生设施的建设不仅会对周围环境卫生产生影响，而且直接影响食品产品的质量和安全。因此新建、改建或扩建的食品加工与经营企业必须严格按照相关国家标准的要求进行选址、设计和建设。例如，食品安全国家标准《食品生产通用卫生规范》（GB 14881—2013）和《食品经营过程卫生规范》（GB 31621—2014）中均有对于食品生产、食品经营企业选址和设计的明确要求。

在进行食品企业的选址、设计与建筑时，既要考虑其功能要求，更要重视有关卫生要求，这样才能保障食品安全，保护环境卫生。

一、食品工厂的设计

（一）厂址选择的基本原则

凡新建、扩建、改建的工程项目的选址均应遵守食品企业通用卫生规范和该类食品工厂的卫生规范的相关规定。食品工厂的厂址选择既要考虑城乡发展规划、交通运输、动力电源、周围环境污染状况等总体的外部环境条件，又要考虑内部因素，比如生产过程中产生的噪声、废水、废气、废渣对周围环境的影响。厂址选择要求经环保部门环境评估认可，有政府出具的环评报告。

在食品工厂选址时应遵循以下主要原则：

1. 不选择对食品有显著污染的区域，如果某地对食品安全和食品的食用性存在明显的不利影响，且无法通过采取措施加以改善，应避免在该地址建厂。

2. 不选择有害废弃物以及粉尘、有害气体、放射性物质和其他扩散性污染源不能有效清除的地址。

3. 不宜选择易发生洪涝灾害的地区，难以避开时应设计必要的防范措施。

4. 厂区周围不宜有虫害大量滋生的潜在场所，难以避开时应设计必要的防范措施。

5. 要选择地势干燥、交通方便、有充足的水源、排水性较好的地区。

6. 所选厂址面积的大小，应能尽量满足生产要求，并有发展余地和留有适当的空余场地。

（二）厂区内部设计的基本原则

1. 消除已选定厂址上所有的潜在污染源　将环境给食品生产带来的潜在污染风险降至最低水平。

2. 厂区应合理布局，防止交叉污染　各功能区域划分明显，应符合工厂生产工艺的要求，并有适当的分离或分隔措施，防止交叉污染。主车间、仓库等应按生产流程布置，并尽量缩短距离。相互有影响的车间，尽量不要放在同一建筑物里，但相似车间应尽量放在一起，提高场地利用率。生产区建筑物与外缘公路或道路应有防护地带。

3. 厂区各建筑物布置应符合规划要求，合理利用地质、地形和水文等自然条件。

4. 厂区内的道路应铺设混凝土、沥青或者其他硬质材料；空地应采取必要措施，如铺设水泥、地砖或铺设草坪等方式，保持环境清洁，防止正常天气下扬尘和积水等现象的发生。

5. 厂区绿化应与生产车间保持适当距离，植被应定期维护，以防止虫害的滋生。

6. 厂区应有适当的排水系统。

7. 宿舍、食堂、职工娱乐设施等生活区应与生产区保持适当距离或分隔。

（三）车间厂房设计的基本原则

1. 厂房和车间的内部设计和布局应满足食品卫生操作要求，避免食品生产中发生交叉污染。

2. 厂房和车间的设计应根据生产工艺合理布局，预防和降低产品受污染的风险。

3. 厂房和车间应根据产品特点、生产工艺、生产特性以及生产过程对清洁程度的要求合理划分作业区，并采取有效分离或分隔。如通常可划分为清洁作业区、准清洁作业区和一般作业区；或清洁作业区和一般作业区等。一般作业区应与其他作业区域分隔，加工品传递通过传递窗进行。

4. 厂房内设置的检验室应与生产区域分隔。

5. 厂房的面积和空间应与生产能力相适应，便于设备安置、清洁消毒、物料存储及人员操作。

（四）车间厂房内部结构与材料的要求

1. 顶棚　顶棚应使用无毒、无味、与生产需求相适应、易于观察清洁状况的材料建造；若直接在屋顶内层喷涂涂料作为顶棚，应使用无毒、无味、防霉、不易脱落、易于清洁的涂料。顶棚应易于清洁、消毒，在结构上不利于冷凝水垂直滴下，防止虫害和霉菌滋生。蒸汽、水、电等配件管路应避免设置于暴露食品的上方；如确需设置，应有能防止灰尘散落及水滴掉落的装置或措施。

2. 地面　地面应使用无毒、无味、不渗透、耐腐蚀的材料建造。地面的结构应有利于排污和清洗的需要。地面应平坦防滑、无裂缝、并易于清洁、消毒，并有适当的措施防止积水。

3. 墙壁　墙面、隔断应使用无毒、无味的防渗透材料建造，在操作高度范围内的墙面应光滑、不易积累污垢且易于清洁；若使用涂料，应无毒、无味、防霉、不易脱落、易于清洁。墙壁、隔断和地面交界处应结构合理、易于清洁，能有效避免污垢积存。例如设置漫弯形交界面等。

4. 门窗　门窗应闭合严密。门的表面应平滑、防吸附、不渗透，并易于清洁、消毒。应使用不透水、坚固、不变形的材料制成。清洁作业区和准清洁作业区与其他区域之间的门应能及时关闭。窗户玻璃应使用不易碎材料。若使用普通玻璃，应采取必要的措施防止玻璃破碎后对原料、包装材料及食品造成污染。窗户如设置窗台，其结构应能避免灰尘积存且易于清洁。可开启的窗户应装有易于清洁的防虫害窗纱。

二、食品工厂的卫生设施

1. 更衣室　生产场所或生产车间入口处应设置更衣室，必要时特定的作业区入口处可按需要设置更衣室。更衣室应保证工作服与个人服装及其他物品分开放置。

2. 换鞋（穿戴鞋套）设施　生产车间入口及车间内必要处，应按需要设置换鞋（穿戴鞋套）设施或工作鞋靴消毒设施。如设置工作鞋靴消毒设施，其规格尺寸应能满足消毒需要。

3. 卫生间　应根据需要设置卫生间，卫生间的结构、设施与内部材质应易于保持清洁；卫生间内的适当位置应设置洗手设施。卫生间不得与食品生产、包装或贮存等区域直接连通。

4. 洗手、干手和消毒设施　应在清洁作业区入口设置洗手、干手和消毒设施；如有需要，应在作业区内适当位置加设洗手和/或消毒设施；与消毒设施配套的水龙头其开关应为非手动式。

洗手设施的水龙头数量应与同班次食品加工人员数量相匹配，必要时应设置冷热水混合器。洗手池应采用光滑、不透水、易清洁的材质制成，其设计及构造应易于清洁消毒。应在邻近洗手设施的显著位置标示简明易懂的洗手方法。

第二节　食品企业安全卫生管理

一、建立健全食品安全管理制度

按照《食品安全法》第四十四条要求，食品企业必须建立健全食品安全管理制度，对职工进行食品安全知识培训，加强食品检验工作，依法从事生产经营活动。食品生产经营企业的主要负责人应当落实企业食品安全管理制度，对本企业的食品安全工作全面负责。企业应当加强对食品安全管理人员培训和考核。经考核不具备食品安全管理能力的，不得上岗。食品生产安全监督管理部门、食品经营安全监督管理部门应当对企业食品安全管理人员随机进行监督抽查考核并公布考核情况。

企业的食品安全管理人员主要担任以下工作：

1. 贯彻执行食品卫生法律法规　认真贯彻执行《食品安全法》和有关的卫生法规、卫生规范、食品安全标准。制止违反食品安全法律、法规和规章制度的行为，并及时向食品安全监督部门报告。

2. 建立健全企业各项食品安全管理制度　企业的食品安全管理制度是为了保障食品安全，让企业员工在生产实践中付诸实施的具体行为规范。因此，既要符合卫生要求，又要切实可行并行之有效。食品安全管理制度应与生产规模、工艺技术水平和食品的种类特性相适应，应根据生产实际和实施经验不断完善食品安全管理制度。食品企业应该建立的食品安全制度有食品生产卫生管理制度、食品加工人员个人卫生制度、食品加工人员健康管理制度、器具清洁消毒制度和清洁消毒用具管理制度等。

3. 食品安全知识培训　对企业职工开展食品安全法律法规、食品污染、食物中毒、食品卫生管理等食品安全知识的相关培训。通过培训促进各岗位从业人员遵守食品安全相关法律法规标准和执行各项食品安全管理制度的意识和责任，提高相应的知识水平。

4. 食品检验工作　对企业生产和经营的食品按规定进行食品、消毒器具的抽样检测、发现问题及时处理，并向上级报告，预防有毒有害物质的污染，杜绝食品安全隐患。

二、设施的维修和保养

食品生产经营企业的各种设施均应该干净清洁，并保持正常运行，应安排专人定期检查、维修和保养各种设备、设施以保证食品生产符合卫生要求。每次维修保养情况应进行详细的书面记录。

1. 供水设施　应能保证水质、水压、水量及其他要求符合生产需要。食品加工用水与其他不与食品接触的用水（如间接冷却水、污水或废水等）应以完全分离的管路输送，避免交叉污染。各管路系统应明确标识以便区分。供水设施中使用的涉及饮用水卫生安全产品还应符合国家相关规定。

2. 排水系统　设计和建造应保证排水畅通、便于清洁维护；应适应食品生产的需要，保证食品及生产、清洁用水不受污染。室内排水的流向应由清洁程度要求高的区域流向清洁程度要求低的区域，且应有防止逆流的设计。

3. 清洁和消毒设施　食品、工器具和设备应配备足够、专用的清洁设施，必要时应配备适宜的消毒设施。应采取措施避免清洁、消毒工器具带来的交叉污染。

4. 存放废弃物的专用设施　应配备设计合理、防止渗漏、易于清洁的存放废弃物的专用设施；并应标识清晰。必要时应在适当地点设置废弃物临时存放设施，并依废弃物特性分类存放。

5. 通风设施　应具有适宜的自然通风或人工通风措施；必要时应通过自然通风或机械设施有效控制生产环境的温度和湿度。通风设施应避免空气从清洁度要求低的作业区域流向清洁度要求高的作业区域。应合理设置进气口位置，进气口与排气口和户外垃圾存放装置等污染源保持适宜的距离和角度。进、排气口应装有防止虫害侵入的网罩等设施。通风排气设施应易于清洁、维修和更换。

6. 照明设施　厂房内应有充足的自然采光或人工照明，光泽和亮度应能满足生产和操作需要；光源应使食品呈现真实的颜色。如需在暴露食品和原料的正上方安装照明设施，应使用安全型照明设施或采取防护措施。

7. 仓储设施　应具有与所生产产品的数量、贮存要求相适应的规模。应以无毒、坚固的材料建成；地面应平整，便于通风换气。仓库的设计应易于维护和清洁，防止虫害藏匿，并应有防止虫害侵入的装置。原料、半成品、成品、包装材料等应依据性质的不同分设贮存场所或分区域码放，并有明确标识，防止交叉污染。必要时仓库应设有温、湿度控制设施。清洁剂、消毒剂、杀虫剂、润滑剂、燃料等物质应分别安全包装，明确标识，并应与原料、半成品、成品、包装材料等分隔放置。

8. 温控设施　应根据食品生产的特点，配备适宜的加热、冷却、冷冻等设施，以及用于监测温度的设施。根据生产需要，可设置控制室温的设施。

三、工具、设备的清洗和消毒

食品生产加工工具设备的清洗和消毒对于保障食品生产安全具有重要意义。企业应制定清洗消毒制度，选择适宜、有效的清洗、消毒方法。清洗剂和消毒剂均应选择专用于食品工具、设备的洗涤剂、杀菌剂，清洗、消毒后应无残留。

1. 生产设备应布局合理，固定设备的安装位置应便于清洗、消毒。

2. 直接接触食品的设备、设施及工器具和容器应使用无毒、无异味、不吸水、耐腐蚀、经得起反复清洗与消毒的材料制作；其表面平滑、无凹坑和裂缝；应避免交叉使用，防止产生污染。

3. 生产设备、工具、容器、场地等在使用前后均应彻底清洗、消毒。

4. 维修检查设备时，应采取必要的措施防止污染食品；维修后要对该区域进行清洗消毒，由指定人员确认后方可继续生产。同时，将维修工具、配件等整理归位。

5. 清洗、保养人员应及时填写“机器设备维修清洗保养卡”。

四、除虫灭害

1. 应保持建筑物完好、环境整洁卫生，防止虫害侵入及滋生。

2. 应制定和执行虫害控制措施，并定期检查。生产车间及仓库应安装纱帘、纱网、防鼠板、防蝇灯、风幕等有效设施，防止鼠类、昆虫等侵入。

3. 厂区应定期进行除虫灭害工作。采用老鼠夹、鼠笼、粘鼠胶、灭鼠药等措施灭鼠，但是禁止使用急性杀鼠剂。灭蝇方法可以选择机械拍打、药物喷洒、粘蝇纸粘等方法。杀灭蟑螂可以采用毒饵、药物喷洒等常用方法。

4. 采用物理、化学或生物制剂进行处理时，不应影响食品安全和食品应有的品质，不应污染食品接触面、设备、工具及包装材料。除虫灭害工作应有相应的记录。

5. 使用各类杀虫剂或其他药剂前，应做好预防措施，避免对人身、食品、设备、工具造成污染；不慎污染时，应及时将被污染的设备、工具彻底清洁，消除污染。

五、有毒、有害物的管理

1. 建立清洁剂、消毒剂等化学品的使用制度，除清洁消毒必需和工艺需要，不应在生产场所使用和存放可能污染食品的化学制剂。

2. 清洁剂、消毒剂、杀虫剂、润滑剂、燃料等物质应分别安全包装，明确标识，特别是杀虫剂类产品应在明显处标示“有毒品”字样，防止操作人员混用。

3. 这些化学物品应分类贮存，有专用的柜橱或贮存场所；领用时应准确计量、做好使用记录。

4. 应指定专门的卫生管理人员使用杀虫剂、消毒剂，使用前应经过专门培训。

5. 不得使用未经省级卫生行政部门批准的洗涤剂、消毒剂、杀虫剂等产品。

六、饲养动物的管理

1. 厂区内除供实验动物和待加工禽畜外，一律不得饲养家禽家畜。

2. 加强待加工禽畜的管理，防止污染食品。设置禽畜的候宰棚、待宰圈，并与加工场所间隔一定距离。经常清洗、消毒候宰棚、待宰圈。

3. 加强对待宰禽畜的宰前检验，经检验确为健康的家畜、家禽方可进行宰杀。患病个体应在急宰间进行单独宰杀，并严格消毒。

七、污水、污物的处理

1. 食品生产过程中产生的污水、污物的排放应符合国家关于三废排放的有关规定。

2. 应积极采取先进技术，减少污水、污物产生，并将治理的设施与食品工厂主体工程同时设计、同时施工、同时投产。

3. 应制定污物存放和清除制度，有特殊要求的废弃物其处理方式应符合有关规定。污物应定期清除；易腐败的污物应尽快清除；必要时应及时清除。

4. 车间外废弃物放置场所应与食品加工场所隔离，防止污染；应防止不良气味或有害有毒气体溢出；应防止虫害滋生。

八、副产品的管理

副产品是指食品生产加工过程中产品的下脚料和不可再利用加工成产品的废弃物。

1. 副产品应收集后及时运出车间，贮存于专用仓库，单独处理，防止环境污染。

2. 运输和存放副产品的工具、容器应经常清洗、消毒，保持清洁卫生。

九、卫生设施和工作服的管理

1. 企业应根据生产特点、卫生要求配备使用方便的卫生设施 洗手、消毒池，鞋、靴消毒池，更衣室，淋浴室，卫生间，洗刷工具、容器的洗消室等。

2. 建立卫生设施管理制度，做到专人管理，责任明确。

3. 应根据食品的特点及生产工艺的要求配备专用工作服，如衣、裤、鞋靴、帽和发网等，必要时还可配备口罩、围裙、套袖、手套等。食品生产加工人员进入作业区域应穿着工作服、戴工作帽。

4. 工作服的设计、选材和制作应适应不同作业区的要求，降低交叉污染食品的风险；应合理选择工作服口袋的位置、使用的连接扣件等，降低内容物或扣件掉落污染食品的风险。

5. 应制定工作服的清洗保洁制度，定期更换、灭菌处理工作服；生产中应注意保持工作服干净完好。设专人监督操作人员穿戴工作服。

点滴积累

1. 在食品工厂选址时应遵循的主要原则：无污染、灾害少、地势干燥、交通方便、排水性好、面积充足、周围无虫害滋生。
2. 食品工厂必须设置以下卫生设施并按照卫生规范要求进行建设：更衣室、换鞋（穿戴鞋套）设施或工作鞋靴消毒设施、卫生间、洗手、干手和消毒设施。
3. 食品企业必须建立健全安全卫生管理机构，由企业的主要负责人担任责任人，配备食品安全专业技术人员、管理人员。
4. 食品企业安全卫生管理机构主要工作职责有：贯彻执行食品卫生法律法规、建立健全企业各项食品安全管理制度并监督实施、员工食品安全知识培训、食品检验。

目标检测

一、单项选择题

1. 厂区设计原则，以下表述错误的是（　　）

A. 各功能区域划分明显，应符合工厂生产工艺的要求

B. 主车间、仓库等应按生产流程布置，并尽量缩短距离

C. 相互间有影响的车间，尽量不要放在同一建筑物里

D. 生产区建筑物与外缘公路或道路应有防护地带

E. 为了方便职工，宿舍可以建在生产区内

2. 厂房和车间的设计应遵守的原则不包括（　　）

A. 设计和布局应满足食品卫生操作要求，避免食品生产中发生交叉污染

B. 应根据生产工艺合理布局，预防和降低产品受污染的风险

C. 厂房的面积和空间应与员工数量相适应

D. 厂房内设置的检验室应与生产区域分隔

E. 清洁作业区和一般作业区应分隔，加工品传递通过传递窗进行

3. 车间门窗建设要求不包括（　　）

A. 门窗应漂亮美观

B. 门窗应闭合严密

C. 应使用坚固、不变形、防渗透的材料制成

D. 门的表面应易于清洁、消毒

E. 可开启的窗户应装有易于清洁的防虫害窗纱

4. 关于食品企业工具和设备的清洗、消毒工作要求错误的是(　　)

A. 企业应制定清洗消毒制度,选择适宜、有效的清洗、消毒方法

B. 清洗剂和消毒剂应选择专用于食品工具的洗涤剂、杀菌剂,并无残留

C. 直接接触食品的设备应使用无毒、无异味、不吸水、耐腐蚀的材料制作

D. 生产设备、工具等主要物品在使用前彻底清洗、消毒即可

E. 清洗、保养人员应及时、如实填写“机器设备维修清洗保养卡”

5. 食品企业的清洁剂、消毒剂、杀虫剂、润滑剂等化学物质存放方法不当的是(　　)

A. 除清洁消毒必需和工艺需要,不应在车间存放可能污染食品的化学制剂

B. 杀虫剂类产品应在明显处标示“有毒品”字样

C. 应分类贮存,有专用的柜橱或贮存场所

D. 洗涤剂、消毒剂、杀虫剂等产品应有专用的柜橱,领用时无须计量

E. 应指定专门的卫生管理人员经过专门培训后使用杀虫剂、消毒剂

二、简答题

1. 食品企业厂房的卫生设施和工作服应如何管理?

2. 在肉制品生产企业,如何做好除虫灭害工作?

（杨艳旭）

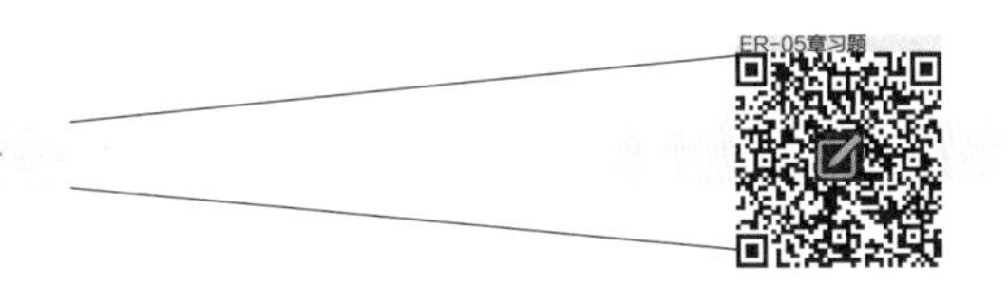

第六章

食品企业的卫生管理

导学情景

情景描述：

2011 年 4 月初,《消费主张》节目指出，上海多家超市销售的小麦馒头、玉米面馒头被曝染色制成，并添加防腐剂防止发霉。但在馒头标签上只看到添加“白糖和维生素 C”。记者在上海 ×× 食品公司暗访发现，馒头生产过程中，添加了柠檬黄、甜蜜素、山梨酸钾等食品添加剂。在包装馒头的过程中，工人们都没有戴手套，也没有穿戴清洁的工作衣、帽。馒头生产日期标注为进超市的日期，过期回收后重新加工再销售。

学前导语：

该案例中，食品企业违法生产、销售掺有违禁添加剂“柠檬黄”的“染色”馒头，产品生产加工过程不符合卫生规范，违反了《食品安全法》中的相关规定。上海市质量技术监督局吊销了生产“染色”馒头的上海 ×× 食品有限公司分公司的食品生产许可证。公司法人代表等 5 名犯罪嫌疑人被公安部门以涉嫌生产、销售伪劣产品罪依法刑事拘留。

那么，食品企业在生产经营过程中应遵守哪些卫生要求以保障食品安全？有哪些具体的卫生管理措施？本章我们将带领大家学习食品企业卫生管理的法律标准及具体方法措施。

第一节　概述

一、我国食品企业食品安全现状

近些年随着我国社会经济的快速发展，食品产业发展迅猛，到 2015 年年底全国获得许可证的食品生产企业有 13.5 万家、流通企业 819 万家、餐饮服务企业 348 万家。目前我国食品企业食品安全形势依然严峻。

分析当前食品安全问题产生的原因，主要有以下几种。

1. 食品企业数量多、规模小、综合素质不高。食品生产经营企业多、小、散，全国 1 180 万家获得许可证的食品生产经营企业中，绝大部分为 10 人以下小企业。企业诚信观念和质量安全意识普遍不强，主体责任尚未完全落实。互联网食品销售迅猛增长带来了新的风险和挑战。

2. 生产过程不规范，源头污染问题突出。工业“三废”违规排放、非法添加和制假售假、农药兽药残留和添加剂滥用仍是食品安全的最大风险。这些问题主要是由企业放松自身管理造成的。

3. 食品安全标准与发达国家和国际食品法典标准尚有差距。食品安全标准基础研究滞后，科学性和实用性有待提高，部分农药兽药残留等相关标准缺失、检验方法不配套。

4. 食品安全监管能力尚难适应需要。监管体制机制仍需完善，法规制度仍需进一步健全，监管队伍特别是专业技术人员短缺，打击食品安全犯罪的专业力量严重不足，监管手段、技术支撑等仍需加强，风险监测和评估技术水平亟待提升。

二、食品企业的安全管理

《食品安全法》对食品生产经营企业的自身管理做了明确的规定，强化了食品生产经营者履行食品安全第一责任人的责任。食品生产经营者应当依照法律、法规和食品安全标准从事生产经营活动，对社会和公众负责，保证食品安全，接受社会监督，承担社会责任。自身管理包括从原料进厂到成品出厂、销售的综合管理。食品企业不但要保证产品合乎食品安全标准，更要使整个生产工艺和过程符合食品生产、经营卫生规范或 GMP，即实行产品、生产工艺和过程的双重控制。

第二节 食品企业的卫生规范

食品安全国家标准《食品生产通用卫生规范》（GB 14881—2013）和《食品经营过程卫生规范》（GB 31621—2014）是各类食品企业在生产经营过程中必须要遵守的、基础性的卫生要求。同时，各类食品的生产经营环节还受到各类食品生产的专项卫生规范的约束，例如《谷物加工卫生规范》《畜禽屠宰加工卫生规范》《肉和肉制品经营卫生规范》等。当前现行的各类食品企业卫生规范（食品安全国家标准）见表 6-1。

表 6-1 我国现行食品企业卫生规范（举例）

序号	食品安全国家标准名称	标准编号	开始实施日期
1	食品生产通用卫生规范	GB 14881—2013	2014 年 6 月 1 日
2	谷物加工卫生规范	GB 13122—2016	2017 年 12 月 23 日
3	原粮储运卫生规范	GB 22508—2016	2017 年 12 月 23 日
4	畜禽屠宰加工卫生规范	GB 12694—2016	2017 年 12 月 23 日
5	蛋与蛋制品生产卫生规范	GB 21710—2016	2017 年 12 月 23 日
6	水产制品生产卫生规范	GB 20941—2016	2017 年 12 月 23 日
7	食用植物油及其制品生产卫生规范	GB 8955—2016	2017 年 12 月 23 日
8	食醋生产卫生规范	GB 8954—2016	2017 年 12 月 23 日
9	糕点、面包卫生规范	GB 8957—2016	2017 年 12 月 23 日
10	饮料生产卫生规范	GB 12695—2016	2017 年 12 月 23 日
11	糖果巧克力生产卫生规范	GB 17403—2016	2017 年 6 月 23 日
12	膨化食品生产卫生规范	GB 17404—2016	2017 年 12 月 23 日

续表

序号	食品安全国家标准名称	标准编号	开始实施日期
13	蜜饯生产卫生规范	GB 8956—2016	2017年12月23日
14	罐头食品生产卫生规范	GB 8950—2016	2017年12月23日
15	啤酒生产卫生规范	GB 8952—2016	2017年12月23日
16	发酵酒及其配制酒生产卫生规范	GB 12696—2016	2017年12月23日
17	蒸馏酒及其配制酒生产卫生规范	GB 8951—2016	2017年12月23日
18	航空食品卫生规范	GB 31641—2016	2017年12月23日
19	食品辐照加工卫生规范	GB 18524—2016	2017年12月23日
20	食品接触材料及制品生产通用卫生规范	GB 31603—2015	2016年3月21日
21	乳制品良好生产规范	GB 12693—2010	2010年12月1日
22	粉状婴幼儿配方食品良好生产规范	GB 23790—2010	2010年12月1日
23	特殊医学用途配方食品良好生产规范	GB 29923—2013	2015年1月1日
24	肉和肉制品经营卫生规范	GB 20799—2016	2017年12月23日
25	食品经营过程卫生规范	GB 31621—2014	2015年5月24日

一、食品企业生产加工过程卫生与安全要求

食品生产过程中原料采购、加工、包装、贮存和运输等环节的场所、设施、人员的基本要求和管理均应符合《食品生产通用卫生规范》和各类别食品生产的专项卫生规范。

1. 企业必须按照我国现行、有效的产品标准组织生产。企业食品质量安全标准必须符合法律法规和相关国家标准、行业标准要求，不得降低食品质量安全指标。

2. 食品加工工艺流程必须科学、合理、规范、安全。防止生产过程中出现生物性、化学性及物理性污染，防止待加工食品与直接入口食品、原料与半成品、成品之间的交叉污染。

3. 企业必须具有与生产加工相适应的专业技术人员、质量管理人员和检验人员。食品加工人员每年应进行健康检查，取得健康证明，上岗前应接受卫生培训。食品加工人员如患有痢疾、伤寒、甲型病毒性肝炎、戊型病毒性肝炎等传染病，以及患有活动性肺结核、化脓性或者渗出性皮肤病等有碍食品安全的疾病，或有明显皮肤损伤未愈合的，应当调整到其他不影响食品安全的工作岗位。检验人员必须具备检验资质，具有相关产品检验能力。食品加工人员应当具有相应的食品质量安全知识。企业责任人及主要管理人员应当熟悉与食品质量安全相关的法律法规知识。

4. 企业应当建立健全企业质量管理体系和食品安全管理制度。应通过危害分析方法明确生产过程中的食品安全关键环节，并设立食品安全关键环节的控制措施。在关键环节所在区域，应配备相关的文件以落实控制措施，如配料（投料）表、岗位操作规程等。国家鼓励采用危害分析与关键控制点体系（HACCP）对生产过程进行食品安全控制。

二、食品企业经营过程卫生与安全要求

食品采购、运输、验收、贮存、分装与包装、销售等经营过程中的食品安全要求均应符合《食品经营通用卫生规范》和各种类型的食品经营。

1. 采购　采购食品应依据国家相关规定查验供货者的许可证和食品合格证明文件，并建立合格供应商档案。

2. 运输

（1）运输食品应使用专用运输工具，并具备防雨、防尘设施。

（2）运输工具应具备相应的冷藏、冷冻设施或预防机械性损伤的保护性设施等，并保持正常运行。

（3）食品运输工具不得运输有毒有害物质，防止食品污染。运输工具和装卸食品的容器、工具和设备应保持清洁和定期消毒。

3. 验收

（1）食品验收合格后方可入库。

（2）应依据国家相关法律法规及标准，对食品进行符合性验证和感官抽查，对有温度控制要求的食品应进行运输温度测定。

（3）如实记录食品的名称、规格、数量、生产日期、保质期、进货日期以及供货者的名称、地址及联系方式等信息。记录、票据等文件应真实，保存期限不得少于食品保质期满后6个月；没有明确保质期的，保存期限不得少于两年。

4. 贮存

（1）贮存场所应保持完好、环境整洁，与有毒、有害污染源有效分隔。

（2）贮存的物品应与墙壁、地面保持适当距离，防止虫害藏匿并利于空气流通。

（3）生食与熟食等容易交叉污染的食品应采取适当的分隔措施，固定存放位置并明确标识。

（4）贮存设备、工具、容器等应保持卫生清洁，并采取有效措施（如纱帘、纱网、防鼠板、防蝇灯、风幕等）防止鼠类、昆虫等侵入，若发现有鼠类、昆虫等痕迹时，应追查来源，消除隐患。

5. 分装与包装

在经营过程中包装或分装的食品，不得更改原有的生产日期和延长保质期。包装或分装食品的包装材料和容器应无毒、无害、无异味，应符合国家相关法律法规及标准的要求。

6. 销售

（1）销售场所布局合理，食品经营区域与非食品经营区域分开设置，生食区域与熟食区域分开，待加工食品区域与直接入口食品区域分开，经营水产品的区域应与其他食品经营区域分开，防止交叉污染。

（2）肉、蛋、奶、速冻食品等容易腐败变质的食品应建立相应的温度控制等食品安全控制措施并确保落实执行。

7. 追溯与召回　当发现经营的食品不符合食品安全标准时，应立即停止经营，并有效、准确地通知相关生产经营者和消费者，并记录停止经营和通知情况。应配合相关食品生产经营者和食品安

全主管部门进行相关追溯和召回工作，避免或减轻危害。

第三节　食品企业的卫生管理

一、原料的选择与采购

（一）供应商的选择

1. 所选供应商必须具有工商营业执照、生产或销售相应预采购食品的食品生产许可证或食品经营许可证。

2. 所选供应商应该在行业内具有公认的、良好的食品安全信誉。

3. 所选供应商为食品销售单位时，需了解所采食品的最初来源。对于销售的加工产品应提供生产单位的卫生许可证，对于农产品应提供具体产地。

4. 对使用量较大的食品原料建立合格供应商档案，既要建立相对稳定的供应基地，也要确定几家备选的供应商，防止意外情况引起原料断货或卫生质量失控。

5. 对合格供应商进行评价，至少每年1次，评价内容包括质量安全稳定性、物资交付及时性、服务情况以及相关资质证明文件的有效性等。经评价合格的，保留作为下一年度合格供应商；不合格的，取消供应商资格。

（二）查验有关票证

1. 供应商的食品生产许可证或食品经营许可证，由县级以上质量监督、工商行政管理、食品药品监督管理部门审核颁发。

2. 近期产品质量合格检验报告，原则上应为半年内由有检验资质的第三方出具。

3. 加工产品的检验合格证明，由检验机构或生产企业出具。

4. 畜禽肉类的检疫合格证明，由动物卫生监督部门出具。

5. 进口食品的入境货物检验检疫证明，由国家市场监督管理总局出具。

6. 实行统一配送经营方式的食品经营企业，可以由企业总部统一查验供货者的许可证和食品合格证明文件，进行食品进货查验记录。

7. 采购食品添加剂、食品相关产品时，还应查验其工业产品生产许可证。不得使用未取得生产许可证的实施生产许可证管理的产品；无法提供合格证明文件的，应当依照食品安全标准进行检验。

8. 建立索证档案，妥善保存索取的各种证明。

（三）开展质量验收

1. 各种原辅材料应符合有关标准规定，经检验合格方能投产使用。畜禽类原料应来自非疫区，有当地检疫证明方能使用。

2. 运输原辅料车辆应保持清洁卫生，并有防尘设施。

3. 注意检验食品的贮藏温度，应与产品标签上注明的温度条件一致。需低温保存的食品，应该由冷藏车或保温车运输。热的熟食应保持在60℃以上。

4. 查验食品标签，是否按照《食品安全法》进行了规范标识。

5. 不采购禁止食品　例如腐败变质、油脂酸败、霉变生虫、污秽不洁、混有异物、掺假掺杂或者感官性状异常的食品、食品添加剂；病死、毒死或者死因不明的禽、畜、兽、水产动物肉类及其制品。

（四）记录进货台账

1. 企业应建立进货台账，如实记录每批食品原料，食品添加剂，食品相关产品的名称、规格、数量、批次、供货者名称及联系方式、进货日期等内容。

2. 企业应妥善保存进货票据、合格证明文件及进货台账等查验记录，保存期限不得少于食品保质期满后 6 个月；没有明确保质期的，保存期限不得少于 2 年。

二、生产过程的卫生管理

（一）食品生产加工过程中严禁的行为

1. 严禁用非食品原料生产的食品或者添加食品添加剂以外的化学物质和其他可能危害人体健康物质的食品，或者用回收食品作为原料生产的食品。

2. 严禁生产经营致病性微生物、农药残留、兽药残留、生物毒素、重金属等污染物质以及其他危害人体健康的物质含量超过食品安全标准限量的食品、食品添加剂、食品相关产品。

3. 严禁生产经营用超过保质期的食品原料、食品添加剂生产的食品、食品添加剂。

4. 严禁生产经营超范围、超限量使用食品添加剂的食品。

5. 严禁生产经营营养成分不符合食品安全标准的专供婴幼儿和其他特定人群的主辅食品。

6. 严禁生产经营腐败变质、油脂酸败、霉变生虫、污秽不洁、混有异物、掺假掺杂或者感官性状异常的食品、食品添加剂。

7. 严禁生产经营病死、毒死或者死因不明的禽、畜、兽、水产动物肉类及其制品。

8. 严禁生产经营未按规定进行检疫或者检疫不合格的肉类，或者未经检验或者检验不合格的肉类制品。

9. 严禁生产经营被包装材料、容器、运输工具等污染的食品、食品添加剂。

10. 严禁生产经营标注虚假生产日期、保质期或者超过保质期的食品、食品添加剂。

11. 严禁生产经营无标签的预包装食品、食品添加剂。

12. 严禁生产经营国家为防病等特殊需要明令禁止生产经营的食品。

13. 我国对食品生产加工企业的产品实施强制检验制度。

（二）食品企业注意事项

食品企业应当持续具备保证食品质量安全的条件，并严格进行生产过程中的卫生管理，对其生产食品的质量安全负责。

1. 应制定卫生管理制度及考核标准，并实行岗位责任制，明确岗位职责。

2. 应制定卫生监控制度，确立内部监控的范围、对象和频率。记录并存档监控结果，定期对执行情况和效果进行检查。

3. 加强厂房及设施卫生管理　厂房内各项设施应保持清洁，及时维修或更新，厂房地面、屋顶、天花板及墙壁有破损时，应及时修补。用于加工、包装、储运等的设备及工具，生产用管道，食品接触面，应定期清洁消毒，妥善保管，避免交叉污染。

4. 应建立并执行食品生产人员健康管理制度。

5. 应制定虫害控制措施，保持建筑物完好、环境整洁，防止虫害侵入及滋生。

6. 应制定并执行废弃物存放和清除制度。

7. 根据不同食品种类或生产工艺的特点，食品生产的工作服包括工作衣、裤、帽、鞋靴、发网等，有时还应配备口罩、围裙、套袖、手套等防护用品。

（三）食品加工卫生与安全要求

1. 生产经营场所应保持环境整洁，并与有毒、有害场所以及其他污染源保持规定的距离。

2. 具有与生产经营的食品品种、数量相适应的生产经营设备或者设施，有相应的消毒、更衣、盥洗、采光、照明、通风、防腐、防尘、防蝇、防鼠、防虫、洗涤以及处理废水、存放垃圾和废弃物的设备或者设施。

3. 有专职或者兼职的食品安全专业技术人员、食品安全管理人员，并建立健全各项保证食品安全的规章制度。

4. 设备布局和工艺流程合理，防止待加工食品与直接入口食品、原料与成品交叉污染，避免食品接触有毒物、不洁物。

5. 餐具、饮具和盛放直接入口食品的容器，使用前应当洗净、消毒，炊具、用具用后应当洗净，保持清洁。

6. 贮存、运输和装卸食品的容器、工具和设备应当安全、无害，保持清洁，防止食品污染，并符合保证食品安全所需的温度、湿度等特殊要求，不得将食品与有毒、有害物品一同贮存、运输。

7. 直接入口的食品应当使用无毒、清洁的包装材料、餐具、饮具和容器。

8. 食品生产经营人员应当保持个人卫生，生产经营食品时，应当将手洗净，穿戴清洁的工作服、帽等；销售无包装的直接入口食品时，应当使用无毒、清洁的容器、售货工具和设备。

9. 用水应当符合国家规定的生活饮用水卫生标准。

10. 使用的洗涤剂、消毒剂应当对人体安全、无害。

三、成品的卫生检验管理

1. 企业可自行对原料和产品进行检验，也可委托获得食品检验机构资质的外部检验机构进行检验。自行检验的企业应具备相应的检验能力。

2. 食品生产企业应当建立食品出厂检验记录制度，查验出厂食品的检验合格证和安全状况，如实记录食品的名称、规格、数量、生产日期或者生产批号、保质期、检验合格证号、销售日期以及购货者名称、地址、联系方式等内容，并保存相关凭证。记录应及时归档管理，并妥善保存。记录保存期限不少于2年。

3. 食品、食品添加剂、食品相关产品的生产者，应当按照食品安全标准对所生产的食品、食品添加剂、食品相关产品进行检验，检验合格后方可出厂或者销售。

四、企业员工个人卫生的管理

（一）从业人员卫生教育

1. 企业应对员工进行岗前培训和定期培训，学习食品安全法律、法规、规章、标准、企业管理制度和其他食品安全知识，并做好记录，建立档案。

2. 与生产无关人员不得擅自进入生产车间。进入车间人员应穿戴好工作服、工作帽、工作鞋（靴），并洗手、消毒。接触直接入口食品的人员还需佩戴口罩。不得穿工作服进厕所。

3. 生食、熟食区工作人员严禁串岗，防止交叉污染。

4. 从业人员应保持良好的个人卫生，不留长指甲，不涂指甲油，不佩戴首饰、饰品等进行生产操作，不将与生产无关的个人用品带入生产车间；头发不外露；不得穿戴工作服、工作帽、工作鞋进入与生产无关的场所；不得在车间内吃食物、吸烟和随地吐痰。

5. 注意个人卫生，做到勤洗澡、勤换衣、勤剪指甲、勤理发，培养良好的个人卫生习惯。

6. 生产车间不得带入或存放个人生活用品，如衣服、食品、烟酒、药品或化妆品等。

（二）从业人员健康管理

1. 应建立并执行食品生产人员健康管理制度。

2. 食品从业人员每年应进行健康检查，取得健康证明后方可上岗。

3. 应将下列人员调整到其他不影响食品安全的工作岗位上，患有痢疾、伤寒、甲型病毒性肝炎、戊型病毒性肝炎等消化道传染病的人员，患有活动性肺结核、化脓性或者渗出性皮肤病等疾病的人员，以及皮肤有未愈合伤口的人员。

五、成品贮存、运输和销售的卫生管理

1. 应根据产品的种类和性质选择贮存和运输的方式，并符合产品标签所标识的贮存条件。

2. 贮存和运输过程中应避免日光直射，雨淋，激烈的温度、湿度变化和撞击等，以防止产品的成分、品质等受到不良的影响；不应将产品与有异味、有毒、有害物品一同贮存和运输。

3. 仓库中的产品应定期检查，如有异常应及时处理。

4. 销售场所应布局合理，与食品表面接触的设备、工具和容器，应使用安全、无毒、无异味、防吸收、耐腐蚀且可承受反复清洗和消毒的材料制作，易于清洁和保养。应有虫害防治措施。

5. 销售有温度控制要求的食品时，应配备相应的冷藏、冷冻设备，并保持正常运转。

六、食品容器、包装材料和食品工具设备的卫生管理

1. 在食品生产经营过程中，贮存、运输和装卸食品的容器、包装材料、工具和设备应当安全、无害，保持卫生清洁，并采取有效措施（如纱帘、纱网、防鼠板、防蝇灯、风幕等）防止鼠类、昆虫等侵入，若发现有鼠类、昆虫等痕迹时，应追查来源，消除隐患。定期消毒处理，防止食品污染。

2. 贮存设备、工具、容器等应符合保证食品安全所需的温度等特殊要求。

3. 不得将食品与有毒、有害物品一同盛装、运输。

4. 包装或分装食品的包装材料和容器应无毒、无害、无异味，应符合国家相关法律法规及标准的要求。在经营过程中，不得更改包装或分装的食品原有的生产日期，延长保质期。

5. 销售散装食品，应在散装食品的容器、外包装上标明食品的名称、成分或者配料表、生产日期、保质期、生产经营者名称及联系方式等内容，确保消费者能够得到明确和易于理解的信息。散装食品标注的生产日期应与生产者在出厂时标注的生产日期一致。

七、食品厂用水卫生

（一）食品工厂的水质卫生

水是食品生产中的重要原料，但并非所有的水都可以供食品企业使用，水质的好坏将直接影响产品的质量和卫生。

1. 食品生产用水按水源分类

（1）地面水：包括河水、江水、湖水和水库水等。地面水在地面流过，溶解的矿物质较少，水质软，浑浊度高，悬浮杂质多，温度变化大。地面水病菌含量较多，易被生活废水、工业废水污染。

（2）地下水：是指存在于地面以下岩石空隙中的水。可分为浅层地下水、深层地下水和泉水 3 种。浅层地下水水质物理性状较好，水质澄清，但经常溶解土壤中某些矿物盐类，而使水质变硬；深层地下水较浅层地下水水质为好，但如果水层中存在某些盐类时，可使水质变硬或铁、氟含量较高，而不适于饮用。

2. 食品生产用水按水质分类

（1）软水：是指矿物质溶解较少的水，如雨水、蒸馏水等都是软水。

（2）硬水：是指矿物质较多的水，尤其是含钙盐、镁盐等盐类物质较多。根据水中所含矿物质的数量和成分的不同，硬水可分为暂时硬水和永久硬水。暂时硬水是指水中的钙盐和镁盐经加热煮沸可析出沉淀，分解成二氧化碳而变软。永久硬水是指水中的钙盐和镁盐经加热煮沸后仍不能除去。

（3）碱性水：是指水的 $pH>7$ 的水。

（4）酸性水：是指水的 $pH<7$ 的水。

（5）咸水：是指含有较多氯化钠的水。

3. 食品生产用水按用途分类

（1）生产原料用水：是指如面包、方便面等调制面团用水。

（2）非工艺用水：包括水蒸气用水、清洗用水、制冷用水等。

食品工厂不同产品的生产所需水质要求并不相同，但是无论是食品生产的原料用水，还是食品生产经营过程中的非工艺用水，都必须符合我国《生活饮用水卫生标准》要求。

食品加工用水与其他不与食品接触的用水（如间接冷却水、污水或废水等）应以完全分离的管路输送，避免交叉污染。各管路系统应明确标识以便区分。

（二）水污染与食品安全

近年来，由于未加处理的工业废水的排放，城市生活污水处理的落后，农业生产活动中过量使用的化肥、农药和未经处理的养殖场废水，我国水资源的污染程度逐渐加重。

水污染使各种生物性、化学性、物理性有毒有害物质等通过食物链从粮食、蔬菜、水产品等食物迁移到人体内，可造成人体急性中毒或慢性危害。

1. 重金属污染　污染水中的重金属通过水、土壤，在植物的生长过程中逐步渗入食品中。食用了被重金属元素污染的动植物后会对人体产生危害，如长期食用含有铬的食物会引起支气管哮喘、皮肤腐蚀、溃疡和变态性皮炎、呼吸系统癌症。

2. 有机污染物污染　一些有机污染物的分子比较稳定，通过水的作用很容易在动植物内部蓄积，损害人体健康。如过量使用的农药中含有的有机污染物，通过土壤里的水或随雨雪降落到土壤，由植物根部吸收后对农作物造成污染。

3. 放射性污染　当水中含有的放射性物质较多时，一些对某些放射性核素有很强的富集作用的水产品，如鱼类、贝类等食物中放射性核素的含量可能显著地增加，对人体造成危害。

4. 病原菌污染　如果用被致病菌污染的水灌溉农田或进行食品的生产加工，将会导致食品的致病菌污染，进而引起细菌性食物中毒的发生。

预防控制水污染对食品安全的影响，需要进一步加强对水资源污染严重的企业的监管力度，提高对污水的再生利用水平，发展生态农业和有机农业，扶持农村畜禽业向规模化发展。

八、不安全食品召回

应建立产品召回制度。食品生产经营者发现其生产的食品不符合食品安全标准或者有证据证明可能危害人体健康的，应当立即停止生产和经营，主动召回已经上市销售的食品，通知相关生产经营者和消费者，并记录召回和通知情况。并按要求及时向相关部门通告。针对所发现的问题，食品生产经营者应查找各环节记录、分析问题原因并及时改进。

应对召回的食品采取无害化处理或销毁等措施，并将食品召回和处理情况向相关部门报告。不得将回收的食品用于生产。对因标签、标识或者说明书不符合食品安全标准而被召回的食品，食品生产者在采取补救措施且能保证食品安全的情况下可以继续销售；销售时应当向消费者明示补救措施。应建立客户投诉处理机制。对客户提出的书面或口头意见、投诉，企业相关管理部门应做记录并查找原因，妥善处理。

应建立产品追溯制度，确保对产品从原料采购到产品销售的所有环节都可进行有效追溯。

点滴积累

1. 食品生产经营者是食品安全第一责任人。食品生产经营者应当依照法律、法规和食品安全标准从事生产经营活动，对社会和公众负责，保证食品安全，接受社会监督，承担社会责任。
2. 食品安全国家标准《食品生产通用卫生规范》《食品经营过程卫生规范》是各类食品企业在生产经营过程中必须要遵守的、基础性的卫生要求。

目标检测

一、单项选择题

1. 按照《食品生产通用卫生规范》，面粉加工厂的加工人员每隔（　　）必须进行健康检查

A. 3 个月　　B. 6 个月　　C. 12 个月
D. 18 个月　　E. 24 个月

2. 罐头加工厂的工人当患有(　　)时不得从事直接接触食品的岗位工作
A. 高血压　　B. 糖尿病　　C. 伤寒
D. 胃溃疡　　E. 关节痛

3. 采购食品时应依据国家相关规定查验供货者的相关证件,其中不包括(　　)
A. 生产许可证　　B. 工商营业执照
C. 产品质量合格检验报告　　D. 畜禽肉类检疫合格证
E. 税务登记证

4. 下列(　　)不是禁止采购的食品
A. 发芽土豆　　B. 死螃蟹　　C. 染色馒头
D. 刚采摘的苹果　　E. 有哈喇味的菜籽油

5. 企业应妥善保管供货票据、合格证明文件等至少(　　)
A. 6 个月　　B. 12 个月
C. 食品保质期满后 3 个月　　D. 食品保质期满后 6 个月
E. 食品保质期满后 12 个月

6. 下列行为不被禁止的是(　　)
A. 生产经营检疫不合格的肉类
B. 生产经营有标签的预包装食品、食品添加剂
C. 生产经营标注虚假生产日期的食品
D. 生产经营被包装材料污染的食品
E. 生产经营国家为防病等特殊需要明令禁止生产经营的食品

二、简答题

1. 当前我国食品安全形势依然严峻的主要原因有哪些?
2. 食品生产经营者对于食品安全需要承担的责任和义务有哪些?
3. 采购原料时需要查验供货商的哪些文件证明材料?
4. 食品企业从业人员卫生教育的主要内容有哪些?

(杨艳旭)

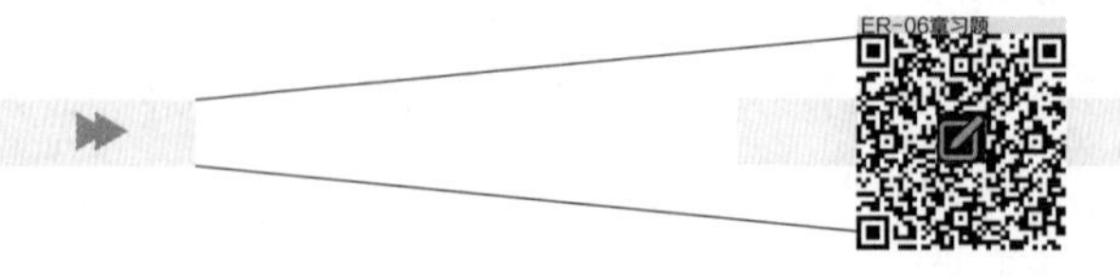

第七章

餐饮业安全与卫生管理

导学情景

情景描述：

2012 年 6 月，保定市发起餐饮业食品卫生安全“夏季攻势”，卫生检查人员深入市区展开拉网式检查。一大批环境差、卫生设施简陋、无证经营、食物中毒隐患较大的餐饮单位受到查处，其中 79 家被责令限期整改。2012 年 11 月，卫生部门公布了 9 起食品卫生安全典型案例，例如北市区某快餐有限公司，操作间侧门无挡鼠板，菜墩背面发霉，防蝇设施不健全，从业人员无健康证等。

学前导语：

有些餐饮企业不遵守或不重视食品安全法律法规，导致餐饮企业的食品安全问题频发，危害了人民群众的生命和财产安全。本章将重点介绍《餐饮服务食品安全操作规范》中有关餐饮服务业设施的规定，并带领同学们学习餐饮服务业安全与卫生管理的相关知识。

随着社会进步和人民生活水平的提高，我国居民的饮食消费理念发生了巨大的变化，外出就餐的比例升高，城市人口中每周外出就餐的比例超过 40%，北京、上海、广州三市人口外出就餐所摄取的能量已超过膳食总能量的 1/4。餐饮业食品安全的重要性日益凸显。餐饮服务单位的安全与卫生管理涉及食品经营许可证照的办理、场所卫生和设施设备管理、制度及人员管理、食品及原料的贮运经营、加工操作规范、餐饮具的洗消、饮用水卫生和留样等各方面。多数餐饮企业，如酒店、餐厅等直接面向就餐人群，其设施设备标准有别于工厂车间，具有一定的特殊性；菜板、抹布、毛巾、餐具等作为餐饮行业的常用物品，其卫生安全尤为重要。

第一节　餐饮店经营设施标准

一、餐饮服务业的相关定义

1. 餐饮服务　指通过即时制作加工、商业销售和服务性劳动等，向消费者提供食品和消费场所及设施的服务活动。

2. 餐饮服务提供者　指从事餐饮服务的单位和个人。

3. 餐馆（含酒家、酒楼、酒店、饭庄等）　指以饭菜（包括中餐、西餐、日餐、韩餐等）为主要经营项目的提供者，包括火锅店、烧烤店等。

（1）特大型餐馆：指加工经营场所使用面积在 3 000m^2 以上（不含 3 000m^2），或者就餐座位数在 1 000 座以上（不含 1 000 座）的餐馆。

（2）大型餐馆：指加工经营场所使用面积在 500~3 000m^2（不含 500m^2，含 3 000m^2），或者就餐座位数在 250~1 000 座（不含 250 座，含 1 000 座）的餐馆。

（3）中型餐馆：指加工经营场所使用面积在 150~500m^2（不含 150m^2，含 500m^2），或者就餐座位数在 75~250 座（不含 75 座，含 250 座）的餐馆。

（4）小型餐馆：指加工经营场所使用面积在 150m^2 以下（含 150m^2），或者就餐座位数在 75 座以下（含 75 座）的餐馆。

4. 快餐店　指以集中加工配送、当场分餐食用并快速提供就餐服务为主要加工供应形式的提供者。

5. 小吃店　指以点心、小吃为主要经营项目的提供者。

6. 饮品店　指以供应酒类、咖啡、茶水或者饮料为主的提供者。

7. 甜品站　指餐饮服务提供者在其餐饮主店经营场所内或附近开设，具有固定经营场所，直接销售或经简单加工制作后销售由餐饮主店配送的以冰激凌、饮料、甜品为主的食品的附属店面。

8. 食堂　指设于机关、学校（含托幼机构）、企事业单位、建筑工地等地点（场所），供应内部职工、学生等就餐的提供者。

9. 集体用餐配送单位　指根据集体服务对象订购要求，集中加工、分送食品但不提供就餐场所的提供者。

10. 中央厨房　指由餐饮连锁企业建立的，具有独立场所及设施设备，集中完成食品成品或半成品加工制作，并直接配送给餐饮服务单位的提供者。

课堂活动

1. 请同学们描述自己常去的餐馆或印象比较深刻的餐馆，有什么做得较好的方面或是做得不好的方面。哪些符合餐饮服务的规定，哪些不符合以上规定？

2. 本节内容摘自国家食品药品监督管理局于 2011 年颁布的《餐饮服务食品安全操作规范》，请同学们搜索这则规范，学习并讨论餐饮服务安全操作规范。

二、餐饮服务的场所要求

餐饮服务的现场经营场所和条件要与批准的范围和内容相一致，不可擅自改变。场所要求布局合理，操作方便，防止交叉污染，一般按照食品原料贮藏间→粗加工间→烹调间→备餐间→餐厅→食具消毒间的流程进行安排。食品加工处理的各环节要在专间中进行，各专间根据使用功能配备相应的清洗、控温、消毒设施，并具有专用通道。

餐饮服务业选址应在地势干燥、有给排水条件和电力供应的地区，不得设在易受到污染的区域，应距离暴露垃圾场（站）等污染源 25m 以上，并设置在扩散性污染源的影响范围之外；应同时符合规划、环保和消防等有关要求。

餐饮服务业建筑结构应坚固耐用、易于维修、易于保持清洁，能避免有害动物的侵入和栖息。食品处理区应设置在室内，应符合《餐饮服务提供者场所布局要求》，原料通道及入口、成品通道及出口、使用后的餐饮具回收通道及入口，宜分开设置；无法分设时，应在不同的时段分别运送原料、成品、使用后的餐饮具，或者将运送的成品加以无污染覆盖。食品处理区应设置专用的粗加工（全部使用半成品的可不设置）、烹饪（单纯经营火锅、烧烤的可不设置）、餐饮用具清洗消毒的场所，并应设置原料和/或半成品贮存、切配及备餐（饮品店可不设置）的场所。需进行凉菜配制、裱花操作、食品分装操作的，应分别设置相应专间。制作现榨饮料、水果拼盘及加工生食海产品的，应分别设置相应的专用操作场所。食品处理区的面积应与就餐场所面积、最大供餐人数相适应。加工经营场所内不得圈养、宰杀活的禽畜类动物，在加工经营场所外设立圈养、宰杀场所的，应距离加工经营场所 25m 以上。

三、餐饮服务的设施设备要求

餐饮服务的卫生管理要求专人负责、设备专用、工具专用、消毒专用和冷藏专用，并具备防鼠、防尘等设备与设施。用于餐饮加工操作的工具和设备应标志明确，使用、存放、清洁符合要求。

1. 地面与排水要求　食品处理区地面应用无毒、无异味、不透水、不易积垢、耐腐蚀和防滑的材料铺设，且平整、无裂缝，需经常冲洗的场所应有一定的排水坡度及排水系统。排水沟应设有可拆卸的盖板，排水的流向应由高清洁操作区流向低清洁操作区，并有防止污水逆流的设计。清洁操作区内不得设置明沟，地漏应能防止废弃物流入及浊气逸出。排水沟出口应有防止有害动物侵入的设施。废水应排至废水处理系统或经其他适当方式处理。

2. 墙壁与门窗要求　食品处理区墙壁应采用无毒、无异味、不透水、不易积垢、平滑的浅色材料构筑。粗加工、切配、烹饪和餐饮用具清洗消毒等场所及各类专间需经常冲洗的场所及易潮湿的场所，应有高度为 1.5m 以上、浅色、不吸水、易清洗和耐用的材料制成的墙裙，门应采用易清洗、不吸水的坚固材料制作。各类专间的墙裙应铺设到墙顶。食品处理区的门、窗应装配严密，与外界直接相通的门和可开启的窗应设有易于拆洗且不生锈的防蝇纱网或设置空气幕，与外界直接相通的门和各类专间的门应能自动关闭。室内窗台下斜 45° 或采用无窗台结构。以自助餐形式供餐的餐饮服务提供者或无备餐专间的快餐店和食堂，就餐场所窗户应为封闭式或装有防蝇防尘设施，门应设有防蝇防尘设施，宜设空气幕。

3. 屋顶与天花板要求　加工经营场所天花板的设计应易于清扫，能防止害虫隐匿和灰尘积聚，需避免长霉或建筑材料脱落。食品处理区天花板应选用无毒、无异味、不吸水、不易积垢、耐腐蚀、耐温、浅色材料涂覆或装修，天花板与横梁或墙壁结合处有一定弧度；水蒸气较多的场所的天花板应有适当坡度，在结构上减少凝结水滴落。清洁操作区、准清洁操作区及其他半成品、成品暴露场所屋顶若为不平整的结构或有管道通过，应加设平整易于清洁的吊顶。烹饪场所天花板离地面距离宜 2.5m 以上，小于 2.5m 的应采用机械排风系统，有效排出蒸汽、油烟、烟雾等。

4. 卫生间要求　卫生间不得设在食品处理区，应选用不透水、易清洗、不易积垢的材料建造和装修。卫生间内的洗手设施应符合规定并设置在出口附近，应设有效排气装置，并有适当照明，与外界相通的门窗应设有易于拆洗不生锈的防蝇纱网。外门应能自动关闭。卫生间排污管道应与食品处理区的排水管道分设，且应有有效的防臭气水封。

5. 更衣场所要求　更衣场所与加工经营场所应处于同一建筑物内，宜为独立隔间且处于食品处理区入口处。更衣场所应有足够大的空间、足够数量的更衣设施和适当的照明设施，在门口处宜设有符合规定的洗手设施。

6. 库房要求　食品和非食品（不会导致食品污染的食品容器、包装材料、工具等物品除外）库房应分开设置。清洁工具的存放场所应与食品处理区分开，大型以上餐馆（含大型餐馆）、加工经营场所面积 500m^2 以上的食堂、集体用餐配送单位和中央厨房宜设置独立存放隔间。食品库房应根据贮存条件的不同分别设置，必要时设冷冻（藏）库。同一库房内贮存不同类别食品和物品的应区分存放区域，不同区域应有明显标识。库房构造应以无毒、坚固的材料建成，且易于维持整洁，并应有防止动物侵入的装置。库房内应设置足够数量的存放架，其结构及位置应能使贮存的食品和物品距离墙壁、地面均在 10cm 以上，以利空气流通及物品搬运。除冷冻（藏）库外的库房应有良好的通风、防潮、防鼠等设施。冷冻（藏）库应设可正确显示库内温度的温度计，库外宜设外显式温度（指示）计。

7. 专间设施要求　专间应为独立隔间，专间内应设有专用工具容器清洗消毒设施和空气消毒设施，专间内温度应不高于 25℃，应设有独立的空调设施。中型以上餐馆（含中型餐馆）、快餐店、学校食堂（含托幼机构食堂）、供餐人数 50 人以上的机关和企事业单位食堂、集体用餐配送单位、中央厨房的专间入口处应设置有洗手、消毒、更衣设施的通过式预进间；不具备设置预进间条件的其他餐饮服务提供者，应在专间入口处设置洗手、消毒、更衣设施。洗手消毒设施应符合要求。以紫外线灯作为空气消毒设施的，紫外线灯（波长 200~275nm）应按功率不小于 1.5W/m^3 设置，紫外线灯应安装反光罩，强度大于 70μW/cm^2。专间内紫外线灯应分布均匀，悬挂于距离地面 2m 以内高度。凉菜间、裱花间应设有专用冷藏设施，不得贮存非直接入口食品、未经清洗处理的水果蔬菜或杂物。需要直接接触成品的用水，宜通过符合相关规定的水净化设施或设备。中央厨房专间内需要直接接触成品的用水，应加装水净化设施。熟食制品加热的中心温度不低于 70℃，加工过程中食品燃料不能污染食物，烹饪场所加工食品如使用固体燃料，炉灶应为隔墙烧火的外扒灰式。

专间应设一个门，如有窗户应为封闭式（传递食品用的除外）。专间内外食品传送窗口应可开闭，大小宜以可通过传送食品的容器为准。专间的面积应与就餐场所面积和供应就餐人数相适应，各类餐饮服务提供者专间面积要求应符合《餐饮服务提供者场所布局要求》。

非操作人员不得擅自进入专间，操作人员不得在专间内从事与之无关的活动。

8. 洗手消毒设施要求　食品处理区内应设置足够数量的洗手设施，其位置应设置在方便员工的区域。洗手消毒设施附近应设有相应的清洗、消毒用品和干手用品或设施。员工专用洗手消毒设施附近应有洗手消毒方法标识。洗手设施的排水应具有防止逆流、有害动物侵入及臭味产生的装置。洗手池的材质应为不透水材料，结构应易于清洗。水龙头宜采用脚踏式、肘动式或感应式等非手触动式开关，并宜提供温水。中央厨房专间的水龙头应为非手触动式开关。就餐场所应设有足够数量的供就餐者使用的专用洗手设施。

9. 供水设施要求 供水应能保证加工需要，水质应符合《生活饮用水卫生标准》（GB 5749—2006）规定。不与食品接触的非饮用水（如冷却水、污水或废水等）的管道系统和食品加工用水的管道系统，可见部分应以不同颜色明显区分，并应以完全分离的管路输送，不得有逆流或相互交接现象。

10. 通风排烟设施要求 食品处理区应保持良好通风，及时排除潮湿和污浊的空气。空气流向应由高清洁区流向低清洁区，防止食品、餐饮用具、加工设备设施受到污染。烹饪场所应采用机械排风。产生油烟的设备上方应加设附有机械排风及油烟过滤的排气装置，过滤器应便于清洗和更换。产生大量蒸汽的设备上方应加设机械排风排气装置，宜分隔成小间，防止结露并做好凝结水的引泄。排气口应装有易清洗、耐腐蚀并可防止有害动物侵入的网罩。

11. 清洗、消毒、保洁设备设施要求 清洗、消毒、保洁设备设施的大小和数量应能满足需要。用于清扫、清洗和消毒的设备、用具应放置在专用场所妥善保管。粗加工场所内应分别设置动物性食品、植物性食品、水产品的清洗水池，并有标识，水池数量或容量应与加工食品的数量相适应。餐饮用具清洗消毒水池应专用，与食品原料、清洁用具及接触非直接入口食品的工具、容器清洗水池分开。水池应使用不锈钢或陶瓷等不透水材料制成，不易积垢并易于清洗。采用化学消毒的，至少设有 3 个专用水池。采用人工清洗热力消毒的，至少设有 2 个专用水池。各类水池应以明显标识标明其用途。采用自动清洗消毒设备的，设备上应有温度显示和清洗消毒剂自动添加装置。使用的洗涤剂、消毒剂应符合《食品安全国家标准 洗涤剂》（GB 14930.1—2015）和《食品安全国家标准 消毒剂》（GB 14930.2—2012）的要求。洗涤剂、消毒剂应存放在专用的设施内。应设专供存放消毒后餐饮用具的保洁设施，标识明显，其结构应密闭并易于清洁。

12. 防尘、防鼠、防虫害设施及其相关物品管理要求 加工经营场所门窗应设置防尘防鼠防虫害设施。加工经营场所可设置灭蝇设施。使用灭蝇灯的，应悬挂于距地面 2m 左右高度，且应与食品加工操作场所保持一定距离。排水沟出口和排气口应有网眼孔径小于 6mm 的金属隔栅或网罩，以防鼠类侵入。应定期进行除虫灭害工作，防止害虫滋生。除虫灭害工作不得在食品加工操作时进行，实施时对各种食品应有保护措施。加工经营场所内如发现有害动物存在，应追查和杜绝其来源，扑杀时应不污染食品、食品接触面及包装材料等。杀虫剂、杀鼠剂及其他有毒有害物品存放，应有固定的场所（或橱柜）并上锁，有明显的警示标识，并由专人保管。使用杀虫剂进行除虫灭害，应由专人按照规定的使用方法进行。宜选择具备资质的有害动物防治机构进行除虫灭害。各种有毒有害物品的采购及使用应有详细记录，包括使用人、使用目的、使用区域、使用量、使用及购买时间、配制浓度等。使用后应进行复核，并按规定进行存放、保管。

13. 采光照明设施要求 加工经营场所应有充足的自然采光或人工照明，食品处理区工作面不应低于 220lx，其他场所不宜低于 110lx。光源应不改变所观察食品的天然颜色。安装在暴露食品正上方的照明设施应使用防护罩，以防止破裂时玻璃碎片污染食品。冷冻（藏）库房应使用防爆灯。

14. 废弃物暂存设施要求 食品处理区内可能产生废弃物或垃圾的场所均应设有废弃物容器。废弃物容器应与加工用容器有明显的区分标识。废弃物容器应配有盖子，用坚固及不透水的材料制造，能防止污染食品、食品接触面、水源及地面，防止有害动物的侵入，防止不良气味或污水的溢出，内壁应光滑以便于清洗。专间内的废弃物容器盖子应为非手动开启式。废弃物应及时清除，清除后的容器应及时清洗，必要时进行消毒。在加工经营场所外适当地点宜设置结构密闭的废弃物临时集中存放设施。中型以上餐馆（含中型餐馆）、食堂、集体用餐配送单位和中央厨房，宜安装油水隔离池、油水分离器等设施。

15. 设备、工具和容器要求　接触食品的设备、工具、容器、包装材料等应符合食品安全标准或要求。接触食品的设备、工具和容器应易于清洗消毒、便于检查，避免因润滑油、金属碎屑、污水或其他可能引起污染。接触食品的设备、工具和容器与食品的接触面应平滑、无凹陷或裂缝，内部角落部位应避免有尖角，以避免食品碎屑、污垢等的聚积。设备的摆放位置应便于操作、清洁、维护和减少交叉污染。用于原料、半成品、成品的工具和容器，应分开摆放和使用并有明显的区分标识；原料加工中切配动物性食品、植物性食品、水产品的工具和容器，应分开摆放和使用，并有明显的区分标识。所有食品设备、工具和容器，不宜使用木质材料，必须使用木质材料时应不会对食品产生污染。集体用餐配送单位和中央厨房应配备盛装、分送产品的专用密闭容器，运送产品的车辆应为专用封闭式，车辆内部结构应平整、便于清洁，设有温度控制设备。餐饮配送箱应定期清洁消毒并符合卫生标准，内外表面分别进行清洗以防交叉污染，容器内表面不得检出大肠菌群，菌落总数小于 100CFU/cm^2。存放超过 2 小时的食品，应在高于 60℃或低于 10℃的条件下贮存。

16. 场所及设施设备管理要求　应建立餐饮服务加工经营场所及设施设备清洁、消毒制度，各岗位相关人员宜按照《推荐的餐饮服务场所、设施、设备及工具清洁方法》的要求进行清洁，使场所及其内部各项设施设备随时保持清洁。应建立餐饮服务加工经营场所及设施设备维修保养制度，并按规定进行维护或检修，以使其保持良好的运行状况。食品处理区不得存放与食品加工无关的物品，各项设施设备也不得用作与食品加工无关的用途。

点滴积累

1. 餐饮服务场所要求布局合理，操作方便，防止交叉污染，一般按照食品原料贮藏间→粗加工间→烹调间→备餐间→餐厅→食具消毒间的流程进行安排。
2. 餐饮服务的设施设备要求主要包括：地面与排水，墙壁与门窗，屋顶与天花板，卫生间，更衣场所，库房，专间设施，洗手消毒设施，供水设施，通风排烟设施，清洗、消毒、保洁设备设施，防尘、防鼠、防虫害设施，采光照明设施，废弃物暂存设施要求等。

第二节　餐饮店安全与卫生

一、餐饮店菜板安全与卫生

菜板是所有餐馆厨房不可或缺的基本用具，也是厨房中卫生问题较为突出的环节之一，对菜肴尤其是冷菜的安全卫生有非常重要的影响。为达到菜板安全与卫生的目的，应做到以下五点。

1. 合理选材　菜板主要有木质菜板和合成菜板两种，木质菜板最大的缺点是在干燥环境中易干裂，同时吸水性强，不易风干，长时间在潮湿环境下，容易发霉和滋生细菌，导致肠道疾病的发生。

此外，木质菜板用久了，变成有许多刀痕的“老菜板”，容易积蓄污垢，不易清洗。而有些木头，如杨木本身就容易开裂，经反复使用，更容易滋生细菌，即使每天用洗洁精清洗多遍，划痕中的细菌和霉菌也很难去除，所以应该适时更换。

合成树脂与橡胶菜板重量较轻，与桌面摩擦力较小，使用起来不太稳定。不合格的塑料菜板中含有铅、镉等重金属和增塑剂，长期使用有致癌的危险。有些质地粗糙的塑料菜板，容易切出塑料碎末，随食物进入体内，对肝、肾造成损伤，因此购买时要注意产品品质。

2. 勤刮勤洗　木质菜板上菜刀留下的刀痕中容易残留食材的碎屑，成为滋生微生物的场所，所以应在切菜后，用菜刀刮去表面的木屑和污垢。塑料合成菜板应该常用刷子刷洗，保持干净清洁。在刮去污垢或刷洗过后使用清洁剂进行清洗。

3. 按需消毒　对清洗后的菜板进行消毒的方法有许多，如酒精消毒、紫外线消毒、阳光暴晒消毒或煮沸消毒等。餐饮企业可按照自身条件选择合适的方法。

4. 分类放置、生熟分用　切菜板随意混用或一板多用，尤其是处理完生肉后又用来处理熟食，易引起交叉污染导致食物中毒。为避免这种情况，厨房中应配有切水果类、蔬菜类、肉类、水产类原材料的菜板，并定位放置以便专用，不得使用同一菜板处理不同种类的食材，而且生熟食材的处理区域也要分开。

5. 放置在合适的地点　厨房的环境十分湿热，容易滋生细菌和真菌，长时间放置在厨房中的木质菜板非常容易发霉、长菌。所以，菜板在使用后应尽快洗刷干净，选择有阳光照射和通风透气的地方竖直摆放，能有效减少菜板上有害菌滋生，防止微生物引起食物中毒，并能够延长菜板的使用寿命。

课堂活动

请同学们讨论还有什么维护菜板安全与卫生的措施，同学们家的厨房是如何维护菜板干净整洁的。

二、餐饮店抹布安全与卫生

抹布是厨房工作中必须用到的物件，如果不注意抹布的安全与卫生，将成为细菌和霉菌生长繁殖的温床，用不干净的抹布在擦拭餐桌或餐具后容易引起食物中毒，对于抹布的安全与卫生管理应做到以下五点。

1. 分类管理　有些餐饮店的抹布身兼数职，既擦餐具又擦桌椅等物件，这些抹布很容易滋生细菌和霉菌，常见的有沙门菌、大肠埃希菌、铜绿假单胞菌、葡萄球菌、霉菌等。厨房抹布应按照其使用的用途不同进行分类，并制定相应的使用管理制度，实施分类管理。

2. 分别选材　一些抹布中的化学织物是难以用肉眼发现的细小纤维，极易黏在餐具上，随食物一同进入人体胃肠道内。这些化学纤维不能被胃酸和体内的多种活性酶所分解，会滞留在胃肠道黏膜上，可能诱发胃肠道疾病。厨房抹布的基本要求是柔软性、吸水性和吸污性好，最好使用纯棉织品的抹布，即使有少量纯棉纤维通过食物进入人体，滞留在胃肠壁上刺激性也比较小，一段时间后，少量棉纤维会通过消化管排出体外，转化为单糖，不会损害人体健康。

3. 分开专用　根据不同用途对抹布进行颜色分类使用，餐饮企业的管理者应制定相应的制度让员工们学习和遵守,每一种颜色的抹布代表一种用途,擦拭完物品的抹布要在清洁完毕后放置在指定区域,且不可用于别的用途。

4. 分类消毒 根据不同使用场所、用途,按照不同层次的卫生要求进行分级、清洗或消毒。不同用途的抹布在与其颜色对应的清洗盆或清洗桶中进行清洗,不能将不同用途的抹布集中在一起清洗和消毒。

5. 分期淘汰 厨房抹布因其使用的场所、用途不同,使用期限也有所不同。抹布在长期使用后,或多或少都会积累污物,滋生细菌和霉菌。一些质量不好的抹布的毛绒会脱落,黏在餐具或者餐桌表面,所以应按照使用期限要求分期进行淘汰和更新。

三、餐饮店毛巾安全与卫生

市面上的毛巾规格、种类、材质等多种多样,用途也非常广泛。为了维持餐饮企业毛巾的安全与卫生,需要做到以下三点。

1. 选择合格产品 某些毛巾生产厂商生产销售不合格产品,一些无良商家使用医用废弃棉花生产毛巾,一些还会使用过量荧光漂白剂漂白旧毛巾。这样的毛巾会给消费者带来致病或致癌风险,给餐饮企业带来食品安全隐患。因此,餐饮企业在购买毛巾时必须选择合格有诚信的毛巾生产商,不可因价格便宜而忽视了安全问题。

2. 专用专管 一次性毛巾应该固定放置在阴凉、避光、干燥的地方,方便服务员拿取。非一次性毛巾应在清洗消毒后存放在消毒柜中,该消毒柜只能存放毛巾,不可存放其他餐具或食物,避免造成毛巾污染。提供给消费者使用的毛巾不可用于别的用途。

3. 清洗消毒 一次性毛巾不可循环使用,使用后必须遗弃。非一次性毛巾应该集中用适量餐饮业常用化学消毒剂和清洁剂进行清洗,然后用清水多次冲洗除去化学残留。使用适合的物理方法消毒,晾干后放入专门存放毛巾的消毒柜中。

四、餐饮店餐具安全与卫生

餐具是直接与食物接触,用于盛放食物或运送食物入口的工具,若使用的餐具携带有害化学物或致病菌,使有害物质污染到食物中,将导致食用者产生食源性疾病或食物中毒。因此,必须运用科学有效的方法和管理措施保障餐具安全与卫生。

(一)餐饮店餐具清洗与消毒方法

1. 采用手工方法清洗的应按以下步骤进行

(1)刮掉沾在餐饮用具表面上的大部分食物残渣、污垢。

(2)用含洗涤剂溶液洗净餐饮用具表面。

(3)用清水冲去残留的洗涤剂。

2. 洗碗机清洗按设备使用说明进行

3. 物理消毒方法 包括蒸汽、煮沸、红外线等热力消毒方法。

(1)煮沸、蒸汽消毒保持100℃,10分钟以上。

（2）红外线消毒一般控制温度120℃以上，保持10分钟以上。

（3）洗碗机消毒一般控制水温85℃，冲洗消毒40秒以上。

4. 化学消毒方法 主要使用各种含氯消毒药物消毒。

（1）使用浓度应含有效氯250mg/L（又称250ppm）以上，餐饮用具全部浸泡在液体中5分钟以上。

（2）化学消毒后的餐饮用具应用净水冲去表面残留的消毒剂。

餐饮服务提供者在确保消毒效果的前提下可以采用其他消毒方法和参数。

5. 餐饮店餐具保洁方法

（1）消毒后的餐饮用具要自然滤干或烘干，不应使用抹布、餐巾擦干，避免受到再次污染。

（2）消毒后的餐饮用具应及时放入密闭的餐饮用具保洁设施内。

（3）消毒后的餐饮用具应贮存在专用保洁设施内备用，保洁设施应有明显标记。

课堂活动

请同学们描述你们常见的餐馆是如何进行餐具清洁的，他们的做法是否会给食品卫生安全造成危害？

（二）餐饮服务常用消毒剂及使用注意事项

1. 常用消毒剂

（1）漂白粉：主要成分为次氯酸钠，还含有氢氧化钙、氧化钙、氯化钙等。配制水溶液时应先加少量水，调成糊状，再边加水边搅拌成乳液，静置沉淀，取澄清液使用。漂白粉可用于环境、操作台、设备、餐饮用具及手部等的涂擦和浸泡消毒。

（2）次氯酸钙（漂粉精）：使用时应充分溶解在水中，普通片剂应碾碎后加入水中充分搅拌溶解，泡腾片可直接加入溶解。使用范围同漂白粉。

（3）次氯酸钠：使用时在水中充分混匀。使用范围同漂白粉。

（4）二氯异氰尿酸钠（优氯净）：使用时充分溶解在水中，普通片剂应碾碎后加入水中充分搅拌溶解，泡腾片可直接加入溶解。使用范围同漂白粉。

（5）二氧化氯：因配制的水溶液不稳定，应在使用前加活化剂现配现用。使用范围同漂白粉。因氧化作用极强，应避免接触油脂，以防止加速其氧化。

（6）碘伏：0.3%~0.5%碘伏可用于手部浸泡消毒。

（7）新洁尔灭：0.1%新洁尔灭可用于手部浸泡消毒。

（8）乙醇：75%乙醇可用于手部或操作台、设备、工具等的涂擦消毒。90%乙醇点燃可用于菜板、工具消毒。

2. 消毒剂使用注意事项

（1）使用的消毒剂应在保质期限内，并按规定的温度等条件贮存。

（2）严格按规定浓度进行配制，固体消毒剂应充分溶解。

（3）配好的消毒液需定时更换，一般每4小时更换1次。

（4）使用时定时测量消毒液浓度，浓度低于要求时应立即更换或适量补加消毒液。

（5）保证消毒时间，一般餐饮用具消毒应作用5分钟以上。或者按消毒剂产品使用说明操作。

（6）应使消毒物品完全浸没于消毒液中。

（7）餐饮用具消毒前应洗净，避免油垢影响消毒效果。

（8）消毒后以洁净水将消毒液冲洗干净，沥干或烘干。

（9）餐饮用具宜采用热力消毒。

知识链接

消毒液配制方法举例

以每片含有效氯0.25g的漂白精片配制1L的有效氯浓度为250mg/L的消毒液为例：

1. 在专用消毒容器中事先标好1L的刻度线。
2. 容器中加水至刻度线。
3. 将1片漂白精片碾碎后加入水中。
4. 搅拌至药片充分溶解。

点滴积累

1. 保持餐饮企业菜板安全与卫生的相关方法：①合理选材；②勤刮勤洗；③按需消毒；④分类放置、生熟分用；⑤放置在合适的地点。
2. 保持餐饮企业抹布安全与卫生的相关方法：①分类管理；②分别选材；③分开专用；④分类消毒；⑤分期淘汰。

第三节　餐饮企业食品安全卫生管理注意事项

餐饮企业的管理者应依照取得的《食品经营许可证》范围合法经营，并在就餐场所醒目位置悬挂或者摆放《食品经营许可证》和张贴食品安全分级标识，所取得的证照不得转让、涂改、出借、倒卖、出租。

餐饮企业必须依法正确加工、贮存、运输和经营食品。生产经营的产品不得违反《食品安全法》第二十八条规定，尤其不得使用非合格食品原料进行加工，不可将回收后的食品再次加工销售。企业应正确处理废弃油脂和餐厨垃圾，例如企业应建立餐厨废弃物台账、分类放置、日产日清和流向追溯制度，餐饮废弃物台账应详细记录餐厨废弃物的种类、数量、去向、用途等情况。

餐饮企业要配备符合条件的食品管理员，建立健全的食品安全管理制度，建立从业人员学习培训和健康卫生管理制度，建立采购查验和索票索证制度，执行生产过程的卫生晨检制度，落实食品安全岗位责任制度，并建立食品安全事故应急处理预案。

学校食堂应建立负责人陪餐制度，学校（幼儿园）食堂、集体用餐配送单位、重大活动餐饮服务和超过100人的一次性聚餐应按规定执行留样制度。食品留样应按品种分别盛放于清洗消毒后的专用容器内，在冷藏条件下存放 48 小时以上，每个品种留样量不少于 100g。

目前国家各级食品安全监管部门正逐渐完善食品安全互联网监管体系，必要时餐饮服务企业应加入和使用电子追溯以及实时餐饮加工监控平台。

自 2014 年起，国家食品药品监督管理总局结合餐饮服务食品安全监管的特点，部署各地食品药品监管部门指导开展餐饮业“明厨亮灶”工作。“明厨亮灶”是指餐饮服务单位采用隔断矮墙、视频显示、网络展示等方式，将餐饮食品的加工制作过程公开展现给消费者，主动接受公众监督。经过几年的建设，各地“明厨亮灶”工程成效显著。

2017 年 11 月 6 日国家食品药品监督管理总局公布《网络餐饮服务食品安全监督管理办法》，办法自 2018 年 1 月 1 日起施行，明确指出餐饮经营项目必须遵守“线上线下一致”的原则，界定了网络餐饮服务第三方平台和入网服务提供者的义务，并对送餐人员和送餐过程提出明确要求，明确规定各级食品药品监督管理部门要在总局的指导下开展网络餐饮服务食品安全监测工作，同时办法还兼顾了与地方性法规和其他规章的衔接性。

点滴积累

1. 餐饮企业采购的食品、食品添加剂、食品相关产品等应符合国家有关食品安全标准和规定的要求。
2. 食品留样应按品种分别盛放于清洗消毒后的专用容器内，在冷藏条件下存放 48 小时以上，每个品种留样量不少于 100g。

目标检测

一、选择题

（一）单项选择题

1. 下列关于餐饮企业规模描述不正确的是（　　）

A. 特大型餐馆：指加工经营场所使用面积在 2 000m^2 以上（不含 2 000m^2），或者就餐座位数在 800 座以上（不含 800 座）的餐馆

B. 大型餐馆：指加工经营场所使用面积在 500~3 000m^2（不含 500m^2，含 3 000m^2），或者就餐座位数在 250~1 000 座（不含 250 座，含 1 000 座）的餐馆

C. 中型餐馆：指加工经营场所使用面积在 150~500m^2（不含 150m^2，含 500m^2），或者就餐座位数在 75~250 座（不含 75 座，含 250 座）的餐馆

D. 小型餐馆：指加工经营场所使用面积在 150m^2 以下（含 150m^2），或者就餐座位数在 75 座以下（含 75 座）的餐馆

E. 甜品站：具有固定经营场所，直接销售或经简单加工制作后销售由餐饮主店配送的以冰激凌、饮料、甜品为主的食品的附属店面

2. 关于餐饮企业通风排烟设施要求的描述不正确的是（　　）

A. 食品处理区应保持良好通风，及时排除潮湿和污浊的空气

B. 排气口应装有易清洗、耐腐蚀并可防止有害动物侵入的网罩

C. 烹饪场所应采用机械排风，产生油烟的设备上方应加设附有机械排风及油烟过滤的排气装置，过滤器应便于清洗和更换

D. 产生大量蒸汽的设备上方应加设机械排风排气装置，宜分隔成小间，防止结露并做好凝结水的引泄

E. 空气流向应由低清洁区流向高清洁区，防止食品、餐饮用具、加工设备设施受到污染

3. 下列餐饮企业需要检查的食品安全管理制度不正确的是（　　）

A. 是否建立食品安全管理组织和岗位责任制，明确和落实食品安全责任

B. 是否建立从业人员学习培训和健康管理制度

C. 是否建立采购查验和索证索票制度

D. 是否建立食品安全事故问责制度

E. 是否按要求建立健全其他食品安全管理制度（如学校负责人陪餐制度、食品留样制度等）

4. 加工经营场所的内外环境不需要检查的是（　　）

A. 墙壁、天花板、门窗是否清洁，是否有蜘蛛网、霉斑或其他明显积垢

B. 地面是否洁净，是否有积水和油污，排水沟渠是否通畅

C. 垃圾和废弃物是否及时清理，存放设施是否密闭，外观是否清洁

D. 仓库货存量是否充足

E. 是否有昆虫、鼠害

5. 为了达到菜板安全与卫生的目的下列做法不正确的是（　　）

A. 落实合理选材　　B. 分期淘汰　　C. 按需要消毒

D. 放置在合适的地点　　E. 分类放置生熟分用

6. 下列不是餐饮服务常用消毒剂的是（　　）

A. 富马酸二甲酯（“霉克星”）　　B. 次氯酸钙（漂粉精）

C. 乙醇　　D. 二氯异氰尿酸钠（优氯净）

E. 二氧化氯

7. 餐饮店餐具物理消毒方法不正确的是（　　）

A. 煮沸保持 100℃，10 分钟以上

B. 用 60~70℃热水浸泡 30 分钟

C. 红外线消毒一般控制温度 120℃以上，保持 10 分钟以上

D. 洗碗机消毒一般控制水温 85℃，冲洗消毒 40 秒以上

E. 蒸汽消毒保持 100℃，10 分钟以上

8. 化学消毒注意事项正确的是（　　）

A. 使用消毒剂没有保质期限，使用时只需要配制即可

B. 企业可根据自身需要配制出不同浓度的消毒液

C. 配好的消毒液定时更换，一般每 4 小时更换 1 次

D. 一般餐饮用具消毒应作用 2 分钟左右

E. 消毒剂的使用不必经过学习和培训

（二）多项选择题

1. 保持餐饮企业抹布安全与卫生的相关方法有（　　）

A. 集中管理　　B. 分别选材　　C. 分开专用

D. 分类消毒　　E. 集中清洗

2. 餐饮店餐具消毒方法不正确的有（　　）

A. 餐饮用具消毒前应洗净，避免油垢影响消毒效果

B. 物理消毒包括蒸汽、煮沸、红外线等热力消毒方法

C. 煮沸、蒸汽消毒保持 100℃，5 分钟以上

D. 消毒后的餐饮用具要使用抹布、餐巾擦干，避免受到再次污染

E. 化学消毒后的餐饮用具应用净水冲去表面残留的消毒剂

二、简答题

1. 怎样判断加工经营场所的内外环境是否整洁？

2. 如何判断专间是否符合规范要求？

3. 简述厨房菜板要达到安全与卫生的目的，应该做哪些内容。

4. 列举一些餐饮服务常用消毒剂（至少 5 个）。

三、案例分析

某一大型餐馆老板向你征求一套科学有效的餐具清洁消毒办法，请你从物理方法和化学方法两个方面为他写一套科学有效的餐具清洁消毒方案。

（张英慧）

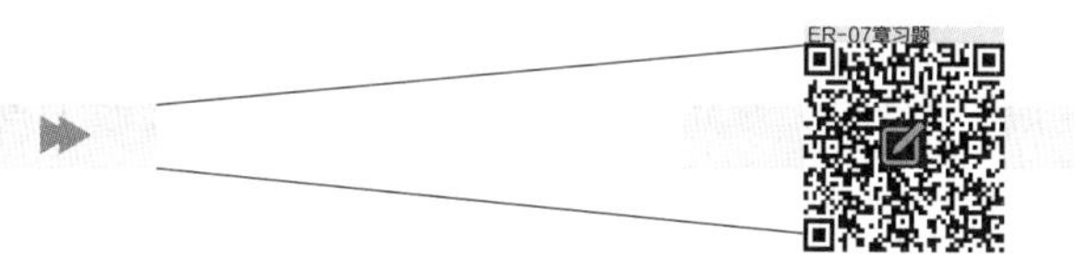

第八章

食品流通中的安全与卫生管理

导学情景

情景描述：

2012年3月31日华西都市报报道，李××在3月26日从超市购买了某品牌纯牛奶一箱，标示生产日期为20120325，常温保质期45天。但是打开包装箱后发现有部分牛奶出现涨袋、变酸现象。他饮用一袋后出现了拉肚子的症状。联系该牛奶生产公司销售负责人后表示，该批次牛奶出现此类现象可能是经销商在运输、贮存等环节处理不当所致。

学前导语：

在食品安全问题上，一直以来人们比较关心生产环节、终端零售和餐饮环节，往往忽略食品运输过程中的安全。该案例中的问题恰恰是在食品运输、贮存过程中，冷链物流配送出现了断链。本章我们将带领同学们学习食品在运输、贮存、包装等过程中的安全问题及解决方法。

第一节　食品原料、成品的运输

一、运输对食品安全的影响

食品从农田、果园、养殖场、食品生产加工车间等地通过交通工具的运输被送至家庭厨房或餐饮单位食堂。运输过程中的温度、环境及其他因素对食品安全有着决定性的作用。科学合理的运输条件，可以保障食品质量，预防食品污染。

在运输过程中，影响食品安全的主要因素有以下几点：

1. 环境温度　运输过程中，食品所处的环境温度直接影响食品质量和食品安全，尤其对于蔬菜、水果、奶类、肉类等易腐食品。研究发现，温度每升高6℃，食品中细菌生长速度就会翻一倍，货架期缩短一半。在高温季节，还要注意遮盖货物，使阳光不能直接照射在食品上。对于易腐食品应该采用冷链运输。

2. 物理损伤　在食品运输过程中，常常因为超载、粗暴装卸、不合理堆垛等原因导致食物受到撞击、挤压等物理损伤，进而出现组织破溃、腐烂等情况。尤其是对于水果、蔬菜等含水量较高、鲜嫩易腐性产品，损害尤为明显。因而在水果、蔬菜等食品的运输要严格做到不超载、轻装轻卸、合理堆垛。

3. 运输工具、包装材料的卫生状况　在食品的运输过程中，如果包装材料及车辆不符合卫生要求，存在有毒有害物质污染或微生物污染，则会导致盛装的食品发生污染现象，进而引起健康损害和经济损失。

总之，在运输过程中食品是否受到二次污染或发生腐败变质，与运输工具的卫生情况、包装材料的质量和完整情况、运输的季节与时间、路途的远近以及食品种类等因素密切相关。因此，每一环节都必须采取有效措施，防止食品在运输过程中受到二次污染。

《食品安全法》第三十三条规定“贮存、运输和装卸食品的容器、工具和设备应当安全、无害，保持清洁，防止食品污染，并符合保证食品安全所需的温度、湿度等特殊要求，不得将食品与有毒、有害物品一同贮存、运输”。运输食品时应避免日晒、雨淋。

二、食品的冷链运输

发达国家为保证生鲜食品的运输质量，采取了铁路、公路、水路多式联运的组织方式，建立了包括生产、加工、贮藏、运输、销售等在内的生鲜食品冷藏链，运输过程中全部采用冷藏车或冷藏箱，配以先进的信息技术，使易腐货物的冷藏运输率达 100%，冷藏运输质量完好率接近 100%。我国冷链尚未形成完整的体系，从起点到消费点的流通、贮存效率和效益无法得到控制和整合。因此食品冷藏运输在我国存在巨大的发展空间。

（一）食品冷链运输的定义

食品冷链运输（cold-chain transportation），是指在食品运输全过程中，无论是装卸搬运、变更运输方式、更换包装设备等环节，都使所运输食品始终保持低温状态的运输。在食品原料及成品的运输过程中保持低温可以抑制食品中微生物的增长，减缓植物性食品的呼吸作用，从而达到延长鲜活易腐货物保存时间的目的。

冷链运输方式可以是公路运输、水路运输、铁路运输、航空运输，也可以是多种运输方式组成的综合运输方式。冷链运输成本高，并包含更多的风险和不确定性。

（二）冷链运输适用食品种类

1. 鲜活食品　如蔬菜、水果；肉、禽、蛋；水产品、花卉产品等。

2. 加工食品　如速冻食品，禽、肉、水产等包装熟食，冰淇淋和奶制品，快餐原料等。

（三）冷链运输的温度

1. 冷冻运输（-22~-18℃）　提供符合标准的冷冻运输车辆运送。如速冻食品、肉类、冰淇淋等货物。

2. 冷藏运输（0~7℃）　提供符合标准的冷藏运输车辆运送。如水果、蔬菜、饮料、鲜奶制品、熟食制品、各类糕点、各种食品原料等货物。

除了冷冻和冷藏运输，巧克力、糖果等食物需要使用符合标准的保温、温控运输车辆进行恒温运输（18~22℃）。

知识链接

常见易腐食品的冷藏温度要求

易腐食品种类	冷藏温度要求	易腐食品种类	冷藏温度要求
冰淇淋	-25℃	鲜鱼、海鲜	2℃
速冻食品*	-18℃	豆制品、冷藏奶制品	4~7℃
冷鲜肉类、水产品、蛋类	-4~0℃	新鲜蔬菜、水果	1~15℃

注：*速冻食品是指速冻分割畜食肉、速冻水产品、速冻米面制品、速冻蔬菜等食品。

（四）食品冷链运输的设备要求

1. 低温运输工具性能良好 主要涉及的低温运输工具包括铁路冷藏车、冷藏汽车、冷藏船、冷藏集装箱等。冷冻或冷藏专用车、船上必须设置性能良好的冷冻或冷藏设备、保温设备，以保持规定低温。

2. 整个运输过程连续冷藏 在中、长途运输及短途配送等运输环节均保持低温状态，以控制微生物活动和呼吸作用。在运输时，应该根据货物的种类、运送季节、运送距离和运送地方确定运输方法。运输过程尽量组织“门到门”的直达运输，提高运输速度。在运输过程中，使用冷链专用箱、保冷冰袋、干冰式冷藏箱等相关设备进一步提高冷链运输效率。

3. 在装卸食品货物时应做到快装快运、轻装轻卸 为保持冷冻货物的冷藏温度，可紧密堆垛。水果、蔬菜等需要通风散热的货物，必须在货件之间保留一定的空隙，以确保货物的完好。运输过程中尽量做到平稳运输，减少因车辆颠簸造成的堆垛倒塌、货物之间挤压碰撞，降低机械损伤对食品质量的影响。

（五）常见食品冷链运输设备

1. 铁路冷藏车 一般具有较大的运输能力，适于长距离的冷藏运输。目前我国铁路冷藏运输的冷藏车包括保温车、机械冷藏车及冷板冷藏车3种。另配备隔热车和冷藏集装箱等运输设备。

2. 冷藏汽车 通常适用于短途运输。有两种形式，保温车和机械冷藏汽车。两种形式都有隔热车厢，在车厢壁的两侧包以薄钢板或铝板，板间设置有绝热材料，但前者不安装制冷装置。一般保温车常用于分配性冷库的短途运输，也有采用水冰或干冰来冷却的。机械冷藏汽车是采用制冷机冷却，它可以维持10~25℃较宽的工作温度范围。

3. 在运输过程中，冷链专用箱、保冷冰袋、干冰式冷藏箱等相关设备的使用可进一步提高冷链运输效率。

三、食品运输的组织

良好的运输组织工作，对保证食品的质量和安全十分重要。为了适应生鲜食品对运输的特殊要求，防止生鲜食品在贮存、运输过程中腐烂、变质，交通运输部门制定了相应的运输规则。2012年3月，国家发改委正式发布由中国食品协会食品物流专业委员会牵头制定的《易腐食品机动车辆冷藏运输要求》行业标准（WB/T 1046—2012），并于2012年7月1日起正式实施。该标准的实施起到了指导、规范行业，保障食品安全的重要作用。该标准从冷藏货物的运输、冷藏货物的装载、卸货及交货、冷藏车的保养及清洁等方面进行了规范和要求。例如冷藏货物应用冷藏车或带冷源的保温厢体的车辆运输。食品不得与非食品货物混装。禁止与任何危险货物同车装运。冷藏货物运输过程中，应在厢体内回风通道中放置至少一台经校准的温度记录仪。温度记录仪应能记录全部运输过程各时间点温度值。记录的时间区间不得大于 15 分钟。温度记录仪应在车辆装运货前开启并进行记录。运输过程的温度数据应保留不少于 180 天。运输业务结束后，冷藏车厢体内应进行清洗。定期或必需时，应进行消毒。清洁后厢体内应无杂物、无油污、无异味。应定期检查厢体的密封性，检查密封车门的橡胶密封条、门栓、铰链处等，保证车门与门框密封性。装卸时应轻装轻卸，防止碰撞。

点滴积累

1. 影响食品安全的运输因素：环境温度、物理损伤、运输工具、包装材料的卫生状况等。
2. 食品冷链运输的设备要求：低温运输工具性能良好；整个运输过程连续冷藏；快装快运、轻装轻卸。

第二节 食品原料、成品的贮存

无论食品原料还是半成品、成品在贮存过程中，如果方法、条件不当则可能引起各种微生物生长繁殖、成分氧化或自溶酶分解等情况，导致食品腐败变质。食品保藏是为防止食物腐败变质，延长其食用期限，使食品能长期保存所采取的加工处理措施。常用方法有低温保藏、高温保藏、脱水保藏、腌渍、烟熏保藏、化学保藏、辐照保藏、气调保藏等。这些保藏技术和方法常通过改变食品中的水分含量、氢离子浓度、渗透压，或调整保藏食品的环境温度、湿度、气体组成等措施杀灭食品中的微生物或减弱其繁殖的能力。

一、低温保藏

（一）食品冷藏、冷冻的概念

食品冷藏是指预冷（冷却）后的食品在稍高于冰点温度（0℃）中进行贮藏的方法。冷藏温度一般为 -2~15℃，而常用冷藏温度则为 4~8℃。在此保藏温度下，食品存储期一般为几天到数周。常用方法有接触式冰块冷藏法、空气冷藏法、水冷法、真空冷藏法、气调冷藏法等。

食品冷冻是指采用缓冻或速冻方法先将食品冻结，而后在能保持冻结状态的温度下贮藏食品的方法。常用冻藏温度为 -23~-12℃，而以 -18℃最为适用。贮藏食品存储期可从数日到数年。常用冷冻方式有制冷剂冻结法和机械式冷冻法。前者常用制冷剂有液氮和液体二氧化碳；后者最常用的方法有鼓风冷冻法、间接接触冻结法和浸液式冻结法。

（二）冷藏、冷冻对食品质量与食品安全的影响

1. 低温可以抑制绝大多数微生物的生长和繁殖，降低食品中酶的活力 在低温下，生长在食品中的主要细菌多数是属于革兰氏阴性的无芽孢杆菌，常见的有假单胞菌属、黄色杆菌属、产碱杆菌

属、弧菌属、变形杆菌属、色杆菌属等。酵母菌的假丝酵母属、酵母属等。真菌中的赤霉属、念珠霉属、毛霉属等也可在低温下生长。通常情况下，-10~-7℃只有少数真菌尚能生长，而所有细菌和酵母菌几乎都停止了生长。

低温可减弱食品中一切化学反应过程。一般情况下，温度每下降10℃，化学反应速度可降低一半。低温可使酶活力明显下降，当温度急剧下降到-30~-20℃时，微生物细胞内所有酶的反应几乎全部停止。

2. 冷冻工艺对食品质量的影响　一般情况下，食品在-2℃以下，即开始冻结，在-5℃左右，食品中的大部分水可冻成冰晶。冻结食品会发生食品组织瓦解、质地改变、乳化液冻坏、蛋白质变性以及其他物理化学变化等。

（1）冰晶体对食品质量的影响：根据温度下降速度不同可以把食品冷冻过程分为速冻和缓冻两种。所谓速冻，在现代冷冻工业中是指要求食品的温度在30分钟内迅速下降到-20℃左右。所谓缓冻，是将食品放在绝热的低温室中（-40~-18℃），并在静态的空气中进行冻结的方法。

知识链接

食品的冷冻过程

1. 当温度降至0℃以下，食品中含有的水分开始冻结。

2. 温度逐渐降低至-5~-1℃（自然冰晶生成带），食品中水结冰率为85%，断层形成个别冰晶核。

3. 当温度降至-12~-8℃，食品中水结冰率为90%，称为冻结带。

4. 当温度达到-18℃，结冰率大于98%，称为冷冻带；温度达到-30℃时结冰率达100%，称为冷冻保存带。

一般来说，速冻食品的质量高于缓冻食品。如果冷冻时间缓慢，在自然冰晶生成温度带-5~-1℃停留时间长，冰晶核将从其周围食品成分中不断吸引水分，以至自身不断增大，其中生成的冰晶少，体积大，细胞与组织结构必将受到体积增大的冰晶压迫而发生机械损伤以至破溃。所以在食品冷冻工艺中，应该加速降温过程，以最短时间通过冰晶生成带，使冰晶体颗粒较小，避免造成食品细胞损伤，局部脱水，成分浓缩，pH值改变而影响食品质量。

冷冻食品的解冻过程，对食品质量也有明显的影响。食品冻结后体积膨胀率可达9%，其中包含气体膨胀率更大。急速升温解冻食品时，食品内发生突然变化，融化解冻出来的水来不及被食品细胞所吸收回至原处，因而自由水增多，汁液流动外泄而降低食品质量。相反，如食品解冻温度缓慢上升，则这些现象可避免，可使冷冻的食品基本上得以恢复冻结前的新鲜状态。所以溶解时以温度不高、缓慢融化为宜。为保障冷冻食品品质，常以“急速冻结，缓慢化冻”为原则。

目前微波加热解冻食品的方法已开始普遍使用，它能将冻制的预煮食品同时解冻和煮熟。微波加热时，热量不是从外部传入，而是在食品外部和内部同时产生，因而解冻后的食品仍能保持同样的结构和原有的形状。

（2）食品中蛋白质的冻结变性：食品中蛋白质在低温冻结时，因水流动和高分子的水化状态发生变化而变性。食品冻结速度越慢，最后达到的温度越低，蛋白质变性越严重。

（三）冷藏、冷冻工艺的安全卫生要求

1. 食品冷冻前，应尽量保持新鲜，减少污染。

2. 用水或冰制冷时，要保证水和人造冰的卫生质量相当于饮用水的水平；采用天然冰时，更应注意冻冰水源及其周围污染情况。

3. 防止制冷剂外溢。

4. 冷藏车、船要注意防鼠和出现异味。

5. 防止冻藏食品的干缩。

6. 对不耐保藏的食品，从生产到销售，应一直处于适宜的低温下，即保持冷链。

二、高温杀菌保藏

（一）基本原理

在高温作用下，微生物体内的酶、脂质体和细胞膜被破坏，原生质构造中呈现不均一状态，以致蛋白质凝固，细胞内一切代谢反应停止。因此经高温处理后的食品，结合密封、真空等方法可以实现更长期保藏。

（二）常用高温杀菌保藏方法

1. 巴氏杀菌法　巴氏杀菌热处理程度比较低，一般在低于水沸点温度下进行加热，加热的介质为热水，由法国微生物学家巴斯德发明。是一种利用较低的温度既可杀灭其中的致病性细菌和绝大多数非致病性细菌，又能保持食品中营养物质风味不变的消毒方法。常用于牛奶、啤酒、果酒（葡萄酒）和果汁等食物的杀菌。

在一定温度范围内，温度越低，细菌繁殖越慢；温度越高，繁殖越快（一般微生物生长的适宜温度为 28~37℃）。但温度太高，细菌就会死亡。不同的细菌有不同的最适生长温度和耐热、耐冷能力。巴氏消毒其实就是利用病原体不是很耐热的特点，用适当的温度和保温时间处理，将其全部杀灭。

国际上通用的巴氏高温消毒法主要有两种。一种是低温长时间消毒法（LTLT）：将食品加热到 62~65℃，保持 30 分钟。采用这一方法，可杀死牛奶中各种生长型致病菌，灭菌效率可达 97.3%~99.9%。第二种方法是高温短时间消毒法（HTST）：将食品加热到 75~90℃，保温 15~16 秒，其杀菌时间更短，工作效率更高。

2. 高压蒸汽灭菌法　在高压蒸汽锅中用 110~121.3℃的温度，在 103.4kPa（1.05kg/cm^2）蒸汽压下，用大约 20 分钟的时间处理食品，使繁殖型和芽孢型细菌被杀灭，达到长期贮藏食品的目的。罐头食品是高温灭菌的一种典型形式。高温灭菌法会破坏维生素等营养成分，对食品的感官质量也有一定影响。

3. 超高温灭菌法（UHT）　用 135~140℃加热食品 4~10 秒，这种方法能杀灭大量的细菌，并且能使耐高温的嗜热芽孢杆菌的芽孢也被杀灭，但又不至于影响食品质量。例如，用 UHT 法处理（137.8℃、2 秒）的鲜奶可无须在 10℃以下冷藏保存，保质期可达 1~6 个月，又称为常温奶。

4. 一般煮沸杀菌法　采用一般煮沸法时，如温度为 100℃煮沸 5 分钟，则无芽孢细菌的细胞质便开始凝固，细菌死亡。如 100℃煮沸 10 分钟，可完全杀菌，但带芽孢的细菌不会死亡。一般煮沸法适用于各种食品。

5. 微波加热杀菌　微波是一种波长短（1mm~1m）频率高（300MHz~300GHz）、有量子特性的高频电磁波。微波加热是一种依靠物体吸收微波能将其转换成热能，使自身整体同时升温的加热方式。国际上对食品工业使用的微波频率规定 915MHz 和 2 450MHz 两个频率。在微波加热过程中，通过热效应和生物学效应使食品中微生物蛋白产生变性、菌体死亡。

微波加热的优点是快速、节省能源、杀菌效果高、营养素损失少。

（三）高温工艺对食品质量的影响

采用高温杀菌保藏方法对食品原料、半成品及成品进行处理时，常对食品本身质量产生以下影响。

1. 食品中蛋白质发生化学反应　高温作用下蛋白质分子四级结构改变，空间构象被破坏，肽链散开，酶等特殊蛋白质失去生理功能，氮溶解指数下降，保水性下降，易受消化酶作用而有利于在体内消化吸收等。不同温度下食物中蛋白质变化不同。温度过高（例如 190℃以上）的煎、烙食物中，可能有诱变性杂环胺产生。

2. 油脂氧化变质　经 160℃以上温度尤其是达到 250℃加热时，油脂将产生过氧化物、低分子分解产物、脂肪酸的二聚体和多聚体、碳基和环氧基等，以致油脂变色、黏度上升、脂肪酸氧化，产生一定毒性。

3. 食品中碳水化合物发生多种变化　食品在高温过程中可能发生淀粉的 α 化（糊化）、老化、食品非酶褐变（美拉德反应）。

三、腌渍、烟熏保藏

（一）食品腌渍保藏与食品安全

1. 基本原理　腌渍保藏是一种常见的食品贮藏技术，利用食盐或食糖腌渍食物，使其渗入食品组织内，提高渗透压，降低食品游离水分，借以有选择地控制微生物的活动和发酵，抑制腐败菌的生长，防止食品腐败变质。腌渍保藏制品称为腌渍食品。在我国有关酱腌菜的记载可以追溯到商周时期。在其他国家，腌制咸菜的历史可以追溯到罗马帝国时期。

2. 常见的腌渍保藏法

（1）酸渍法：利用醋酸等食用酸贮藏食品。醋酸浓度为 1.7%~2.0% 时，其 pH 值为 2.3~2.5，该 pH 值可抑制许多腐败菌的生长。醋酸浓度为 5%~6% 时，许多不含芽孢的腐败细菌死亡。醋酸抑制细菌力强，且对人体无害。醋渍黄瓜、糖醋蒜等我国常见的酸渍食品均是采用此法腌渍。

（2）酸发酵法：利用发酵产酸的微生物，使其在食品中发酵产酸，提高食品的酸度，从而贮藏食品。在酸发酵中，最常用的是乳酸菌。我国民间喜食的泡菜就是利用乳酸菌发酵的。乳酸菌一般厌氧，故在制作泡菜时，应当防止空气进入。

（3）盐腌：当食盐量达到食品的 15%~20% 时，大多数腐败菌与致病菌都较难生长。常见的盐腌食品有腌鱼、腌菜、腌肉、咸蛋等。

（4）糖渍：加糖量大约为食品总重量的 50%，甚至 60% 或更高些时，能抑制肉毒杆菌的生长，如要制止其他腐败菌及真菌生长，糖的浓度需达到 70%。蜜饯、果脯是常见的糖渍食品。

3. 食品腌渍贮藏的安全性　正常腌制的产品，因盐度、酸度较高，一般不适宜肠道致病菌生长。

如果腌渍过程中条件控制不当，或贮存、运输、销售过程中不注意卫生，均可招致微生物污染，导致大量有害微生物生长繁殖，如大肠埃希菌、丁酸杆菌、真菌、酵母菌等，造成腌制产品质量下降，变酸甚至败坏。某些酵母菌能耐很高的渗透压，并能在食糖浓度很高的食品中生长繁殖，此种嗜渗透压性酵母菌可使蜂蜜、果酱和一些糖果变质。在缺氧条件下，真菌和酵母菌均不易生长繁殖，故蜂蜜、果酱等应装瓶密封，隔绝空气。

（二）食品的烟熏保藏与食品安全

1. 基本原理　食品的烟熏保藏是指利用木材不完全燃烧时产生的熏烟及其干燥、加热等作用，使食品具有较长时间的贮藏性，并使之具有特殊的风味与色泽的食品保藏方法。烟熏是最古老的食品贮藏和加工方法，起源于史前时期。烟熏食品以动物性食品为主，主要有鱼类、贝类、肉类与肉制品、禽类、蛋品（如熏蛋）、乳品（干酪）、罐头食品（如罐头香肠与火腿）以及某些豆制品（如熏豆干）等。

熏制过程中，熏烟中各种脂肪族和芳香族化合物如醇、醛、酮、酚、酸类等凝结沉积在制品表面和渗入近表面的内层，从而使熏制品形成特有的色泽、香味且具有一定保藏性。熏烟中的酚类和醛类是熏制品特有香味的主要成分。渗入皮下脂肪的酚类可以防止脂肪氧化。

2. 烟熏方法　烟熏制品的基本加工过程为：原料经预处理后腌制，经除盐、清洗、晾干后放入烟熏室进行烟熏，烟熏后经后处理即得成品。

烟熏的方法有冷熏法、温熏法、热熏法、电熏法和液熏法。

（1）冷熏法：以贮藏为目的。低温（15~30℃，常在22℃以下）、长时间（1~3周）烟熏处理。

（2）温熏法：以调味为目的。时间较短（2~12小时），温度一般为50~80℃（有时高达90℃）。

（3）热熏法：烟熏温度高（120~140℃）、时间短（2~4小时）。成品的水分含量高，贮藏性差，通常需立即食用。

（4）电熏法：将导线装设于烟熏室中，施以1万~2万V高电压，以产生电晕放电。比温熏法节省1/2的时间，成品的贮藏性也好。

（5）液熏法：液烟可通过沉降、吸附以及过滤，去除多环烃类等悬浮颗粒，从而消除致癌物质。

3. 熏制食品的安全性

（1）抑菌杀菌作用：在烟熏前的腌制过程中所使用的食盐与发色剂（硝酸盐或亚硝酸盐），熏制过程中产生的酚类、醛类和酸类，均对微生物的生长具有抑制作用。在使用温熏法与热熏法时，加热作用也具有杀菌效果。

（2）熏制品中的有害成分：硬木不完全燃烧会产生多种烃的热解产物，如苯并芘和二苯并蒽等多环烃类，这类物质多有害或有毒。

（3）控制熏制品中有害物质的方法：尽量避免食品与火焰、燃料或烟气的直接接触是最有效、最直接的方法。如肠衣隔离保护法、外室生烟法、液态烟熏法等。

四、化学保藏

1. 基本原理　化学保藏就是在食品中添加化学防腐剂和抗氧化剂来抑制微生物的生长和推迟化学反应的发生，从而提高食品的耐藏性，尽可能保持原有品质的一种保藏方法，用于防止食品腐败变质和延长保质期。

食品化学保藏的优点：能在室温条件下延缓食品的腐败变质；简便又经济。

食品化学保藏的缺点：仅在有限时间内保持食品原来的品质状态，属于暂时性的贮藏。防腐剂用量越大，延缓腐败变质的时间也越长，然而，同时也有可能为食品带来明显的异味及其他卫生安全问题。

2. 食品化学保藏的安全性　在生产和选用化学保藏剂时，首先要求保藏剂必须符合食品添加剂的卫生安全性规定，并严格按照食品安全标准规定控制其用量，以保证食用者的身体健康。

我国规定，食品中加有化学保藏剂等添加剂时应向消费者说明，如在商标纸或说明上标明所用的食品添加剂种类。在使用食品保藏剂时应达到以下几点要求。

（1）食品保藏剂本身应对人体无毒害或在加工中和食用前极易从食品中清除掉。

（2）少量使用时就能达到防止腐败变质或改善食品品质的要求。

（3）不会引起食品发生不可逆性的化学变化，并且不会使食品出现异味，但允许改善风味。

（4）不会与生产设备及容器等发生化学反应。

（5）不允许将食品保藏剂用来掩盖因食品生产和贮运过程中采用错误的生产技术所产生的后果。

（6）不允许使用食品保藏剂后导致大量损耗食品内营养素。

五、辐照保藏

1. 基本原理　食品辐照保藏是将一定剂量的放射线用于食品灭菌、杀虫、抑制发芽，或用于促进成熟和改善食品品质，以延长食品的保藏期的方法。辐照保藏食品工艺简单，食品在辐照过程中仅有轻微的升温，称为“冷加工”。

目前，加工和实验用的辐照源有 ^{60}Co（^{60}钴）和 ^{137}Cs（^{137}铯）产生的 γ 射线及电子加速器产生的低于 10MeV（兆电子伏）的电子束。辐照可杀死寄生在产品表面的病原微生物和寄生虫，也可杀死内部的病原微生物和害虫，并抑制其生理活动，从根本上消除了产品霉烂变质的根源，达到保证产品质量和食品安全的目的。如辐照后的粮食 3 年内不会生虫、霉变；土豆和洋葱经过辐照后能延长保存期 6~12 个月；肉禽类食品经辐照处理，可全部消灭霉菌、大肠埃希菌等病菌。

知识链接

辐照剂量和辐照目的

根据目的和食品类别不同，辐照剂量各不相同。辐照所用剂量以被辐照物吸收的能量表示。1980 年以后国际上统一规定 1kg 被辐照物吸收辐照能 1J（焦）称为 1Gy（戈瑞）。国际原子能机构统一规定如下。

辐照防腐：剂量在 5kGy 以下，杀死部分腐败菌，延长保存期。

辐照消毒：剂量在 5~10kGy，消除无芽孢致病菌。

辐照灭菌：剂量达 10~50kGy，杀灭食品中的一切微生物。

2. 辐照食品的种类　受照射处理的食品称为辐照食品。目前我国辐照食品种类已达七大类 56 个品种，主要有谷物、豆类及其制品辐照杀虫；干果、果脯类辐照杀虫杀菌；熟畜禽肉类食品辐照保鲜；冷冻包装畜禽肉类辐照保鲜；脱水蔬菜、调味品、香辛料类和茶的辐照杀菌；水果、蔬菜类辐照保鲜；鱼、贝类水产品类辐照杀菌。

辐照技术也可应用于在其他方面：患者食品、航天食品、野营食品的杀菌；食品包装容器的杀菌；动物饲料杀菌。

3. 辐照食品的安全性　现阶段研究认为合理剂量内的辐照食品安全性可以得到保证。20 世纪 80 年代，联合国粮农组织、世界卫生组织、国际原子能机构组织的辐射食品卫生安全联合专家委员会认定，在 10kGy 剂量以内辐射任何食品，大量卫生安全实验证明，辐射后的食品安全可供食用，不会引起营养和微生物方面的问题。1983 年，FAO 与 WHO 的食品法典委员会（CAC）正式颁发了《辐照食品通用法规》，为各国辐照食品卫生法规的制定提供了依据。

然而，有关辐照食品安全性的进一步研究，如微生物安全问题或食品营养成分破坏问题，仍是食品安全和公共卫生方面不可忽视的问题。

4. 辐照食品技术标准　因为辐照食品的特殊性，我国对辐照食品技术一直有严格规范和标准。早在 1986 年、1996 年、2001 年分别出台了《辐照食品卫生管理规定（暂行）》、《辐照食品卫生管理办法》、《食品辐照通用技术要求》（GB/T 18524—2001），对“辐照源、辐照装置、工艺剂量、剂量测量、辐照管理以及辐照后要求”进行了明确规范，并发布了多个产品辐照工艺国家标准。另外，我国强制性国家标准《预包装食品标签通则》（GB 7718—2011）中也明确要求，经电离辐射线或电离能量处理过的食品，应在食品名称附近标明“辐照食品”。经电离辐射线或电离能量处理过的任何配料，应在配料表中标明。

六、脱水、干燥保藏

1. 基本原理　食品的脱水干燥保藏，是一种传统的保藏方法。其原理是通过降低食品的含水量达到抑制微生物生长的目的。各种微生物要求的最低水分活度值（A_w）是不同的。细菌、霉菌和酵母菌三大类微生物中，一般细菌要求的最低 A_w 较高，为 0.94~0.99；霉菌要求的最低 A_w 为 0.73~0.94，酵母菌要求的最低 A_w 为 0.88~0.94。通常情况下，A_w 值低于 0.6 时，一般微生物均不易生长繁殖。

2. 食品干燥、脱水方法　主要包括日晒、阴干、喷雾干燥、减压蒸发和冷冻干燥等。通常把含水量在 15% 以下或 A_w 值在 0~0.60 之间的食品称为干燥食品；把含水量在 25%~50% 之间或 A_w 值在 0.60~0.85 之间的食品称为半干燥食品。

脱水食品应加以密封，或以惰性气体填充包装，或将食品压紧，减少与空气的接触。并存放在阴凉干燥处。

冷冻干燥是目前常用的食品保藏方法之一，又称真空冷冻干燥、冷冻升华干燥、分子干燥等。这种方法保持了食品原有的物理、化学、生物学以及感官性质，可长期贮藏。

与其他方法相比，冷冻干燥法有以下特点：①能够较好地保留食品的色、香、味、形。②食物表面无硬化的现象。③便于贮藏、携带和运输。例如军需食品、登山食品、宇航食品、旅游食品以及婴儿食品等均可以采用冷冻干燥保藏法进行贮藏。

七、气调保藏

气调保藏是指在冷藏的基础上，调整环境气体的组成以延长食品寿命和货架寿命的方法。该技术最早用于果蔬保鲜，如今已经发展到肉、禽、鱼、焙烤食品及其他方便食品的保鲜领域。

与冷藏相比，气调贮藏所需的贮藏库投资和管理费较高，但由于具有贮藏时间长、保鲜效果好、贮藏损耗低、货架期长、无须化学药物进行防腐处理等优点，能够保证果蔬长期贮藏的品质，该技术得到了迅速发展和广泛应用。

1. 基本原理　通常情况下，空气中的气体成分及体积比为：氧气（20.93%），氮气（78.03%），二氧化碳（0.03%），稀有气体（0.98%），其他（0.03%）。气调保藏法就是在一定的封闭体系内，通过各种调节方式得到不同于正常大气组成的调节气体，以此来抑制食品本身引起腐败变质的生理生化过程或抑制作用于食品的微生物活动过程，进而达到延长食物贮藏期限的目的。

例如在果蔬保鲜时，降低环境气体的氧气浓度，提高二氧化碳浓度，并配合适当的温度和湿度条件，能够抑制果蔬的生理活动和微生物的作用，延长果蔬的贮藏期限。

2. 常见气调贮藏方法

（1）自发气调贮藏：其原理是将新鲜果蔬放入塑料薄膜贮藏袋中，利用果蔬自身的呼吸作用降低环境气体中的 O_2 浓度，同时提高 CO_2 浓度。

特点：方法较简单，但所需的时间较长，O_2 和 CO_2 浓度不稳定，贮藏效果不如人工气调贮藏。

（2）人工气调贮藏：其原理是根据果蔬的需要，调节和控制贮藏环境气体中各气体成分的浓度。

特点：由于 O_2 和 CO_2 的比例可以严格控制，自发气调贮藏效果好。但投资和运行费用较高。

（3）O_2、CO_2 和温度的配合气调贮藏：是在一定温度条件下进行的。在控制空气中 O_2 和 CO_2 含量的同时，还要控制贮藏温度，并且使三者得到适当的配合，以取得最佳保藏效果。不同的贮藏产品都有各自最佳的贮藏条件组合。

点滴积累

1. 食品保藏是为防止食物腐败变质，延长其食用期限，使食品能长期保存所采取的食品保藏加工处理措施。
2. 食品保藏的常见方法：低温保藏、高温杀菌保藏、腌渍、烟熏保藏、化学保藏、辐照保藏、脱水与干燥保藏、气调保藏。
3. 为保障冷冻食品品质，常以“急速冻结，缓慢化冻”为原则。冰晶体形成温度带：-5~-1℃。

第三节　食品原料、成品的包装

食品在生产、流通过程中，常常需要被包装。食品包装就像是食品的防护服，对于保护食品、方便流通、预防污染、延长保质期具有重要作用。食品包装是指在流通过程中保护食品，方便储运，促进销售，按一定技术方法而采用的容器、材料及辅助物等的总称。

食品在生产加工、贮藏运输、销售以及被消费的过程中，不可避免地要接触到各种容器和包装材料，因此食品包装的材料和工艺将对食品质量和食品安全产生直接或间接的影响。某些不达标食品包装中的有毒、有害物质往往会迁移或溶入到食品中造成污染，危害人体健康，甚至危及生命安全。目前我国现行有效的食品接触材料安全标准（国家标准和行业标准）已有250余项。

一、食品包装材料的分类

在食品的生产和流通领域内，按食品包装的功能可分为保鲜包装、防腐包装、销售包装、运输包装、方便包装、专用包装及展示包装等。按包装材料的种类可分为纸与纸板、塑料、金属（镀锡薄板、铝、不锈钢）、玻璃、橡胶、复合材料、化学纤维以及木、麻、布、草、竹等其他材料。目前最常用的食品包装材料有纸、塑料、金属、玻璃、陶瓷等。

二、食品包装的作用

1. 保护食品和延长食品的保存期

（1）保护食品的外观质量，产生一定的经济效益：食品在整个流通过程中，要经过搬运、装卸、运输和储藏，易造成食品外观质量的损伤。食品经过内、外包装后，就能很好地保护食品，以免造成损坏。

（2）延长食品的保存期：在食品的生产流通过程中，采用无菌包装、防潮包装、真空包装等各种包装技术，可以防止因细菌、霉菌、酵母等微生物繁殖导致的食品腐败变质，或者防止因受潮、受日光和灯光直接照射而发生变味、氧化、变色等现象，有效地延长包装食品的保存期。

2. 方便食品储运流通　有些食品包装，如瓶装酒类、饮料、罐装罐头、袋装奶粉等食品的包装采用的瓶、罐、袋等既是包装容器，也是食品流通和销售的移动工具，极大地方便了食品流通。某些地方风味食品，经过包装后进行流通，促进了各地风味食品进行交流，增加了人们的日常食品种类。

3. 促进食品销售　食品包装上印制食品标签，对食品进行说明和介绍。设计精美、卫生安全的食品包装也能起到宣传与营销的作用，常常成为食品销售展示的亮点，鼓励潜在买家购买食品。

知识链接

保质期和保存期的区别

食品的保质期：即最佳食用期，预包装食品在标签指明的贮存条件下，保持品质的期限。在此期限内，产品完全适于销售，并保持标签中不必说明或已经说明的特有品质。超过此期限，在一定时间内，预包装食品可能仍然可以食用。

食品的保存期：推荐的最后食用日期，预包装食品在标签指明的贮存条件下，预计的终止食用日期。在此日期之后，预包装食品可能不再具有消费者所期望的品质特性，不宜再食用，更不能出售。

对同一产品，其保存期应当长于保质期。另外，对超过保质期的产品，并不一定意味着产品质量绝对不能保证了；只能说，超过保质期的产品，其质量不能保证达到原产品标准或明示的质量条件。

2007年国家质量监督检验检疫总局颁布的《食品标识管理规定》要求，食品标识应当清晰地标注食品的生产日期和保质期。同时规定乙醇含量10%以上（含10%）的饮料酒、食醋、食用盐、固态食糖类四类食物可以免标注保质期。

三、食品包装的卫生安全要求

（一）食品包装的共性卫生要求

由于包装材料直接和食品接触，因此对于食品包装材料安全性的基本要求是：不能向食品中释放有害物质，不得与食品中的成分发生反应。

2016年我国发布了食品安全国家标准《食品接触材料及制品通用安全要求》（GB 4806.1—2016）等53项与食品包装材料相关的食品安全国家标准，并从2017年10月19日开始实施。目前，我国已经形成了食品容器、包装材料安全监督管理的基本法律框架和标准体系，涉及原辅材料和添加剂、配方、生产工艺、新品种审批、抽样及检验、运输、销售以及监督管理的各个环节。

对于食品包装材料的具体要求如下。

1. 食品包装材料所用的原辅材料、添加剂以及成品必须符合食品安全国家标准，并经检验合格后方可出厂或销售。

2. 根据《食品相关产品新品种行政许可管理规定》，利用新原料、新添加剂生产接触食品包装材料新产品，在投产之前必须提供产品卫生评价所需的资料（包括配方、检验方法、毒理学安全评价、卫生标准等）和样品，按照规定的食品卫生标准审批程序报请审批，经审查同意后，方可投产。

3. 食品包装材料在生产过程中必须严格执行生产工艺，建立健全的产品卫生质量检验制度，并建立产品追溯体系。产品必须有清晰完整的生产厂名、厂址、批号、生产日期的标识和产品卫生质量合格证。食品容器包装材料设备在生产、运输、贮存过程中，应防止有毒、有害化学品的污染。

4. 销售单位在采购时，要索取检验合格证或检验证书，凡不符合卫生标准的产品不得销售。食品生产经营者不得使用不符合标准的食品容器包装材料设备。

5. 食品接触材料及制品终产品上应注明“食品接触用”“食品包装用”或类似用语，或加印、加贴调羹筷子标志，有明确食品接触用途的产品（如筷子、炒锅等）除外。有特殊使用要求的产品应注明使用方法、注意事项、用途、使用环境、温度等。该标识应优先标示在产品或产品标签上，标签应位于产品最小销售包装的醒目处。

6. 食品卫生监督机构对食品包装材料的生产、经营与使用单位应加强经常性卫生监督，根据需要采取样品进行有毒物质迁移情况的检验。对于违反管理办法者，应根据《食品安全法》的有关规定追究法律责任。

（二）几种主要食品包装材料的卫生要求

1. 食品包装用纸　纸是一种最古老、最传统的包装材料，制作简便，价格便宜，被认为是目前使用最广泛的绿色包装材料，在食品包装中占有相当重要的地位。在生活中见到的包装糖果、蛋糕、水果、肉类等食品所用的牛皮纸、蜡纸、耐湿纸、玻璃纸、复合纸、瓦楞纸板、纸袋等材料均属于纸包装材料。

在我国，纸包装材料占总包装材料总量40%左右。造成食品纸包装材料安全性问题的主要原因是：①造纸原辅料存在农药残留、重金属污染或霉变。②在造纸过程中添加的防渗剂、填料、漂白剂、染色剂等化学物质，在直接接触食品时迁移到食品中。③印刷油墨、颜料、染料等大多含甲苯、二甲苯、重金属（铅、镉、汞、铬等）、苯胺或稠环化合物等物质。④纸包装在贮存、运输时表面受到灰尘、杂质及微生物污染，也会对食品安全造成影响。

为防止包装用纸造成食品污染，应该在生产和使用过程中达到以下要求：

（1）用于食品包装用纸生产的各种原料应该保证无毒、无害、无污染、无残留。

（2）禁止添加荧光增白剂。

（3）油墨、颜料的印刷面不能与食品直接接触。

（4）不得使用工业级石蜡生产蜡纸。

（5）采用印花玻璃纸包装糖果时应该使用糯米纸作为内衬。

（6）应该专机生产食品用纸，不与非食品用纸混合生产，防止交叉污染。

（7）不得使用回收再生料生产食品包装纸。

2. 塑料包装材料　塑料是一种高分子材料，以高分子树脂单体为基础，加入适量的增塑剂、稳定剂、抗氧化剂等助剂，在一定的条件下聚合而成的。由于其重量轻、易加工、性质稳定、装饰效果好等优点被广泛用于包装工业。

根据受热后的性能变化，分为热塑性塑料和热固性塑料两类。热塑性塑料有聚乙烯（PE）、聚丙烯（PP）、聚苯乙烯（PS）、聚氯乙烯（PVC）、聚碳酸酯（PC）、聚对苯二甲酸乙二醇酯（PET）、聚酰胺（尼龙）等，受热软化，可反复塑制。热固性塑料有三聚氰胺甲醛（MF）塑料、酚醛塑料、氨基塑料等，成型后受热不能软化，不能反复塑制。

塑料包装材料的安全性问题主要有：塑料表面易带电，常造成包装材料表面灰尘污染；塑料包装材料的有毒单体、有毒添加剂残留、低聚物残留并迁入食品造成污染；回收再生塑料不符合卫生要求导致食品污染。

为预防塑料包装材料对食品安全产生影响，在其生产和使用中应该符合以下要求：

（1）禁止使用有毒单体、有毒添加剂生产塑料，防止其从塑料向食品迁移。

（2）回收再生品塑料不能再用于制作食品包装材料。

（3）酚醛树脂不得用于制作直接接触食品的包装材料和食具、容器等。

（4）根据食品生产加工过程和销售流通环节的不同要求选用不同特性的塑料包装。具体情况见表8-1。

表8-1　不同材质塑料特性及适用范围

塑料类型	缩写	特性	适用范围	不适宜范围
低密度聚乙烯	LDPE	质地柔软，易溶于油脂，不耐热，耐酸碱，可燃烧并有石蜡燃烧时气味	保鲜膜、塑料膜、食具	盛装食用油、冷饮软包装
高密度聚乙烯	HDPE	质地硬，可耐110℃高温，耐酸碱，可燃烧并有石蜡燃烧时气味	吸管、菜板、啤酒桶	水杯
聚丙烯	PP	防潮性好，耐热性、耐油性、透明性和印刷适应性均比聚乙烯好。易老化，加工性差、透气性差	薄膜、食品瓶的螺纹盖、啤酒桶、保鲜盒、果汁饮料瓶、豆浆瓶、微波炉餐盒	—
聚苯乙烯	PS	无色透明、质轻、无弹性、吸水性差、不耐油、不耐酸碱	糖果盒、小餐具、保鲜膜	一次性方便饭盒

续表

塑料类型	缩写	特性	适用范围	不适宜范围
聚氯乙烯	PVC	防潮性好、耐油性好、加工性好、透气性差，不耐高温	碳酸饮料瓶、矿泉水瓶、食用油桶、快餐盒、糕点盒、包装鲜肉和果蔬的薄膜	热饮
聚碳酸酯	PC	无味、耐油性好	食品模具、太空杯	盛装高浓度乙醇溶液、婴儿奶瓶
聚对苯二甲酸乙二醇酯	PET	耐油、耐热、透明、气体密闭性好	复合薄膜、饮料瓶、油瓶、调味品瓶	热饮
三聚氰胺甲醛塑料	MF	质硬、耐磨、耐热、耐醇、耐污染、色泽美观	各种颜色的仿瓷食具或容器	—
不饱和聚酯树脂及其玻璃钢		成型方便、耐寒、质轻、抗冲击	盛装肉类、水产品、蔬菜、饮料及酒类等食品的贮槽，盛装饮用水的水槽，酒和调味品的发酵罐	—
聚酰胺（尼龙）		耐磨、耐热、耐寒、强韧、耐酸性差	复合食品包装袋的薄膜、过滤网、食品加工机械	—

（5）生产食品包装塑料及其原材料的单位，必须经食品卫生监督机构认可后方能生产，并且不能同时生产有毒化学物质。

课堂活动

请同学们观察一下自己所用的塑料水杯上是否有材质标识？分别代表什么含义？请讨论该材质的特点和适用范围。

3. 金属包装材料　食品的金属包装主要是以铁、铝或铜等金属为原材料经加工制成各种形式的容器来包装食品。常用的金属材料按材质主要分为两类：一类为钢基包装材料，包括镀锡薄钢板（马口铁）、镀铬薄钢板、涂料板、镀锌板、不锈钢板等；另一类为铝质包装材料，包括铝合金薄板、铝箔、铝丝等。

（1）金属包装材料的优点：①阻隔性能强，金属可阻隔气、水、油、光等的透过。②机械性能优良，抗拉、抗压，适宜机械化、自动化操作。③容器成型加工工艺性好，易塑性变形，生产效率高。④耐高低温性、导热性及耐热冲击性良好。⑤表面装饰性好，有光泽，可表面彩印。⑥包装废弃物较易回收处理，减少污染、节约资源、利于环保。

（2）金属作为食品包装材料的缺点：①化学稳定性差、不耐酸碱腐蚀，一般需在金属包装容器内壁施涂涂料。②价格相对较贵，但会随着生产技术的进步和大规模化生产而得以改善。

（3）食品金属包装材料的安全性问题：①马口铁制品内壁镀锡层里的铅、硒等金属溶出迁移入食品；某些罐头含有的高硫内容物与管壁接触可产生黑色金属硫化物。②目前使用的大部分铝制品纯度较高，有害杂质较少，但是某些回收铝中锌、镉和砷等杂质难以控制，容易造成食品污染。

各种金属包装材料的制作及使用应符合食品安全国家标准《食品接触用金属材料及制品》（GB 4806.9—2016）。

4. 其他食品包装材料

（1）玻璃制品：玻璃制品原料为二氧化硅，毒性小，但应注意原料的纯度，较突出的卫生问题是铅的溶出。

（2）陶瓷或搪瓷：二者都是以釉药涂于素烧胎（陶瓷）或金属坯（搪瓷）上经 800~900℃高温炉搪结而成。其卫生问题主要是由釉彩而引起，釉的彩色大多数为无机金属颜料，如硫镉、氧化铬、硝酸锰。釉上彩及彩粉中的有害金属铅、镉、锑等易于移入食品中，而釉下彩则不宜移入。

点滴积累

1. 常用食品包装材料：纸、塑料、金属（镀锡薄板、铝、不锈钢）、玻璃、橡胶、复合材料、化学纤维以及木、麻、布、草、竹等。
2. 食品包装的作用：保护食品和延长食品的保存期、方便食品储运流通、促进食品销售。
3. 食品包装的卫生基本要求是：不能向食品中释放有害物质，不得与食品中的成分发生反应。

目标检测

一、选择题

（一）单项选择题

1. 食品的冷链运输温度正确的是（　　）

A. 速冻食品，-15℃　　B. 新鲜蔬菜，-10℃　　C. 海鲜，-20℃

D. 豆腐，4~7℃　　E. 鸡蛋，7~10℃

2. 食物的自然冰晶生成带为（　　）

A. -20~-15℃　　B. -15~-10℃　　C. -10~-5℃

D. -5~-1℃　　E. -1~0℃

3. 高温短时间巴氏杀菌消毒法所用温度正确的是（　　）

A. 62~65℃　　B. 75~90℃　　C. 50~60℃

D. 65~75℃　　E. 100~121℃

4. 市场上销售的常温奶通过（　　）方式消毒的牛奶

A. 低温长时间巴氏消毒法　　B. 高温短时间巴氏消毒法

C. 超高温瞬时灭菌法　　D. 高压蒸汽灭菌法

E. 一般煮沸消毒法

5. 生活中常见的泡菜采用了（　　）保藏方法

A. 低温保藏法　　B. 高温保藏法　　C. 烟熏保藏法

D. 化学保藏法　　E. 酸发酵法

6. 干燥食品是指食品的水分活度（A_w）在（　　）

A. 0.60 以下　　B. 0.65 以下　　C. 0.70 以下

D. 0.75 以下　　E. 0.80 以下

7. 下列塑料材质不适宜制作食具的是（　　）

A. PE　　B. PC　　C. PP

D. MF　　　　　　　　E. 酚醛树脂

（二）多项选择题

1. 在运输过程中影响食品质量及安全的因素有（　　）

A. 物理损伤　　　　B. 环境温度　　　　C. 运输工具卫生状况

D. 运输季节与时间　　　　E. 包装材料的完整性

2. 在易腐食品的冷藏运输过程中，下列做法错误的是（　　）

A. 食品可以与非食品货物混装

B. 车辆厢体回风通道中至少放置一台经校准的温度记录仪

C. 每小时记录一次车辆厢体内温度

D. 运输工具必须清洁、干燥、无异味

E. 应定期检查厢体的密封性

3. 减少熏制品中有害物质污染的方法正确的是（　　）

A. 采用肠衣隔离保护法　　　　B. 采用冷熏法

C. 采用液熏法　　　　D. 采用外室生烟法

E. 采用温熏法

二、简答题

1. 为保障冷冻食品的品质，常常要遵守“急速冻结，缓慢化冻”原则，为什么？

2. 真空冷冻干燥法保藏食品有何优点？

3. 对于食品包装材料有哪些具体卫生要求？

4. 用于食品的常见塑料包装材料有哪些材质？请说出各自的特性和适用范围。

（杨艳旭）

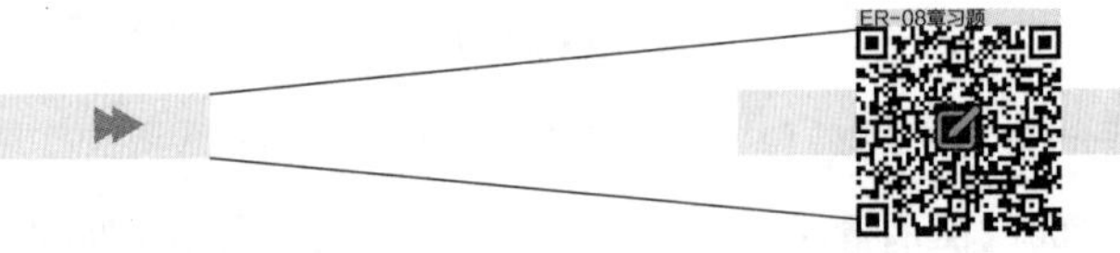

实训9　食品中*N*-亚硝胺类化合物的测定（气相色谱-质谱法）

【实训目的和要求】

了解气相色谱-质谱联用法对食品中*N*-亚硝胺类化合物的准确测定。

【实训内容和适用范围】

1. 亚硝胺（*N*-nitrosamines）又叫*N*-亚硝基类化合物，在自然界中含量甚微，但只要有亚硝酸盐和仲胺同时存在，一定条件下，就可以在土壤、食品和动物体内合成亚硝胺。*N*-亚硝基类化合物含量较多的食品有烟熏鱼、腌制品、腊肉、火腿、腌酸菜等。*N*-亚硝基类化合物根据其化学结构可分为*N*-亚硝胺类与*N*-亚硝酰胺类。亚硝胺的基本结构为：

$$\begin{matrix} R^1 \searrow \\ \quad N—N=O \\ R^2 \nearrow \end{matrix}$$

2. *N*-亚硝胺类化合物具有较强的毒性和致癌性。动物实验证明，亚硝胺的致癌性与其结构有关。对称性的亚硝胺（R^1和R^2相同）主要引起肝癌，非对称性亚硝胺（R^1和R^2不相同）主要引起食管癌。亚硝胺还可以通过胎盘引起新生白鼠的脑、脊髓或末梢神经癌。为预防亚硝胺的致癌作用，首先应尽量减少亚硝酸盐和仲胺含量高的食物的摄入，其次是阻断亚硝胺在体内的合成。

3. 食品中亚硝胺的检测方法。我国的食品安全国家标准测定方法包括气相色谱-质谱联用法和气相色谱-热能分析法（GB/T 5009.26—2016）。

【实训原理】

样品中的*N*-亚硝胺类化合物经水蒸气蒸馏和有机溶剂萃取后，浓缩至一定量，采用气相色谱-质谱联用仪的高分辨峰匹配法进行定性和定量。

【实训仪器、设备和材料】

1. 仪器及设备　气相色谱-质谱联用仪；旋转蒸发仪；全玻璃水蒸气蒸馏装置或等效的全自动水蒸气蒸馏装置；氮吹仪；制冰机；电子天平，感量为0.01g和0.1mg。

2. 试剂及材料　二氯甲烷：色谱纯，每批应提取100ml在40℃水浴上用旋转蒸发仪浓缩至1ml，在气相色谱-质谱联用仪上应无阳性响应，如有阳性响应，则需经全玻璃装置重蒸后再试，直至阴性；无水硫酸钠；氯化钠：优级纯；硫酸；无水乙醇。

硫酸溶液（1+3）：量取30ml硫酸，缓缓倒入90ml冷水中，一边搅拌使得充分散热，冷却后小心混匀。

N-亚硝胺标准使用液：*N*-亚硝胺标准品（纯度≥98.0%），用二氯甲烷配制成1μg/ml的溶液。

【实训步骤】

1. 提取　水蒸馏装置蒸馏：准确称取200.00g（精确至0.01g）试样，加入100ml水和50g氯化钠于蒸馏管中，充分混匀，检查气密性。在500ml平底烧瓶中加入100ml二氯甲烷及少量冰块用以接收冷凝液，冷凝管出口伸入二氯甲烷液面下，并将平底烧瓶置于冰浴中，开启蒸馏装置加热蒸馏，收集400ml冷凝液后关闭加热装置，停止蒸馏。

2. 萃取净化　在盛有蒸馏液的平底烧瓶中加入20g氯化钠和3ml的硫酸（1+3），搅拌使氯化钠完全溶解。然后将溶液转移至500ml分液漏斗中，振荡5分钟，必要时放气，静置分层后，将二氯甲烷层转移至另一平底烧瓶中，再用150ml二氯甲烷分三次提取水层，合并4次二氯甲烷萃取液，总体积约为250ml。

3. 浓缩　将二氯甲烷萃取液用10g无水硫酸钠脱水后，进行旋转蒸发，于40℃水浴上浓缩至

5~10ml 改氮吹，并准确定容至 1.0ml，摇匀后待测定。

4. 测定

（1）气相色谱条件：毛细管气相色谱柱，INNOWAX 石英毛细管柱（柱长 30m，内径 0.25mm，膜厚 0.25μm）；进样口温度 220℃；程序升温条件，初始柱温 40℃，以 10℃/min 的速率升至 80℃，以 1℃/min 的速率升至 100℃，再以 20℃/min 的速率升至 240℃，保持 2 分钟；载气为氦气；流速为 1.0ml/min；进样方式为不分流进样；进样体积为 1.0μl。

（2）质谱条件：选择离子检测。9.9 分钟开始扫描 *N*- 二甲基亚硝胺，选择离子为 15.0、42.0、43.0、44.0、74.0；电子轰击离子化源（EI），电压 70eV；离子化电流为 300μA；离子源温度为 230℃；接口温度为 230℃；离子源真空度为 1.33×10^{-4}Pa。

（3）标准曲线的制作：分别准确吸取 *N*- 亚硝胺的混合标准储备液（1μg/ml）配制标准系列的浓度为 0.01μg/ml、0.02μg/ml、0.05μg/ml、0.1μg/ml、0.2μg/ml、0.5μg/ml 的混合标准系列溶液，进样分析，用峰面积对浓度进行线性回归，表明在给定的浓度范围内 *N*- 亚硝胺呈线性，回归方程分别为 y 为峰面积，x 为浓度（μg/ml）。

（4）测定：将试样溶液注入气相色谱 - 质谱联用仪中，得到某一特定监测离子的峰面积，根据标准曲线计算得到试样溶液中 *N*- 二甲基亚硝胺（μg/ml）。

5. 结果的表述　试样中 *N*- 二甲基亚硝胺含量按以下公式计算：

$$X=\frac{h_1}{h_2} \times \rho \times \frac{V}{m} \times 1\,000$$

式中　X ——试样中 *N*- 二甲基亚硝胺的含量，μg/kg 或 μg/L

h_1 ——浓缩液中某一 *N*- 亚硝胺化合物的峰面积

h_2 ——*N*- 亚硝胺标准的峰面积

ρ ——标准溶液中该 *N*- 亚硝胺化合物的浓度，μg/ml

V ——试样（浓缩液）的体积，ml

m ——试样质量或体积，g 或 ml

6. 精密度　在重复性条件下获得的两次独立测定结果的绝对差值不得超过算术平均值的 15%。

【实训注意事项】

当取样量为 200g，浓缩体积为 1.0ml 时，本方法的检出限为 0.3μg/kg，定量限为 1.0μg/kg。

【思考题】

1. 亚硝胺类化合物和亚硝酸盐的关系是什么？
2. 食品中亚硝酸盐的主要来源有哪些？

（席元第）

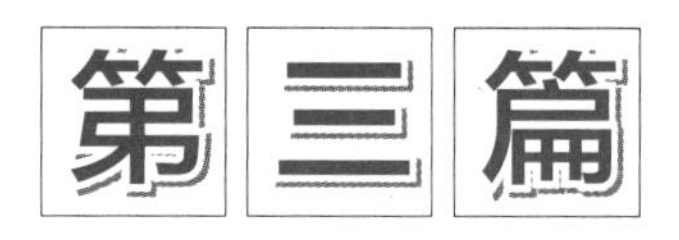

食品安全监督管理

第九章

各类食品的卫生及管理

导学情景

情景描述：

动物肉是人们餐桌上常见的食物种类之一，由于担心动物脂肪升高血脂，人们通常喜欢挑选瘦肉而不选肥肉，因此，“瘦肉型”猪肉很受欢迎。但是，2011年“3·15”特别行动中，央视曝光了河南省某知名企业使用“瘦肉精”养猪一事。瘦肉精是一种用于动物平喘的药物，把“瘦肉精”添加到饲料中可以增加动物的瘦肉量，使肉品提早上市、降低成本。但瘦肉精有较强的毒性，长期食用用瘦肉精饲养的动物肉可能导致人体染色体畸变，并有可能诱发恶性肿瘤。“3·15”报道的“瘦肉精”事件引发了消费者对食品安全的担忧。

学前导语：

我们日常食用的食品多种多样，可分为植物性食品（粮豆类、蔬菜、水果类）和动物性食品（畜禽肉类、鱼类、乳及乳制品、禽蛋类）。为了保证大众的健康，我们食用的每一种食品都有相应的卫生标准，本章主要介绍各类食物面临的卫生问题及相应的预防和解决方法。

第一节　植物性食品的卫生及管理

一、粮豆类食品的卫生及管理

（一）概述

粮食类食品主要包括小麦、水稻、玉米、燕麦、黑麦、大麦、谷子、高粱和青稞等。豆类主要包括大豆、绿豆、红小豆、蚕豆、豌豆、芸豆等。粮豆类制品指以这些为原料加工而成的各种成品。粮豆类食品的营养物质主要为碳水化合物、蛋白质、维生素、膳食纤维、脂肪等，是我国居民的主食。

（二）粮豆类食品的主要卫生问题

影响粮豆类食品及其制品质量的主要因素是存储过程中的温度、湿度、水分、氧气等环境因素，以及微生物污染、农药残留等有害化学物质污染、仓储害虫等。具体包括以下几个方面。

1. 真菌及其毒素引起的生物性污染　粮食在生长、收获及贮存过程的各个环节都有可能受到真菌的污染，其中，以曲霉菌、镰刀菌、青霉菌、毛霉菌、根霉菌等最常见。环境温度越高、湿度越大，真菌越容易在粮食中生长繁殖，产生毒素，分解粮食的营养成分，引起粮豆的霉变、感官性状发生改变，导致食品营养价值和食用价值下降。

2. 农药残留及其他有害化学物质的污染　粮豆类中的农药残留主要来源于以下几个方面。

（1）粮豆作物在生长期间，为了防治病虫害和除草而直接施用的农药。

（2）通过水、空气、土壤等途径从污染的环境中吸收。

（3）粮食在贮存、运输及销售过程中意外引入的污染。

除此之外，用未经处理或处理不彻底的工业废水和生活污水灌溉农田、菜地；自然环境中的本底值偏高；食品包装材料不符合卫生要求；食品加工过程不符合卫生规范等均有可能导致有害化学物质的污染。

污染粮豆作物的有机化学物质，如甲苯、二甲苯、苯胺、硝基苯等可以采用物理、化学、生物学的方法加以清除，而无机化学有害成分及其中间代谢产物，如氰化物、砷化物等，化学性质比较稳定，半衰期比较长，不容易降解，可通过生物富集作用污染农作物。

3. 仓储害虫污染　粮豆类作物在贮存过程中，仓储害虫的污染比较常见，大约五十余种，特别是甲虫类、螨虫及蛾类等更为常见。仓库的温度在18~21℃、相对湿度65%以上时，可极大地促进这些仓储害虫在原粮及半成品上孵化虫卵、生长繁殖，引起粮豆变质和食用价值下降，而当环境温度在10℃以下时，可明显抑制害虫的活动。

4. 粮食的自然陈化　粮豆类在贮存过程中，由于自身酶的作用，营养素发生分解，风味和品质发生改变的现象称为自然陈化。粮豆类存储时间过长，存储环境温度高，湿度大都会加速自然陈化。

5. 有毒植物种子的污染　粮豆作物收割过程中，田间一些植物的种子容易混入粮豆作物中，如毒麦、曼陀罗等，这些种子含有有毒成分，误食后对机体可产生一定的毒性作用。

6. 杂物污染　粮食作物在收割、晾晒、加工等过程中，意外混入泥土、砂石和金属等。

7. 掺杂、掺假　常见的掺杂、掺假主要有在大米中掺入霉变米、陈米；将陈小米洗后染色冒充新小米；在面粉中掺入滑石粉、石膏、吊白块等。

（三）粮豆类食品的卫生管理

1. 控制粮豆的安全水分　粮豆类作物中的水分含量与其贮藏时间的长短和加工方式密切相关。水分含量过高时，粮豆作物的代谢活动增强，真菌、仓储昆虫生长繁殖旺盛，加速霉变的发生。因此，应将粮豆的水分含量控制至安全水分以下。一般粮谷类的安全水分为12%~14%，豆类的安全水分为10%~13%。与此同时，在粮豆类作物存储的过程中，还要定期监测真菌毒素的限量指标（表9-1）。

2. 粮豆类作物安全仓储的卫生要求　为了确保粮豆在贮藏期的质量，保证粮豆的安全供应，应做到以下几点。

（1）参照食品安全国家标准《粮食》（GB 2715—2016），注意加强粮豆的质量检查，保证粮豆作物入库时，各项理化指标符合国家标准的要求。

（2）贮存仓库要坚实、牢固，防漏，防潮和防鼠防雀；注意粮库卫生，并定期清扫消毒；注意控制仓库内的温度、湿度，根据季节的气候特点，仓库定期通风；粮食定期翻仓、晾晒。

表 9-1　粮豆类作物中真菌毒素的限量指标（GB 2761—2017）

项目指标	限量 /（μg/kg）	项目指标	限量 /（μg/kg）
黄曲霉毒素 B_1		大麦、小麦、麦片、小麦粉	1 000
粮谷类及其制品		**赭曲霉毒素 A**	
玉米、玉米面（渣、片）及玉米制品	20	谷物及其制品	
稻谷[a]、糙米、大米	10	谷物	5.0
小麦、大麦、其他谷物	5.0	谷物碾磨加工品	5.0
小麦粉、麦片、其他去壳谷物	5.0	豆类及其制品	
豆类及其制品		豆类	5.0
发酵豆制品	5.0	**玉米赤霉烯酮**	
脱氧雪腐镰刀菌烯醇		谷物及其制品	
谷物及其制品		小麦、小麦粉	60
玉米、玉米面（渣、片）	1 000	玉米、玉米面（渣、片）	60

注：[a] 稻谷以糙米计。

（3）注意监测粮豆温度和水分含量的变化，如果发现贮存的粮豆作物气味、色泽发生变化及发生虫害情况，应该立即采取措施。

3. 运输、销售过程的卫生要求　粮豆作物的运输要专车专用，防止意外污染；曾经装载过有毒有害物品、有异味的车船，如果没有经过彻底清洗消毒，禁止用于装运粮豆；粮豆需要用专用包装袋包装，并在包装上标明“食品包装用”，包装袋使用的原材料应符合卫生要求，保证包装袋上的油墨必须无毒或低毒，不会向袋内的内容物渗透；销售单位要按照食品经营企业的食品安全管理要求设置各种经营房舍；进行深加工的粮豆必须符合食品安全标准。

4. 控制农药残留　农药残留是粮豆类作物主要的卫生问题，应注意预防和避免。农药的使用必须严格遵守《农药安全使用规定》和《农药安全使用标准》；使用过程中，根据农药的毒性和人体蓄积性，确定农药的最高用药量、施药方式、最多使用次数和安全间隔期，防止粮豆中农药残留量超过最大残留限量标准（表 9-2）；尽量开发、选用高效、低毒、低残留的新型农药；依据食品安全国家标准《食品中农药最大残留限量》（GB 2763—2019），制定和执行农药的最大残留量限量标准。

5. 减少无机有害物质及有毒种子的污染　尽量不用污水灌溉农田，如果使用污水进行农田灌溉，应将污水无害化处理后符合《农田灌溉水质标准》的要求，并根据作物的品种，科学选择灌溉时间和灌溉量；定期检测农田污染程度及农作物的无机有害物残留量，防止污水中重金属等有毒物质的污染（表 9-3）；粮豆生产过程中，要注意使用的工具、器械、容器、材料等的卫生质量。

表 9-2　粮豆类作物中农药最大残留的限量标准（GB 2763—2019）

项目指标	最大残留量 /（mg/kg）
溴甲烷	
谷物	
稻谷、麦类、旱粮类、杂粮类、成品粮	5
豆类	
大豆	5[*]
甲基毒死蜱	
谷物	
稻谷、麦类、旱粮类、杂粮类、成品粮	5[*]
豆类	
大豆	5[*]
甲基嘧啶磷	
谷物	
稻谷、小麦、全麦粉	5
糙米、小麦粉	2
大米	1
溴氰菊酯	
谷物	
稻谷、麦类、旱粮类（鲜食玉米除外）	0.5
鲜食玉米	0.2
杂粮类（豌豆、小扁豆除外）	0.5
豌豆、小扁豆	1
成品粮（小麦粉除外）	0.5
小麦粉	0.2
豆类	
大豆	0.05
HCH	
谷物	
稻谷、麦类、旱粮类、杂粮类、成品粮	0.05
豆类	
大豆	0.05
林丹	
谷物	
小麦	0.05
大麦、燕麦、黑米、玉米、鲜食玉米、高粱	0.01
DDT	
谷物	
稻谷、麦类、旱粮类	0.1
杂粮类、成品粮	0.05
豆类	
大豆	0.05
氯化苦	
谷物	
稻谷、麦类、旱粮类、杂粮类、成品粮	0.1
豆类	
大豆	0.1
七氯	
谷物	
稻谷、麦类、旱粮类、杂粮类、成品粮	0.02
豆类	
大豆	0.02
大豆毛油	0.05
大豆油	0.02
敌百虫	
谷物	
稻谷、糙米、大米	0.1
豆类	
大豆	0.1
氟酰胺	
谷物	
大米	1
糙米	2
艾氏剂	
谷物	
稻谷、麦类、旱粮类、杂粮类、成品粮	0.02
豆类	
大豆	0.05
狄氏剂	
谷物	
稻谷、麦类、旱粮类、杂粮类、成品粮	0.02
豆类	
大豆	0.05

注：[*] 该限量为临时限量。

表 9-3　粮豆类作物中污染物的限量标准（GB 2762—2017）

项目指标	限量标准 /（mg/kg）
铅	
谷物及其制品［麦片、面筋、八宝粥罐头、带馅（料）面米制品除外］	0.2
麦片、面筋、八宝粥罐头、带馅（料）面米制品	0.5
豆类及其制品	
豆类	0.2
豆类制品（豆浆除外）	0.5
豆浆	0.05
镉	
谷物及其制品	
谷物（稻谷*除外）	0.1
谷物研磨加工品（糙米、大米除外）	0.1
稻谷*、糙米、大米	0.2
豆类及其制品	
豆类	0.2
总汞	
谷物及其制品	
稻谷*、糙米、大米、玉米、玉米面（渣、片）、小麦、小麦粉	0.02
总砷	
谷物及其制品	
谷物（稻谷*除外）	0.5
谷物研磨加工品（糙米、大米除外）	0.5
稻谷*、糙米、大米	0.2#

注：*稻谷以糙米计；#无机砷含量。

对粮豆作物中混入的泥土、石块、金属、有毒种子等要注意加强选种，减少有毒种子对粮豆类作物造成的污染。粮豆加工过程中，可以借助一些设备，如筛子、风车等，帮助去除混入的有毒种子和外来异物。参照食品安全国家标准《粮食》（GB 2715—2016），制定粮豆中有毒种子的限量标准。（表 9-4）

表 9-4　粮豆类作物中有毒有害菌类、植物种子的指标（GB 2715—2016）

项目	限量	项目	限量
麦角 /%		**曼陀罗属及其他有毒植物的种子 */（粒 /kg）**	
大米、玉米、豆类	不得检出		
小麦、燕麦、莜麦、大麦、米大麦	≤0.01	玉米、高粱米、豆类、小麦、燕麦、莜麦、大麦、米大麦	≤1
毒麦 /（粒 /kg）			
小麦、大麦	≤1		

注：* 主要包括猪屎豆属、麦仙翁、蓖麻籽和其他公认的对健康有害的种子。

（四）粮豆类制品的卫生管理

粮豆类制品主要包括以米、面、杂粮等为原料加工而成的各种成品，如米线、米粉、米糕、面条、馒头、面包等粮食制品，以及以豆类为原料加工而成的豆腐、豆浆、豆干、腐竹等豆制品。此类食品的卫生管理，主要包括以下几个方面。

1. 严格控制粮豆类制品的水分含量　水分含量的高低是影响微生物生命活动的关键因素，粮豆类制品营养成分丰富，水分含量高，如果有微生物污染，很容易引起腐败变质。特别是豆制品的加工，目前大多还是手工作坊加工，卫生条件不能保证，污染的风险比较高。因此，应严格控制粮豆类制品的水分含量，延长其保质期。

2. 严格按照良好生产规范（GMP）和危害分析关键控制点（HACCP）的要求生产加工粮豆类制品。

3. 销售和贮藏过程中，应注意环境温度，可采用冷藏车运输、小包装销售、并注意防尘、防蝇、防晒，以及避免食物之间的交叉污染。密切关注粮豆制品的感官性状，如颜色、气味、弹性等是否发生改变，以及是否有外观发黏等。一旦发现产品发生腐败变质则严禁出售。

二、蔬菜、水果的卫生及管理

蔬菜、水果种类繁多，水分含量高，富含人体必需的维生素、矿物质和膳食纤维。而且，蔬菜、水果中含有有机酸、芳香物质和色素等，具有独特的风味和良好的感官性状。蔬菜、水果也是植物化学物的主要来源，对人体健康具有重要意义。

我国幅员辽阔，蔬菜、水果的供应主要来自农村和城镇郊区。在蔬菜、水果的生长、栽培过程中，采用工业废水和生活污水灌溉以及施用农药等会导致蔬菜、水果受到有毒有害物质的污染产生一系列的卫生问题。

（一）蔬菜、水果的主要卫生问题

1. 致病菌和寄生虫对蔬菜、水果的污染　蔬菜、水果中致病菌和寄生虫的来源主要有以下几种。

（1）人畜粪便和生活污水未经净化处理用于灌溉菜地，其中含有的肠道致病菌和寄生虫卵可造成菜地的污染。

（2）蔬菜、水果在运输、贮存、销售过程中，运输工具、贮存场所卫生条件差造成污染，特别是水果含水分多，外皮破损后更容易污染。

（3）蔬菜类，特别是叶菜类，运输和存储过程中环境温度比较高，导致蔬菜的腐烂变质和微生物的污染。

（4）一些水生的植物，如菱角、荸荠、茭白等，容易被肠道寄生虫，特别是姜片虫囊蚴污染。

2. 有害化学物质的污染　污染蔬菜、水果的常见有害化学物质主要有农药、重金属、亚硝酸盐和激素残留等。

（1）农药残留：农药残留是蔬菜和水果最严重、最常见的卫生问题。目前，常见的农药残留仍然是一些国家明令禁止用于蔬菜、水果的高毒、高残留的农药，如甲胺磷、水胺硫磷。菜农不遵循农药的安全使用剂量、频率和用药安全间隔期是造成农药残留的主要原因。尤其是夏季高温多雨，虫害发生频率高，菜农常常会增加农药施用量和施用次数，从而造成蔬菜、水果中农药的高残留。

（2）工业废水污染：工业废水中含有许多有害物质，如镉、铅、汞、酚等，用未经处理的工业废水灌溉，可导致蔬菜水果中铅、镉等重金属含量超标。

（3）其他污染：如亚硝酸盐污染和激素污染。蔬菜种植过程中，长期过量施用氮肥、收获后存储不当、腌渍蔬菜等可导致蔬菜中硝酸盐和亚硝酸盐含量增加；蔬菜水果栽培过程中，使用激素催熟或使用激素类农药，可导致激素残留。

（二）蔬菜、水果的卫生管理

针对蔬菜、水果中常见的卫生问题，要采取有效的、有针对性的措施进行管理，以确保其卫生质量。

1. 防止肠道致病菌及寄生虫卵的污染 如果采用人畜粪便进行农田、菜地的施肥，应将其进行无害化处理后再施用；生活或工业污水必须经过无害化处理，去除寄生虫卵和杀灭致病菌后才可用于灌溉农田和菜地；生食水果和蔬菜必须清洗干净，尽可能地去除外皮后食用；蔬菜、水果在运输、销售之前，应摘除烂根残叶、腐败变质和破损的部分；在运输、销售过程中，应采用低温、保鲜等处理，最大程度地保持蔬菜、水果的水分和新鲜度；尽量将蔬菜、水果处理干净后以净菜的形式，采用小包装销售。

2. 科学、合理的施用农药 由于很多蔬菜的全部或大部分都可以食用，而且无明显成熟期，有些水果食用前没有办法去除果皮。因此，要严格控制蔬菜、水果中的农药残留量。在种植、栽培期间严格遵守并执行有关农药安全使用规定，尽量选用高效、低毒、低残留的农药，禁止使用高毒农药。根据农药的毒性、残留量，确定农药的使用次数、剂量和使用的安全间隔期；严格按照食品安全国家标准《食品中农药最大残留量》（GB 2763—2019）的规定，执行农药在蔬菜、水果中的最大残留量限量标准（表 9-5）；不用或慎用激素催熟以及激素类农药。茄果类蔬菜收获前 15~20 天，少用或停用含氮化肥，不用硝基氮肥进行蔬菜叶面喷肥。

3. 工业废水灌溉的卫生要求 工业废水必须经过无害化处理，水质符合国家工业废水排放标准后才可用于灌溉菜地，并且尽量避免污水与瓜果蔬菜直接接触，蔬菜、瓜果收获前 3~4 周，不能使用工业废水灌溉。

4. 贮藏的卫生要求 蔬菜、水果贮存期间，保持其新鲜度是合理贮藏的关键。蔬菜、水果一般保存在 10℃左右，既可以抑制微生物生长繁殖，同时又能防止贮存温度过低导致蔬菜、水果间隙结冰。防止蔬菜、水果冰融时因水分溢出造成的腐败。蔬菜、水果大量上市时，可采用冷藏或速冻的方法。保鲜剂虽然可以延长蔬菜、水果的贮藏时间，提高保藏效果，但是也会造成污染，要合理选择。

表 9-5　蔬菜、水果中农药残留的限量标准（GB 2763—2019）

项目指标	最大残留量 /（mg/kg）
溴甲烷	
蔬菜	
薯类蔬菜	5
水果	
草莓	30
甲基毒死蜱	
蔬菜	
结球甘蓝	0.1
薯类蔬菜	5
溴氰菊酯	
蔬菜	
洋葱	0.05
韭菜、番茄、茄子、辣椒、豆类蔬菜、萝卜、胡萝卜、根芹菜、芋	0.2
结球甘蓝、花椰菜、菠菜、普通白菜、莴苣、大白菜、甘薯	0.5
马铃薯	0.01
水果	
柑橘、橙、柠檬、柚、核果类水果、猕猴桃、荔枝、芒果、香蕉、菠萝	0.05
苹果、梨	0.1
葡萄	0.2
橄榄	1
HCH	
蔬菜	
鳞茎类蔬菜、芸薹属类蔬菜、叶菜类蔬菜、茄果类蔬菜、瓜类蔬菜、豆类蔬菜、茎类蔬菜、根茎类和薯芋类蔬菜、水生类蔬菜、芽菜类蔬菜、其他类蔬菜	0.05
水果	
柑橘类水果、仁果类水果、核果类水果、浆果和其他小型水果、热带和亚热带水果、瓜果类水果	0.05
DDT	
蔬菜	
鳞茎类蔬菜、芸薹属类蔬菜、叶菜类蔬菜、茄果类蔬菜、瓜类蔬菜、豆类蔬菜、茎类蔬菜、根茎类和薯芋类蔬菜（胡萝卜除外）、水生类蔬菜、芽菜类蔬菜、其他类蔬菜	0.05
胡萝卜	0.2
水果	
柑橘类水果、仁果类水果、核果类水果、浆果和其他小型水果、热带和亚热带水果、瓜果类水果	0.05
氯化苦	
蔬菜	
茄子、姜	0.05
其他薯芋类蔬菜	0.1
水果	
草莓、甜瓜	0.05
七氯	
蔬菜	
鳞茎类蔬菜、芸薹属类蔬菜、叶菜类蔬菜、茄果类蔬菜、瓜类蔬菜、豆类蔬菜、茎类蔬菜、根茎类和薯芋类蔬菜、水生类蔬菜、芽菜类蔬菜、其他类蔬菜	0.02
水果	
柑橘类水果、仁果类水果、核果类水果、浆果和其他小型水果、热带和亚热带水果、瓜果类水果	0.01
敌百虫	
蔬菜	
鳞茎类蔬菜、芸薹属类蔬菜（结球甘蓝除外）、叶菜类蔬菜（普通白菜除外）、茄果类蔬菜、瓜类蔬菜、豆类蔬菜（菜用大豆除外）、茎类蔬菜、根茎类和薯芋类蔬菜（萝卜除外）、水生类蔬菜、芽菜类蔬菜、其他类蔬菜	0.2
结球甘蓝、普通白菜、菜用大豆、萝卜	0.5

续表

项目指标	最大残留量 /（mg/kg）	项目指标	最大残留量 /（mg/kg）
艾氏剂		**狄氏剂**	
蔬菜		蔬菜	
鳞茎类蔬菜、芸薹属类蔬菜、叶菜类蔬菜、茄果类蔬菜、瓜类蔬菜、豆类蔬菜、茎类蔬菜、根茎类和薯芋类蔬菜、水生类蔬菜、芽菜类蔬菜、其他类蔬菜	0.05	鳞茎类蔬菜、芸薹属类蔬菜、叶菜类蔬菜、茄果类蔬菜、瓜类蔬菜、豆类蔬菜、茎类蔬菜、根茎类和薯芋类蔬菜、水生类蔬菜、芽菜类蔬菜、其他类蔬菜	0.05
水果		水果	
柑橘类水果、仁果类水果、核果类水果、浆果和其他小型水果、热带和亚热带水果、瓜果类水果	0.05	柑橘类水果、仁果类水果、核果类水果、浆果和其他小型水果、热带和亚热带水果、瓜果类水果	0.02

点滴积累

粮豆类、蔬菜、水果类食品的卫生问题主要是微生物污染，特别是致病菌的污染；化学性污染中农药残留比较常见。除此之外，每一类食品，由于其固有的特性会有一些特别的卫生问题，如粮豆类的自然陈化、有毒植物种子的污染、无机杂物的污染和掺假、掺杂等卫生问题。

第二节　动物性食品的卫生及管理

一、畜肉类食品

畜肉类食品主要包括牲畜肉类及其内脏，以及以上述原料加工而成的各种肉制品。畜肉类富含蛋白质、脂类，是人们获取优质蛋白质的主要来源之一，动物的内脏也是无机盐和维生素的丰富来源。

由于其营养构成的特点，肉制品不论生熟，都容易受到病原微生物和寄生虫的污染。肉制品存储不当，特别是加工后的熟食，由于可以直接食用，无须冷冻，常常因存储温度过高、存储时间过长而发生腐败变质。

（一）畜肉类的主要卫生问题

畜肉类食品包括牲畜的肌肉、内脏及其加工产品，具有吸收好、饱腹作用强、食用价值高的营养特点。近年来，肉类及其制品引发的食品安全事件层出不穷，主要是在饲养、宰杀、加工处理过程中导致的。污染的原因、来源和途径也是多方面的，如致病微生物污染，农药、兽药残留，重金属残留等。因此，肉类也是引发食物中毒、肠道传染病和寄生虫病的主要食物。

1. 腐败变质　牲畜屠宰时，肉呈中性或弱碱性（pH 7.0~7.4），宰杀后畜肉从新鲜到腐败变质是一个渐进性的过程，可分为僵直、后熟、自溶和腐败4个阶段。

（1）僵直：刚宰杀后的畜肉中，糖原和含磷有机化合物可在组织酶的作用下分解为乳酸和游离磷酸，使肉的酸度增加（pH 5.4~6.7），pH值达到5.4为肌凝蛋白的等电点，蛋白开始凝固，肌纤维硬化，出现僵直。僵直一般出现在牲畜宰杀后1.5小时（夏季）或3~4小时（冬季）。处于僵直阶段的肉有不愉快气味，烹调加工后肉汤浑浊，食用味道比较差。因此，处于僵直阶段的肉类不适合进行烹调加工。

（2）后熟：僵直后的肉类，其中的糖原继续分解为乳酸，pH值进一步下降，肌肉结缔组织变软，有一定的弹性，肉表面因蛋白凝固形成一层干膜，可以阻止微生物侵入。乳酸具有一定的杀菌作用，如患口蹄疫的病畜肉经后熟过程也可达到无害化的目的。处于后熟阶段的肉味道鲜美，适合烹调加工。后熟过程时间长短与肉中糖原含量和外界温度有关。肉中糖原少，肉的后熟过程延长。温度越高，后熟速度越快，一般在4℃时1~3天可完成后熟过程。处于僵直和后熟阶段的畜肉都是新鲜肉。

（3）自溶：宰杀后的畜肉应低温贮存或冷藏，如果常温存放，组织酶在无菌条件下仍可继续活动，分解蛋白质、脂肪，而使畜肉发生自溶。蛋白质分解后产生的硫化氢、硫醇与血红蛋白或肌红蛋白中的铁结合，形成硫化肌红蛋白，导致肌肉纤维松弛，影响肉的质量。内脏中组织酶含量更高，自溶速度比肌肉更快。处于自溶阶段的肉必须经高温处理后才可食用，否则易引发食物中毒或其他食源性疾病。

（4）腐败：自溶为细菌的入侵、繁殖创造了条件，细菌的酶可分解蛋白质、含氮物质，使肉的pH值上升，导致肉类腐败变质，出现发黏、发绿、发臭的现象。食用腐败变质的肉类可导致人体中毒。

不适当的生产加工和保藏条件也是促进畜肉类腐败变质的重要因素。例如健康牲畜在屠宰、加工、运输、销售等环节中被微生物污染；牲畜宰杀前若疲劳过度，肌糖原减少，宰杀后的后熟力不强，产酸少，不能抑制细菌的生长繁殖，也可促进肉的腐败变质；牲畜宰杀前带菌，宰杀过程中细菌可蔓延至全身各组织，引起肉类的腐败变质。

引起肉类腐败变质的细菌，在不同的阶段有不同的优势菌，最初出现的是肉表面的各种需氧球菌，接着为大肠埃希菌、普通变形杆菌、化脓性球菌、兼性厌氧菌（如产气荚膜杆菌、产气芽孢杆菌），最后为厌氧菌。根据腐败变质肉类菌相的变化，可有助于确定肉类的腐败变质阶段。

2. 人畜共患传染病　常见的人畜共患传染病主要有炭疽、鼻疽、口蹄疫、猪水疱病、猪瘟、猪丹毒、猪出血性败血症、结核病和布鲁氏菌病等。其中，炭疽、鼻疽等都是烈性传染病，常常通过接触病畜传染。

3. 人畜共患寄生虫病　主要有囊虫病、旋毛虫病、蛔虫、姜片虫、弓形虫等。目前，世界范围内旋毛虫病例人数约可达三千万，绦虫病例达四千多万。

（1）囊虫病：幼虫在猪和牛的肌肉组织内形成囊尾蚴，猪囊尾蚴为半透明水泡状囊，肉眼见为白色，绿豆大小，即俗称的“米猪肉”或“痘猪肉”。食用有囊尾蚴的肉后，囊尾蚴在人的肠道内发育为成虫并长期寄生在肠道内，引起人的绦虫病，并可通过粪便不断排出节片或虫卵污染环境。成虫的节片或虫卵可逆行到胃，消化孵出后的幼虫，进入肠壁后，可通过血液达到全身，寄生在不同的部位，引起脑囊尾蚴病、眼囊尾蚴病和肌肉囊尾蚴病，损害人体健康。

（2）旋毛虫病：由旋毛虫引起，猪、狗等易感。旋毛虫的幼虫寄生在动物体内形成包囊。人食用含旋毛虫包囊的肉后，幼虫在肠道发育为成虫，并产生大量新的幼虫，侵袭肠壁，随血液循环迁移到身体各部位，损害人体健康，可引起脑膜炎症状。人生食或半生食肉类易患旋毛虫病。

（3）其他：蛔虫、姜片虫、猪弓形虫病等也是人畜共患寄生虫病。

4. 原因不明死畜肉　原因不明的病死、毒死的牲畜肉类不能食用，否则会对人体产生危害。

5. 农药、兽药残留　农作物对土壤中的有机农药具有生物富集作用，当以农作物作为饲料时，饲料中的有机农药因为是脂溶性的，进入家畜体内不容易排出，如有机磷、有机氯、氨基甲酸酯和拟除虫菊酯。

目前，为了防治牲畜传染病以及提高生产效益，养殖户会经常使用抗生素、抗寄生虫药等。在动物的养殖过程中使用的抗生素主要有β-内酰胺类、四环素类、大环内酯类、氨基糖苷类等。这些抗生素进入人体后有累积效应，导致慢性中毒，甚至有的抗生素还有“三致”效应，即致癌、致畸、致突变作用。有时为了促进动物生长，增加体重，提高饲料转化率等，常添加生长促进剂、雌激素等。不论是大剂量短时间使用，还是小剂量在饲料中长期添加，都会在畜肉、内脏中检测到残留，残留量累积到一定的程度会危害食用者健康，导致性早熟、乳腺癌等多种严重的疾病。

（二）畜肉类的卫生管理

畜肉类及其制品从宰杀开始，包括肉类的储存、生产加工、运输、销售的各个环节，都容易受到外来污染物污染，产生一系列的卫生问题。应采取相应的措施，加强对肉类制品的卫生管理，确保肉类及其制品的卫生状况和营养价值。

1. 对屠宰场所的卫生要求　目前，畜类的屠宰基本完全实现了定点屠宰。肉类联合加工厂、屠宰场、肉制品厂的选址、设计要严格按照食品安全国家标准《畜禽屠宰加工卫生规范》（GB 12694—2016）的规定，如工厂应建在地势较高、干燥、水源充足、交通方便、无有害气体及其他污染源、便于排放污水的地区，要远离生活饮用水的地表水源保护区。厂房的设计要符合流水作业，按照肉类的处理过程，科学合理地设置操作流水线。

2. 对原料的卫生要求　防止牲畜发生腐败变质，需要对原料肉类进行严格的兽医卫生检验。对于人畜共患寄生虫病的病畜肉，针对不同的致病原因，采取不同的处理和预防措施。

（1）囊虫病病畜肉处理：我国规定，猪肉、牛肉在规定检验部位$40cm^2$面积上有3个或3个以下囊尾蚴，可以冷冻或盐腌处理后出厂；在$40cm^2$面积上有4~5个虫体者高温处理后可出厂；在$40cm^2$有6~10个囊尾蚴者可工业用或销毁，不允许做食品加工的原料。羊肉在$40cm^2$囊尾蚴小于8个者，不受限制出厂；9个以上虫体而肌肉无任何病变者，高温处理或冷冻处理后可出厂；若发现$40cm^2$面积上有9个以上囊尾蚴，肌肉又有病变时，可工业用或销毁。

预防措施：进入市场流通的畜肉，必须加盖兽医卫生检验合格印戳；加强市场监管的力度，防止贩卖病畜肉；肉类食前要充分加热，烹调时防止交叉污染。

（2）旋毛虫病病畜肉处理：由于旋毛虫幼虫多寄生于病畜横膈肌，所以要取此部位的肌肉在低倍显微镜下观察，如果24个镜检样本中有包囊或钙化囊5个以下，肉必须经高温处理后才可食用；超过5个者要销毁或工业用；脂肪可炼制食用油。

预防措施：加强肉品的卫生检验，未经检验的肉品不能进入市场流通。改变不良的饮食习惯，不要生食或半生食肉类；肉类的处理和烹调过程中，要防止交叉污染，肉类必须经过彻底加热后才能食用。

（3）原因不明的死畜肉的处理：在对死畜肉采取处理措施之前，必须明确死亡原因。针对不同的原因，采用不同的处理方法。如果是一般疾病或外伤，肉没有发生腐败变质的，内脏不能食用，肉尸经高温处理后可以食用。如果是中毒引起的死亡，要根据毒物的种类、性质、中毒症状和毒物在体内的分布，具体情况具体分析，采取相应的处理措施。人畜共患传染病的死畜肉不能食用，死因不明的死畜肉一律不准食用。

（4）药物残留的处理：要科学合理使用兽药，遵守休药期，并加强兽药残留量的检测。根据《兽药管理条例》，农业部颁布了《动物性食品中兽药最高残留限量》（农业部 2002 年 235 号公告），规定如下：农业部批准使用的兽药，按照质量标准、产品使用说明书的要求，可用于食品动物；根据药物的危害大小，规定了不同兽药的最高残留限量，咖啡因、阿司匹林等不需要制定最高残留限量；抗生素类需要制定最高残留限量（表 9-6）；肉类中不得检出残留的兽药有地西泮、甲硝唑和赛拉嗪等；氯霉素、盐酸克伦罗和沙丁胺醇等禁止用于所有食用动物。

表 9-6　肉类食品中部分抗生素的最高残留限量

抗生素	肉类最高残留限量/（μg/kg）	抗生素	肉类最高残留限量/（μg/kg）
四环素	≤100	红霉素	≤200
金霉素	≤100	链霉素	≤200
土霉素	≤100	青霉素	≤50
林可霉素	≤100	阿莫西林	≤50

3. 对屠宰过程的卫生要求　为了防止屠宰时牲畜的胃肠内容物污染肉尸，牲畜在屠宰前应禁食 12 小时，禁水 3 小时；测量体温（正常体温猪为 38~40℃、牛为 37.8~39.8℃），对于体温异常的，要隔离观察；宰杀后的肉尸与内脏统一编号；检验合格的肉尸要及时冷藏或冷冻。

4. 对运输、销售的卫生要求　肉类在运输过程中，不论是新鲜肉还是冻肉，要选用有防尘、防蝇、防晒设施的密闭冷藏车；鲜肉要挂放，冻肉可堆放；合格肉与病畜肉、鲜肉与熟肉不能同车运输；肉尸和内脏不能混放；卸车时要有铺垫，肉类及内脏不能接触地面；熟肉制品必须包装后专车运输，而且包装盒不能落地；每次运输后的车辆、工具要进行洗刷消毒；经营肉类零售的店铺，要做好防蝇、防尘措施，有专用的刀、砧板等工具，当天售不完的肉应冷藏保存，再次出售时，要重新彻底加热。

（三）肉制品的卫生问题及管理

常见的肉制品有干制品（如肉干、肉松）、腌制品（如咸肉、火腿、腊肉等）、灌肠制品（如香肠、肉肠、粉肠、红肠等）、熟肉制品（如卤肉、肴肉、熟副产品）及各种烧烤制品。肉制品因其独特的风味及食用方便等特点，具有很大的市场需求。肉制品的卫生问题主要是：

1. 加工肉类制品时，一定要注意原料肉的卫生质量。

2. 肉类加工过程中，为了改善肉类的感官性状、延长保质期、增加食品的风味等，会在原料中加入少量的天然或者化学合成的添加剂，一旦过量使用，会对健康产生影响；加工腌肉或香肠，参照食品安全国家标准《食品添加剂使用标准》（GB 2760—2014），要严格限制硝酸盐或亚硝酸盐的使用量；熏烤类肉制品要注意降低多环芳烃的污染；注意经过高温、油炸、烘烤等处理的肉类制品中的杂环胺类物质引起的肉类污染。

3. 加工好的肉类制品，通常需要包装后再销售，因此，包装材料也是影响肉类制品卫生质量的关键因素。有毒包装材料内部的有毒、有害成分会迁移和溶入到肉类制品中，如铅、砷等；合成树脂中的有毒单体；各种有毒的添加剂和黏合剂；涂料等辅助包装材料中的有害成分。

肉制品管理主要是原料管理以及加工工艺的管理。一方面，加强牲畜在饲养过程中以及宰杀前的检验检疫和管理，通过感官分析、细菌学和病理组织学检验，确保进入市场流通的肉制品以及加工肉制品的肉类原料的卫生质量。另一方面，在肉制品加工过程中，要注意加强加工工艺的管理，一是注意从生肉到产品的加工过程中的温度管理；二是注意加工过程中各工艺之间的连接，并注意加工过程中的卫生要求，防止交叉污染。

二、禽肉类食品

禽肉类主要包括鸡、鸭、鹅及其内脏。禽肉制品是以鲜肉、冻禽肉为主要原料，经选料、修整、配料、腌制、成型、蒸煮、冷却、包装等工艺制成的食品。近年来，微生物超标和抗生素残留过量是此类食品常见的卫生问题。

（一）禽肉的主要卫生问题

1. 禽肉的微生物污染　一类为病原微生物，如沙门菌、金黄色葡萄球菌和其他致病菌污染家禽的肌肉，食用前未加热或加热不彻底，可引起食物中毒或传染病；另一类为非致病微生物如假单胞菌等引起的卫生问题，此类微生物能在低温下生长繁殖，引起禽肉感官性状的改变，严重时可以引起禽肉的腐败变质，在禽肉表面形成肉眼可见的各种色斑。

2. 禽肉的抗生素、激素残留超标　抗生素残留主要来自于家禽饲养户在饲料中添加的庆大霉素、环丙沙星、氧氟沙星、氟哌酸、青霉素、链霉素、氯霉素等；激素主要是乙烯雌酚、黄体酮、丙酸睾丸素、苯甲酸雌二醇等。

（二）禽肉的卫生管理

为确保禽肉的卫生质量，对于禽肉的卫生管理，应注意以下几个方面的问题。

1. 家禽的合理宰杀　宰杀前24小时禁食，充分喂水以清洗肠道。宰杀过程中防止污染发生。

2. 加强禽肉的卫生检验　病禽不能宰杀，如果宰杀前发现了病禽，要及时隔离；宰杀后通过检验发现的病禽肉尸，要根据具体情况进行处理。

3. 宰后及时冷冻保存　宰杀后的禽肉应及时冷藏于-30~-25℃、相对湿度为80%~90%的冷库，在此条件下可保存半年。

4. 加大对抗生素、添加剂使用对象、使用期限及使用量的监督检查　积极研制禽饲料专用抗生素，使其与人用抗生素严格分开；严格限制合成性雌激素的应用，研发能消失、不吸收、不残留的肽类、蛋白质类激素。

三、鱼类食品

鱼类品种繁多,根据生活的环境,可以分为淡水鱼、海水鱼。根据在水体中生存的深度,可以分为深海鱼、浅水鱼等,是水产品中比重最大的一类。鱼类富含水分、蛋白质、脂肪、无机盐、维生素等,不饱和脂肪酸含量高。

(一)鱼类的卫生问题

1. 重金属污染 工业废水、生活污水排放可导致鱼类生长水域的污染,特别是能使鱼类体内含有较多的重金属,如汞、镉、铅等,而且鱼类对重金属有较强的耐受性,这些重金属可在鱼类体内长时间蓄积。

2. 农药污染 农田施用的农药,农药厂排放的废水污染水体,可在污染水域生活的鱼体内蓄积,因此,淡水鱼受污染的程度高于海水鱼。目前,鱼类的农药污染主要是滴滴涕(dichlorodiphenyltrichloroethane,DDT)、六氯环己烷(hexachlorocyclohexane,HCH,别称六六六)。因此,要重点监测鱼类DDT、HCH的残留量,作为判断其受农药污染的指标。

3. 病原微生物的污染 人畜粪便及生活污水的任意排放,可使鱼类及其他水产品受到病原微生物的污染。常见致病微生物有副溶血性弧菌、沙门菌、志贺菌、大肠埃希菌、霍乱弧菌以及肠道病毒等。海产食品最容易受到副溶血性弧菌的污染,引发食物中毒。另外,在运输、销售、加工等生产过程中,鱼类接触到受病原菌微生物污染的容器和工具等,也会增加受污染的机会。

4. 寄生虫感染 淡水鱼、螺、虾、蟹等常是很多寄生虫的中间宿主,如华支睾吸虫、肺吸虫等。淡水鱼是华支睾吸虫囊蚴的宿主,蟹是肺吸虫囊蚴的宿主。如果生食淡水鱼或蟹,或者烹调加工的温度低、时间短,不能杀死感染性幼虫,人作为中间宿主或终宿主,可感染这类寄生虫病。

5. 腐败菌污染 与肉类相比,鱼类水分含量高,营养丰富,污染的微生物种类多,而且酶的活性高,更易发生腐败变质。活鲜鱼肉是无菌的,但体表、鳃及肠道中则有与水域大致相同种类的细菌;鱼类从捕捞到烹调加工,经常接触容器、包装材料、运输工具等物品,导致鱼受污染;引起海水鱼腐败变质的细菌有假单胞菌属、无色杆菌属、黄杆菌属、摩氏杆菌属等,这些菌也可引起淡水鱼腐败变质。产碱杆菌属、产气单胞杆菌属和短杆菌属等可引起淡水鱼的腐败变质。在鱼体丰富的营养环境下,温度条件适宜(20~30℃),细菌繁殖很快,非常容易引起鱼的腐败变质。

(二)鱼类食品的卫生管理

1. 鱼类的养殖环境的卫生要求 严格控制工业废水、生活污水、农药等对鱼类生活水域的污染;科学合理的养殖,特别要注意养殖密度;加强对鱼类生活环境的监测。

2. 鱼类保鲜的卫生要求 食品安全国家标准《鲜、冻动物性水产品》(GB 2733—2015)中规定海水鱼中挥发性盐基总氯≤30mg/100g,淡水鱼中挥发性盐基总氯≤20mg/100g。除鲐鱼等高组胺鱼类外,其他鱼类的组胺≤20mg/100g。低温、盐腌、防止微生物污染和减少鱼体损伤是有效的鱼类保鲜措施。鱼类的保鲜可以抑制鱼体内酶的活性,防止微生物污染,抑制微生物的繁殖,防止鱼类发生腐败变质。

鱼类的低温保鲜有冷冻和冷藏两种,冷冻是在-18℃左右,冷藏是在10℃左右。冷冻适用于新鲜度高的鱼，在 –25℃以下速冻，然后在 –18~–15℃的温度条件下贮存，可保鲜 6~9 个月；鱼类冷藏可保存 4~5 天。鱼的脂肪酶在 –23℃以下才会被抑制，所以，含脂肪多的鱼不宜久藏；盐腌保藏的效果与鱼的品种、贮存时间及气温高低有关，一般盐分为 15% 左右的鱼制品具有一定的贮藏性。

3. 运输、销售过程的卫生要求　用于运输鱼类的交通工具要经常冲洗，保持清洁卫生；用于外运供销的鱼类及水产品，要保证达到规定的鲜度，尽量冷冻调运；鱼类在运输、销售时，要避免污水和化学毒物的污染；接触鱼类及水产品的工具、容器、设备应由无毒无害的材料制成；为了减少鱼体损伤，可用桶或箱装运；鱼类在销售过程中的各个环节，都要有严格的质量检收、检验制度；含有天然毒素的水产品，如鲨鱼等必须去除肝脏，河鲀不得流入市场。

4. 鱼类制品的卫生要求　常见的鱼类制品主要是腌制的咸鱼、鱼干、鱼松等。制备咸鱼的原料应选用良质鱼；确保食盐不含嗜盐的沙门菌、副溶血性弧菌，氯化钠含量应在 95% 以上；盐腌场所和咸鱼体内不得含有干酪蝇和鲣节甲虫幼虫。鱼干的晾晒要注意通风和干燥，晾晒过程中要勤翻晒，防止局部温度过高，蛋白质凝固变性，导致鱼干外干内潮。制作鱼松的原料鱼必须为良质鱼，先把鱼冲洗、清洁、干蒸，用溶剂抽去脂肪再进行加工，控制其水分含量为 12%~16%。

四、鲜奶及奶制品

奶类营养成分齐全、组成比例适宜、易消化吸收、营养价值高。鲜奶主要是鲜牛奶，也有部分是鲜羊奶，通常提到的鲜奶是指鲜牛奶。鲜奶中蛋白质含量平均为 3%，消化率高达 90% 以上。脂肪含量约为 3%~4%，并以微脂肪球的形式存在，有利于消化吸收。碳水化合物主要为乳糖，有调节胃酸、促进胃肠蠕动和促进消化液分泌的作用，并能促进钙、铁、锌等矿物质的吸收以及促进肠道乳酸杆菌繁殖，抑制腐败菌的生长。鲜奶中富含钙、磷、钾，且容易被人体吸收，是膳食钙的最佳来源。除了鲜奶，还有一些奶制品，如调制奶、发酵奶等液体奶，奶粉（全脂奶粉、脱脂奶粉、部分脱脂奶粉、调制奶粉、牛初乳）和炼乳等奶制品。

奶业产业链与原料性质所具有的特殊性，使得奶制品质量安全的保障与监管具有一定难度。原料奶的质量是决定奶制品质量的关键。原料奶生产的产业链长，易受外来污染，其安全隐患与风险远大于其他食品加工行业。另外，奶制品在加工、仓储、运输、销售的各个环节，均有可能受到外来污染物的污染。

（一）鲜奶的卫生问题

1. 微生物污染　鲜奶的卫生问题主要是微生物污染。鲜奶中营养丰富，适宜微生物的生长繁殖。微生物污染奶后，在奶中大量生长繁殖，并分解营养成分，可将奶中的乳糖分解成乳酸，使奶的 pH 值下降，蛋白质凝固和分解；分解蛋白质后，分解产物如硫化氢、吲哚等可使奶具有臭味，影响奶的感官性状，失去食用价值。刚挤出的奶中含有乳素，能抑制细菌生长，其抑菌作用的时间与奶中存在的细菌数和存放的温度有关。细菌数多、温度高，抑菌时间就短。

鲜奶中的微生物污染，一种是鲜奶在挤出之前受到微生物污染。当奶牛患乳腺炎和传染病时，挤出的奶中可有病原菌污染。另一种是挤奶过程或奶挤出后，由于奶畜体表、环境、容器、加工设备、挤奶工人的手等有微生物污染，导致奶类被污染，尤其是挤奶时若加垫草或喂粗饲料时，空气中的尘埃增加，奶中的尘埃及细菌也相应增加，而且，奶牛的腹部很容易被土壤、牛粪、垫草等污染；挤奶员的健康、牛奶贮存与运输条件等也与细菌污染有关。

鲜奶中常见的微生物包括以下几种。

（1）腐败菌：引起奶类腐败的变质主要有乳酸菌、丙酸菌、丁酸菌，乳酸菌是最常见且数量最多的一类微生物。

（2）致病菌：在挤奶时和挤奶后到食用前的各个环节中，奶可被一些致病菌污染，引起人出现乳源性疾病，如沙门菌、大肠埃希菌可引起食物中毒；伤寒杆菌、痢疾杆菌可引起消化道疾病；结核、布鲁菌病、炭疽、口蹄疫等可引起人畜共患传染病。

（3）真菌：主要有乳粉孢霉、乳酪粉孢菌等，可引起干酪、奶油等乳制品的霉变和真菌毒素的残留。

2. 化学性污染　奶牛饲料中残留的农药、霉菌的有毒代谢物、重金属、药物性添加剂、兽药和抗菌药物、驱虫药和激素等兽药，以及环境化学性污染物等都会对奶造成污染。

3. 鲜奶的掺假、掺杂及伪造　目前，商品奶掺假作伪的情况比较突出。掺水的同时掺入电解质类（盐、明矾、石灰等）、掺入洗衣粉、白硅粉、白陶土等增加奶的比重，或者中和奶的酸度；掺入非电解质类，如尿素、蔗糖等；掺入米汤、豆浆等增加奶类的比重；掺入甲醛、硼酸、苯甲酸、水杨酸、青霉素等抗生素，防止腐败，延长保质期。

（二）奶类的卫生管理

1. 饲养场的卫生　奶畜养殖场、养殖小区要有健全、配套的卫生设施；要配有可对奶畜粪便、废水和其他固体废弃物进行综合处理、利用的设施；用水要符合《生活饮用水的卫生标准》。定期清洁牛舍、牛床、运动场，要保持平整、干燥、清洁、无污染物。经常对牛体、牛的乳腺进行清洁，防止微生物的污染。

2. 奶牛的卫生　奶牛要定期预防接种及检疫，发现病牛要及时隔离饲养。患病奶牛的奶要根据具体情况处理：患有乳腺炎奶牛的奶，轻度感染且奶的性状正常，挤出的奶立即消毒后可食用；如果是炎症化脓症状者的奶，须销毁；患有结核病、布鲁菌病的畜乳，可经巴氏消毒后加工成奶制品，如果是有明显结核症状的奶牛的奶，禁止食用；患有炭疽、鼻疽等奶牛的奶应销毁；经过多种抗生素治疗过的奶牛，其牛奶在一定时期内仍残存抗生素，一般休药期为7天，因此，需要挤奶的乳畜要提前7天停药。

3. 奶制品厂的卫生　奶制品厂的厂房设计与设施的卫生应符合食品安全国家标准《乳制品良好生产规范》（GB 12693—2010）。奶制品厂应建在交通方便，水源充足，无有害气体、烟雾、灰沙和其他污染源的地区；奶制品加工的生产工序要连续，防止原料和半成品的积压，导致致病菌、腐败菌的繁殖和交叉污染；加强对生产原料、辅料以及加工后的成品进行质量检查，奶制品必须检验合格后才能出厂。检验合格的原料、包装材料要合理安排使用，应该是先进先出，或效期先出，即先入库、快到保存有效期的原料、包装材料要先使用。

从事乳品加工的工作人员要持健康证上岗，保持个人卫生，至少每年进行一次健康检查；患有传染病、消化道疾病及皮肤病的人员不能从事乳制品的加工。

4. 挤奶的卫生要求　挤奶时一定要规范操作，保证奶的卫生质量。挤奶前1小时停止给乳牛喂干料，用0.1%高锰酸钾或0.5%漂白粉温水消毒乳房，并用干净的毛巾擦干；注意乳畜的清洁和挤奶环境的卫生；挤奶的容器、用具要严格执行卫生要求；挤奶人员应当持有有效的健康证明，挤奶时要穿戴清洁的工作服，戴好工作帽，洗手至肘部；每次挤奶时，挤出的第一、第二把奶应废弃；产犊前15天的胎乳、产犊后7天的初乳、兽药休药期内的乳汁及患乳腺炎的乳畜的乳汁等应废弃。挤出的奶要立即进行净化处理，除去奶中的草屑、牛毛、乳块等非溶解性杂质，可降低奶中微生物的数量，净化可采用过滤净化或离心净化等方法。

一般情况下，刚挤出的奶中存在少量的微生物，奶中的乳素具有抑制细菌生长的作用，奶中的菌量越多，奶的存放温度越高，乳素的抑菌时间就越短，一般生奶可在0℃存放48小时，5℃时为36小时，10℃时为24小时，25℃时为6小时，30℃时为3小时，37℃时为2小时，所以挤出的奶要及时冷却，防止微生物繁殖造成奶的腐败变质。

（三）奶类贮存、运输过程的卫生管理

生乳在挤奶后2小时内要将温度降至0~4℃；奶类应贮存在清洁、干燥的地方，应有防止虫、鼠啃咬的措施；奶类的运输应采用保温奶罐车，防止微生物对奶的污染和奶的变质；储运奶的容器每次使用前后应清洗、消毒；储运奶的设备要有良好的隔热保温设施，最好采用不锈钢材质，便于清洗和消毒。

（四）奶类的消毒

为了确保奶类的卫生质量，奶制品在进入市场流通之前，需要进行灭菌消毒，生奶禁止在市场流通。奶类的灭菌应该保证既不破坏奶类营养成分，又可杀灭奶中的细菌，因此，选择合适的消毒方法尤为关键，巴氏消毒法是目前采用较为广泛的奶类消毒方法。奶类经过消毒后的卫生质量要达到食品安全国家标准《巴氏杀菌乳》（GB 19645—2010）和食品安全国家标准《灭菌乳》（GB 25190—2010）的卫生要求。

1. 巴氏消毒法

（1）传统巴氏消毒法：将奶加热到62~65℃，保持30分钟。

（2）高温短时巴氏消毒法：72~75℃加热15~16秒或80~85℃加热10~15秒。

（3）超高温瞬时灭菌法：在130~150℃保持0.5~3秒。

2. 煮沸消毒法　将奶直接加热煮沸，保持10分钟，该方法简单，但对奶的理化性质和营养成分有影响。

3. 蒸汽消毒法　将瓶装生奶放入蒸汽箱或蒸笼中加热至蒸汽上升后维持10分钟，奶温可达85℃，该消毒法对奶的营养损失小，在无巴氏消毒设备的条件下推荐使用。

（五）奶制品的卫生管理

奶制品包括各种奶粉、炼乳、发酵乳、乳清蛋白粉和奶油等。奶制品也要符合相应的食品安全国家标准，不得掺杂、掺假；奶制品中使用的食品添加剂要符合食品安全国家标准《食品添加剂使用标准》（GB 2760—2014）的规定；奶制品的包装要密封、完整，并且要有品名、厂名、生产日期、批号、保存期和食用方法，食品标签要与内容相符合。

1. 乳粉　乳粉卫生质量应达到食品安全国家标准《乳粉》（GB 19644—2010）的要求，有苦味、腐败味、霉味、化学药品和石油等气味时禁止食用。

2. 炼乳　可分为淡炼乳、加糖炼乳和调制炼乳。炼乳的理化指标、污染物限量、真菌毒素和微生物限量等详见食品安全国家标准《炼乳》（GB 13102—2010）的要求。

3. 发酵乳　以生牛（养）乳或乳粉为原料，经杀菌、发酵后制成的奶产品，由于有发酵的过程，奶制品中的乳糖变成了乳酸，pH值下降。发酵乳的理化指标、污染物限量、真菌毒素和微生物限量等，要符合食品安全国家标准《发酵乳》（GB 19302—2010）的卫生要求。目前，市场上也有很多风味酸乳，此类奶制品在加工过程中，允许加入食品添加剂、营养强化剂、果蔬、谷物等，要确保加入的原料符合相应的安全标准和/或有关规定。发酵乳在出售前应贮存在2~8℃的仓库或冰箱中，发生腐败变质、包装胀气、有大量乳清析出的发酵乳不能出售和食用。

4. 奶油（黄油）　根据脂肪含量，可分为稀奶油（脂肪含量10.0%~80.0%）、奶油（脂肪含量不小于80.0%）和无水奶油（脂肪含量不小于99.8%）。奶油的理化指标、微生物指标应达到食品安全国家标准《稀奶油、奶油和无水奶油》（GB 19646—2010）的要求。

5. 乳清粉和乳清蛋白粉　乳清粉是以乳清为原料，经干燥制成的粉末状产品，乳清蛋白粉是以乳清为原料，经分离、浓缩、干燥等工艺制成的蛋白含量不低于25%的粉末状产品。乳清粉和乳清蛋白粉的理化指标、污染物限量、真菌毒素和微生物限量等详见食品安全国家标准《乳清粉和乳清蛋白粉》（GB 11674—2010）的要求。

五、蛋类食品

蛋类包括鸡蛋、鸭蛋、鹅蛋、鹌鹑蛋、鸽蛋，不同品种的蛋类营养成分大致相同。蛋类可为机体提供丰富的蛋白质、无机盐、维生素、磷脂等。蛋类蛋白质的氨基酸组成与人体最为接近，营养价值高，是优质蛋白质的来源。《中国居民膳食指南》和《中国居民膳食宝塔》（2016年版）中明确指出，适量吃蛋，每周吃蛋类280~350g。

1. 蛋类的卫生问题　蛋类的卫生问题主要有以下几个方面。

（1）鲜蛋的微生物污染：主要是条件致病菌（沙门菌、金黄色葡萄球菌）和引起腐败变质的微生物。污染的途径主要有以下几种。

1）产蛋前污染：禽类感染传染病后，病原微生物可通过血液进入卵巢卵黄部，使蛋黄带有致病菌，如鸡伤寒沙门菌等。

2）产蛋时污染：禽类泄殖腔内的微生物可上行至输卵管，造成蛋壳形成前的污染。

3）蛋壳的污染：在不洁的产蛋场所及运输、贮藏过程中，外界的微生物可以黏附在蛋壳的表面，在适宜条件下（温暖、潮湿的环境），微生物通过蛋壳气孔进入蛋内并迅速生长繁殖，使蛋腐败变质。蛋类在贮存过程中，由于酶和微生物的作用，蛋白质分解，导致蛋黄移位、蛋黄膜破裂，蛋黄与蛋清混在一起，蛋白质分解形成的硫化氢、胺类、粪臭素等产物使蛋具有恶臭气味。

（2）有毒有害物质的残留：不规范地使用抗生素、激素等也会对禽蛋造成污染；长期使用农药，如有机氯农药，可导致农作物中的残留量增加，并可通过食物链造成蛋类及加工食品中的残留量超标；饲料中添加生长激素、性激素等，可导致禽蛋中激素残留量超标。

2. 蛋类的卫生管理　为了提高蛋类的卫生质量，应加强对鲜蛋的卫生管理。蛋类的生产、加工要符合食品安全国家标准《蛋与蛋制品生产卫生规范》（GB 21710—2016）的要求。加强禽类饲养条件的管理，保持禽体及产蛋场所的卫生；鲜蛋贮存在1~5℃，相对湿度87%~97%的条件下，可保存4~5个月。自冷库中取出的蛋，应先在预暖室内放置一段时间，防止产生的冷凝水造成微生物对禽蛋的污染。

3. 蛋类制品的卫生问题　常见的蛋类制品有咸蛋、皮蛋（松花皮蛋）、蛋粉等，蛋类制品的卫生问题主要是加工制作蛋制品的原料蛋不新鲜，使用腐败变质的蛋加工蛋类制品；原料蛋中的抗生素、激素、农药等残留超标，导致加工后的蛋类制品中有毒有害物质的残留超标；皮蛋中铅含量超标等。

4. 蛋类制品的卫生管理　对于蛋类制品的管理主要是加工制作蛋制品的原料蛋必须新鲜，不能使用腐败变质的原料蛋进行蛋类制品的加工；制作皮蛋时应注意铅的含量，可采用氧化锌代替氧化铅，以降低皮蛋内铅含量；冰蛋和蛋粉的制作要严格遵守有关的卫生制度，打蛋前蛋壳要洗净、消毒；蛋制品加工过程中所用的工具、容器需要预先清洗、消毒；食品制作人员应遵守严格的卫生制度。

点滴积累

1. 肉类制品的主要卫生问题是腐败变质、药物残留以及人畜共患传染病和寄生虫病。
2. 鱼类的卫生问题主要是微生物，特别是腐败菌的污染、寄生虫的污染，以及重金属污染和化学农药的污染。
3. 鲜奶及奶制品主要是微生物污染、药物残留和掺假、掺杂。
4. 蛋类的卫生问题主要是微生物污染。
5. 针对不同食品的卫生问题，应该采取不同的预防措施。在动物性食品的生产、加工、贮存、运输、销售的各个环节，都要严格执行国家制定的食品卫生标准。

第三节　其他食品的卫生及管理

一、食用油脂

（一）食用油的卫生问题

1. 食物油的污染物

（1）多环芳烃类化合物：多环芳烃（polycyclic aromatic hydrocarbons，PAHs）是指分子中含有2个或2个以上苯环或环戊二烯的一类化合物。当前发现的400多种PAHs的单体化合物及其衍生物中，以苯并（α）芘致癌性最强。油脂在生产和使用过程中可能受到多环芳烃类化合物的污染，其污染来源包括工业生产引起的大气污染导致油料作物的污染，油脂加工过程中使用润滑油或溶剂油残留污染，以及油脂在高温下反复加热引起油脂发生热聚反应所产生的污染。苯并（α）芘是一种普遍存在于环境中的多环芳烃化合物。在压榨工艺中，苯并（α）芘主要来源于油料高温蒸炒过程；在浸出工艺中，苯并（α）芘主要来源于溶剂与油分离过程中的两次加热环节或抽提剂污染。我国食品安全国家标准《食品中污染物限量》（GB 2762—2017）规定，在食用植物油产品中苯并（α）芘的安全限量为≤10μg/kg。

（2）棉酚：棉籽原油是未经任何处理的不能直接供人类食用的棉籽油，民间俗称黑油，棉籽原油中含有的游离棉酚可以被人体直接消化吸收，损伤血管、神经、消化和生殖系统等。棉酚本身具有颜色，会引起油色加深，与磷脂等结合对颜色等品质影响大。此外，棉酚容易与油脂、油料发生氧化、聚合反应，也会影响棉籽油品质。为了保证棉籽油食用安全，在棉籽油生产过程中，必须将棉酚脱除。成品棉籽油（即食用棉籽油）是经过精炼工艺处理，质量标准和卫生标准符合相关标准要求，可直接供人类食用的棉籽油。

（3）真菌毒素：最常见的真菌毒素是黄曲霉毒素，玉米和花生最容易受到污染。成品油加工生产过程中，通过原料筛选、碱炼和吸附等控制手段，可将成品油中黄曲霉毒素降到非常低的水平。若加工企业对成品油检测不严格，则可能导致含有黄曲霉毒素的食用油流入市场。人食用含黄曲霉毒素的食用油，毒素会在体内累积，诱发多种病变，甚至癌症。

2. 防止食用油脂变质的措施 油脂或油脂含量较高的食品，在加工和贮藏期间，因空气中的氧气、光照、微生物和酶等作用，产生令人不愉快的气味、苦涩味和一些有毒性的化合物，这种现象称为油脂的酸败。油脂酸败不但能改变油脂和含油食品的风味，影响油脂和含油食品的营养价值，而且对人体的健康也有一定的影响，有的酸败产物还具有致癌作用。常用的预防油脂酸败的措施有加入抗氧化剂、防潮和避光，以及降低氧气浓度等。

（1）加入抗氧化剂：抗氧化剂比油脂更容易氧化，结合容器中的氧而保护了油脂。抗氧化剂还能与过氧化自由基结合生成稳定的化合物，发挥抗氧化作用。

（2）防潮和避光：通过选择避光和防潮性能良好的包装材料，可以避免水分与紫外线对油脂氧化的促进作用。

（3）降低氧气浓度：氧气的浓度是影响油脂氧化的最重要的因素之一，采用隔离、除氧剂、充氮气等方法能够有效地抑制油脂的氧化。

（二）食用油的卫生管理

1. 食用油的卫生标准 食品安全国家标准《植物油》（GB 2716—2018）规定了植物原油、食用植物油、食用植物调和油和食品煎炸过程中的各种食用植物油的卫生标准。此标准要求植物油加工所需原料和辅料必须符合国家的有关规定。食用植物油应具有产品正常的色泽、透明度、气味和滋味，无焦臭、酸败及其他异味。食品添加剂质量、品种及其使用量应符合相应的标准和有关规定。包装材料或容器应符合卫生要求，包装容器应清洁、干燥和密封。由转基因原料加工而成的产品，应符合国家有关规定进行销售包装标识。食用植物油在贮存、运输中不得与非食用植物油混存，不得与有毒、有害物品混运，应有防雨、防晒、防污和防爆措施。食用植物油理化指标见表 9-7。

污染物、真菌毒素和农药残留限量应分别符合 GB 2761、GB 2762 和 GB 2763 的规定。

表 9-7 食用植物油理化指标

项目		指标			检验方法
		植物原油	食用植物油	煎炸过程中的食用植物油	
酸价（KOH）/（mg/g）					
米糠油	≤	25	3	5	GB 5009.229
棕榈（仁）油、玉米油、橄榄油、棉籽油、椰子油	≤	10			
其他	≤	4			
过氧化值 /（g/100g）	≤	0.25	0.25	—	GB 5009.227
极性组分 /%	≤	—	—	27	GB 5009.202
溶剂残留量 [a]/（mg/kg）	≤	—	20	—	GB 5009.262
游离棉酚 /（mg/kg）					
棉籽油	≤	—	200	200	GB 5009.148

注：划有"—"者不做检测。[a] 压榨油溶剂残留量不得检出（检出值小于 10mg/kg 时，视为未检出）。

2. 食用植物油厂卫生规范

（1）卫生规范：食品安全国家标准《食用植物油及其制品生产卫生规范》（GB 8955—2016）规定了食用植物油及其制品生产过程中原料采购、加工、包装、贮存和运输等环节的场所、设施、人员的基本要求和管理准则。应根据原料、食品添加剂的特点和要求，必要时配备保温、冷藏等设施，并对温度等进行控制和记录。贮存散装原料的筒仓、贮罐，应按不同品种、不同质量等级进行分仓、分罐存放。食用植物油料在贮藏期间，应对温度、水分、虫害情况进行检查并做好记录，发现霉变、虫蚀等情况应及时采取相应的处理措施。与食用植物油及其制品直接接触的包装容器及相关包装材料不应使用邻苯二甲酸酯类物质。

（2）卫生管理：应符合食品安全国家标准《食品生产通用卫生规范》（GB 14881—2013）相关规定，灌装车间、仓库等封闭式的生产、贮存场所应采取有效措施（如纱窗、防鼠板、风幕等），防止鼠类等虫害侵入。进入灌装车间等清洁度要求较高的区域应穿专用工作服。生产过程的食品安全控制应符合相关规定。

课堂活动

生活中常见食用油有哪些？你知道这些食用油是如何加工而成的吗？

二、冷饮食品

冷饮食品通常包括冷冻饮品和饮料。按食品安全国家标准《冷冻饮品和制作料》（GB 2759—2015）的定义，冷冻饮品是以饮用水、食糖、乳及乳制品、果蔬制品、豆类、食物油脂等其中的几种为主要原料，添加或不添加其他辅料、食品添加剂、食品营养强化剂，经配料、巴氏杀菌或灭菌、凝冻或冷冻等工艺制成的固态或半固态食品，包括冰淇淋、雪糕、冰棍、甜味冰、食用冰等。按《饮料通则》（GB/T 10789—2015）的定义，饮料或饮品为经过定量包装的，供直接饮用或按一定比例用水冲调或冲泡饮用的，乙醇含量（质量分数）不超过 0.5% 的制品，可为饮料浓浆或固体形态。

（一）冷饮食品的卫生问题

1. 冷饮食品原料污染　冷饮食品在原料、生产制作、包装和销售等环节中均可受到微生物的污染。在生产销售过程中接触的设备、工具和操作人员的卫生状况是影响微生物污染冷饮食品的重要因素。过量或使用劣质食品添加剂，例如厂家片面追求经济利益，用价钱较低的甜味剂替代食糖。

2. 生产过程的食品安全问题

（1）产品污染风险控制：在冷饮食品生产过程中，应做好产品污染风险控制。定期检测食品加工用水水质。饮料用水需脱氯时，应定期检验，确保游离余氯去除充分。有水处理工艺的，应规定水处理过滤装置的清洗更换要求，制定处理后水的控制指标并监测记录。有调配工艺的，需复核确认，防止投料种类和数量有误。调配使用的食品工业用浓缩液（汁、浆）、原汁、糖液、水及其他配料和食品添加剂，使用前应确认其感官性状无异常。溶解后的糖浆应过滤去除杂质，调好的糖浆应尽快使用。半成品的贮存应严格控制温度和时间，配制好的半成品应尽快使用。已调配好的半成品没有及时用于生产时，应作有效处理，防止污染或腐败变质，使用时应对其进行检验，不符合标准的应予以废弃。杀菌工序应有相应的杀菌参数（如温度、时间、压力等）的记录或图表，并定时检查是否达到规定要求。

（2）控制生物污染：生产过程中还应做好生物污染的控制。采用的清洁消毒方法应安全、卫生、有效。包装容器、材料在使用前应清洁或消毒，如果采用吹瓶、灌装、封盖（封口）一体设备，且设备自带空瓶或瓶胚除尘和瓶盖消毒功能，可不再进行空瓶和瓶盖清洗消毒。

（3）监控微生物，控制化学和物理污染：饮料加工过程中还应对微生物进行监控，对化学污染和物理污染进行控制。生产过程中使用的洗涤剂和消毒剂应符合国家相关标准和规定。生产车间不应在生产过程中使用各类杀虫剂。生产过程中应最大程度地降低食品受到玻璃、金属和塑胶等异物污染的风险，应采取设置筛网、捕集器、磁铁和金属检查器等有效措施降低金属或其他异物污染食品的风险。当进行现场维修、维护及施工等工作时，应采取适当措施避免异物、异味和碎屑等污染食品。

（二）冷饮食品的卫生管理

目前，我国颁布食品安全国家标准《冷冻饮品和制作料》（GB 2759—2015）代替原有的《冷冻饮品卫生标准（含 1 号修改单）》（GB 2759.1—2003）。标准要求，生产所使用的原辅料应符合相应的食品标准和有关规定，食品添加剂的使用应符合食品安全国家标准《食品添加剂使用标准》（GB 2760—2014）中冷冻饮品的规定。食品中营养强化剂的使用应符合食品安全国家标准《食品营养强化剂使用标准》（GB 14880—2012）。冷冻饮品具有感官上应有的正常色泽，无异嗅，无异味，具有产品应有的状态，无正常视力可见外来异物。冷冻饮品产品应贮存在≤-18℃的专用冷库内，冷库应定期清扫、消毒。运输过程中，运输车辆应符合食品卫生要求，并有适当的保温设施，以保持产品应有的状态。

食品安全国家标准《饮料生产卫生规范》（GB 12695—2016）规定了饮料生产过程中原料采购、加工、包装、贮存和运输等环节的场所、设施、人员的基本要求和管理准则。

三、酒类

根据中华人民共和国商务部发布的《酒类产品流通术语》（SB/T 10710—2012），酒类产品指酒精度（乙醇含量）大于或等于0.5%（体积分数）的含酒精饮料，包括发酵酒、蒸馏酒、配制酒、食用酒精以及其他含有酒精成分的饮品（包括无醇啤酒）。

（一）酒类的卫生问题

酒类的卫生问题主要包括：

1. 生产过程中产生的有毒有害物质

（1）甲醇：酒中的甲醇来源于含果胶质多的原料，如薯类含有较多的果胶、木质素和半纤维等，经水解发酵后能分解甲烷基而产生甲醇。甲醇可在体内积蓄，抑制中枢神经系统，损害视网膜神经。

（2）杂醇油：杂醇油是原料中的蛋白质、氨基酸和糖类分解而成的高级醇类，是酒中香味成分之一，但含量过高对人体有害。

（3）氰化物：以木薯为原料酿制的酒，氰化物含量较高。

（4）氨基甲酸乙酯：氨基甲酸乙酯是2A类致癌物（对人很可能致癌）。酒精饮品中的各种物质及其分解物经发酵可产生氨基甲酸乙酯。饮料酒如发酵酒是氨基甲酸乙酯的重要来源。不同饮料酒中氨基甲酸乙酯含量差异很大，以樱桃、杏和梅等核果为原料的酒中氨基甲酸乙酯含量较高，而啤酒中的含量较低。

2. 外源性污染物

（1）农药残留：酿造白酒的主要原料高粱、小麦等农作物在种植及贮存过程中使用农药，部分农药残留可随着蒸馏过程转移至馏分中。

（2）真菌毒素：用于酿造白酒的粮食在生长、加工及贮运过程中受到真菌毒素如黄曲霉毒素B_1、赭曲霉毒素A和桔霉素等的污染。

（3）重金属：酒中的重金属离子包括钙、镁、铁、锰、铅等，可来自于酿酒原料、蒸馏设备、存储容器等。酿酒用水被重金属污染也会直接将金属元素带入酒中。

（4）塑化剂：塑化剂被广泛应用于食品包装行业中。在白酒生产和加工过程中，酒体与含有塑化剂如邻苯二甲酸酯类的塑料或橡胶接触时，塑化剂会迁移至酒体中，造成酒类塑化剂污染。

（5）掺假使假：饮料酒也可能存在掺假使假的情况，如白酒过度使用增香、增味剂等；饮料酒中使用非食用色素；用酒精和各种添加剂勾兑“纯粮酒”；啤酒中加洗衣粉等。

（6）微生物污染：饮料酒包装容器的清洗工作往往被忽视，易导致微生物污染。啤酒、黄酒和葡萄酒在酿造过程中容易受到一些有害微生物的污染。微生物污染啤酒可导致啤酒浑浊，微生物的代谢产物还可改变啤酒的香味和风味。黄酒成品中可能会存在乳酸杆菌、醋酸菌、芽孢杆菌和霉菌等，使酒液发生浑浊和酸败现象。醋酸菌是葡萄酒中的有害微生物，会使葡萄酒发生酸败。

（二）酒类的卫生管理

国家颁布食品安全国家标准《发酵酒及其配制酒生产卫生规范》（GB 12696—2016）代替《葡萄酒厂卫生规范》（GB 12696—1990）、《果酒厂卫生规范》（GB 12697—1990）和《黄酒厂卫生规范》（GB 12698—1990）。本标准规定了发酵酒及其配制酒生产过程中原料采购、加工、包装、贮存和运输等环节的场所、设施、人员的基本要求和管理准则。食品安全国家标准《蒸馏酒及其配制酒》（GB 2757—2012）中规定蒸馏酒及其配制酒的卫生要求。感官要求应符合相应产品标准的有关规定。蒸馏酒及其配制酒的理化指标的要求见表 9-8。

表 9-8　蒸馏酒及其配制酒的理化指标

项目		指标		检验方法
		粮谷类	其他	
甲醇[a]/（g/L）	≤	0.6	2.0	GB/T 5009.48
氰化物[a]（以 HCN 计）/（mg/L）	≤	8.0		GB/T 5009.48

注：[a] 甲醇、氰化物指标均按 100% 酒精度折算。

四、调味品

《中华人民共和国国家标准　调味品分类》（GB/T 20903—2007）中调味品的定义为在饮食、烹饪和食品加工中广泛应用的，用于调和滋味和气味并具有去腥、除膻、解腻、增香、增鲜等作用的产品，主要包括以下几种。

酿造酱：是以谷物和 / 或豆类为主要原料经微生物发酵而制成的半固态的调味品，如面酱、黄酱、蚕豆酱等。

食醋：是以粮食、果实、酒类等含有淀粉、糖类、酒精的物质为原料，经微生物酿造而成的液体酸性调味品。配制食醋是以酿造食醋为主体，与冰醋酸（食品级）、食品添加剂等混合而成的调味食醋。

味精：是以碳水化合物（如淀粉、玉米、糖蜜等糖质）为原料，经微生物（谷氨酸棒状杆菌等）发酵、提取、中和、结晶、干燥而制成的具有特殊鲜味的白色结晶或粉末状调味品。

精制盐：是指以卤水或盐为原料，用真空蒸发制盐工艺、机械热压缩蒸发制盐工艺或粉碎、洗涤、干燥工艺制得的食用盐。粉碎洗涤盐是以海盐、湖盐或岩盐为原料，用粉碎、洗涤工艺制得的食用盐。日晒盐是以日晒卤水浓缩结晶工艺制得的食用盐。低钠盐是以精制盐、粉碎洗涤盐、日晒盐等中的一种或几种为原料，为降低钠离子浓度而添加国家允许使用的食品添加剂（如氯化钾等）经加工而成的食用盐。

（一）调味品的卫生问题

1. 原料的卫生　原料含有杂质、异物、黄曲霉毒素等可导致成品污染。

2. 产品标识　包装容器和材料应符合相应的卫生标准和有关规定，例如食醋在产品的包装标识上必须醒目标出“酿造食醋”或“配制食醋”。散装产品也应在大包装上标明。

（二）调味品的卫生管理

国家颁布食品安全国家标准《酿造酱》（GB 2718—2014）代替《酱卫生标准》（GB 2718—2003），对酿造酱的卫生进行了规定。酿造酱使用的原料和辅料应符合相应的食品标准和规定。酿造酱感观要求无异味，无异嗅，无正常视力可见霉斑和外来异物。氨基酸态氮的水平不应低于0.3g/100g。

食品安全国家标准《食醋》（GB 2719—2018）规定了酿造食醋和配制食醋的卫生指标要求、食品添加剂、生产加工过程的卫生要求和检验方法。制作食醋的原料应符合相应的食品标准和有关规定，感官要求产品应具有应有的色泽、气味和滋味，尝味不涩，无异味，不混浊，可有少量沉淀，无正常视力可见外来异物。理化指标规定食醋总酸（以乙酸计）≥ 3.5g/100ml，甜醋总酸≥ 2.5g/100ml。微生物指标规定菌落总数可接受水平限量值为10^3CFU/ml，最高安全限量值为10^4CFU/ml；大肠菌群可接受水平限量值为10CFU/ml，最高安全限量值为10^2CFU/ml。

食品安全国家标准《味精》（GB 2720—2015）代替《味精卫生标准》（GB 2720—2003）。制作味精的原料应符合相应的食品标准和有关规定，要求无色或白色，具有特殊的鲜味，无异味，应呈结晶状颗粒或粉末状，无正常视力可见外来异物。味精中谷氨酸钠含量不应低于99%。污染物限量和食品添加剂的使用应符合相应的规定。

食品安全国家标准《食用盐》（GB 2721—2015）代替原《中华人民共和国国家标准 食用盐卫生标准》（GB 2721—2003）。制作食盐的原料应符合相应的食品标准和有关规定，感官要求明确了色泽、滋味、气味和状态，即食盐应为白色、味咸，无异味，结晶体，无正常视力可见外来异物。理化指标中确定以纯氯化钠计，不低于97g/100g。此外，标准还提出低钠盐的产品标签中应标示钾的含量，并应清晰标示：“高温作业者、重体力劳动强度工作者、肾功能障碍者及服用降压药物的高血压患者等不适宜高钾摄入的人群应慎用。”

五、罐头食品

罐头食品是指以水果、蔬菜、食用菌、畜禽肉或水产动物等为原料，经加工处理、装罐、密封、加热杀菌等工序加工而成的商业无菌的罐装食品。《罐头食品分类》（GB/T 10784—2006）中将罐头食品按原料分为畜肉类、禽类、水产动物类、水果类、蔬菜类、干果和坚果类、谷类和豆类及其他类，共八大类，各大类按加工或调味方法又分为若干类。

（一）罐头食品的卫生问题

1. 罐头食品原辅材料　罐头食品采用的食品原料、食品添加剂和食品相关产品应符合相关规定。畜肉、禽、水产和果蔬等原料应按相关标准验收合格后方可投入使用。罐头食品加工用水的水质应良好，可直接使用符合要求的生活饮用水。

2. 包装容器

（1）锈蚀：罐头食品容器无论发生外部锈蚀还是内部锈蚀，罐壁一旦穿孔，其内容物均会受到细菌污染，罐内食物重金属含量会超标。

（2）胖听：由于罐头内微生物活动或化学作用产生气体，形成正压，使一端或两端外凸，这种现象称之为胖听。胖听可分为生物性胖听、化学性胖听和物理性胖听。生物性胖听是由于罐头在生产过程中杀菌不彻底或细菌重新进入罐头内分解食品，产生碳酸气体，造成胖听。这种胖听叫作腐败性胖听，也叫真胖听。化学性胖听是由于罐内食物酸性较大，而马口铁内层涂锡不均，或锡层损伤，食物中的有机酸与铁长期作用，引起化学反应，放出氢气聚于罐内，压力过大形成胖听。物理性胖听主要是由于内容物过多、排气不充分、罐头受冻或操作不当引起的。物理性胖听一般叫假胖听，罐内食物没有变质，是可以食用的。有些罐头食品腐败变质后，并不产生胖听现象，外观正常，主要是由肉毒杆菌等厌氧菌分解内容物所致。这类罐头开盖后可闻到腐臭味、酸味，不能食用。

3. 罐内食物变质 罐内食物有明显异味，硫化铁明显污染内容物，发现有害杂物，如碎玻璃、毛发、外来昆虫和金属碎屑等均为不合格品，不能食用。有一般杂质，如棉线、合成纤维丝和畜禽毛等视为缺陷，产品不能出厂销售。感官性状明显不符合要求，如色泽、透明度、块形、碎屑等不符合标准也视为缺陷。

（二）罐头食品的卫生管理

现行食品安全国家标准《罐头食品》（GB 7098—2015）代替《食用菌罐头卫生标准》（GB 7098—2003）、《果、蔬罐头卫生标准》（GB 11671—2003）、《肉类罐头卫生标准》（GB 13100—2005）和《鱼类罐头卫生标准》（GB 14939—2005）。标准规定罐头食品容器应密封完好，无泄漏、无胖听。容器外表无锈蚀，内壁涂料无脱落；罐头食品内容物应具有该品种罐头食品应有的色泽、气味、滋味、形态。

食品安全国家标准《罐头食品生产卫生规范》（GB 8950—2016）规定了罐头食品生产过程中原料采购、加工、包装、贮存和运输等环节的场所、设施、人员的基本要求和管理准则。

六、糕点类食品

糕点是指以谷类、豆类、薯类、油脂、糖、蛋等的一种或几种为主要原料，添加或不添加其他原料，经调制、成型、熟制等工序制成的食品，以及熟制前或熟制后在产品表面或熟制后内部添加奶油、蛋白、可可、果酱等制成的食品。

（一）糕点的卫生问题

1. 原辅料的卫生问题 食品原料如肉、蛋、奶、速冻食品等容易腐败变质；饼店（面包坊）运输食品和接触食品原辅料的工具及容器易被污染；直接接触产品的包装纸、盒及塑料薄膜等包装材料不符合相关标准；生产过程中使用有荧光增白剂的烘焙包装用纸时，有害物质可能会迁移到食品中；使用二次回收的材料作为与食品接触的内包装使用；周转用外包装发生交叉污染。

2. 生产场所及从业人员的卫生问题 饼店（面包坊）选址靠近如粪坑、污水池、暴露垃圾场（站）和旱厕等污染源；厂区内污水处理设施、锅炉房等靠近生产区域和主干道，排放不符合相关规定；生产区建筑物靠近外源公路；厂区内饲养禽、畜等动物。从业人员出现在车间内吸烟、随地吐痰或乱扔废弃物等行为；生产操作前，从业人员没有遵守洗手消毒、整理衣帽或佩戴口罩等卫生制度。

3. 加工过程中的卫生问题 没有严格按照产品工艺要求进行操作，常发生在如醒发、烘烤、蒸煮、油炸和冷却对时间和温度有控制要求的工序；食品加工过程中对微生物监控、化学和物理污染控制没有按相关规定进行操作；生产中需制冰时，没有对冰的微生物状况进行定期检测；油炸产品没有及时添加新油或更新用油，油脂品质劣化；包装用的复合纸罐、纸杯、PET杯等包装材料没有进行灭菌处理；饼店（面包坊）现制现售产品的包装物外包装没有密封，易被污染。

（二）糕点的卫生管理

食品安全国家标准《糕点、面包》（GB 7099—2015）规定了相应的卫生标准。食品安全国家标准《糕点、面包卫生规范》（GB 8957—2016）规定了糕点、面包生产中原料采购、加工、包装、贮存、运输和销售等环节的场所、设施、人员的基本要求和管理准则。糕点加工使用的原料应符合相应的食品标准和有关规定。食品添加剂和食品营养强化剂的使用应符合相关的规定。

1. 厂房选址和设置　饼店（面包坊）应选择有给排水条件和电力供应的地区，不应选择对食品有显著污染的区域。设置在超市、商店、市场内的饼店（面包坊），应距离畜禽产品、水产品销售或加工场所10m以上，难以避开时应设计必要的防范措施。厂房设置应按生产工艺流程需要和卫生要求，有序、合理布局，避免原材料与半成品、成品之间交叉污染。从业人员卫生管理应符合相关规定，遵守各项卫生制度，养成良好的卫生习惯。

2. 加工过程中的卫生管理　生产过程的产品污染风险控制应符合相关规定。加工过程中重复使用的烤盘、操作台、机器设备、工器具用前应仔细检查，是否符合卫生要求，使用后应清洁消毒。饼店（面包坊）中与食品直接接触的材料应符合相关标准，食品包装应能在正常的贮存、运输、销售条件下最大限度地保护食品的安全性和食品品质。饼店（面包坊）应通过定期自行检验或委托具备相应资质的食品检验机构对原料和产品进行抽查检验，建立食品检验记录制度。

3. 运输、贮存及销售的卫生及管理　食品运输中应避免交叉污染。饼店（面包坊）的销售应具有与经营食品品种、规模相适应的销售设施和设备。

4. 糕点出厂前的卫生管理　产品出厂应经工厂检验部门逐批检验，并签发产品合格证。预包装产品出厂前应进行逐批抽样检验，出厂检验项目包括感官检验和净含量允许短缺量。在包装前每一个产品都需进行形态、色泽和杂质的检验。现场制作产品在售卖前应进行现场抽样检验，检验项目包括感官、理化及微生物指标等。

七、食糖、蜂蜜、糖果

（一）食糖、蜂蜜、糖果的卫生问题

1. 食糖主要以甘蔗和甜菜作为制糖原料，可存在原料农药残留量超标、原料发霉或变质等卫生问题。

2. 蜂蜜是蜜蜂采集植物的花蜜、分泌物或蜜露，与自身分泌物混合后，经充分酿造而成的天然甜物质。蜜蜂采集有毒植物的花蜜、分泌物，使用有毒有害的容器盛装蜂蜜、蜂蜜掺杂使假可造成蜂蜜污染。违规使用抗生素可造成蜂蜜抗生素残留。

3. 糖果是以食糖、糖浆或甜味剂等为主要原料，经相关工艺制成的甜味食品。糖果的卫生问题可存在于原材料霉变、食品添加剂滥用等方面。

（二）食糖、蜂蜜、糖果的卫生管理

1. 食品安全国家标准《食糖》（GB 13104—2014）规定了以甘蔗、甜菜为原料生产的原糖、白砂糖、绵白糖、赤砂糖、红糖、方糖和冰糖的卫生标准。食糖应具有产品应有的色泽、味甜，无异味，无异嗅，具有产品应有的状态，无潮解，无正常视力可见外来异物。原糖中不溶于水的杂质应少于350mg/kg。不得检出螨。食糖的卫生管理应遵守食品安全国家标准《食品生产通用卫生规范》（GB 14881—2013）的规定。

2. 食品安全国家标准《蜂蜜》（GB 14963—2011）规定了蜂蜜（不包括蜂蜜制品）卫生标准。蜜蜂采集植物的花蜜、分泌物或蜜露应安全无毒，不得来源于雷公藤、博落回、狼毒等有毒蜜源植物。蜂蜜感官性状应符合表9-9要求。理化指标、污染物限量、兽药残留限量、农药残留限量和微生物限量应符合相关规定。蜂蜜产品要符合蜂蜜的国家卫生标准。放蜂点应远离有毒蜜源植物。接触蜂蜜的容器、用具和包装材料，必须符合相应的卫生标准。蜂蜜的贮存和运输过程中不得接触有毒、有害物质。

表9-9 蜂蜜感官要求

项目	要求
色泽	依蜜源品种不同，从水白色（近无色）至深色（暗褐色）
滋味、气味	具有特有的滋味、气味，无异味
状态	常温下呈黏稠流体状，或部分及全部结晶
杂质	不得含有蜜蜂肢体、幼虫、蜡屑及正常视力可见杂质（含蜡屑巢蜜除外）

3. 糖果应符合相应产品的外观特性，具有正常产品的色泽，有产品应有的气味和滋味，无异嗅异味，符合相应产品的特性，无霉变，无正常视力可见外来异物。食品安全国家标准《糖果巧克力生产卫生规范》（GB 17403—2016）规定了糖果、巧克力生产过程中原料采购、加工、包装、贮存和运输等环节的场所、设施、人员的基本要求和管理准则。应综合考虑不同糖果原料（如原料中是否含有乳制品、果仁、油脂等）、工艺（如有无热处理过程、大量存在粉末状原料的工段）和生产、贮存过程（如需要控制环境温度等）的卫生要求，建立合理的卫生管理制度。

八、方便食品

方便食品是一种消费者几乎不需要添加其他食物成分，也几乎不需要在食用前作烹调准备的加工过的食品，包括方便面、膨化食品和其他方便食品。方便面以小麦粉、荞麦粉、绿豆粉和米粉等为主要原料，添加食盐或面质改良剂，加适量水调制、压延、成型、熟化，经油炸或干燥处理，达到一定熟度的方便食品，如油炸方便面、热风干燥方便面。方便食品只需简单加热、冲调就能食用，具有食用简便、携带方便、易于储藏等特点。

（一）方便食品的卫生问题

1. 食品原料 方便面食品所用原料如粮食、肉类、水果及蔬菜等受细菌、微生物和黄曲霉毒素等污染。

2. 包装材料　加工过程中所用食品添加剂和食品营养强化剂符合相应规定。自制方便食品的汤料或调料包所使用的原料如味精、白砂糖、食用油、动植物蛋白、香辛料、脱水畜禽肉制品、脱水蔬菜等应符合相应国家标准的要求。

3. 灭菌封口　灭菌封口是方便食品密封包装的主要工序。如果在封口部分有水滴、油或纤维附着存在，使封口不严密，易造成第二次污染及漏损现象。

4. 油脂氧化　方便食品密封包装不严密，氧气进入，可促进油脂氧化。

（二）方便食品的卫生管理

食品安全国家标准《方便面》（GB 17400—2015）制定了对方便面、方便米粉（米线）和方便粉丝等的卫生标准。方便面食品所用原料应符合相应的食品标准和有关规定，粮食类原料必须干燥，无杂质，无污染，农药、重金属、黄曲霉毒素等有毒有害物质残留应符合相应规定。加工过程中所用食品添加剂和食品营养强化剂应符合相应规定。自制方便食品的汤料或调料包所使用的原料如味精、白砂糖、食用油、动植物蛋白、香辛料、脱水畜禽肉制品和脱水蔬菜等应符合相应国家标准的要求。方便面食品理化指标要求见表 9-10。

表 9-10　方便面食品理化指标

项目	指标	项目	指标
水分 /（g/100g）		酸价（以脂肪计）（KOH）/（mg/g）	
油炸面饼	≤ 10.0	油炸面饼	≤ 1.8
非油炸面饼	≤ 14.0	过氧化值（以脂肪计）/（g/100g） 油炸面饼	≤ 0.25

《食品安全管理体系　方便食品生产企业要求》（CCAA 0019—2014）和《食品安全管理体系　速冻方便食品生产企业要求》（GB/T 27302—2008）规定了相应的方便食品生产企业的建立与实施和以 HACCP 原理为基础的食品安全管理体系的技术要求。从人力资源、前提方案、关键过程控制、检验、产品追溯和撤回等方面进行规范。

九、转基因食品

转基因食品即指利用基因工程技术改变基因组构成的动物、植物和微生物生产的食品和食品添加剂，包括转基因动植物、微生物产品，转基因动植物和微生物直接加工品，以及以转基因动植物、微生物或者其直接加工品为原料生产的食品和食品添加剂。20 世纪 90 年代以后转基因技术在农业上得到广泛应用，2014 年全球商业化种植了 27 种转基因作物，包括转基因大豆、玉米、棉花和油菜，其中转基因大豆是种植面积最大的作物。

（一）转基因食品的卫生问题

目前，关于转基因食品安全性的争论主要集中在生态环境安全和食品安全两个方面。

生态环境安全是指转基因动植物在饲养和种植的过程中，对生态环境所造成的影响，包括动植物逃逸、基因水平转移和木马基因效应等。转基因生物进入自然环境或生态系统后，可以通过杂交将转基因特性传给其他生物，从而搅乱原有的生态平衡和生态秩序。如具有抗生物耐性的莲藕、红薯与一般莲藕或红薯之间也会发生交配，极大地威胁了生态系统的选择性。

食品安全方面，转基因技术会转移外源蛋白质，可能会导致新的过敏原出现。抗生素抗性基因有可能降低人体对抗生素的敏感性等。现有的技术并不能检测到转基因食品中的潜在危险因素，对食品的安全性不能很好地认识和控制。

（二）转基因食品的卫生管理

国际对转基因食品的管理模式有三种类型，即宽松管理模式、严格管理模式和中间模式。宽松管理模式主要以世界上最大的转基因食品生产国和消费国美国为代表，美国认为转基因和非转基因食品二者没有本质区别，商家在食品标识方面更是采用自愿原则。严格管理模式主要以欧洲为代表，转基因食品受到严格的评价和监控。中间模式主要是以我国等为代表的大多数发展中国家，对于转基因食品采取的政策比较折中。

我国是转基因食品的种植和消费大国，转基因食品的管理和相关法律在不断完善。《农业转基因生物安全管理条例》是我国转基因安全管理的核心法规。《农业转基因生物安全评价管理办法》《农业转基因生物进口安全管理办法》和《农业转基因生物标识管理办法》以及相应的程序性法律文件，规定了我国转基因作物安全评审和标识申报制度。《食品安全法》对食品安全的风险检测与评估、许可、记录、标签和跟踪、召回制度以及法律责任等做了详细规定，并明确生产经营转基因食品应当按照规定进行显著标识，为我国转基因食品安全的监管和保障提供了法律依据。转基因食品监管部门会进一步明确分工，整合监管资源，提高监管效率，建立健全有效的监管体系，保障消费者的身体健康。

点滴积累

1. 食用油脂污染可来源于油脂在生产和使用过程中受到多环芳烃类化合物的污染，以及棉籽原油中含有的游离棉酚和真菌毒素的污染；加入抗氧化剂、防潮和避光，以及降低氧气浓度等措施可防止油类变质。
2. 酒类中有害成分有甲醇、杂醇油、氰化物和钙、镁、铁、锰、铅等金属离子。
3. 罐头食品包装容器可发生锈蚀和胖听。胖听可分为生物性胖听、化学性胖听和物理性胖听。
4. 糕点的卫生管理中对厂房选址和设置有明确规定。饼店（面包坊）不应选择对食品有显著污染的区域。厂房设置应按生产工艺流程需要和卫生要求，有序、合理布局，避免原材料与半成品、成品之间交叉污染。
5. 方便食品的卫生问题可来源于食品原料受污染、包装材料不符合国家标准、灭菌封口不严格以及油脂氧化等。
6. 转基因食品安全主要有生态环境安全和食品安全两个方面。《食品安全法》对食品安全的风险检测与评估、许可、记录、标签和跟踪、召回制度以及法律责任等做了详细规定，并明确生产经营转基因食品应当按照规定进行显著标识，为我国转基因食品安全的监管和保障提供了法律依据。

目标检测

一、选择题

（一）单项选择题

1. 粮谷类的安全水分为（　　）

A. 12%~14%　　B. 10%~13%　　C. 20%
D. 50%　　E. 以上都不是

2. 鱼类的化学农药污染，主要是下列（　　）的污染

A. DDT　　B. 甲胺磷　　C. 对硫磷
D. 乐果　　E. 以上都不是

3. 奶制品中最常见的、数量最多的腐败菌是（　　）

A. 乳酸菌　　B. 丙酸菌　　C. 丁酸菌
D. 芽孢杆菌　　E. 以上都不是

4. 加工腌肉、香肠等肉类制品时，应严格控制（　　）食品添加剂的使用量

A. 硝酸盐、亚硝酸盐　　B. 色素　　C. 增鲜剂
D. 香料　　E. 以上都不是

5. 水生植物很容易污染（　　）寄生虫

A. 姜片虫　　B. 蛔虫　　C. 弓形虫
D. 绦虫　　E. 以上都不是

6. 我国食品安全国家标准《食品中污染物限量》（GB 2762—2017）规定，在食用植物油产品中苯并（α）芘的安全限量为小于等于（　　）

A. 5μg/kg　　B. 10μg/kg　　C. 15μg/kg
D. 20μg/kg　　E. 25μg/kg

（二）多项选择题

1. 肉类腐败变质包括下面（　　）过程

A. 僵直　　B. 后熟　　C. 自溶
D. 腐败　　E. 以上都不是

2. 人畜共患传染病包括（　　）

A. 炭疽　　B. 鼻疽　　C. 口蹄疫
D. 结核病　　E. 以上都不是

3. 人畜共患寄生虫病包括（　　）

A. 囊虫病　　B. 旋毛虫病　　C. 蛔虫
D. 猪弓形虫　　E. 以上都不是

4. 蒸馏酒中可能存在的有害物质包括（　　）

A. 黄曲霉毒素　　B. 亚硝酸盐　　C. 甲醇

D. 氰化物　　　　E. 杂醇油

5. 发酵酒的卫生问题主要是（　　）

A. 甲醇　　　　B. 微生物污染　　　　C. 黄曲霉毒素

D. 二甲基亚硝胺　　　　E. 二氧化硫

二、简答题

1. 简述粮豆类的主要卫生问题。
2. 简述奶类的常用消毒方法。
3. 何谓胖听，包括哪几种？
4. 简述转基因食品的概念。
5. 防止油类变质的措施有哪些？

（李新莉　彭晓莉）

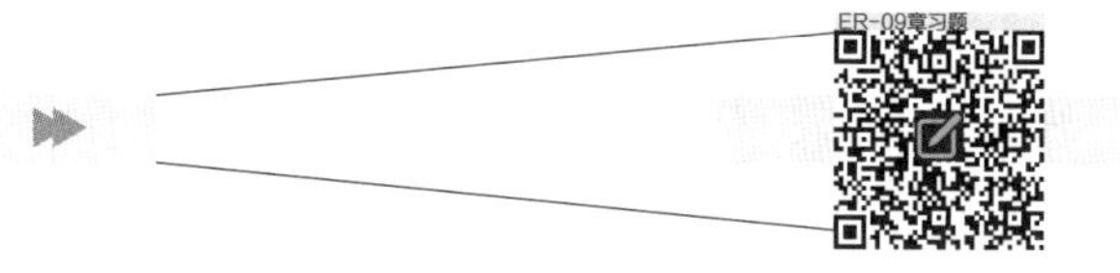

实训 10　食品中亚硝酸盐的检测

【实训目的和要求】

1. 了解食品中亚硝酸盐测定的卫生学意义。
2. 学习分光光度法测定食品中亚硝酸盐的技术。

【实训内容和适用范围】

1. 亚硝酸盐（nitrite）主要指亚硝酸钠、亚硝酸钾，其外观及滋味都与食盐相似，并在工业、建筑也中广泛使用。亚硝酸盐具有较强的毒性，食入 0.3~0.5g 的亚硝酸盐即可引起中毒甚至死亡。亚硝酸盐能使血液中正常携氧的低铁血红蛋白氧化成高铁血红蛋白，因而失去携氧能力而导致组织缺氧，引起肠源性青紫症。亚硝酸盐在一定条件下会转化为亚硝胺，而亚硝胺是一种强致癌物质，长期大量食用有致癌的隐患。

2. 食品中亚硝酸盐的主要来源。

（1）农业上大量使用氮肥和含氮的除草剂，使蔬菜含有大量的硝酸盐；在加工蔬菜时，如制作酸菜时，在厌氧发酵过程中，硝酸盐可被某些微生物还原成亚硝酸盐。

（2）在加工肉制品时，硝酸盐和亚硝酸盐是食品添加剂中的发色剂（也称护色剂），添加后，硝酸盐在亚硝基化菌的作用下还原成亚硝酸盐，并在肌肉中乳酸的作用下生成亚硝酸。亚硝酸不稳定，极易分解产生亚硝基，生成的亚硝基会很快与肌红蛋白反应生成鲜艳的、亮红色的亚硝基肌红蛋白，亚硝基肌红蛋白遇热后，放出巯基（—SH），变成了具有鲜红色的亚硝基血色原，从而赋予食品鲜艳的红色。另外，亚硝酸盐对抑制微生物增殖有一定作用，与食盐并用，可增加对细菌的抑制作用。所以香肠、火腿及酸菜中亚硝酸盐含量较高。

（3）过量添加亚硝酸盐或者误将工业用亚硝酸钠作为食盐加工食物而使亚硝酸盐严重超标，进而引起食物中毒。

（4）其他来源，如饮用含有硝酸盐或亚硝酸盐含量较高的井水、污水、蒸锅水，也可引起慢性亚硝酸盐中毒。

（5）分光光度法是食品中亚硝酸盐的常用检测法，是国家标准方法（GB/T 5009.33—2016）第二法。

【实训原理】

亚硝酸盐采用盐酸萘乙二胺法测定。试样经沉淀蛋白质、除去脂肪后，在弱酸条件下，亚硝酸盐与对氨基苯磺酸重氮化后，再与盐酸萘乙二胺偶合形成紫红色染料，外标法测得亚硝酸盐含量。

【实训仪器、设备和材料】

1. 仪器及设备 小型绞肉机；分光光度计。

2. 试剂及材料 除非另有说明，在分析中使用分析纯试剂和蒸馏水。亚铁氰化钾溶液：称取106g亚铁氰化钾[$K_4Fe(CN)_6 \cdot 3H_2O$]，用水溶解，并稀释至1 000ml。乙酸锌溶液：称取220g乙酸锌[$Zn(CH_3COO)_2 \cdot 2H_2O$]，先加30ml冰乙酸溶液，用水稀释至1 000ml。饱和硼砂溶液：称取5.0g硼酸钠（$Na_2B_4O_7 \cdot 10H_2O$），溶于100ml热水中，冷却后备用。对氨基苯磺酸溶液（4g/L）：称取0.4g对氨基苯磺酸，溶于100ml 20%盐酸中，置棕色瓶中混匀，避光保存。盐酸萘乙二胺溶液（2g/L）：称取0.2g盐酸萘乙二胺，溶解于100ml水中，混匀后，置棕色瓶中，避光保存。亚硝酸钠标准溶液：准确称取0.100 0g于硅胶干燥器中干燥24小时的亚硝酸钠，加水溶解移入500ml容量瓶中，加水稀释至刻度，混匀。此溶液相当于200μg/ml的亚硝酸钠。亚硝酸钠标准使用液：临用前，吸取亚硝酸钠标准溶液5.00ml，置于200ml容量瓶中，加水稀释至刻度，此溶液相当于5.0μg/ml亚硝酸钠。

【实训步骤】

1. 提取 精确称取5.0g经绞碎混匀的样品（牛肉火腿肠），置于150ml具塞锥形瓶中，加入80ml水，1ml 1mol/L氢氧化钾溶液，超声提取30分钟，每隔5分钟振摇1次，保持固相完全分散。于75℃水浴中放置5分钟，取出放置至室温，定量转移至100ml容量瓶中，加水稀释至刻度，混匀。溶液经滤纸过滤后，取部分溶液于10 000r/min离心15分钟，上清液备用。

2. 亚硝酸盐的测定 吸取40.0ml上述滤液于50ml带塞比色管中，另吸取0、0.20ml、0.40ml、0.60ml、0.80ml、1.00ml、1.50ml、2.00ml、2.50ml亚硝酸钠标准使用液（相当于0、1.0μg、2.0μg、3.0μg、4.0μg、5.0μg、7.5μg、10.0μg、12.5μg亚硝酸钠），分别置于50ml带塞比色管中。于标准管与试样管中分别加入2ml 4g/L对氨基苯磺酸溶液，混匀，静置3~5分钟后各加入1ml 2g/L盐酸萘乙二胺溶液，加水至刻度，混匀，静置15分钟，用1cm比色杯，以零管调节零点，于波长538nm处测吸光度，绘制标准曲线比较。同时做试剂空白。

3. 结果的计算

$$X_1=\frac{m_2\times 1\ 000}{m_3\times\dfrac{V_1}{V_0}\times 1\ 000}$$

式中　X_1——试样中亚硝酸盐的含量，mg/kg

m_2——测定用样液中亚硝酸盐的质量，μg

m_3——试样质量，g

V_1——测定用样液体积，ml

V_0——试样处理液总体积，ml

计算结果表示到两位有效数位。

4. 精密度　在重复性条件下获得的两次独立测定结果的绝对差值不得超过10%。

【实训注意事项】

本法亚硝酸盐检出限：液体乳0.06mg/kg，乳粉0.5mg/kg，干酪及其他1mg/kg。

【思考题】

1. 简述亚硝酸盐和硝酸盐的关系。
2. 食品中亚硝酸盐的主要来源有哪些？

（席元第）

实训11　食物毒素的快速检测

项目一　蔬菜中有机磷农药残留量的快速检测

【实训目的和要求】

1. 了解蔬菜中有机磷农药残留快速检测的卫生学意义。
2. 学习速测卡法（纸片法）快速检测蔬菜中有机磷农药残留的原理和方法。

【实训内容和适用范围】

有机磷（organophosphorus）农药是一大类具有磷酸酯结构的有机杀虫剂，种类很多，目前使用的有60多种，这类农药急性毒性较大，容易引起人畜急性中毒。这类农药按毒性可分为高毒、中等毒和低毒三类，常见的高毒有机磷农药有甲胺磷、对硫磷、甲基对硫磷、久效磷和磷胺等，我国已全面禁止这 5 种高毒农药的使用；中等毒的有敌敌畏、甲基内吸磷等；低毒的有敌百虫、乐果、马拉硫磷、倍硫磷、杀螟硫磷、稻瘟净、虫蛹磷、乙酰甲胺磷等。

有机磷农药可以抑制胆碱酯酶的活性，进入体内后，体内乙酰胆碱的浓度就持续升高，造成中毒。中毒后主要表现为神经功能紊乱，出现出汗、肌肉颤动等症状，可导致死亡。速测卡法（纸片法）是蔬菜中有机磷农药残留的快速检测法，是国家标准方法（GB/T 5009.199—2003）第一法。对该方法检测阳性结果的样品，可用其他分析方法进一步确定具体农药品种和含量。

【实训原理】

胆碱酯酶可催化靛酚乙酸酯（红色）水解为靛酚，有机磷农药对胆碱酯酶有抑制作用，使催化、水解、变色的过程发生改变，由此可判断出样品中是否有高剂量有机磷农药的存在。

【实训仪器、设备和材料】

1. 仪器及设备　常量天平；有条件时配备 37℃ ± 2℃恒温装置。

2. 试剂及材料　固化有胆碱酯酶和靛酚乙酸酯的纸片（速测卡）；pH 7.5 缓冲溶液：分别取 15.0g 磷酸氢二钠［$Na_2HPO_4 \cdot 12H_2O$］与 1.59g 无水磷酸二氢钾［KH_2PO_4］，用 500ml 蒸馏水溶解。

【实训步骤】

1. 整体测定法　选取有代表性的蔬菜样品，擦去表面泥土，剪成 1cm 左右见方碎片，取 5g 放入带盖瓶中，加入 10ml 缓冲溶液，振摇 50 次，静置 2 分钟以上。取一片速测卡，用白色药片沾取提取液，放置 10 分钟以上进行预反应，有条件时在 37℃ ± 2℃恒温装置中放置 10 分钟。预反应后的药片表面必须保持湿润。将速测卡对折，用手捏 3 分钟或用恒温装置恒温 3 分钟，使红色药片与白色药片叠合发生反应。每批测定应设一个缓冲液的空白对照卡。

2. 表面测定法（粗筛法）　擦去蔬菜表面泥土，滴 2~3 滴缓冲溶液在蔬菜表面，用另一片蔬菜在滴液处轻轻摩擦。取一片速测卡，将蔬菜上的液滴滴在白色药片上。放置 10 分钟以上进行预反应，有条件时在 37℃恒温装置中放置 10 分钟。预反应后的药片表面必须保持湿润，将速测卡对折，用手捏 3 分钟或用恒温装置恒温 3 分钟，使红色药片与白色药片叠合发生反应。每批测定应设一个缓冲液的空白对照卡。

3. 结果判定　结果以酶被有机磷农药抑制（为阳性）、未抑制（为阴性）表示。与空白对照卡比较，白色药片不变色或略有浅蓝色均为阳性结果。白色药片变为天蓝色或与空白对照卡相同，为阴性结果。

【实训注意事项】

1. 灵敏度指标：速测卡对部分农药的检出限见表 9-11。

表 9-11　部分有机磷农药的检出限

农药种类	检出限 /（mg/kg）	农药种类	检出限 /（mg/kg）
甲胺磷	1.7	氧化乐果	2.3
对硫磷	1.7	乙酰甲胺磷	3.5
水胺硫磷	3.1	久效磷	2.5
马拉硫磷	2.0		

2. 葱、蒜、萝卜、韭菜、芹菜、香菜、茭白、蘑菇及番茄汁液中，含有对酶有影响的植物次生物质，容易产生假阳性。处理这类样品时，可采取整株（体）蔬菜浸提或采用表面测定法。对一些含叶绿素较高的蔬菜，也可采取整株（体）蔬菜浸提的方法，减少色素的干扰。

3. 当温度条件低于 37℃，酶反应的速度随之放慢，药片加液后放置反应的时间应相对延长，延长时间的确定，应以空白对照卡用手指（体温）捏 3 分钟时可以变蓝，即可往下操作。注意样品放置的时间应与空白对照卡放置的时间一致才有可比性。空白对照卡不变色的原因：一是药片表面缓冲液加的少、预反应后的药片表面不够湿润，二是温度太低。

4. 红色药片与白色药片叠合反应的时间以 3 分钟为准，3 分钟后的蓝色会逐渐加深，24 小时后颜色会逐渐退去。

项目二　食品中“瘦肉精”残留的快速检测

【实训目的和要求】

1. 了解酶标仪的工作原理及使用方法。
2. 掌握酶联免疫吸附法（ELISA）测定“瘦肉精”的原理及操作步骤。

【实训内容和适用范围】

“瘦肉精”，其化学名为盐酸克伦特罗（HCl-clenbuterol），也称 β- 兴奋剂，是一种高选择性的兴奋剂和激素，可以选择性地作用于肾上腺受体，具有调节动物神经兴奋功能，在医疗上用于治疗哮喘。盐酸克伦特罗是 20 世纪 80 年代起应用的一类营养重新分配剂，在动物代谢中可促进蛋白质的合成，降低脂肪的沉积，加速脂肪的转化和分解。掺入猪饲料，猪吃后，瘦肉率明显提高，脂肪含量降低。

盐酸克伦特罗会导致人心跳过快，心慌，不由自主地颤抖、双脚站不住，心悸胸闷，四肢肌肉颤动，头晕乏力等神经中枢中毒后失控的现象，甚至导致死亡。这种瘦肉精用量过大易引起人体中毒，尤其对高血压、心脏病、糖尿病、前列腺肥大、甲亢患者的危险性很大。慢性摄入盐酸克伦特罗还会导致儿童性早熟，部分专家表示，β- 兴奋剂还可能使人体组织致癌致畸。

ELISA 检测法是食物中“瘦肉精”残留的快速筛选法，是国家标准方法（GB/T 5009.192—2003）第三法，目前国内常用本法筛选后再用 HPLC 和 GC-MS 法确认。

【实训原理】

测定的基础是抗原抗体反应进行竞争性抑制测定。微孔板上包被有针对克伦特罗 IgG 的包被抗体。克伦特罗抗体被加入，经过孵育及洗涤步骤后，加入竞争性酶标记物、标准和样品溶液。克伦特罗与竞争性酶标记物竞争克伦特罗抗体，没有与抗体连接的克伦特罗标记酶在洗涤步骤被除去。将底物（过氧化尿素）和发色剂（四甲基联苯胺）加入到孔中孵育，结合的标记酶将无色的发色剂转化为蓝色的产物。加入反应停止液后使颜色由蓝色变为黄色。在 450nm 波长处测量吸光度，吸光度比值与克伦特罗浓度的自然对数成反比。

【实训仪器、设备和材料】

1. 仪器及设备　酶标仪（450nm 滤光片）；超声波清洗器；离心机；酸度计；匀浆器；振荡器、涡旋混合器；旋转蒸发器；微量移液器。

2. 试剂及材料　磷酸二氢钠、氢氧化钠、高氯酸、异丙醇、乙酸乙酯均为优级纯试剂；异丙醇-乙酸乙酯（40+60）；0.1mol/L 高氯酸溶液；1mol/L 氢氧化钠溶液；0.1mol/L 磷酸二氢钠缓冲溶液（pH 6.0）。

克伦特罗酶联免疫试剂盒 96 孔板（12 条 ×8 孔）包被有针对克伦特罗 IgG 的包被抗体、克伦特罗系列标准液（至少有 5 个倍比稀释浓度水平、外加 1 个空白）、克伦特罗抗体（浓缩液）、过滤膜（0.45μm）、水相、过氧化物酶标记物（浓缩液）、酶底物（过氧化尿素）、发色剂（四甲基联苯胺）、反应停止液（1mol/L 硫酸）、缓冲液（酶标记物及抗体浓缩液稀释用）。

【实训步骤】

1. 样品处理　同本实训 12“样品处理”。

2. 试剂准备

（1）竞争酶标记物：提供的竞争酶标记物为浓缩液，由于稀释的酶标记物稳定性不好，仅稀释实际需用量的酶标记物。在吸取浓缩液之前，要仔细振摇。用 1∶10 的缓冲液稀释酶标记物浓缩液（如 400μl 浓缩液∶4.0ml 缓冲液，足够 4 个微孔板条 32 孔用）。

（2）克伦特罗抗体：提供的克伦特罗抗体为浓缩液，由于稀释的克伦特罗抗体稳定性差，仅稀释实际需用量的克伦特罗抗体。在吸取浓缩液之前，要仔细振摇。用 1∶10 的缓冲液稀释抗体浓缩液（如 400μl 浓缩液∶4.0ml 缓冲液，足够 4 个微孔板条 32 孔用）。

（3）包被有抗体的微孔板条：将锡箔袋沿横向边压皱外沿剪开，取出需用数量的微孔板及框架，将不用的微孔板放进原锡箔袋中并且与提供的干燥剂一起重新密封，保存于 2~8℃。

3. 测定　取样品提取物溶液 20μl 进行分析。高残留的样品用蒸馏水进一步稀释。使用前将试剂盒在室温 19~25℃条件下放置 1~2 小时。将标准和样品（至少按双平行实验计算）所用数量的孔条插入微孔架，记录标准和样品的位置。加入 100μl 稀释后的抗体溶液到每一个微孔中，充分混合并在室温孵育 15 分钟。倒出孔中的液体，将微孔架倒置在吸水纸上拍打（每行拍打 3 次）以保证完全除去孔中的液体。用 250μl 蒸馏水充入孔中，再次倒掉微孔中液体，再重复操作两遍以上。加入 20μl 的标准或处理好的样品到各自的微孔中。标准和样品至少做两个平行实验。加入 100μl 稀释的酶标记物，室温孵育 30 分钟。倒出孔中的液体，将微孔架倒置在吸水纸上拍打（每行拍打 3 次）以保证完全除去孔中的液体。用 250μl 蒸馏水充入孔中，再次倒掉微孔中液体，重复操作两遍。加入 50μl 酶底物和 50μl 发色试剂到微孔中，充分混合并在室温暗处孵育 15 分钟，加入 100μl 反应停止液，混合好尽快在 450nm 处测量吸光度。

4. 结果的表述　计算公式如下：

$$相对吸光度值/\%=\frac{A}{A_0}\times 100（100\%）$$

式中　A——标准（或样品）溶液的吸光度

A_0——空白的吸光度

将计算的相对吸光度值（%）对应克伦特罗质量浓度（ng/L）的自然对数做半对数坐标系统曲线图，校正曲线在 0.004~0.054ng（200~2 000ng/L）范围内呈线性，对应的试样浓度可从校正曲线中算出。

$$X=\frac{\rho\times f}{m\times 1\,000}$$

式中　X——样品中克伦特罗的含量，μg/kg 或 μg/L

ρ——样品中相对吸光度值（%）对应的克伦特罗含量，ng/L

f——样品稀释倍数

m——样品的取样量，g 或 ml

5. 精密度　本法的检出限为 0.5μg/kg，线性范围为 0.004~0.054ng。

【思考题】

上述检测方法除了可以检测肉制品与肝、肾、肺等组织，是否还可以检测制作肉制品的汤汁中的“瘦肉精”残留？

（席元第）

实训 12　奶类及奶制品中三聚氰胺的检测

【实训目的和要求】

奶类及奶制品是大众获取优质性蛋白质的主要来源之一，因此，奶类及奶制品的蛋白质质量与居民的蛋白质营养状况密切相关。目前，奶类及奶制品中常见的蛋白质质量问题是三聚氰胺掺假，因此，要对奶类及奶制品中的三聚氰胺含量进行检测，以确保奶类及奶制品的蛋白质质量。通过本实训的学习，要求学生：

1. 掌握高效液相色谱法（HPLC 法）检测奶类及奶制品中三聚氰胺的方法。

2. 了解奶类及奶制品中三聚氰胺的常用检测方法。

【实训内容和适用范围】

1. 本实训包括了乳制品以及含乳制品中三聚氰胺的测定方法，即高效液相色谱法（HPLC 法）。

2. 本实训适用于乳制品以及含乳制品中三聚氰胺的含量测定。

【实训原理】

试样用三氯乙酸溶液 - 乙腈提取，经阳离子交换固相萃取柱净化后，用高效液相色谱测定，外标法定量。

【实训仪器、设备和材料】

1. 试剂与材料　除非特殊说明，本实验所有试剂用水均为分析纯，为 GB/T 6682 规定的一级水。

甲醇（色谱纯）；乙腈（色谱纯）；氨水，含量为 25%~28%；三氯乙酸；柠檬酸；辛烷磺酸钠（色谱纯）；定性滤纸；微孔滤膜（0.2μm）；氮气（纯度大于等于 99.999%）。

甲醇水溶液：准确量取 50ml 甲醇和 50ml 水，摇匀后备用。

三氯乙酸溶液（1%）：准确称取 10g 三氯乙酸于 1L 容量瓶中，用水溶解并定容至刻度，混匀后备用。

氨化甲醇溶液（5%）：准确量取 5ml 氨水和 95ml 甲醇，混匀后备用。

离子对试剂缓冲液：准确称取 2.10g 柠檬酸和 2.16g 辛烷磺酸钠，加入约 980ml 水溶解，调节 pH 值至 3.0 后，定容至 1L 备用。

三聚氰胺标准品：CAS 108-78-01，纯度大于 99.0%。

三聚氰胺标准储备液：准确称取 100mg（精确到 0.1mg）三聚氰胺标准品于 100ml 容量瓶中，用甲醇水溶液溶解并定容至制度，配制成浓度为 1mg/ml 的标准储备液，于 4℃避光保存。

阳离子交换固相萃取柱：混合型阳离子交换固相萃取柱，基质为苯磺酸化的聚苯乙烯 - 二乙烯基苯高聚物，填料质量为 60mg，体积为 3ml，或相当者，使用前依次用 3ml 甲醇、5ml 水活化。

海砂：化学纯，粒度 0.63~0.85mm，二氧化硅（SiO_2）含量为 99%。

2. 仪器和设备　高效液相色谱（HPLC）仪，配有紫外检测器或二极管阵列检测器；分析天平，质量为 0.000 1g 和 0.01g；离心机，转速不低于 4 000r/min；超声波水浴；固相萃取装置；氮气吹干仪；漩涡混合器；具塞塑料离心管（50ml）；研钵。

【实训步骤】

1. 样品处理

（1）提取

1）液态奶、奶粉、酸奶、冰淇淋和奶糖等：称取 2.00g（精确至 0.01g）试样于 50ml 具塞塑料离心管中，加入 15ml 三氯乙酸溶液和 5ml 乙腈，超声提取 10 分钟，再振荡提取 10 分钟后，以不低于

4 000r/min 离心 10 分钟，上清液经三氯乙酸溶液润湿的滤纸过滤后，用三氯乙酸溶液定容至 25ml，移取 5ml 滤液，加入 5ml 水混匀后做待净化液。

2）奶酪、奶油和巧克力等：称取 2.00g（精确至 0.01g）试样于研钵中，加入适量海砂（试样质量的 4~6 倍）研磨成干粉状，转移至 50ml 具塞塑料离心管中，用 15ml 三氯乙酸溶液分数次清洗研钵，清洗液转入离心管中，再往离心管中加入 5ml 乙腈，余下操作同 1）中“超声提取 10 分钟，……加入 5ml 水混匀后做待净化液”。

若样品中脂肪含量较高，可以用三氯乙酸溶液饱和的正己烷液 - 液分配除脂后再用 SPE 柱净化。

（2）净化：将（1）中的待净化液转移至固相萃取柱中，依次用 3ml 水和 3ml 甲醇洗涤，抽至近干后，用 6ml 氨化甲醇溶液洗脱。整个固相萃取过程流速不超过 1ml/min，洗脱液于 50℃下用氮气吹干，残留物（相当于 0.4g 样品）用 1ml 流动相定容，涡旋混合 1 分钟，过微孔滤膜后供 HPLC 测定。

2. 高效液相色谱测定

（1）HPLC 参考条件

1）色谱柱：C8 柱，250mm × 4.6mm［内径（i.d.）］，5μm，或相当者；C18 柱，250mm × 4.6mm［内径（i.d.）］，5μm，或相当者。

2）流动相：C8 柱，离子对试剂缓冲液 - 乙腈（85+15，体积比），混匀；C18 柱，离子对试剂缓冲液 - 乙腈（90+10，体积比），混匀。

3）流速：1. 0ml/min。

4）柱温：40℃。

5）波长：240nm。

6）进样量：20μl。

（2）标准曲线的绘制：用流动相将三聚氰胺标准储备液逐级稀释得到的浓度为 0.8μg/ml、2μg/ml、20μg/ml、40μg/ml、80μg/ml 的标准工作液，浓度由低到高进样检测，以峰面积 - 浓度作图，得到标准曲线回归方程。

基质匹配加标三聚氰胺的样品 HPLC 色谱图参见图 9-1。

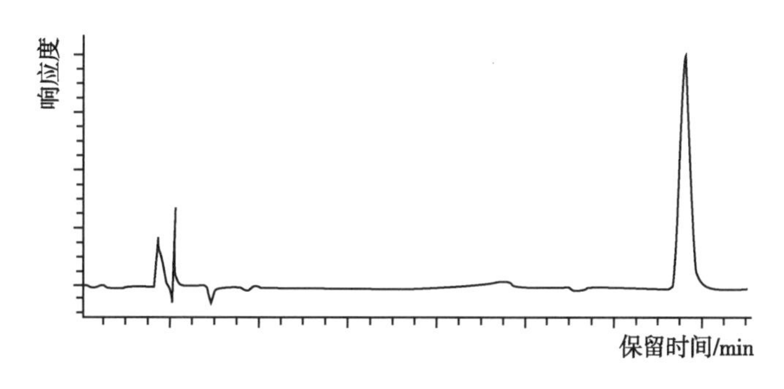

图 9-1　三聚氰胺标准品的 HPLC 色谱图

（检测波长 240nm，保留时间 13.6 分钟，C8 色谱柱）

（3）定量测定：待测样液中三聚氰胺的响应值应在标准曲线线性范围内，超过线性范围则应稀释后再进样分析。

（4）空白实验：除不称取样品外，均按上述测定条件和步骤进行。

3. 结果的表述

$$X=\frac{A\times c\times V\times 1\,000}{A_3\times m\times 1\,000}\times f$$

试样中三聚氰胺的含量由色谱数据处理软件或按上述公式计算获得。

式中　X——试样中三聚氰胺的含量，单位为 mg/kg

A——样液中三聚氰胺的峰面积

c——标准溶液中三聚氰胺的浓度，单位为 μg/ml

V——样液最终定容体积，单位为 ml

A_3——标准溶液中三聚氰胺的峰面积

m——试样的质量，单位为 g

f——稀释倍数

4. 精密度　本方法的定量限为 2mg/kg。在添加浓度 2~10mg/kg 浓度范围内，回收率为 80%~110%，相对标准偏差小于 10%。在重复性条件下获得的两次独立测定结果的绝对差值不得超过算术平均值的 10%。

【思考题】

1. 简述高效液相法测定奶类及奶制品中三聚氰胺含量的原理。
2. 简述高效液相法测定三聚氰胺含量，奶类及奶制品的样品处理方法。

（李新莉）

第十章

食品质量控制体系

导学情景

情景描述：

欧盟曾是我国畜禽肉的主要出口地区，但欧盟以我国畜禽养殖和屠宰业缺乏符合卫生要求的生产条件和滥用兽药为由，长期中断从我国进口畜禽肉类产品。2002 年 1 月，欧盟委员会以从中国水产品中检测出氯霉素残留为由，做出了全面禁止进口中国动物源性食品的决定。受此影响，2002 年上半年我国畜产品累计出口 13.27 亿，比上年同期下降 8.5%；我国对欧盟水产品出口额 0.9 亿美元，同比降低了 73%。

学前导语：

食品质量控制与食品安全是密不可分的，食品质量定义是食品满足规定或潜在要求的特征和特性总和，它不仅包括食品的外观、规格、品质、数量、包装等，同时也包括了安全卫生。食品质量安全是确保食品消费对人类健康没有直接或潜在的影响，是食品安全的重要组成部分。本章我们将带领同学们学习食品质量安全管理法规和食品质量控制体系的内容。

第一节　质量控制基础知识

质量管理是指导和控制组织关于质量的相互协调的活动。包括制定质量方针、质量目标、质量策划、质量控制、质量保证和质量改进。

一、质量管理体系

（一）质量管理体系（quality management system，QMS）的基本概念

1. QMS 包括组织确定其目标以及获得期望的结果、确定其过程和所需资源的活动。
2. QMS 管理相互作用的过程和所需的资源，以及向有关相关方提供价值并实现结果。
3. QMS 能够使最高管理者通过考虑其决策的长期和短期影响而优化资源的利用。
4. QMS 给出了在提供产品和服务方面，针对预期和非预期的结果确定所采取措施的方法。

（二）质量管理体系的过程方法

质量管理体系的过程方法结合了“策划—实施—检查—处置”（plan-do-check-action，PDCA）循环和基于风险的思维。

1. PDCA 循环　PDCA 循环是“策划（plan）—实施（do）—检查（check）—处置（action）”管理循环的缩写，它能够使组织保证其过程得到充分的资源和管理，确定改进机会并采取行动，并能应用于所有过程以及整个质量管理体系。

（1）策划（plan）：根据客户的要求和组织的方针，建立体系目标及其过程，确定实现结果所需的资源，并识别和应对机遇和风险。

（2）实施（do）：执行所做的策划。

（3）检查（check）：根据方针、目标、要求和所策划的活动，对过程以及形成的产品和服务进行监视和测量，并向管理者报告结果。

（4）处置（action）：必要时，采取措施提高绩效。

2. 基于风险的思维　基于风险的思维是实现质量管理体系有效性的基础，组织需要策划和实施应对风险和机遇的措施，为提高质量管理体系有效性、获得改进结果以及防止不利影响奠定基础。组织实施基于风险思维的做法有：采取预防措施防止潜在不合格，对发生不合格进行分析，并采取与不合格的影响相适应的措施，防止不合格的现象再次发生。

二、全面质量管理

（一）全面质量管理的概念

全面质量管理是指一个组织以质量为中心，以全员参与为基础，目的在于通过顾客满意和本组织所有成员及社会受益而达到长期成功的管理途径。1961 年，阿曼德·费根堡姆在《全面质量管理》一书中指出：“全面质量管理是为了能够在最经济的水平上、考虑到充分满足用户要求的条件下，进行市场研究、设计、生产和服务，把企业研制质量、维持质量和提高质量的活动构成为整个的有效体系。”

（二）全面质量管理的特征

全面质量管理的特征包括“四全、一科学”：“四全”是指全过程的质量管理、全企业的质量管理、全指标的质量管理、全员的质量管理。“一科学”即是以数理统计方法为中心的一套科学管理方法。

1. 全过程的质量管理　一个新产品，从调研、设计、试制、生产销售到售后服务，每个阶段都有自己的质量管理。

2. 全企业的质量管理　从企业纵的方向看，由原料入厂到生产的各工序，再到销售环节都应进行质量管理；从企业横的方向看，由生产车间到各管理职能部门都参与质量管理。

3. 全指标的质量管理　除了产品的技术指标外，还有各部门、各项工作的质量要求。

4. 全员的质量管理　即全员参与，从企业领导、中层干部到基层员工都应参与质量管理。

点滴积累

1. 质量管理体系的过程方法结合了“策划—实施—检查—处置”（PDCA）循环和基于风险的思维。
2. 全面质量管理的特征是“四全、一科学”。

第二节　国际标准化组织9000族质量管理体系

1. 国际标准化组织9000族标准的概念　国际标准化组织9000族标准（简称ISO 9000族标准），是国际标准化组织（International Organization for Standardization，ISO）在1994年提出的概念，指由ISO质量管理和质量保证技术委员会（ISO/TC 176）制定的一系列关于质量管理的正式国际标准、技术规范、技术报告、手册和网络文件的统称。我国根据ISO 9000族标准，制定了相应的国家标准并于2017年7月1日起正式实施。

2. 国际标准化组织9000族的核心标准

（1）《质量管理体系　基础和术语》（ISO 9000：2015）：给出了QMS的基本概念、原则和术语，提供了QMS标准的基础，意在帮助使用者理解质量管理的基本概念、原则和术语，使其能有效地提供QMS工具及其他QMS标准来实现其价值。2016年底，我国国家质量监督检验检疫总局、国家标准化管理委员会根据（ISO 9000：2015）正式批准发布了GB/T 19000—2016并于2017年7月1日实施。

（2）《质量管理体系　要求》（ISO 9001：2015）：对应于我国的国家标准《质量管理体系　要求》（GB/T 19001—2016），采用质量管理体系是组织的一项战略决策，能够帮助其提高整体绩效，为推动可持续发展奠定良好基础。该要求是对产品和服务要求的补充。

（3）《追求组织的持续成功　管理方法》（ISO 9004）：为组织提供了通过运用质量管理方法实现持续成功的指南，适用于所有组织，与组织的规模、类型和从事的活动无关。标准强调通过改进过程的有效性和效率，提高组织的整体绩效。此标准不能用于认证、法规或合同目的。

（4）《管理体系审核指南》（ISO 9011：2011）：是ISO/TC 176和ISO/TC 207（环境管理技术委员会）联合制定的有关审核方面的指南标准，遵循了“不同管理体系可以共同管理和审核”的原则。此标准亦与质量管理体系和环境管理体系相兼容。

课堂活动

请查找并列举ISO 9000族的相关文件和更多质量管理体系基础和术语。

一、ISO 9000族质量管理原则

《质量管理体系　基础和术语》（ISO 9000：2015）中表述了质量管理概念和原则。

1. 以顾客为关注焦点　质量管理的主要关注点是满足顾客要求和努力超出顾客期望。组织只有赢得和保持顾客和其他相关方的信任才能获得持续成功。与顾客相互作用的每个方面，都提供了为顾客创造更多价值的机会。理解顾客和其他相关方当前和未来的需要，有利于组织的持续成功。

2. 领导作用　各级领导建立统一的宗旨和方向，并创造全员积极参与实现组织的质量目标的条件。统一的宗旨和方向的建立，以及全员的积极参与，能够使组织将战略、方针、过程和资源协调

一致，以实现其目标。

3. 全员积极参与　整个组织内各级胜任、经授权并积极参与的人员，是提高组织创造和提供价值能力的必要条件。为了高效地管理组织，各级人员得到尊重并参与其中是极其重要的。可通过表彰、授权和提高能力，来促进在实现组织质量目标过程中的全员积极参与。

4. 过程方法　将活动作为相互关联、功能连贯的过程组成的体系来进行管理时，可更加高效地得到一致的、可预知的结果。质量管理体系由相互关联的过程组成，理解体系是如何产生结果的，能够使组织尽可能地完善其体系并优化绩效。

5. 改进　成功的组织应持续关注改进，改进对于组织保持当前的绩效水平、对其内外部条件的变化做出反应，以及创造新的机会，都是非常必要的。

6. 基于证据决策　基于数据和信息的分析和评价的决策，更有可能产生期望的结果。决策是一个复杂的过程，并且总是包含某些不确定性。它经常涉及多种类型和来源的输入及其理解，而这些理解可能是主观的。重要的是理解因果关系和潜在的非预期后果。对事实、证据和数据的分析可导致决策更加客观、可信。

7. 关系管理　为了持续成功，组织需要管理与所有相关方的关系。有些相关方会影响组织的绩效。当组织管理与所有相关方的关系，以尽可能有效地发挥相关方在组织绩效方面的作用时，持续成功更有可能实现。对供方及合作伙伴网络关系的管理尤为重要。

二、企业推行ISO 9000族标准的意义

1. 有利于提高组织的质量管理体系运作能力　质量管理体系能让企业的质量管理活动更为系统、规范、科学，使质量管理活动的有效性和效率得以提高。

2. 有利于提高产品质量，增强竞争能力，提高经济效益　如果企业按照ISO 9000族标准实施、保持和不断改进质量管理体系，可以使企业不断地改进质量管理水平，提高提供满足顾客要求以及适用法律法规要求的产品和服务的能力，实现产品质量的持续稳定和提高，这将会增强企业的竞争能力，提高企业的经济效益。

3. 有利于增强应对与其环境和目标相关风险和机遇的能力　ISO 9000族的理论能帮助企业通过分析内外环境，清楚自己的优势和劣势，识别风险和机会，建立符合企业自身特点和实践的质量管理体系。

4. 有利于企业增强顾客满意程度　ISO 9000族将质量管理体系要求作为产品要求的补充，而质量管理体系要求恰恰为企业持续地改进其产品和过程提供了一条有效途径。企业在执行ISO 9000体系要求的过程中，根据不断变化的顾客需求和期望来改进产品和过程，从而持续地满足顾客的需求和期望，达到增强顾客满意的目的。

5. 有利于企业持续改进质量管理体系绩效　ISO 9000族标准提供的是一个持续改进的质量管理体系运行模式，企业可以按照ISO 9000族标准提供质量体系要求和指南，不断改进质量和过程能力，提高企业整体绩效。

6. 有利于提高企业的信誉和形象　现代企业在市场竞争中资本和技术固然十分重要，而企业

的信誉和形象也是企业竞争力的体现。企业通过建立 ISO 9000 质量管理体系（如通过质量管理体系认证等），能向外界证实其持续提供满足要求的产品的能力，从而以获得顾客和其他相关方的信任，提高企业的信誉和形象。

点滴积累

质量管理的七项原则是：①以顾客为关注焦点；②领导作用；③全员积极参与；④过程方法；⑤改进；⑥基于证据决策；⑦关系管理。

第三节　食品良好生产规范管理体系

一、食品良好生产规范概述

1. 食品良好生产规范的概念　食品良好生产规范（Good Manufacturing Practice，GMP）规定了食品生产、加工、包装、贮存、运输和销售的规范性要求，规定了食品生产必须满足的卫生条件，是食品生产组织所必须满足的卫生标准。GMP 一般以法规、条例和准则等形式公布。

2. 食品 GMP 的内容　GMP 是一种特别注重产品在整个制造过程中的品质稳定及安全卫生的一种质量保证制度，其内容涵盖了以下几个方面：①加工环境、厂房实施与结构；②卫生设施；③加工用水；④设备与工器具；⑤人员卫生；⑥原材料管理；⑦生产管理（加工、包装、消毒、标签、贮藏、运输等）；⑧成品管理与实验室检测；⑨卫生和食品安全控制等。

3. 食品 GMP 的特点　食品 GMP 作为一种质量保证制度，其管理要素可以概括为“4M”：①选用规定要求的原料（Material）；②合乎标准的厂房设备（Machine）；③胜任的人员（Man）；④既定的方法（Method）。

4. 食品实施 GMP 的目的　①降低食品制造过程中人为的错误；②防止食品在制造过程中遭受污染或品质劣变；③建立完善的质量管理体系。

二、我国食品 GMP 的发展与现状

1. 我国食品 GMP 的发展史　1984 年，原国家进出口商品检验局制定了《出口食品厂、库最低卫生要求（试行）》，1994 年对此进行了修订，名称改为《出口食品厂、库卫生要求》。在此基础上，又对出口畜禽肉、罐头、水产品、饮料、茶叶、糖类、面糖制品、速冻方便食品和肠衣等 9 类食品组织制定了卫生注册规范。1988—1998 年，我国颁布了罐头厂、白酒厂、酱油厂等 20 个食品加工企业卫生规范。2002 年 5 月将《出口食品厂、库卫生要求》修订为《出口食品生产企业卫生要求》并予以实施。

2013 年我国国家卫生和计划生育委员会（现国家卫生健康委员会）颁布《食品生产通用卫生规范》（GB 14881—2013）规定了食品企业食品加工过程、原材料采购、运输、贮存、工厂设计与设施的基本卫生要求及管理准则，并于 2014 年 6 月 1 日起施行，代替《食品企业通用卫生规范》

（GB 14881—1994）。

2. 我国现行食品GMP相关法律和法规如下。

（1）《食品安全法》（主席令第21号）

（2）《中华人民共和国进出口商品检验法》（主席令第67号）

（3）《中华人民共和国进出境动植物检疫法》（主席令第53号）

（4）《中华人民共和国国境卫生检疫法》（主席令第83号）

（5）《中华人民共和国进出口商品检验法实施条例》（国务院令第447号）

（6）《中华人民共和国进出境动植物检疫法实施条例》（国务院令第206号）

（7）《中华人民共和国国境卫生检疫法实施细则》（国务院令第574号）

（8）《中华人民共和国食品安全法实施条例》（国务院令第721号）

（9）食品安全国家标准《食品生产通用卫生规范》（GB 14881—2013）

（10）食品安全国家标准《食品经营过程卫生规范》（GB 31621—2014）

3. 我国现行有效的食品GMP　目前，我国已有多项与食品相关的GMP，分别是：

（1）DB54/T 0116—2017 青稞酒良好生产规范

（2）GB/T 32689—2016 发酵法氨基酸良好生产规范

（3）T/CBFIA 08002—2016 食用酵素良好生产规范

（4）GB/T 32690—2016 发酵法有机酸良好生产规范

（5）SN/T 4256—2015 出口普洱茶良好生产规范

（6）GB 29923—2013 食品安全国家标准　特殊医学用途配方食品良好生产规范

（7）GB/T 23544—2009 白酒企业良好生产规范

（8）GB/T 23543—2009 葡萄酒企业良好生产规范

（9）GB/T 23542—2009 黄酒企业良好生产规范

（10）GB/T 23531—2009 食品加工用酶制剂企业良好生产规范

（11）GB/T 29647—2013 坚果与籽类炒货食品良好生产规范

（12）GB 23790—2010 食品安全国家标准　粉状婴幼儿配方食品良好生产规范

（13）GB 12693—2010 食品安全国家标准　乳制品良好生产规范

（14）SB/T 10679—2012 主食加工配送中心良好生产规范

（15）SC/T 3046—2010 冻烤鳗良好生产规范

（16）GB 17405—1998 保健食品良好生产规范

（17）GH/T 雅安藏茶企业良好生产规范

（18）T/SYCA 004—2018 馄饨中央厨房良好操作规范

（19）T/SYCA 002—2018 汤品中央厨房良好操作规范

随着更多的食品GMP应用到各种食品的生产领域中，人民群众的食品安全将得到更好的保障。

点滴积累

GMP的内容：①加工环境、厂房实施与结构；②卫生设施；③加工用水；④设备与工器具；⑤人员卫生；⑥原材料管理；⑦生产管理（加工、包装、消毒、标签、贮藏、运输等）；⑧成品管理与实验室检测；⑨卫生和食品安全控制等。

第四节　食品卫生标准操作程序

一、卫生标准操作程序的概念

卫生标准操作程序（sanitation standard operation procedure，SSOP），是食品加工企业为了保证达到GMP所规定的要求，确保加工过程中消除不良的人为因素，使加工的食品符合卫生要求而制定的指导食品生产加工过程中如何实施清洗、消毒和卫生保持的作业指导文件。

二、SSOP的内容

（一）水（冰）的安全

在通常情况下，“水的卫生质量”已经被解释为符合国家饮用水标准的水。

1. 任何食品加工操作的安全问题首先是水的安全。因为水在食品加工中具有广泛的用途。

2. 为确保水的安全，需要对以下方面的内容进行控制。

（1）水源：食品加工厂的水源一般由自供水、城市供水或海水构成。自供水即自备水井供水，城市供水又称公共供水，是由自来水厂供应的饮用水。

（2）水的贮存和处理。

（3）生产用冰：冰的存放、粉碎、运输、盛装等都必须在卫生条件下进行。

（4）设施：供水设施完好，损坏能立即维修好。

（5）操作：清洗、解冻用流动水，清洗时防止污水溢溅；软水管颜色要浅，使用不能拖在地面上。

（6）监测：按《生活饮用水卫生标准》（GB 5749—2006）要求检测全项指标。

（7）污水排放：使加工车间保持清洁，必须做到废水排放的顺畅，防止污水倒流入车间中。

（8）纠偏：加工用水存在问题，应停止使用，立即解决；所有的维护和纠正措施必须正确记录在每日卫生控制记录表中。

（9）记录：城市供水水费单、水分析报告、管道交叉污染等日常检查记录、纠偏记录。

（二）食品接触面表面的清洁度

根据潜在的食品污染可能来源途径，我们通常把食品接触面分为直接接触面和间接接触面。

1. 与食品接触面的材料　要求材料无毒、不吸水、抗腐蚀、不生锈而且表面光滑易清洗，不与清洁剂、消毒剂发生化学反应。

2. 设计安装要求　无粗糙焊缝、破裂、凹陷，无已腐蚀部件、暴露的螺丝和螺帽或其他可以藏匿水或污物的地方，安装应满足在加工人员犯错误情况下不致造成严重后果的要求。

3. 食品接触面的清洁方法

（1）清洗消毒的方法：物理方法和化学方法。

（2）清洗消毒的步骤：清除污物→预冲洗→使用清洁剂→再冲洗→消毒→最后冲洗。

（3）设备和工、器具的清洗消毒及其管理。

4. 食品接触面清洁的监测

（1）监测的对象：食品接触面的状况；食品接触面的清洁和消毒；使用的消毒剂类型和浓度；可能接触食品的手套和外衣是否清洁卫生并且状态良好。

（2）一般在每天加工前、加工过程中、生产过程中以及生产结束后经过清洗消毒后进行。洗手消毒注意在员工进入车间时、从卫生间出来后和加工过程中检查。

（3）实验室监测频率：按实验室制订的抽样计划，一般每周1~2次。

5. 纠偏　在检查发现问题时应采取适当的方法及时纠正，措施如再清洁、消毒、检查消毒剂浓度、培训员工等。

6. 记录　需记录食品接触面状况、消毒剂浓度、表面微生物检验结果。每日记录监控、检查、纠偏记录。

（三）防止交叉污染

1. 工厂选址、设计和布局　应符合GMP的工厂选址、设计和布局要求。

2. 阻断交叉污染的来源。

3. 监控　加强开工和交接时员工的卫生监测；采用生产连续监控；产品贮存区域（如冷库）每日检查。

4. 纠偏

（1）发生交叉污染，采取操作防止再发生。

（2）必要时停产，直到改进。

（3）如有必要，评估产品的安全性。

（4）增加员工的培训程序。

5. 记录　消毒控制记录和改正措施记录。

（四）手的清洁与厕所卫生设备的维护

1. 洗手消毒设施的设置

（1）位置：应设在车间入口处、车间内加工操作岗位的附近、卫生间。

（2）洗手消毒的设施：足够数量的非手动开关的水龙头、冷热水或预混的温水、装有皂液的皂液器、装有消毒液的消毒槽、干手设施、流动消毒车。

（3）洗手消毒设施的状况应定期检查，发现问题及时维修。确保洗手消毒的设施保持良好的状态，特别注意消毒液的浓度不适宜时，必须立即重新配制。

2. 卫生间设施的设置

（1）位置：卫生间的门不能直接朝向车间；卫生间的门应能够自动关闭；卫生间最好不在更衣

室内，确保在更衣室脱下工作服、工作鞋后才能上厕所（便于监督）。

（2）数量：每15~20人设1个。

（3）结构：严禁使用无冲水厕所；避免使用“土耳其式”（大通道冲水式）厕所，选用蹲坑式或坐便器，后者更不易被污染。

（4）配套设施：冲水装置、手纸、纸篓、洗手消毒干手设备。

（5）卫生要求：通风良好，地面干燥，光照充足，不漏水，防蝇虫；便前脱工作服换鞋，便后洗手和消毒。

（6）卫生间设施的状况应定期检查，发现问题及时维修。

3. 监测

（1）每天至少检查一次设施的清洁与完好。

（2）卫生监控人员巡回监督。

（3）化验室定期做表面样品检验。

（4）检查消毒液的浓度。

4. 纠偏　修理或补充厕所和洗手处的洗手用品；消毒液浓度不适宜，及时配置新的；记录所进行的纠正措施。

5. 记录　洗手间、池和厕所的设施状况；手部消毒间、池或浸手液的状况；洗手消毒液的浓度；出现问题时的纠正措施。

（五）防止污染

外来污染物（也称掺杂物）可分为以下三类：生物性污染、物理性污染和化学性污染。

1. 防止与控制

（1）防止水滴和冷凝水滴落：保持车间通风，安装适当的排气装置；冲洗天花板后，应及时擦干；控制车间温度稳定，或者提前降温。天花板设计成弧形，使水滴顺壁流下，防止滴落；将空调风道与加工线、操作台错开。

（2）防止污染的水溅到食品上。

（3）包装物料的控制：存放库通风、干燥、防霉；内外包装分别存放；防虫鼠；雨季进行微生物检验，必要时进行消毒。内包装间与外包装间隔离，防止外包装表面的灰尘污染产品。

2. 监控　保持足够的监察频率以保证卫生达到要求，建议在生产加工前和加工过程中的休息时间进行检查。

3. 纠偏　除去不卫生表面的冷凝物；用遮盖方法防止冷凝物落到食品、包装材料及食品接触面上；评估被污染的食品；培训员工对化合物正确使用。

4. 记录　记录发生问题的设备或区域，以及出现问题时的纠正措施。

（六）有毒化学物质的标记贮存和使用

1. 容器的正确标记

（1）容器中的化学品名称；生产厂名、厂址；生产日期；批准文号；使用说明和注意事项等。剧毒物品应标有特殊的、醒目的符号。

（2）工作容器的标签应标明：容器中的化学品名称、浓度；使用说明和注意事项等。

2. 有毒化学物质的贮存

（1）食品级化学品与非食品级化学品分开存放。

（2）清洗剂、消毒剂与杀虫剂分开存放。

（3）一般化学品与剧毒化学品分开存放。

（4）贮存区域应远离食品加工区域。

（5）化学品仓库应上锁，并有专人保管。

（6）车间使用现场的暂存应配备带锁的柜子或房间。

3. 有毒化学物的正确使用

（1）建立化学物品台账（入库记录），以一览表的形式标明库存化学物品的名称、有效期、毒性、用途、进货日期等。

（2）建立化学物品领用、核销记录。

（3）建立登记记录：配置、用途、用量、剩余配置液的处理。

（4）建立化学品进厂验收制度和标准，建立化学物品进厂验收记录。

（5）制定化学品包装容器回收、处理制度，严禁将容器再装食品。

（6）对保管、配制和使用人员进行培训。

4. 设置监察系统　监控化学品的标识、贮藏和使用过程；经常检查确保符合要求；一天至少检查1次；全天都应注意观察实施情况。

5. 纠偏　加强对化学物品标识、贮存和使用情况的监控检查，发现问题及时纠正。

（七）职工的健康卫生

1. 食品加工操作员工不得患有有碍食品卫生的疾病（如肝炎、黄疸、结核、痢疾、发烧、感冒等），另外手部有伤口的员工也不能参与加工。

2. 发现患有有碍食品卫生的疾病的员工，应该立即将其调离食品工作岗位，直至该员工痊愈后，才可以返回岗位。

3. 员工应保持个人良好卫生习惯。

4. 制订健康体检计划并建立员工健康档案。员工每年进行1次体检，并取得县级以上卫生防疫部门的健康证明。设有员工的健康档案，防止患病职工从事食品加工。

5. 加强对员工的健康思想教育，并主动向管理人员汇报自己的健康状况。

（八）虫、鼠害防治

虫、鼠危害不仅仅指鼠类和昆虫类，而是包括所有对食品卫生带来危害的动物。

1. 防治计划、重点、防治措施

（1）防治计划：防治范围是全厂及厂周围的地区。防治计划应考虑厂房、布局、设备、工器具、原料、物料库及室内的环境管理、废物处理和杀虫剂的使用等事项。

（2）防治重点：厕所、下脚料出口、垃圾箱、原料、成品库周围、食堂等。

（3）防治措施：清除滋生地及周边环境，包装物、原料防虫、鼠是第一位的；采用风幕、水幕、纱窗、门帘、挡鼠板、存水弯等预防虫、鼠进入车间；厂区采用杀虫剂；车间入口设置灭蝇灯；防鼠应使用粘鼠胶、鼠笼等物理方法，不能使用灭鼠药。

2. 检查和处理

（1）工厂和地面。

（2）建筑物和厂房。

（3）工厂机器、设备和工器具。

（4）原料、物料库及室内环境管理。

（5）废物处理。

3. 杀虫剂的使用和其他控制措施

（1）企业使用的杀虫剂必须是政府主管部门批准使用的。

（2）使用者应对杀虫剂和被杀对象有充分的了解。

4. 卫生监控和纠偏　发现问题，应立即进行纠偏；一般不涉及产品，危害严重时需列入 HACCP 计划。

5. 虫害检查记录和纠正记录　通常记录杀虫剂种类、杀虫时间和操作人员等信息。

三、SSOP 的意义

SSOP 是食品加工企业为了保证 GMP 所规定的要求，确保加工过程中消除不良的人为因素，使其所加工的食品符合卫生要求而制定的指导食品生产加工过程如何实施清洗、消毒和卫生保持的作业指导文件，是食品生产和加工企业建立和实施 HACCP 计划的重要前提条件。

点滴积累

卫生标准操作程序内容包括：①水（冰）的安全；②食品接触面表面的清洁度；③防止交叉污染；④手的清洁与厕所卫生设备的维护；⑤防止污染；⑥有毒化学物质的标记贮存和使用；⑦职工的健康卫生；⑧虫、鼠害防治。

第五节　危害分析与关键控制点

1. 概念　HACCP 是“危害分析与关键控制点（hazard analysis and critical control point）”英文首字母缩写，是一种对危害的预防控制技术，是国际公认的控制食品安全的手段。

2. 作用　HACCP 是一个以预防食品安全问题为基础的，防止食品引起疾病的食品安全保证系统，通过危害分析（hazard analysis，HA）和对关键控制点（critical control point，CCP）的控制，将食品危害预防、消除或降低到可接受的水平。

3. 优点　HACCP 体系的预防性方法可降低产品损耗，HACCP 体系是对其他质量管理体系的补充。企业实施 HACCP 体系可以根据实际情况采取简单、直观、可操作性强的检验方法（如外观、温度和时间等）进行控制，具有实用性强、成本低等特点；HACCP 体系的实施要求全员参与，有利于食品安全卫生保障的提高。

一、HACCP 的由来与发展

HACCP 的概念是美国在 1959 年最早提出的。1971 年，美国食品药品管理局（FDA）开始研究 HACCP 体系在食品企业中的应用。1992 年，美国国家食品微生物标准咨询委员会（National Advisory Committee on Microbiological Criteria for Foods，NACMCF）提出以致病菌为控制目标的 HACCP 体系的七个基本原理。至今，加拿大、新西兰、欧盟等国家和地区都颁发了相应的法规，强制推行 HACCP 制度。目前，HACCP 体系应用比较成熟的食品加工领域包括水产品、饮料、乳制品、禽肉加工、冷食、速食品、熟食品等。而且，其应用范围已开始不仅局限于食品企业，有些国家已引进到快餐业。

二、HACCP 基本原理

1. 进行危害分析　危害是指食品中可能造成人体健康损害的生物、化学或物理的污染，以及影响食品污染发生发展的各种因素。显著危害指的是极有可能发生的危害。

2. 确定关键控制点　不是所有有控制点的步骤都是关键控制点，关键控制点的选定多通过 CCP 判断树进行判断，如图 10-1。

3. 建立关键限值。

4. 建立关键控制点监控程序。

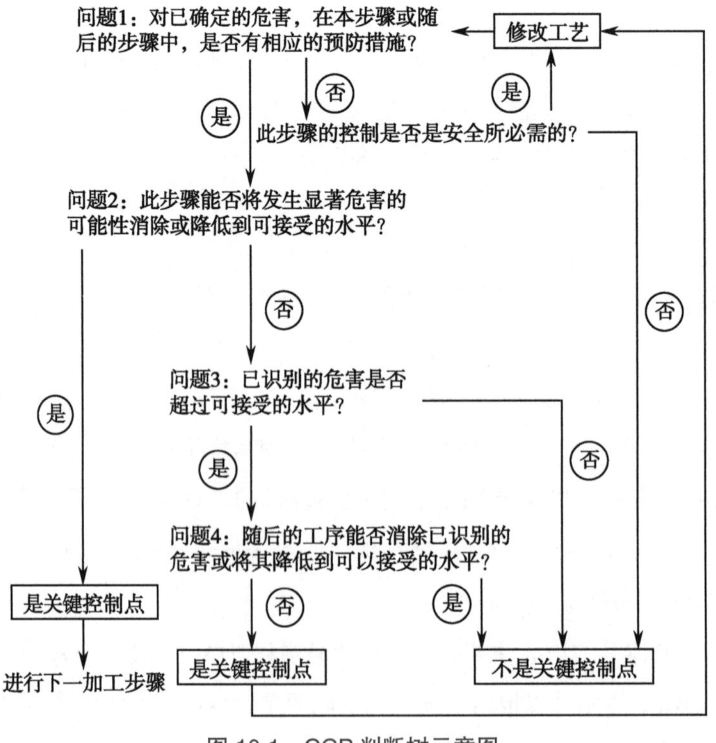

图 10-1　CCP 判断树示意图

5. 建立当监控表明某个关键控制点失控时应采取的纠偏行动　采取的措施还必须包括受影响的产品的合理处置，偏差和产品的处理方法必须记录在 HACCP 体系记录保存档案中。

6. 建立验证程序　证明 HACCP 体系运行的有效性。

7. 建立关于所有适用程序和这些原理及其应用的记录系统　应保存记录的种类包括以下几种。

（1）CCP 监控控制记录。

（2）验证记录：包括监控设备的检验记录，最终产品和中间产品的检验记录等。

（3）HACCP 计划及支持性材料。

（4）采取纠正措施记录。

三、实施 HACCP 必备条件

（一）危害分析与关键控制点的准备阶段

1. 组成 HACCP 小组　食品操作人员应确保有相应的产品专业知识和经验，以便制订有效的 HACCP 计划，最理想的方法是组成多种学科小组来完成该项工作。如果企业内缺乏具备这些知识和经验的人员，可以从其他途径获得专家的意见。明确 HACCP 计划的范围，该范围应涉及食品链各部门并说明危害的总体分类。

2. 产品描述　应勾画出产品的全面描述，这包括相关的安全信息，如产品的成分、物理 / 化学结构、加工方式、包装、保质期、贮存条件和销售方法。

3. 识别和拟定用途　拟定用途应基于最终用户和消费者对产品的使用期望。在特殊情况下，还必须考虑易受到伤害的消费者，如团体进餐情况。

4. 制作流程图　流程图由 HACCP 小组制作。该图应包括所有操作过程步骤。当 HACCP 应用给定操作时，应对特定操作的前后步骤予以考虑。

5. 流程图的现场确认　在各个操作阶段、操作时间内，HACCP 小组应确认操作过程是否与流程一致，并对特定操作的前后步骤予以考虑。

（二）危害分析与关键控制点体系应用步骤

1. 建立 HACCP 体系的人员、设备、卫生标准的准备工作

（1）获得领导层的支持。

（2）组成 HACCP 小组。

（3）HACCP 知识培训：HACCP 培训必须有计划、记录或录像。

（4）制订设备维修计划。

（5）制订产品回收计划：对出厂的产品有可能退回时应建立回收计划。

（6）建立卫生标准操作程序。

2. 建立 HACCP 体系资料的准备

（1）绘制和验证生产工艺流程图。

（2）确定生产加工企业的名称及详细地址。

（3）描述与产品有关的特性和包装形式。

（4）确定产品的消费者。

（5）确定产品的预期用途。

3. 危害分析工作单的编制

（1）确定产品及其生产加工过程的潜在危害。

（2）确定潜在危害是否是显著危害。

（3）根据相关技术资料和加工经验等确定控制每一种显著危害的相应预防措施。

（4）根据 CCP 判断树确定关键控制点。

四、HACCP 计划的制订

一个完整的 HACCP 计划的制订，包含 HACCP 准备阶段、HACCP 危害分析及其控制办法的确立、HACCP 计划的维护 3 个重要的阶段。

HACCP 准备阶段分为 5 个步骤：①组成 HACCP 小组；②产品描述；③识别和拟定用途；④制作流程图；⑤流程图的现场确认。

HACCP 危害分析及其控制办法分为：①列出各步骤的所有危害的所有控制措施；②确定关键控制点（CCP）；③建立各 CCP 的关键限值；④建立各 CCP 的监控程序和制度。

HACCP 计划的维护共分为：①建立纠偏措施；②建立验证程序；③建立文件和记录的保持程序；④回顾检查 HACCP 计划。

点滴积累

HACCP 体系的 7 个基本原理：①进行危害分析；②确定关键控制点；③建立关键限值；④建立关键控制点监控程序；⑤建立当监控表明某个关键控制点失控时应采取的纠偏行动；⑥建立验证程序，证明 HACCP 体系运行的有效性；⑦建立关于所有适用程序和这些原理及其应用的记录系统。

第六节　餐饮服务食品安全操作规范

为了加强餐饮服务食品安全管理，规范餐饮服务经营行为，保障消费者饮食安全，更好地落实《食品安全法》及其实施条例的要求及履行餐饮服务监管新职责，原国家食品药品监督管理总局制定了《餐饮服务食品安全操作规范》（以下简称为《规范》），于 2011 年 8 月 22 日起正式实施，并于 2018 年 6 月 22 日发布了新一版的规范。

《规范》对餐饮服务机构及人员管理提出了详细的规定：要求食品安全管理人员必须身体健康，未患有碍食品对口工作的疾病，并持有效健康证明和有效培训合格证明；食品安全管理人员需要具备 2 年以上餐饮服务食品安全工作经历，而且满足食品药品监督管理部门规定的其他条件。

《规范》规定：餐饮从业人员（包括新参加和临时参加工作的人员）在上岗前应取得健康证明；

餐饮从业人员每年至少进行1次健康检查，必要时进行临时健康检查；凡是患有《规范》第十四条所列疾病的人员，不得从事接触直接入口食品的工作；餐饮服务提供者应建立每日晨检制度，有发热、腹泻、皮肤伤口或感染、咽部炎症等有碍食品安全病症的人员，应立即离开工作岗位，待查明原因并将有碍食品安全的病症治愈后，方可重新上岗。

点滴积累

《餐饮服务食品安全操作规范》是为加强餐饮服务食品安全管理，规范餐饮服务经营行为，保障消费者饮食安全，根据《食品安全法》《食品安全法实施条例》《餐饮服务许可管理办法》《餐饮服务食品安全监督管理办法》等法律、法规、规章的规定所制定。

目标检测

一、选择题

（一）单项选择题

1. ISO 9000族国际标准是（　　）
   A. 由ISO/TC 176制定的所有国际标准
   B. 有关产品要求的国际标准
   C. 质量安全管理体系审核的依据
   D. 用于企业检验产品质量的国际标准
   E. 以上都对
2. 以下属于企业实施ISO 9000族标准的意义有（　　）
   A. 有利于提高组织的质量管理体系运作能力
   B. 有利于企业持续改进质量管理体系绩效
   C. 有利于提高企业的信誉和形象
   D. 有利于提高产品质量，增强竞争能力，提高经济效益
   E. 以上都是
3. 下列不是GMP的内容的是（　　）
   A. 加工环境、厂房实施与结构　　B. 加工用水
   C. 人员卫生　　D. 产品的销售宣传
   E. 设备与工器具
4. 凡从事食品生产的人员都必须（　　）进行一次体检
   A. 1次/年　　B. 1次/半年　　C. 1次/三个月
   D. 1次/月　　E. 没有规定时间
5. 食品生产企业，人流、水流和气流的方向是（　　）
   A. 从高密度区到低密度区　　B. 从高气流区到低气流区
   C. 从高清洁区到低清洁区　　D. 从高污染区到低污染区

E. 从高气温区到低气温区

6. HACCP 计划中不包括(　　)

A. HACCP 计划所要控制的危害

B. 进行危害分析

C. 负责执行每个监视程序的人员的培训内容

D. 关键限值

E. 建立验证程序,证明 HACCP 体系运行的有效性

7. 根据标准,下面(　　)是 HACCP 计划要求保存的记录

A. 关键控制点的管理评审记录　　B. 工艺流程的适当记录

C. 产品的销售情况　　D. 客户的投诉

E. A 和 B

8. 下列不是 HACCP 建立的目标是(　　)

A. 帮助挑选供应商　　B. 确保食品的安全性

C. 确保食品的卫生　　D. 保证食品过程中的质量控制

E. 防止因食品安全问题造成公司损失

(二)多项选择题

1. 下列危害中哪一类不属于化学危害(　　)

A. 天然毒素　　B. 辐射

C. 有害添加剂　　D. 药物残留

E. 生物腐败生成物

2. 下列关于《餐饮服务食品安全操作规范》规定的餐饮从业人员健康管理要求内容正确的是(　　)

A. 临时参加工作的人员在上岗时可未取得健康证明

B. 企业领导决定必要时可进行临时健康检查

C. 有皮肤伤口或感染的人员,可根据他自己的意愿是否上班

D. 第二十四条所列疾病的人员,不得从事接触直接入口食品的工作

E. 必须具备 2 年以上餐饮服务食品安全工作经历

二、简答题

1. 简述卫生标准操作控制程序(SSOP)的 8 个方面。

2. 简述 HACCP 体系的 7 个基本原理。

3. GMP 的内容包括哪些?

4. 简述全面质量管理的特征。

三、实例分析

1. 假设你是某一家果汁饮料生产厂的老板,请结合 ISO 9000 质量七项基本管理原则,设计一

套企业管理方案。

2. 某一食品加工厂生产油炸花生豆的工艺流程为：原料（加工开始）→投料→浸泡→脱皮→挑拣→甩水→冷藏→油炸投料→油炸→甩油→拌盐→降温→挑拣→过金属探测器→包装。

请根据学过的内容分析该生产工艺中可能潜在的生物危害、物理危害和化学危害。

（张英慧）

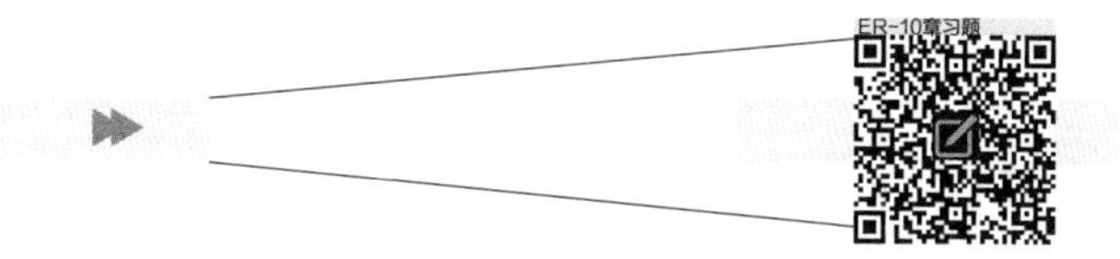

第十一章

食品质量安全认证

导学情景

情景描述：

周末妈妈带着上二年级的朵朵去逛超市，走到“无公害蔬菜专柜”前，妈妈挑选了生菜、蘑菇、黄瓜、茄子、西红柿等蔬菜。朵朵问妈妈：“什么叫无公害蔬菜，它和普通蔬菜有什么区别呢？”妈妈说：“无公害蔬菜就是指蔬菜中有害物质（如农药残留、重金属、亚硝酸盐等）的含量控制在国家规定的允许范围内，人们食用后对身体健康不造成危害的蔬菜。”

学前导语：

无公害蔬菜属于无公害农产品，无公害农产品是指产地环境、生产过程、产品质量符合国家有关标准和规范的要求，经认证合格获得认证证书并允许使用无公害农产品标志的优质农产品或初加工的食用农产品。本章我们将学习三种经权威机构认证的安全食品，并掌握它们的认证程序。

第一节 概述

食品质量安全认证是指由经国家权威机构认可的认证机构对企业或组织生产的食品的安全性进行的产品认证，一般是非强制性的，企业或组织可根据自身的需要申请不同种类的食品质量安全认证。

食品质量安全认证是一种将技术手段和法律手段有机结合起来的生产监督行为，是针对食品安全生产的特征而采取的一种管理手段。其对象是全部的安全食品和其生产单元，目的是要为安全食品的流通创造一个良好的市场环境，维护安全食品这类特殊商品的生产、流通和消费秩序。

1. 食品质量安全认证的目标 食品质量安全认证的目标是保证食品应有的质量和安全性，保障消费者的身体健康和生命安全。同时，以法律的形式向消费者保证安全食品具备无污染、安全、优质、有营养等品质，引导消费行为。有利于推动各个系列的安全食品的产业化进程，也有利于企业树立品牌意识，争创名牌，及早与国际惯例接轨。

2. 食品质量安全认证的类型 中国国家认证认可监督管理委员会统一管理、监督和综合协调全国的认证认可工作，加强认证市场整顿，规范认证行为，现已基本形成了统一管理、规范运作、共同实施的食品、农产品认证认可工作局面，基本建立了“从农田到餐桌”全过程的食品、农产品认证认可体系。

认证类别主要包括：①无公害农产品认证；②绿色食品认证；③有机产品认证；④饲料产品认证；⑤良好农业规范（GAP）认证；⑥绿色市场认证等。其中，食品产品认证主要有三类，即绿色食品认证、有机食品认证和无公害食品认证。

3. 食品质量安全认证的目的　第三方认证机构实施的食品质量安全认证活动，主要目的是：①通过产品认证，加快与国际化接轨进程；②科学引导消费；③规范生产企业在生产过程中的质量、卫生管控，为企业创建中国食品类名牌产品提供保障；④规范行业恶性竞争，创造良好市场环境。

4. 食品质量安全认证的意义　食品质量安全认证的主要益处：①有利于改善生态环境，促进农业可持续发展，增加农民收入；②有利于提高农产品质量，保障消费者健康，满足市场需求；③有利于应对绿色壁垒，增强农产品国际竞争力。

点滴积累

1. 食品质量安全认证是指由经国家权威机构认可的认证机构对企业或组织生产的食品的安全性进行的产品认证，一般是非强制性的，企业或组织可根据自身的需要申请不同种类的食品质量安全认证。
2. 食品质量安全认证主要有 3 类：绿色食品认证、有机食品认证和无公害农产品认证。
3. 中国国家认证认可监督管理委员会统一管理、监督和综合协调全国的认证认可工作。

第二节　无公害农产品认证

一、无公害农产品概述

（一）无公害农产品的定义及标志的含义

1. 无公害农产品的定义　根据《无公害农产品管理办法》的规定，无公害农产品是指产地环境、生产过程、产品质量符合国家有关标准和规范的要求，经认证合格，获得认证证书并允许使用无公害农产品标志的优质农产品或初加工的食用农产品。

无公害农产品生产过程中允许限量、限品种、限时间地使用人工合成的、安全的化学农药、兽药、鱼药、肥料、饲料添加剂等。

2. 无公害农产品标志的含义　无公害农产品标志图案主要由麦穗、对号和无公害农产品字样组成，标志整体为绿色，其中麦穗与对号为金色。绿色象征环保和安全，金色寓意成熟和丰收，麦穗代表农产品，对号表示合格（图 11-1）。

图 11-1　无公害农产品标志

（二）无公害农产品的特征

无公害农产品与普通食品相比有 4 个显著特征：

1. 产品基本特征　强调无污染、安全、优质。无污染、安全不仅是将最终产品的污染水平控制在危害人体健康的安全限度之内，而且要通过食品生产过程中的严密监测、控制和防范，防止农药残留、放射性物质、重金属、有害细菌、有毒有害化学物质等在生产各环节对食品的污染，以确保无公害农产品的安全。

2. 生产基地特征　强调产品出自良好生态环境。无公害农产品生产对环境有严格的要求，强调环境是基础，具有一票否决权，无公害农产品必须具备的条件中的首要条件就是：其产地必须符合无公害农产品产地的环境质量标准。能够符合无公害农产品产地环境标准的产地都是在空气清新、水质纯净、土壤未受污染、农业生态环境质量良好的地区。在确定该区域环境符合无公害农产品产地标准的基础上，还要求生产企业或当地政府有一套保证措施，以确保该区域在今后的生产过程中环境质量不下降。

3. 生产过程特征　强调对产品实行全程质量控制。无公害农产品实行"从农田到餐桌"全程质量控制，而不是简单地对最终产品的有害成分含量和卫生指标进行测定，从而在农业和食品生产领域树立了全新的质量观。

（1）严格禁止或控制使用化学合成物质：无公害农产品生产过程有严格的技术要求和质量控制要求，对化肥、农药、兽药、饲料添加剂、食品添加剂的使用都有严格的规定，从而保证了农产品的品质，也减少了农业污染。

（2）严格执行有关生产技术和操作规程：无公害农产品生产过程中，无论是通过种植、养殖、培养方式生产有关生物产品或原料，还是进行食品加工，都必须执行相关的生产技术和操作规程；并由委托管理机构派检查员检查生产企业的生产资料购买、使用情况，检查生产者是否按照无公害农产品生产技术标准进行生产，以证明生产行为对产品质量和产地环境质量是有益的。

4. 管理特征　强调对产品依法实行认证管理。政府授权专门机构认证管理无公害农产品，是一种将技术手段和行政手段有机结合起来的生产组织和管理行为。产后由定点产品监测机构对最终产品进行监测，确保最终产品符合无公害农产品标准，才能使用无公害农产品的标签、标志。

二、无公害农产品的质量标准体系

无公害农产品标准主要是无公害食品行业标准，由农业部制定，是无公害农产品认证的主要依据。

建立和完善无公害食品标准体系，是全面推进"无公害食品行动计划"的重要内容，也是开展无公害食品开发、管理工作的前提条件。农业部2001年制定、发布了73项无公害食品标准，2002年制定了126项、修订了11项无公害食品标准，2004年制定了112项无公害食品标准，2015年又制定了《无公害农产品　生产质量安全控制技术规范》系列标准13项。无公害食品标准内容包括产地环境标准、产品质量标准、生产技术规范和检验检测方法等，标准涉及120多个（类）农产品品种，大多数为蔬菜、水果、茶叶、肉、蛋、奶、鱼等关系城乡居民日常生活的"菜篮子"产品。

无公害食品标准以全程质量控制为核心，主要包括产地环境质量标准、生产技术标准和产品标准三个方面。

1. 产地环境质量标准　无公害食品的生产首先受地域环境质量的制约，即只有在生态环境良好的农业生产区域内才能生产出优质、安全的无公害食品。因此，无公害食品产地环境质量标准对产地的空气、农田灌溉水质、渔业水质、畜禽养殖用水和土壤等的各项指标以及浓度限值做出了规定。一是强调无公害食品必须产自良好的生态环境地域，以保证无公害食品最终产品的无污染、安全性；二是促进对无公害食品产地环境的保护和改善。

2. 生产技术标准　无公害食品生产过程的控制是无公害食品质量控制的关键环节，无公害食品生产技术操作规程是按作物种类、畜禽种类等和不同农业区域的生产特性分别制定的，用于指导无公害食品生产活动。规范无公害食品生产，包括农产品种植、畜禽饲养、水产养殖和食品加工等技术操作规程。

3. 产品标准　无公害食品产品标准是衡量无公害食品终产品质量的指标尺度。它虽然跟普通食品的国家标准一样，规定了食品的外观品质和卫生品质等内容，但其卫生指标不高于国家标准，重点突出了安全指标，安全指标的制定与当前生产实际紧密结合。无公害食品产品标准反映了无公害食品生产、管理和控制的水平，突出了无公害食品无污染、食用安全的特性。

按照国家法律法规规定和食品对人体健康、环境影响的程度，无公害食品的产品标准和产地环境标准为强制性标准，生产技术规范为推荐性标准。

课堂活动

同学们，你们知道无公害农产品与普通农产品相比有什么好处吗？

三、无公害农产品认证

无公害农产品认证包括无公害农产品产地认定和无公害农产品认证两个方面。其认证机构为农业部农产品质量安全中心。

（一）无公害农产品产地认定

无公害农产品产地认定是无公害农产品认证的前提和条件，是推进农产品标准化生产的最重要措施，是确保农产品质量安全的基础。各省、自治区、直辖市和计划单列市人民政府的农业行政主管部门（以下简称省级农业行政主管部门）负责本辖区内无公害农产品产地的认定（以下简称产地认定）工作。

1. 申报无公害农产品产地应具备的基本条件

（1）产地必须具备良好的自然环境，规划科学，布局合理，能满足无公害农产品生产的要求。

（2）产地应设立专门的管理机构，配备相应的专业技术人员，建立健全生产、服务体系。

（3）产地应当具有一定的生产规模，具体规定如表 11-1 所示。

2. 申请人的资格　符合无公害农产品产地基本条件并从事无公害农产品生产、经营的单位或个人均可作为无公害农产品产地的申请人。

3. 认定程序　申请产地认定的单位和个人（以下简称申请人），应当向产地所在地县级人民政府农业行政主管部门（以下简称县级农业行政主管部门）提出申请，并提交相应材料。

表 11-1　无公害农产品产地认定生产规模要求

产品类别	生产规模	说明
粮食作物	2 000 亩以上	1. 因地域、产品差异，生产规模可适当调整。 2. 其他产地规模，视具体情况而定
蔬菜	露地种植面积不少于 300 亩，保护地种植面积不少于 50 亩	
水果	种植面积不少于 300 亩	
西（甜）瓜	露地种植面积不少于 500 亩，保护地种植面积不少于 50 亩	
油料	种植面积不少于 500 亩	
茶园	种植面积不少于 200 亩	
食用菌	年投料不少于 200 吨	
水产养殖	大水面养殖面积不少于 1 000 亩；集中连片池塘养殖面积不少于 100 亩；工厂化养殖面积不少于 1 000m^2	

注：1 亩 =666.666 666 7m^2；1 吨 =1 000kg。

县级农业行政主管部门自受理之日起 30 日内，对申请人的申请材料进行形式审查。符合要求的，出具推荐意见，连同产地认定申请材料逐级上报省级农业行政主管部门；不符合要求的，应当书面通知申请人。

省级农业行政主管部门应当自收到推荐意见和产地认定申请材料之日起 30 日内，组织有资质的检查员对产地认定申请材料进行审查。材料审查不符合要求的，应当书面通知申请人。

材料审查符合要求的，省级农业行政主管部门组织由有资质的检查员组成的检查组对产地进行现场检查。现场检查不符合要求的，应当书面通知申请人。

申请材料和现场检查符合要求的，省级农业行政主管部门通知申请人委托具有资质的检测机构对其产地环境进行抽样检验。

检测机构应当按照标准进行检验，出具环境检验报告和环境评价报告，分送省级农业行政主管部门和申请人。环境检验不合格或者环境评价不符合要求的，省级农业行政主管部门应当书面通知申请人。

省级农业行政主管部门对材料审查、现场检查、环境检验和环境现状评价符合要求的，进行全面评审，并作出认定终审结论。符合颁证条件的，颁发《无公害农产品产地认定证书》；不符合颁证条件的，应当书面通知申请人。

《无公害农产品产地认定证书》有效期为 3 年。期满后需要继续使用的，证书持有人应当在有效期满前 90 日内按照本程序重新办理。

省级农业行政主管部门应当在颁发《无公害农产品产地认定证书》之日起 30 日内，将获得证书的产地名录报农业部和国家认证认可监督管理委员会备案。

（二）无公害农产品认证

农业部农产品质量安全中心（以下简称中心）承担无公害农产品认证（以下简称产品认证）工作。农业部和国家认证认可监督管理委员会（以下简称国家认监委）依据相关的国家标准或者行业标准发布《实施无公害农产品认证的产品目录》（以下简称产品目录）。凡生产产品目录内的产品，并获得《无公害农产品产地认定证书》的单位和个人，均可申请产品认证。

申请产品认证的单位和个人（以下简称申请人），可以通过省级农业行政主管部门或者直接向中心申请产品认证，并提交相应材料。中心对申请材料审核后，作出现场检查计划并组织有资质的检查员组成检查组，在规定的时间内完成现场检查工作。检查合格后对申请认证的产品进行抽样检验，检验合格后作出认证结论，并颁发《无公害农产品认证证书》。

《无公害农产品认证证书》有效期为3年，期满后需要继续使用的，证书持有人应当在有效期满前90日内按照本程序重新办理。

点滴积累

1. 无公害农产品是指产地环境、生产过程、产品质量符合国家有关标准和规范的要求，经认证合格获得认证证书并允许使用无公害农产品标志的优质农产品或初加工的食用农产品。
2. 无公害农产品认证包括：无公害农产品产地认定和无公害农产品认证两个方面。

第三节　绿色食品认证

一、绿色食品的概念和标志

（一）绿色食品的概念和分类

绿色食品是指遵循可持续发展原则，按照特定生产方式生产，经专门机构认定，许可使用绿色食品标志，无污染的安全、优质、营养类食品。为了更加突出这类食品出自良好生态环境，因此定名为绿色食品。

相比国际通称的有机食品，绿色食品是我国政府主推的一个认证农产品，它是普通食品向有机食品发展的一种过渡产品，分为AA级绿色食品和A级绿色食品。

AA级绿色食品是指生产地的环境质量符合NY/T 391《绿色食品产地环境质量》的要求，生产过程中不使用化学合成肥料、农药、兽药、饲料添加剂、食品添加剂和其他有害于环境和身体健康的物质，按有机生产方式生产，产品质量符合绿色食品产品标准，经专门机构认证，许可使用AA级绿色食品标志的产品。

A级绿色食品是指生产地的环境质量符合NY/T 391《绿色食品产地环境质量》的要求，在生产过程中严格按照绿色食品生产资料使用准则和生产操作规程要求，限量使用限定的化学合成生产资料，产品质量符合绿色食品产品标准，经专门机构认定，许可使用A级绿色食品标志的产品。

AA级和A级绿色食品的区别见表11-2。

表 11-2　绿色食品分级标准的区别

评价体系	AA 级绿色食品	A 级绿色食品
环境评价	采用单项指数法，各项数据均不得超过有关标准	采用综合指数法，各项环境监测的综合污染指数不得超过 1
生产过程	生产过程中禁止使用任何化学合成肥料、化学农药及化学合成食品添加剂	生产过程中允许限量、限时间、限定方法使用限定品种的化学合成物质
产品	各种化学合成农药及合成食品添加剂均不得检出	允许限量使用的化学合成物质的残留量低于国家标准或达到发达国家普通食品标准，其他禁止使用的化学物质残留不得检出
包装标志与标志编号	标志和标准字体为绿色，底色为白色，防伪标签的底色为蓝色，标志编号以 AA 结尾	标志和标准字体为白色，底色为绿色，防伪标签底色为绿色，标志编号以 A 结尾

（二）绿色食品标志

绿色食品标志是将“绿色食品”“Green Food”和绿色食品标志图形三者相互组合，显示在绿色食品的标签上（见图 11-2）。

图 11-2　绿色食品标志

绿色食品标志作为一种产品质量证明商标，其商标专用权受《中华人民共和国商标法》保护，标志使用时需专门机构对食品进行认证通过，许可企业依法使用。

绿色食品标志图形由三部分组成，即上方的太阳，下方的叶片和中心的蓓蕾，象征自然生态；颜色为绿色，象征着生命、农业、环保；图形为正圆形，意为保护。整个图形描绘了一幅阳光照耀下的和谐生机，告诉人们绿色食品是出自纯洁、良好生态环境中的安全无污染食品，能给人们带来蓬勃的生命力。绿色食品的标志还提醒人们要保护环境，通过改善人与环境的关系，创造自然界新的和谐。

A 级绿色食品标志与字体为白色，底色为绿色，如图 11-3 所示；AA 级绿色食品标志与字体为绿色，底色为白色，如图 11-4 所示。

图 11-3　A 级绿色食品标志

图 11-4　AA 级绿色食品标志

知识链接

可以申报绿色食品标志的产品

绿色食品标志是经中国绿色食品发展中心注册的质量证明商标，按国家商标类别划分的第 29、30、31、32、33 类中的大多数产品均可申报绿色食品标志，如第 29 类的肉、家禽、水产品、奶及奶制品、食用油脂等，第 30 类的食盐、酱油、醋、米、面粉及其他谷物类制品、豆制品、调味用香料等，第 31 类的新鲜蔬菜、水果、干果、种子、活生物等，第 32 类的啤酒、矿泉水、水果饮料及果汁、固体饮料等，第 33 类的含酒精饮料等。新近开发的一些新产品，只要经卫生管理部门以“食”字或“健”字登记的，均可申报绿色食品标志。经原卫生部公告的既是食品又是药品的品种，如紫苏、菊花、白果、陈皮、红花等，也可申报绿色食品标志。药品、香烟不可申报绿色食品标志。按照绿色食品标准，暂不受理厥菜、方便面、火腿肠、叶菜类酱菜的申报。

二、绿色食品标准体系

绿色食品标准体系以全程质量控制为核心，对绿色食品产前、产中和产后全过程质量控制技术和指标作了全面的规定，构成了一个科学、完整的标准体系，包括绿色食品产地环境质量标准、生产技术标准、产品标准以及包装、贮藏、运输标准四部分，现行有效标准 126 项，其中通用准则类标准 16 项，产品标准 110 项。绿色食品的标准为农业部发布的推荐性行业标准，但是对于绿色食品生产企业来说为强制性执行标准。

（一）绿色食品产地环境质量标准

产地环境是绿色食品生产的基本条件，产地环境质量状况直接影响绿色食品质量，是绿色食品可持续发展的先决条件。《绿色食品产地环境质量》（NY/T 391—2013）是在遵循自然规律和生态学原理，强调农业经济系统和自然生态系统的有机循环的基本原则指导下，充分依据国内外各类环境标准，结合绿色食品生产实际情况，辅以大量科学实验验证，确定不同产地环境的监测项目及限量值。该标准规定了绿色食品产地的生态环境、空气质量、水质和土壤质量要求以及各类指标的检测方法。

（二）绿色食品生产技术标准

绿色食品生产过程控制是绿色食品质量控制的关键环节。绿色食品生产技术标准是绿色食品标志体系的核心，它包括绿色食品生产资料使用准则和绿色食品生产技术操作规程两部分。

绿色食品生产资料使用准则是对生产绿色食品过程中物质投入的一个原则性规定，由农业部发布，全国范围内适用，它包括生产绿色食品的肥料、农药、兽药、渔药、食品添加剂和饲料添加剂的使用准则，以及动物卫生准则和畜禽饲养防疫准则等。绿色食品生产操作规程是以绿色食品生产资料使用准则为依据，按不同农业区域的生产特性、作物种类、畜禽种类分别制定，用于指导绿色食品生产活动，规范绿色食品生产技术的技术规定，只在地区范围内适用，具体包括农作物种植、畜禽饲养、水产养殖和食品加工技术操作规程。

（三）绿色食品产品标准

产品标准是绿色食品标志体系的重要组成部分，是衡量绿色食品最终产品质量的指标尺度，它反映了绿色食品生产、管理及质量控制水平，突出了绿色食品产品无污染、安全、优质、营养的特征。绿色食品的卫生品质要求高于普通食品的国家现行标准，主要表现在对农药残留和重金属的检测项目种类多、指标严。

（四）绿色食品包装贮运标准

绿色食品《包装通用准则》（NY/T 658—2002）规定了绿色食品的包装必须遵循的原则以及绿色食品包装的要求、包装材料的选择、包装尺寸、包装检验、抽样、标志和标签、贮运与运输等内容。

绿色食品标签除应符合《预包装食品标签通则》（GB 7718—2011）的规定外，其外包装上应印有绿色食品标志，绿色食品标志的设计和标志方法应符合《中国绿色食品商标标志设计使用规范手册》的规定。

绿色食品《贮藏运输准则》（NY/T 1056—2006）对绿色食品贮藏、运输的条件、方法、时间做出规定，以保证绿色食品在贮运过程中不遭受污染、不改变品质，并有利于环保、节能。

三、绿色食品的申报程序与认证

（一）申报绿色食品认证的前提条件

1. 申请人应当具备的资质条件　①能够独立承担民事责任。如企业法人、农民专业合作社、个人独资企业、合伙企业、家庭农场等，国有农场、国有林场和兵团团场等生产单位。②具有稳定的生产基地。③具有绿色食品生产的环境条件和生产技术。④具有完善的质量管理体系，并至少稳定运行一年。⑤具有与生产规模相适应的生产技术人员和质量控制人员。⑥申请前三年内无质量安全事故和不良诚信记录。⑦与绿色食品工作机构或检测机构不存在利益关系。

2. 申请使用绿色食品标志的产品应当具备的条件　申请使用绿色食品标志的产品应当符合《食品安全法》和《中华人民共和国农产品质量安全法》等法律、法规的规定，在国家工商总局商标局核定的绿色食品标志商标涵盖商品范围内，并具备下列条件。

（1）产品或产品原料产地环境符合绿色食品产地环境质量标准。

（2）农药、肥料、饲料、兽药等投入品使用符合绿色食品投入品使用准则。

（3）产品质量符合绿色食品产品质量标准。

（4）包装贮运符合绿色食品包装贮运标准。

（二）绿色食品标志认证程序

绿色食品标志是经中国绿色食品发展中心注册的质量证明商标，企业如需在其生产的产品上使用绿色食品标志，须按以下程序提出申报。

1. 认证申请　申请人向中国绿色食品发展中心（以下简称中心）及其所在省级绿色食品办公室、绿色食品发展中心（以下简称省绿办）提出申请，完成网上在线申报并提交相应文件。

2. 受理及文审

（1）省绿办收到上述申请材料后进行登记、编号，5 个工作日内完成对申请认证材料的审查工作，并向申请人发出“文审意见通知单”，同时抄送中心认证处。

（2）申请认证材料不齐全的，要求申请人收到“文审意见通知单”后 10 个工作日提交补充材料。

（3）申请认证材料不合格的，通知申请人本生长周期不再受理其申请。

（4）申请认证材料合格的，执行现场检查程序。

3. 现场检查、产品抽样

（1）省绿办应在“文审意见通知单”中明确现场检查计划，并在计划得到申请人确认后委派 2 名或 2 名以上检查员进行现场检查。

（2）检查员根据《绿色食品检查员工作手册》和《绿色食品产地环境质量现状调查技术规范》中规定的有关项目进行逐项检查。每位检查员单独填写现场检查表和检查意见。

（3）现场检查合格，可以安排产品抽样。凡申请人提供了近一年内绿色食品定点产品监测机构出具的产品质量检测报告，并经检查员确认，符合绿色食品产品监测项目和质量要求的，免产品抽样检测。

（4）现场检查合格，需要抽样检测的产品安排产品抽样。

（5）现场检查不合格，不安排产品抽样。

4. 环境监测

（1）绿色食品产地环境质量现状调查由检查员在现场检查时同步完成。

（2）经调查确认，产地环境质量符合《绿色食品产地环境质量现状调查技术规范》规定的免测条件，免做环境监测。

（3）根据《绿色食品产地环境质量现状调查技术规范》的有关规定，经调查确认，有必要进行环境监测的，省绿办自收到调查报告 2 个工作日内以书面形式通知绿色食品定点环境监测机构进行环境监测，同时将通知单抄送中心认证处。

（4）定点环境监测机构收到通知单后，40 个工作日内出具环境监测报告，连同填写的“绿色食品环境监测情况表”，直接报送中心认证处，同时抄送省绿办。

5. 产品检测　绿色食品定点产品监测机构自收到样品、产品执行标准、“绿色食品产品抽样单”、检测费后，20 个工作日内完成检测工作，出具产品检测报告，连同填写的“绿色食品产品检测情况表”，报送中心认证处，同时抄送省绿办。

6. 认证审核

（1）省绿办收到检查员现场检查评估报告和环境质量现状调查报告后，3 个工作日内签署审查意见，并将认证申请材料、检查员现场检查评估报告、环境质量现状调查报告及“省绿办绿色食品认证情况表”等材料报送中心认证处。

（2）中心认证处收到省绿办报送材料、环境监测报告、产品检测报告及申请人直接寄送的“申请绿色食品认证基本情况调查表”后，进行登记、编号，在确认收到最后一份材料后 2 个工作日内下发受理通知书，书面通知申请人，并抄送省绿办。

（3）中心认证处组织审查人员及有关专家对上述材料进行审核，20个工作日内做出审核结论。

7. 认证评审

（1）绿色食品评审委员会自收到认证材料、认证处审核意见后10个工作日内进行全面评审，并做出认证终审结论。

（2）认证结论为合格的执行颁证程序；认证结论为不合格的，2个工作日内将“认证结论通知单”发送申请人，并抄送省绿办。本生产周期不再受理其申请。

8. 颁证　认证评审合格后，由省绿办负责组织企业签订“绿色食品标志商标使用许可合同”，中心统一向省绿办寄发“绿色食品标志使用证书”，经省绿办转发企业。

课堂活动

同学们生活中见到过“绿色食品”标志吗？什么样的食品可以使用“绿色食品”标志呢？

四、绿色食品标志的使用管理

案例分析

案例

王某在某县城一家农贸市场内销售大米，为牟取私利，王某在未经任何部门授权许可的情况下，于2006年5月开始擅自印制绿色食品标志不干胶标签，粘贴在自己销售的普通大米的外包装袋上，公开对外销售。后被工商局执法人员查获。

请分析王某的行为有何不妥？

分析

绿色食品标志是由中国绿色食品发展中心在国家工商行政管理总局商标局正式注册的质量证明商标。未经中国绿色食品发展中心许可，任何单位和个人不得使用绿色食品标志。王某未经许可，擅自制造绿色食品标志的商标标识，并且在销售大米的过程中在大米的外包装袋上加贴伪造的绿色食品标志的非法行为，侵犯了绿色食品标志的商标专用权。应当依据相关法规进行处罚。

未经中国绿色食品发展中心许可，任何单位和个人不得使用绿色食品标志。已获准使用绿色食品标志的企业必须严格依照《商标法》《绿色食品标志管理办法》和“绿色食品标志商标使用许可合同”的要求正确使用绿色食品商标标志，并接受绿色食品监管部门的监督检查，保证使用标志产品的质量，维护绿色食品标志的商标信誉。

绿色食品标志使用证书有效期3年。证书有效期满，需要继续使用绿色食品标志的，标志使用人应当在有效期满3个月前向省绿办提出续展申请，同时完成网上在线申报。标志使用人逾期未提出续展申请，或者续展未通过的，不得继续使用绿色食品标志。

点滴积累

1. 绿色食品是指遵循可持续发展原则，按照特定生产方式生产，经专门机构认定，许可使用绿色食品标志，无污染的安全、优质、营养类食品。
2. A 级绿色食品标志与字体为白色，底色为绿色；AA 级绿色食品标志与字体为绿色，底色为白色。
3. 绿色食品的认证程序包括认证申请、受理及文审、现场检查、环境监测、产品检测、认证审核、认证评审、颁证。
4. 绿色食品的标准为农业部发布的推荐性行业标准，但是对于绿色食品生产企业来说为强制性执行标准。
5. 绿色食品的卫生品质要求高于普通食品的国家现行标准，主要表现在对农药残留和重金属的检测项目种类多、指标严。

第四节　有机食品认证

一、有机食品的概念

有机食品在不同的语言中有不同的名称，国外最普遍的叫法是“organic food”，在其他语种中也称生态食品、自然食品等。联合国粮食及农业组织和世界卫生组织的食品法典委员会将这类称谓各异但内涵实质基本相同的食品统称为“organic food”，中文译为“有机食品”。

有机食品是指来自于有机生产体系，根据有机认证标准生产、加工，并经具有资质的独立认证机构认证的一切农副产品，如粮食、蔬菜、水果、奶制品、畜禽产品、水产品、蜂产品及调料等。

有机食品生产于生态良好的有机农业生产体系，在生产和加工过程中不使用化学农药、化肥、化学防腐剂等化学合成物质和杜绝基因工程生物及其产物。有机食品必备的四个条件如下：

（1）有机原料：即原料必须来自已经建立或正在建立的有机农业生产体系，或采用有机方式采集的野生天然产品。

（2）有机过程：即产品在整个生产过程中严格遵循有机食品的生产、加工、包装、贮藏、运输标准。

（3）有机跟踪：即生产者在有机食品生产和流通过程中，有完善的质量跟踪审查体系和完整的生产及销售记录（档案）。

（4）有机认证：即必须通过独立的有机食品认证机构的认证。

二、有机认证标志

（一）国际和区域性有机认证标志

1. 国际有机农业运动联盟（IFOAM）标志　IFOAM 是世界各国有机农业发展机构进行合作的国际性非政府组织，IFOAM 的标志属于国际标志，如图 11-5 所示。

2. 欧盟(EU)有机认证标志　目前世界上只有欧盟地区采取统一的认证标准(EEC 2092/91)。根据欧盟条例EC 834/2007第23~26条，以及EC 889/2008第37~38条和附件Ⅺ的规定，有机产品至少要由95%的有机农业源配料构成，并自2010年7月1日起在欧盟包装和销售的有机产品必须使用统一的欧盟有机产品标志(图11-6)，除此外可以同时使用认证机构的有机认证标志。

图11-5　IFOAM的标志

图11-6　欧盟(EC)有机认证标志

(二)不同国家有机认证标志

为加强国家层面的有机产品认证管理，美国、日本、瑞士、加拿大和中国等国制定了本国的有机认证标准，规定在该国销售的有机产品必须符合其制定的有机产品认证标准，并使用统一的该国有机认证标志。国家有机认证标志的统一和标识的规定，一方面有利于国家管理；另一方面，对于有机产品出口商来说，又无疑形成了一个潜在的技术壁垒。

1. 美国有机认证标志　美国的有机产品认证和标志的使用依据是1990年的《有机食品产品法案》和2002年10月21日正式实施的由美国联邦农业部(USDA)制定的美国有机农业条例(NOP)。美国有机产品认证的标志上绿色的圆形标记有英文的“有机”和“美国农业部”字样(图11-7)。

2. 日本有机认证标志　1999年7月日本国会通过了包含有机农产品的认证和标示制度的《有关农林物资的规格化和品质表示的正当化法律的部分修正案》(简称JAS法)，该法案规定：从2001年4月1日在日本开始实施《有机农产品和有机加工食品的农林规格》(简称《有机JAS规格》)，以后不断完善，以规范对有机农产品进行认证和标示，标志见图11-8。

图11-7　美国(NOP)的有机认证标志

图11-8　日本(JAS)的有机认证标志

3. 我国有机认证标志 我国有机认证标志的使用要遵照《中华人民共和国国家标准 有机产品》(GB/T 19630.1—2011)的规定,在标志使用上为了加强统一管理,方便公众识别,经2004年9月27日国家质量监督检验检疫总局局务会审议通过,2005年4月1日起施行的《有机产品认证管理办法》中规定了中国有机产品的认证标志(如图11-9和图11-10),强调了在中国销售的有机产品必须加贴全国统一的中国有机产品认证标志,从而改变了先前各认证机构各自使用本机构标志的混乱局面。除此之外,我国对产品的标识在相关法规如《商标法》《商标法实施细则》《消费品使用说明总则》《食品标签通用标准》中有明确的要求。

图11-9 中国有机产品认证标志

图11-10 中国有机转换产品认证标志

《有机产品认证管理办法》中将有机产品认证标志分为“中国有机产品认证标志”和“中国有机转换产品认证标志”。这两个标志的图案基本一致,只是在颜色上有所区别,分别为绿色和褐黄色。转换期在这里是指按照有机标准开始管理至生产单元和产品获得有机认证之间的时段,此期间生产的产品为转换期产品。

(1)中国有机食品认证标志含义:我国有机食品标志为国家有机食品发展中心所拥有,已在国家工商行政管理局商标局注册,是一种质量认证的标志。

有机食品标志采用人手和叶片为创意元素,其景象特征为一只手向上持着一片绿叶,寓意人类对自然和生命的渴望;两只手一上一下握在一起,将绿叶拟人化为自然的手,寓意人类的生存离不开大自然的呵护,人与自然需要和谐美好的生存关系(图11-11)。

(2)有机认证标识管理:有机产品标准中明确了有机配料含量不同的产品的标识方法,有机配料含量≥95%并获得有机产品认证的加工产品,在产品名称前标识“有机”,在产品或者包装上加施“中国有机产品”认证标志并标注认证机构的标识或者认证机构的名称。有机配料含量<95%,但≥70%的加工产品,可在产品名称前标识“有机配料生产”,并应注明获得认证的有机配料的比例。有机配料含量<70%的加工产品,只能在产品配料表中将某种获得认证的有机配料标识为“有机”,并应注明有机配料的比例。对于使用有机转换配料生产的产品也作了类似的规定。

有机认证证书的有效期为一年,在此期间,认证机构应对有机认证证书和认证标志的所有权、使用和宣传展示情况进行跟踪管理,确保使用有机标志/标识的产品与认证证书范围一致(包括认证产品的数量与标志数量)。

图11-11 有机食品标志

知识链接

无公害农产品、绿色食品与有机食品有什么区别?

无公害农产品、绿色食品、有机食品都是指符合一定标准的安全食品。无公害食品保证人们对食品质量安全最基本的需要，是最基本的市场准入条件；绿色食品达到了发达国家的先进标准，可满足人们对食品质量安全更高的需求；有机食品则又是一个更高的层次，是一种真正源于自然、高营养、高品质的环保型安全食品。这三类食品像一个金字塔，塔基是无公害农产品，中间是绿色食品，塔尖是有机食品，越往上要求越严格。他们之间存在的区别主要表现在以下三点。

1. 质量标准水平不同　无公害农产品质量标准等同于国内普通食品卫生标准；绿色食品分为AA级和A级，其质量标准参照联合国粮农组织和世界卫生组织；有机食品采用欧盟和国际有机运动联盟（IFOAM）的有机农业和产品加工基本标准，强调生产过程的自然性，与传统所指的检测标准无可比性，其质量标准与AA级绿色食品标准基本相同。

2. 认证体系不同　这三类食品都必须经过专门机构认定，许可使用特定的标志，但是认证体系有所不同。无公害农产品认证体系由农业部牵头组建，目前部分省、市政府部门已制定了地方认证管理办法，各省、市有不同的标志。绿色食品由中国绿色食品发展中心在各省、市、自治区及部分计划单列市设立了40个委托管理机构，负责本辖区的有关管理工作，有统一商标标志，在中国内地、中国香港和日本注册使用；有机食品在国际上一般由政府管理部门审核、批准的民间或私人认证机构认证，全球范围内无统一标志，各国标志呈现多样化，我国有代理国外认证机构进行有机认证的组织。

3. 生产方式不同　无公害农产品生产必须在良好的生态环境下，遵守无公害农产品技术规程，可以科学、合理地使用化学合成物；绿色食品生产是将传统农业技术与现代常规农业技术相结合，从选择、改善农业生态环境入手，通过在生产、加工过程中执行特定的生产操作规程，限制或禁止使用化学合成物及其他有毒有害生产资料，并实施“从农田到餐桌”全程质量控制；有机食品生产必须采用有机生产方式，绝对禁止使用农药、化肥、生长激素、化学添加剂、化学色素和防腐剂等化学物质，不使用基因工程技术。即在认证机构监督下，完全按有机生产方式生产1~3年（转化期），被确认为有机农场后，可在其产品上使用有机标志和“有机”字样上市。

三、有机食品认证

有机食品认证是指认证机构按照《中华人民共和国国家标准　有机产品》（GB/T 19630.1—19630.4—2011）、《有机产品认证管理办法》和《有机产品认证实施规则》的规定对有机食品生产、加工和销售过程进行评价的活动。在我国境内销售的有机食品均需经认证机构认证。

根据《有机产品认证实施规则》,其有机食品的认证程序如下。

（一）认证申请

对于申请有机产品认证的单位或者个人,根据有机产品生产或者加工活动的需要,可以向有机产品认证机构申请有机产品生产认证或者有机产品加工认证。根据《有机产品认证管理办法》和《有机产品认证实施规则》等规定,认证委托人应当向有机产品认证机构提出书面申请,并提交相应材料。

（二）认证受理

认证机构应当自收到申请人书面申请之日起，10 个工作日内完成对申请材料的评审，并做出是否受理的决定。

申请材料齐全、符合要求的，予以受理认证申请，认证机构与申请人签订认证合同；不予受理的，应当书面通知认证委托人，并说明理由。认证机构的评审过程应确保认证要求规定明确、形成文件并得到理解，和认证委托人之间在理解上的差异得到解决，对于申请的认证范围、认证委托人的工作场所和任何特殊要求应有能力开展认证服务，认证机构应保存评审过程的记录。

（三）现场检查准备与实施

1. 组成检查组　根据所申请产品的对应的认证范围，认证机构应委派具有相应资质和能力的检查员组成检查组。每个检查组应至少有一名相应认证范围注册资质的专业检查员。对同一认证委托人的同一生产单元不能连续 3 年以上（含 3 年）委派同一检查员实施检查。

2. 检查任务　认证机构在现场检查前应向检查组下达检查任务书。

3. 文件评审　在现场检查前，应对认证委托人的管理体系文件进行评审，确定其适宜性、充分性及与认证要求的符合性，并保存评审记录。

4. 检查计划

（1）检查组应制订检查计划，并在现场检查前得到认证委托人的确认。

（2）现场检查时间应当安排在申请认证产品的生产、加工的高风险阶段。因生产季等原因，初次现场检查不能覆盖所有申请认证产品的，应当在认证证书有效期内实施现场补充检查。

（3）应对生产单元的全部生产活动范围逐一进行现场检查；多个农户负责生产（如农业合作社或公司 + 农户）的组织应检查全部农户。应对所有加工场所实施检查。需在非生产、加工场所进行二次分装 / 分割的，也应对二次分装 / 分割的场所进行现场检查，以保证认证产品的完整性。

5. 检查实施　根据认证依据的要求对认证委托人的管理体系进行评审，核实生产、加工过程与认证委托人按照 5.1.2 条款所提交的文件的一致性，确认生产、加工过程与认证依据的符合性。

检查组在结束检查前，应对检查情况进行总结，向受检查方及认证委托人明确并确认存在的不符合项，对存在的问题进行说明。

6. 样品检测

（1）应对申请认证的所有产品进行检测，并在风险评估基础上确定检测项目。认证证书发放前无法采集样品的，应在证书有效期内进行检测。

（2）认证机构应委托具备法定资质的检测机构对样品进行检测。

（3）有机生产或加工中允许使用物质的残留量应符合相关法规、标准的规定。有机生产和加工中禁止使用的物质不得检出。

7. 产地环境质量状况认证　委托人应出具有资质的监（检）测机构对产地环境质量进行的监（检）测报告，以证明其产地的环境质量状况符合《有机产品》（GB/T 19630）规定的要求。土壤和水的检测报告委托方应为认证委托人。

8. 有机转换要求

（1）未能保持有机认证的生产单元，需重新经过有机转换才能再次获得有机认证。

（2）有机转换计划须获得认证机构批准，并且在开始实施转换计划后每年须经认证机构核实、确认。未按转换计划完成转换的生产单元不能获得认证。

9. 投入品

（1）有机生产或加工过程中允许使用 GB/T 19630.1 的附录 A、附录 B 及 GB/T 19630.2 附录 A、附录 B 列出的物质。

（2）对未列入 GB/T 19630.1 附录 A、附录 B 或 GB/T 19630.2 附录 A、附录 B 的投入品，认证委托人应在使用前向认证机构提交申请，详细说明使用的必要性和申请使用投入品的组分、组分来源、使用方法、使用条件、使用量以及该物质的分析测试报告（必要时），认证机构应根据 GB/T 19630.1 附录 C 或 GB/T 19630.2 附录 C 的要求对其进行评估。经评估符合要求的，由认证机构报国家认监委批准后方可使用。

（3）国家认监委可在专家评估的基础上，公布有机生产、加工投入品临时补充列表。

10. 检查报告

（1）认证机构应规定检查报告的格式。

（2）应通过检查记录、检查报告等书面文件，提供充分的信息使认证机构能做出客观的认证决定。

（3）检查报告应包括检查组通过风险评估对认证委托人的生产、加工活动与认证要求符合性的判断，对其管理体系运行有效性的评价，对检查过程中收集的信息以及对符合与不符合认证要求的说明，对其产品质量安全状况的判定等内容。

（4）检查组应对认证委托人执行标准的总体情况做出评价，但不应对认证委托人是否通过认证做出书面结论。

（四）认证决定

对于符合认证要求的认证委托人，认证机构应颁发认证证书；对于不符合认证要求的认证委托人，认证机构应以书面的形式明示其不能通过认证的原因。

1. 批准认证的条件　认证委托人符合下列条件之一，予以批准认证。

（1）生产加工活动、管理体系及其他审核证据符合本规则和认证标准的要求。

（2）生产加工活动、管理体系及其他审核证据虽不完全符合本规则和认证依据标准的要求，但认证委托人已经在规定的期限内完成了不符合项纠正和 / 或纠正措施，并通过认证机构验证。

2. 申诉　认证委托人如对认证决定结果有异议，可在 10 个工作日内向认证机构申诉，认证机构自收到申诉之日起，应在 30 个工作日内进行处理，并将处理结果书面通知认证委托人。

点滴积累

1. 有机食品是指来自于有机生产体系，根据有机认证标准生产、加工，并经具有资质的独立认证机构认证的一切农副产品。
2. 有机食品认证程序分为：认证申请、认证受理、现场检查准备与实施、认证决定。

目标检测

一、选择题

（一）单项选择题

1.（　　）是无公害农产品认证的前提和条件，是推进农产品标准化生产的最重要措施，是确保农产品质量安全的基础

A. 无公害农产品认证　　B. 无污染食品认证

C. 无公害农产品产地认定　　D. 有机食品认证

E. 健康食品认证

2. 绿色食品标志使用证书有效期为（　　）

A. 1 年　　B. 2 年　　C. 3 年

D. 4 年　　E. 5 年

3. 有机认证证书的有效期为（　　）

A. 1 年　　B. 2 年　　C. 3 年

D. 4 年　　E. 5 年

4. 在产品或者包装上使用“中国有机产品”认证标志的产品，其有机配料的含量应≥（　　）

A. 90%　　B. 95%　　C. 70%

D. 80%　　E. 99%

（二）多项选择题

1. 食品产品认证主要有（　　）3 类

A. 无公害农产品认证　　B. 无污染食品认证

C. 绿色食品认证　　D. 有机食品认证

E. 健康食品认证

2. 绿色食品可以分为（　　）和（　　）2 个级别

A. Ⅰ级　　B. A 级　　C. Ⅱ级

D. AA 级　　E. B 级

3. 无公害食品标准以全程质量控制为核心，主要包括（　　）、（　　）和（　　）3 个方面

A. 产地环境质量标准　　B. 包装标准

C. 贮藏运输标准　　D. 生产技术标准

E. 产品标准

4. 有机产品必备的四个条件是（　　）

A. 有机原料　　B. 有机环境　　C. 有机过程

D. 有机跟踪　　E. 有机认证

5. 无公害农产品标志图案主要由麦穗、对号和无公害农产品字样组成，麦穗代表（　　），对号

表示(　　),金色寓意(　　),绿色象征环保和安全

A. 粮食　　B. 农产品　　C. 合格

D. 土壤　　E. 成熟和丰收

二、简答题

1. 简述无公害食品的四个显著特征。

2. 简述绿色食品的标准体系。

3. 简述中国有机认证标志的组成及含义。

（张海芳）

第十二章

食品安全性评价

导学情景

情景描述：

现实生活中，人们经常有这样的疑问："什么样的食品是安全的？"这里的"安全"其实是一个相对的概念，即在一定条件下，经权衡某物质的利弊后，其摄入量水平对某一社会群体是可以接受的。这要求我们对食品中的各种组分（包括正常食品成分、食品添加剂、环境污染物、农药、转移到食品中的包装成分、天然毒素、霉菌毒素及其他任何可能在食品中发现的可疑物质）的安全性逐一进行评价。那么，我们该用什么方法来进行评价呢？仅做动物试验够不够？还需要做什么工作？怎样才能得出能被社会和消费者广泛接受的测试结果和科学结论？

学前导语：

食品安全风险评价是对食品、食品添加剂中的生物性、化学性和物理性危害因素对人体健康可能造成的已知或潜在不良影响进行的科学评价，是一种系统的回答和解决关于健康风险具体问题的评估方法。通过食品安全风险评估，可以发现食品中存在的危险物，降低食品安全潜在的危害因素，以及发生食品安全事故的概率，为质量监督、食品卫生监督管理和工商行政管理提供技术依据，并能根据食品安全风险评价的结果，及时、准确地制定、修订相关食品安全法规、标准，确保食品生产经营过程能够优质、安全、有效地运行，确保消费者身心健康利益。本章我们将学习食品安全性评价的基本理论知识，以及食品安全性评价的具体程序。

第一节　概述

1. 食品安全性评价的定义　食品安全性评价是运用毒理学动物试验结果，并结合人群流行病学调查资料来阐述食品中某种特定物质的毒性及潜在危害、对人体健康影响的性质和强度，以及预测人类接触后的安全程度。食品安全性评价需要对食品中任何组分可能引起的危害进行科学测试后得出结论，以确定该组分究竟能否为社会或消费者所接受，据此制定相应的标准。

2. 食品安全性评价的目的　食品安全性评价的目的主要是阐明某种食品是否可以安全食用。食品中有关危害形成或物质的毒性及其风险大小，可利用毒理学资料确定该物质的安全剂量，以便通过风险评估进行风险控制，它是食品安全质量管理的重要内容。

3. 食品安全性评价的组分　①正常食品成分；②用于食品生产、加工和保藏的化学物、食品添加剂、食品加工用微生物等；③食品生产、加工、运输、销售和保藏等过程中产生的污染物，以及外来污染的有害物质，如农药、重金属和生物毒素以及包装材料的溶出物、放射性物质和食品器具的洗涤消毒剂等；④新食品资源及其成分；⑤任何可能在食品中发现的可疑物质。

4. 食品安全性评价的手段　现代食品安全性评价除了必须进行传统的毒理学评价外，还需要进行人体研究、残留量研究、暴露量研究、膳食结构和摄入风险性评价等。

点滴积累

1. 食品的安全性评价即运用毒理学动物试验结果，并结合人群流行病学调查资料来阐述食品中某种特定物质的毒性及潜在危害，对人体健康的影响性质和强度，从而预测人类接触后的安全程度。
2. 食品安全性评价是食品安全质量管理的重要内容，其目的是保证食品的安全可靠性。

第二节　食品安全性毒理学评价程序

1. 食品安全性毒理学评价的概念　食品的安全性毒理学评价是运用现代毒理学理论，并结合流行病学调查分析，阐明食品或食品中的特定物质的毒性及其潜在危害，预测人体接触后可能对人体健康产生影响的性质和强度，提出食用安全风险和预防措施的一门技术。简言之，食品安全性毒理学评价的对象是食品及食品相关的产品，如食品新资源、保健食品、食品添加剂、转基因食品、食品容器和包装材料以及食品中各种化学和生物等的污染物，评价的焦点是食品的食用安全性，在了解某种物质的毒性及危害性的基础上，全面权衡其利弊和实际应用的可能性，从确保该物质的最大效益、对生态环境和人类健康最小危害性的角度，对该物质能否生产和使用做出判断或寻求人类的安全接触条件的过程。

2. 食品安全性评价和食品安全性毒理学评价之间的关系　食品的安全性评价的主要目的是评价某种食品是否可以安全食用，具体就是评价食品中有关危害成分或者危害物质的毒性以及相应的风险程度。因此，确认这些成分或物质的安全剂量是关键，这正是要进行毒理学试验的原因。目前，国家已经制定了食品安全性毒理学评价程序的国家标准，对任何食品及食品的相关产品进行安全性毒理学评价，都应参照食品安全国家标准《食品安全性毒理学评价程序》（GB 15193.1—2014）实施。

一、食品安全性毒理学评价程序的适用范围

根据 GB 15193.1—2014，食品安全毒理学评价程序可用于评价食品生产、加工、保藏、运输和销售过程中使用的化学和生物物质以及在这些过程中产生和污染的有害物质，食物新资源及其成分和新资源食品，也适用于食品中其他有害物质。

二、食品安全性毒理学评价程序的基本内容

GB 15193.1—2014 中明确规定，食品安全性毒理学评价要根据毒理学评价的要求和目的直接

进行各项试验，其内容包括以下几个方面。

（一）试验前的准备工作

在进行食品的安全性毒理学评价之前，要了解受试物的基本信息和特征，包括受试物的化学组成，是单一成分还是许多化学物质组成的复合成分；审查受试物的生产工艺和生产流程，推测受试物生产加工过程中是否产生中间产物或副产物，以及生产设备是否会传递污染物到受试物等；根据受试物的配方、生产工艺和流程，确定受试物的卫生检验项目和指标，并且检验方法一定要采用国家标准方法，对于没有国家标准方法的项目，或者某些特殊项目，可以结合实际情况选择使用的方法。其中，对于受试物的具体要求如下。

1. 应提供受试物的名称、批号、含量、保存条件、原料来源、生产工艺、质量规格标准、性状、人体推荐（可能）摄入量等有关资料。

2. 对于单一成分的物质，应提供受试物（必要时包括其杂质）的物理、化学性质（包括化学结构、纯度、稳定性等）。对于混合物（包括配方产品）应提供受试物的组成，必要时应提供受试物各组成成分的物理、化学性质（包括化学名称、化学结构、纯度、稳定性、溶解度等）有关资料。

3. 若受试物是配方产品，应是规格化产品，其组成成分、比例及纯度应与实际应用的相同。若受试物是酶制剂，应该使用在加入其他复配成分以前的产品作为受试物。

（二）毒理学试验

首先是对受试物进行毒性鉴定，通过一系列的毒理学试验测试该受试物对试验动物的毒理作用和其他特殊毒性作用，从而评价和预测对人体可能造成的危害。依据 GB 15193.1—2014，我国对农药、食品、化妆品、消毒产品等健康相关产品的毒理学安全性评价，一般要求有急性经口毒性试验、遗传毒性试验、28 天经口毒性试验、90 天经口毒性试验、致畸试验、生殖毒性试验和生殖发育毒性试验、毒物动力学试验、慢性毒性试验、致癌试验、慢性毒性和致癌合并试验等十项试验内容。可根据各类物质依照的法规或试验目的与诉求的不同，选择不同的试验内容项目，如果有可能一定要结合人群资料进行。

三、食品安全性毒理学评价试验的内容

食品安全性毒理学评价试验主要包括如下的试验内容：

1. 急性经口毒性试验。

2. 遗传毒性试验。

（1）试验项目：主要包括细菌回复突变试验、哺乳动物红细胞微核试验、哺乳动物骨髓细胞染色体畸变试验、小鼠精原细胞或精母细胞染色体畸变试验、体外哺乳类细胞 HGPRT 基因突变试验、体外哺乳类细胞 TK 基因突变试验、体外哺乳类细胞染色体畸变试验、啮齿类动物显性致死试验、体外哺乳类细胞 DNA 损伤修复（非程序性 DNA 合成）试验、果蝇伴性隐性致死试验。

（2）试验组合：一般应遵循原核细胞与真核细胞、体内试验与体外试验相结合的原则。根据受试物的特点和试验目的，推荐下列遗传毒性试验组合。

组合一：细菌回复突变试验；哺乳动物红细胞微核试验或哺乳动物骨髓细胞染色体畸变试验；

小鼠精原细胞或精母细胞染色体畸变试验或啮齿类动物显性致死试验。

组合二：细菌回复突变试验；哺乳动物红细胞微核试验或哺乳动物骨髓细胞染色体畸变试验；体外哺乳类细胞染色体畸变试验或体外哺乳类细胞 TK 基因突变试验。

其他备选遗传毒性试验有果蝇伴性隐性致死试验、体外哺乳类细胞 DNA 损伤修复（非程序性 DNA 合成）试验、体外哺乳类细胞 HGPRT 基因突变试验。

3. 28 天经口毒性试验。

4. 90 天经口毒性试验。

5. 致畸试验。

6. 生殖毒性试验和生殖发育毒性试验。

7. 毒物动力学试验。

8. 慢性毒性试验。

9. 致癌试验。

10. 慢性毒性和致癌合并试验。

四、对不同受试物选择毒性试验的原则

1. 凡属我国首创的物质，特别是化学结构提示有潜在慢性毒性、遗传毒性或致癌性或该受试物产量大、使用范围广、人体摄入量大，应进行系统的毒性试验，包括急性经口毒性试验、遗传毒性试验、90 天经口毒性试验、致畸试验、生殖发育毒性试验、毒物动力学试验、慢性毒性试验和致癌试验（或慢性毒性和致癌合并试验）。

2. 凡属与已知物质（即经过安全性评价并允许使用的物质）的化学结构基本相同的衍生物或类似物，或在部分国家和地区有安全食用历史的物质，可先进行急性经口毒性试验、遗传毒性试验、90 天经口毒性试验和致畸试验，根据试验结果判定是否需进行毒物动力学试验、生殖毒性试验、慢性毒性试验和致癌试验等。

3. 凡属已知的或在多个国家有食用历史的物质，同时申请单位又有资料证明申报受试物的质量规格与国外产品一致，可先进行急性经口毒性试验、遗传毒性试验和 28 天经口毒性试验，根据试验结果判断是否进行进一步的毒性试验。

4. 食品添加剂、新食品原料、食品相关产品、农药残留和兽药残留的安全性毒理学评价试验的选择，根据不同的受试物选择不同的试验项目。

（1）食品添加剂

1）香料：①如果世界卫生组织（WHO）已建议批准使用或已制定日容许摄入量，以及香料生产者协会（FEMA）、欧洲理事会（COE）和国际香料工业组织（IOFI）四个国际组织中的两个或两个以上允许使用的，一般不需要进行试验。②如果资料不全或只有一个国际组织批准的，应先进行急性毒性试验和遗传毒性试验组合中的一项，经初步评价后，再决定是否需进行进一步试验。③如果尚无资料可查、国际组织未允许使用的，需先进行急性毒性试验、遗传毒性试验和 28 天经口毒性试验，经初步评价后，决定是否需进行进一步试验。④如果香料是用动、植物可食部分提取的，单一高纯度

天然香料，如果化学结构及有关资料并未显示具有不安全性的，一般不要求进行毒性试验。

2）酶制剂：①如果是由具有长期安全食用历史的传统动物和植物可食部分生产的酶制剂，世界卫生组织已公布日容许摄入量或不需规定日容许摄入量或多个国家批准使用的，在提供相关证明材料的基础上，一般不要求进行毒性试验。②对于其他来源的酶制剂，如果毒理学资料比较完整，世界卫生组织已公布日容许摄入量或不需规定日容许摄入量者或多个国家批准使用，如果质量规格与国际质量规格标准一致，则要求进行急性经口毒性试验和遗传毒性试验。如果质量规格标准不一致，则需增加28天经口毒性试验，根据试验结果考虑是否进行其他相关毒理学试验。③对于其他来源的酶制剂，如果是新品种，需要先进行急性经口毒性试验、遗传毒性试验、90天经口毒性试验和致畸试验，经初步评价后决定是否需进行进一步试验。如果该酶制剂已经被一个国家批准使用，世界卫生组织未公布日容许摄入量或资料不完整的，需要先进行急性经口毒性试验、遗传毒性试验、28天经口毒性试验，根据试验结果判定是否需要进一步的试验。④通过转基因方法生产的酶制剂，需要按照国家对转基因管理的有关规定执行。

3）其他食品添加剂：①如果毒理学资料比较完整，世界卫生组织已公布日容许摄入量或不需规定日容许摄入量或多个国家已经批准使用，如果质量规格与国际质量规格标准一致，则要求进行急性经口毒性试验和遗传毒性试验。如果质量规格标准不一致，则需增加28天经口毒性试验，根据试验结果考虑是否进行其他相关毒理学试验。②如果已被一个国家批准使用，世界卫生组织未公布日容许摄入量或资料不完整的，则可先进行急性经口毒性试验、遗传毒性试验、28天经口毒性试验和致畸试验，根据试验结果判定是否需要进一步的试验。③对于由动、植物或微生物制取的单一组分，高纯度的食品添加剂，如果是新品种，需要先进行急性经口毒性试验、遗传毒性试验、90天经口毒性试验和致畸试验，经初步评价后决定是否需进行进一步试验。如果国外有一个国际组织或国家已批准使用，则进行急性经口毒性试验、遗传毒性试验和28天经口毒性试验，经初步评价后决定是否需进行进一步试验。

（2）新食品原料：按照《新食品原料申报与受理规定》（国卫食品发〔2013〕23号）进行评价。

（3）食品相关产品：按照《食品相关产品新品种申报与受理规定》（卫监督发〔2011〕49号）进行评价。

（4）农药残留：按照GB/T 15670—2017进行评价。

（5）兽药残留：按照《兽药临床前毒理学评价试验指导原则》（中华人民共和国农业部公告第1247号）进行评价。

五、食品安全性毒理学评价试验的目的和结果判定

（一）毒理学试验的目的

1. 急性毒性试验　了解受试物的急性毒性强度、性质和可能的靶器官，测定LD_{50}，为进一步进行毒性试验的剂量和毒性观察指标的选择提供依据，并根据LD_{50}进行急性毒性剂量分级。

2. 遗传毒性试验　了解受试物的遗传毒性以及筛查受试物的潜在致癌作用和细胞致突变性。

3. 28天经口毒性试验　在急性毒性试验的基础上，进一步了解受试物毒作用性质、剂量-反

应关系和可能的靶器官，得到28天经口未观察到有害作用剂量，初步评价受试物的安全性，并为下一步较长期毒性和慢性毒性试验剂量、观察指标、毒性终点的选择提供依据。

4. 90天经口毒性试验　观察受试物以不同剂量水平，经较长期喂养后对试验动物的毒作用性质、剂量-反应关系和靶器官，得到90天经口未观察到有害作用剂量，为慢性毒性试验剂量选择和初步制定人群安全接触限量标准提供科学依据。

5. 致畸试验　了解受试物是否具有致畸作用和发育毒性，并可得到致畸作用和发育毒性的未观察到有害作用剂量。

6. 生殖毒性试验和生殖发育毒性试验　了解受试物对试验动物繁殖及对子代的发育毒性，如性腺功能、发情周期、交配行为、妊娠、分娩、哺乳和断乳以及子代的生长发育等。得到受试物的未观察到有害作用剂量水平，为初步制定人群安全接触限量标准提供科学依据。

7. 毒物动力学试验　了解受试物在体内的吸收、分布和排泄速度等相关信息；为选择慢性毒性试验的合适试验动物种（spccies）、系（strain）提供依据；了解代谢产物的形成情况。

8. 慢性毒性试验和致癌试验　了解经长期接触受试物后出现的毒性作用以及致癌作用；确定未观察到有害作用剂量，为受试物能否应用于食品的最终评价和制定健康指导值提供依据。

（二）各项毒理学试验结果的判定

1. 急性毒性试验　如果 LD_{50} 小于人的推荐（可能）摄入量的100倍，一般应放弃该受试物用于食品，不再继续进行其他毒理学试验。

2. 遗传毒性试验

（1）如遗传毒性试验组合中两项或两项以上试验阳性，则表示该受试物很可能具有遗传毒性和致癌作用，一般应放弃该受试物应用于食品。

（2）如遗传毒性试验组合中一项试验为阳性，需再选两项备选试验（至少一项为体内试验）。如再选的试验均为阴性，可继续进行下一步的毒性试验；如其中有一项试验阳性，则应放弃该受试物应用于食品。

（3）如三项试验均为阴性，则可继续进行下一步的毒性试验。

3. 28天经口毒性试验　对只需要进行急性毒性、遗传毒性和28天经口毒性试验的受试物，若试验未发现有明显毒性作用，综合其他各项试验结果可做出初步评价；若试验中发现有明显毒性作用，尤其是有剂量-反应关系时，则考虑进行进一步的毒性试验。

4. 90天经口毒性试验　根据试验所得的未观察到有害作用剂量进行评价，原则如下。

（1）未观察到有害作用剂量小于或等于人的推荐（可能）摄入量的100倍表示毒性较强，应放弃该受试物用于食品。

（2）未观察到有害作用剂量大于100倍而小于300倍者，应进行慢性毒性试验。

（3）未观察到有害作用剂量大于或等于300倍，不必进行慢性毒性试验，可进行安全性评价。

5. 致畸试验　根据试验结果评价受试物是不是试验动物的致畸物。若致畸试验结果阳性，不需要继续进行生殖毒性试验和生殖发育毒性试验。在致畸试验中观察到的其他发育毒性，需要结合28天和/或90天经口毒性试验结果进行评价。

6. 生殖毒性试验和生殖发育毒性试验　根据试验所得的未观察到有害作用剂量进行评价，原则如下。

（1）未观察到有害作用剂量小于或等于人的推荐（可能）摄入量的100倍表示毒性较强，应放弃该受试物用于食品。

（2）未观察到有害作用剂量大于100倍而小于300倍者，应进行慢性毒性试验。

（3）未观察到有害作用剂量大于或等于300倍者则不必进行慢性毒性试验，可进行安全性评价。

7. 慢性毒性和致癌试验

（1）根据慢性毒性试验所得的未观察到有害作用剂量进行评价的原则是：

1）未观察到有害作用剂量小于或等于人的推荐（可能）摄入量的50倍者，表示毒性较强，应放弃该受试物用于食品。

2）未观察到有害作用剂量大于50倍而小于100倍者，经安全性评价后决定该受试物可否用于食品。

3）未观察到有害作用剂量大于或等于100倍者，则可考虑允许使用于食品。

（2）根据致癌试验所得的肿瘤发生率、潜伏期和多发性等进行致癌试验结果判定的原则是：凡符合下列情况之一可认为致癌试验结果阳性。如果存在剂量 - 反应关系，判断阳性更可靠。

1）肿瘤只发生在试验组动物，对照组中无肿瘤发生。

2）试验组与对照组动物均发生肿瘤，但试验组发生率高。

3）试验组动物中多发性肿瘤明显，对照组中无多发性肿瘤，或只是少数动物有多发性肿瘤。

8. 其他　若受试物掺入饲料的最大加入量（原则上最高不超过饲料的10%）或液体受试物经浓缩，仍达不到未观察到有害作用剂量为人的推荐（可能）摄入量的规定倍数时，可综合其他的毒性试验结果和实际食用或饮用量进行安全性评价。

六、进行食品安全性评价时需要考虑的因素

1. 试验指标的统计学意义、生物学意义和毒理学意义　对试验中某些指标的异常改变，应根据试验组与对照组指标是否有统计学差异、其有无剂量 - 反应关系、同类指标横向比较、两种性别的一致性及与本实验室的历史性对照值范围等，综合考虑指标差异有无生物学意义，并进一步判断是否具有毒理学意义。此外，如果在受试物组发现了对照组没有发生的肿瘤，即使与对照组比较无统计学意义，仍要给予关注。

2. 人的推荐（可能）摄入量较大的受试物　应考虑给予受试物的量过大时，可能影响营养素摄入量及其生物利用率，从而导致某些毒理学表现，而非受试物的毒性作用所致。

3. 时间 - 毒性效应关系　对由受试物引起试验动物的毒性效应进行分析评价时，要考虑在同一剂量水平下毒性效应随时间的变化情况。

4. 特殊人群和易感人群　对于孕妇、乳母或儿童食用的食品，应特别注意其胚胎毒性或生殖发育毒性、神经毒性和免疫毒性等。

5. 人群资料　由于存在着动物与人之间的物种差异，在评价食品的安全性时，应尽可能收集人

群接触受试物后的反应资料，如职业性接触和意外事故接触等。在确保安全的条件下，可以考虑遵照有关规定进行人体试食试验，并且志愿受试者的毒物动力学或代谢资料对于将动物试验结果推论到人具有很重要的意义。

6. 动物毒性试验和体外试验资料　各项动物毒性试验和体外试验系统是目前管理（法规）毒理学评价水平下所得到的最重要的资料，也是进行安全性评价的主要依据，在试验得到阳性结果，而且结果的判定涉及受试物能否应用于食品时，需要考虑结果的重复性和剂量 - 反应关系。

7. 不确定系数　即安全系数。将动物毒性试验结果外推到人时，鉴于动物与人的物种和个体之间的生物学差异，不确定系数通常为 100，但可根据受试物的原料来源、理化性质、毒性大小、代谢特点、蓄积性、接触的人群范围、食品中的使用量和人的可能摄入量、使用范围及功能等因素来综合考虑其安全系数的大小。

8. 毒物动力学试验的资料　毒物动力学试验是对化学物质进行毒理学评价的一个重要方面，因为不同化学物质、剂量大小，在毒物动力学或代谢方面的差别往往对毒性作用影响很大。在毒性试验中，原则上应尽量使用与人具有相同毒物动力学或代谢模式的动物种系来进行试验。研究受试物在试验动物和人体内吸收、分布、排泄和生物转化方面的差别，对于将动物试验结果外推到人和降低不确定性具有重要意义。

9. 综合评价　在进行综合评价时，应全面考虑受试物的理化性质、结构、毒性大小、代谢特点、蓄积性、接触的人群范围、食品中的使用量与使用范围、人的推荐（可能）摄入量等因素。对于已在食品中应用了相当长时间的物质，对接触人群进行流行病学调查具有重大意义，但往往难以获得剂量 - 反应关系方面的可靠资料；对于新的受试物质，只能依靠动物试验和其他试验研究资料。然而，即使有了完整和详尽的动物试验资料和一部分人类接触的流行病学研究资料，由于人类的种族和个体差异，也很难做出能保证每个人都安全的评价。所谓绝对的食品安全实际上是不存在的，需要在受试物可能对人体健康造成的危害以及其可能的有益作用之间进行权衡，以食用安全为前提。安全性评价的依据不仅仅是安全性毒理学试验的结果，而且与当时的科学水平、技术条件以及社会经济、文化因素有关，因此，随着时间的推移，社会经济的发展、科学技术的进步，有必要对已通过评价的受试物进行重新评价。

点滴积累

2014 年，国家颁布了食品安全性毒理学评价程序的国家标准，即《食品安全性毒理学评价程序》（GB 15193.1—2014），于 2015 年 5 月 1 日实施，对任何食品及食品的相关产品进行安全性毒理学评价都应参照此标准进行。

第三节　食品安全风险分析

一、食品安全风险分析的概念、发展及现状

（一）风险分析和食品安全风险分析的概念

风险分析最早出现在环境科学危害控制中，在联合国粮农组织（FAO）、世界卫生组织（WHO）

和关贸总协定（GATT）的协同努力下，20 世纪 80 年代末，风险分析被引入到食品安全领域，作为建立食品安全控制措施的首选方法。

食品法典委员会（CAC）将风险分析定义为由风险评估、风险管理和风险交流组成的一个不断重复且持续进行的互动过程（图 12-1），可以确定并实施合适的方法来控制风险，并与利益相关方就风险及所采取的措施进行交流。通过风险分析可以对风险进行评估，进而根据风险的严重程度采取相应的风险管理措施，以控制或降低风险发生的可能性，并且在风险评估和风险管理的全过程中保证风险相关各方保持良好的风险交流状态。在进行风险分析时，需要考虑如果采取（或不采取）某种风险管理和控制的措施，可能会发生什么样的危害，发生这种危害的可能性、概率有多大？危害发生后，会产生怎样的后果？风险分析是一个结构化的决策过程，由三个相互区别但紧密相关的部分组成，即风险管理、风险评估和风险交流。这三部分是整个风险分析中互相补充且必不可少的组成，其中风险评估在食品安全性评价中占有中心位置。虽然图 12-1 中显示它们是独立的部分，但实质上是一个高度统一的整体。在典型的食品安全风险分析过程中，管理者和评估者几乎持续不断地在以风险交流为特征的环境中进行互动交流，所以，当上述三个组成部分在风险管理者的领导下成功整合时，风险分析最为有效。

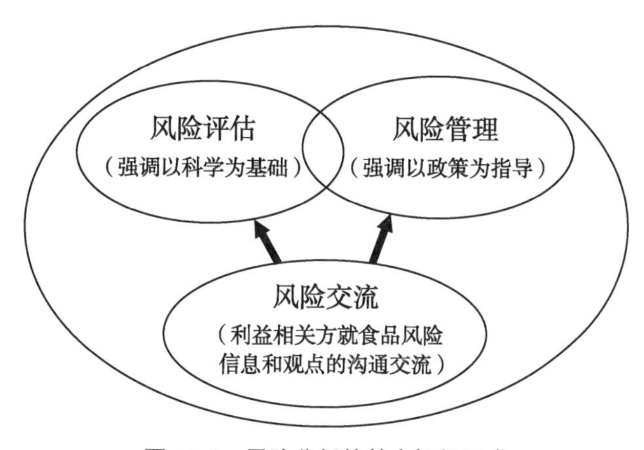

图 12-1　风险分析的基本框架组成

食品安全风险分析包括风险评估、风险管理和风险交流三个部分，通过风险评估选择合适的风险管理措施以降低风险，同时，通过风险交流达到社会认同或完善风险管理措施的过程。食品安全风险分析是制定食品安全标准的基础，对保证食品的安全性具有重要的意义。

（二）食品安全风险分析发展史

1991 年，FAO、WHO 和 GATT 联合召开了“食品标准、食品中的化学物质与食品贸易会议”，建议相关国际法典委员会及所属技术咨询委员会在制定决定时，应基于适当的科学原则并遵循风险评估的决定，首次提出食品安全风险分析的概念。1991 年举行的 CAC 第 19 次大会同意采纳这一工作程序。

1993 年，CAC 第 20 次大会针对有关“CAC 及其下属和顾问机构实施风险评估的程序”的议题进行了讨论，提出在 CAC 框架下，各分委员会及其专家咨询机构（如 JECFA 和 JMPR）应在各自的化学品安全性评估中采纳风险分析的方法。

1994 年，第 41 届 CAC 执行委员会会议建议 FAO 与 WHO 就风险分析问题联合召开会议。

1995 年 3 月 13—17 日，在日内瓦 WHO 总部召开了 FAO/WHO 联合专家咨询会议，会议最终形成了一份题为“风险分析在食品标准问题上的应用”的报告。

1997 年 1 月 27—31 日，FAO/WHO 联合专家咨询会议在罗马 FAO 总部召开，会议提交了题为“风险管理与食品安全”的报告，该报告规定了风险管理的框架和基本原理。国际食品法典委员会于 1997 年正式决定采用与食品安全有关的风险分析术语的基本定义，并把它们包含在新的 CAC 工作程序手册中。

1998 年 2 月 2—6 日，在罗马召开了 FAO/WHO 联合专家咨询会议，会议提交了题为“风险情况交流在食品标准和安全问题上的应用”的报告，对风险情况交流的要素和原则进行了规定，同时对进行有效风险情况交流的障碍和策略进行了讨论，至此，有关食品安全风险分析原理的基本理论框架已经形成。

（三）食品安全风险分析的现状

目前，风险分析已被公认为是制定食品安全标准的基础，是近年来发展起来的一种为食品安全决策提供参考的系统化、规范化方法，并已被各国普遍接受。世界各国先后建立符合本国国情的食品安全风险分析机制，并制定了各种风险分析的辅助手段和措施。

首先，在法律中强调风险分析的重要性。1996 年，美国《食品质量保护法》强调了风险评估；2002 年生效的《欧盟食品基本法》规定了欧盟食品安全风险制度；2003 年日本颁布了《食品安全基本法》，强调今后的食品质量安全管理必须基于风险评估来进行。

其次，各国先后建立起专门的食品安全风险分析机构，如日本成立了食品安全委员会，专门负责风险评估和风险交流；成立了农林水产省和厚生劳动省，分别负责风险管理；在美国，农业部下设了专门的食品安全风险评估委员会；在德国，也有专门负责风险评估的联邦风险评估研究院和专门负责风险管理的联邦消费者保护和食品安全办公室。

最后，在食品安全风险分析的运作机制方面，各国也采取了很多行动，如美国以总统计划来指导各部委之间在风险评估事务上的协调与合作。食品安全风险分析机制在发达国家已经得到了很好的发展和运用。

食品安全风险体系被认为是继良好生产规范（GMP）和危害分析与关键控制点（HACCP）后，食品安全工具的“第三波”。从 20 世纪 80 年代末风险分析被引入到食品安全领域，其发展是迅速的，各国基本上都已经通过法律明确了风险评估作为食品安全管理措施的科学依据的地位，并且建立了食品安全风险评估制度和体系，为完善我国的食品安全风险评价体系，提供了丰富的借鉴经验。

（四）我国食品安全风险分析的现状

20 世纪 90 年代中后期，我国开始开展食品安全风险分析。我国的食品安全风险分析理论主要是参考美国食品风险分析和监管的模式，2001 年将食品安全风险分析引入到农产品安全领域。2006 年施行的《农产品质量安全法》确立了风险评估的法律地位，要求把风险评估结果作为制定农产品质量安全标准的重要依据。

在我国，法律对风险分析在食品安全的运用给予了确认，明确了风险评估的地位及食品安全风险评估工作的配套措施。《食品安全法》第二章“食品安全风险监测和评估”明确规定了食品安全风险检测与评估制度，对食品及食品添加剂中的生物性、化学性和物理性危害进行风险评估。国务院卫生行政部门负责组织食品安全风险评估工作，成立由医学、农业、食品、营养等方面的专家组成的食品安全风险评估专家委员会进行食品安全风险评估。

2009 年 7 月 8 日，国务院根据《食品安全法》制定了《中华人民共和国食品安全法实施条例》，并于 2019 年 12 月 1 日重新修订和公布，条例明确了食品安全风险评估工作的配套措施以及食品安全评估启动的相关事项。

2009 年 12 月 13 日，卫生部办公厅发出《关于成立第一届国家食品安全风险评估专家委员会的通知》，根据《食品安全法》第十三条的规定，卫生部组建了第一届国家食品安全风险评估专家委员。

2010 年 1 月 21 日，卫生部制定了《食品安全风险评估管理规定（试行）》，该规定就食品安全风险评估相关细则做了明确的规定说明。

总之，自 2009 年《中华人民共和国食品安全法》颁布及实施以来，政府投入大量资源、人力、物力，初步建成了国家食品安全风险评估体系，建立了国家食品安全标准评审委员会，在各省、市、自治区建立了众多风险监测点开展全国性监测，加强监督管理。当前我国已经建立了食源性疾病、食品污染物监测网络，开展了总膳食调查以及人群营养和健康调查，这些数据为我国开展食品安全风险分析打下了一定基础。

我国的食品安全风险分析也在不断完善，并已经取得很大的进步。在风险分析的基础上将 HACCP 体系的基本原理同食品行业加工实际结合起来；及时而适宜地对食品安全事件开展危险性评价，以便为食品标准和法律法规的制定提供依据；在风险交流中，公众积极参与，提高信息的公开透明度；将风险分析与食品可追溯结合起来确保食品安全。但风险分析在我国食品安全管理中的应用还处于起步阶段，食品安全风险分析只是停留在对某一种食品和产业链的某一环节的风险分析上，还没有开展从农田到餐桌全过程的食品风险分析，与发达国家相比，我国的食品安全仍然任重道远。

二、食品安全风险分析的基本框架

食品安全风险分析的框架包括以科学为依据的风险评估，以政策为依据的风险管理，整个风险分析中对风险信息和观点的风险交流 3 个部分。

1. 风险评估　风险评估工作由 3 个 FAO/WHO 联合专家机构［FAO/WHO 联合食品添加剂专家委员会（JECFA）、农药残留专家联席会议（JMPR）、微生物风险评估专家联席会议（JEMRA）］进行，这 3 个机构将风险分析结果推荐给各成员国采用。

风险评估是风险分析体系的核心和基础，其方法学由 4 部分组成：危害识别、危害特征描述、暴露评估和风险特征描述。概括讲，它是以毒理学研究为基础，建立剂量 - 反应关系，将动物试验和体外试验的研究结果外推到人，并与人体试验和流行病学研究的结果综合考虑，结合人群对食品中危害物的暴露水平，对危害物进行风险评估。在风险评估的基础上，制定人体安全摄入限量和食品中安全限量标准。

2. 风险管理　风险分析一般由风险管理者启动，风险管理在风险分析中起掌控全局的主导作用。风险管理是依据风险评估的结果，同时考虑社会、经济、心理等方面的因素，对各种管理措施方案进行权衡、选择然后实施的过程，其产生的结果包括制定食品安全标准、准则和其他建议性措施。除此之外，必要时风险管理者可委托开展风险评估，并保障有效的风险信息交流，在做出和实施管理决策时，风险管理并没有到此结束。风险管理者还要确认选择和执行的方法是否达到预期的风险管理目标、是否可以长期维持、是否带来其他非预期后果，这个过程需要收集并分析监测到的有关人类健康的数据，比如疾病报告、膳食结构改变、食品消费调查数据、流行病学研究等，以及引起食源性危害的数据，比如病因食品调查、病例 - 对照研究、细菌性危害的基因分型等，以建立对消费者健康和食品安全的总体评价。

3. 风险交流　风险交流是风险分析中一个强有力、但却常常利用不足的部分。食品法典委员会将风险交流定义为："在风险分析全过程中，就危害、风险、风险相关因素和风险认知在风险评估人员、风险管理人员、消费者、产业界、学术界和其他感兴趣各方中对信息和看法的互动式交流，内容包括对风险评估结果的解释和风险管理决定的依据。"无论在食品安全突发事件中还是日常的食品安全建设中，风险交流对帮助人们理解风险、理解风险管理者的决策并做出知情选择都是至关重要的。

风险交流可以填补科学真相与消费者认知之间的"信息真空"，而且风险交流有其独特的特征，比如风险交流的双向互动式沟通、多元受众、多元信息带来的不确定性和模糊性以及信任基础等，比单向被动的科普工作更加有效。风险交流包括各个阶段、各个环节以及风险管理者、评估者和其他参与者之间不断重复地互动，除了对人体健康的考虑，还有经济考虑和社会考虑，这要求风险交流的研究必须跨学科综合、系统地进行，这是未来风险交流全面深入研究的一条线索。

鉴于风险交流的重要性，开展对风险交流的研究，对风险管理者、风险评估者以及外部参与者的风险交流技能和意识的培训都是非常必要的，相关政府机构也应该配备专业从事风险交流的工作人员，委托风险评估专家小组时也应该安排进风险交流专家，力求使风险交流融入风险分析的各个阶段中，那么风险交流所起的作用将是十分有益的。

三、食品安全风险评估

（一）概述

食品安全风险评估是指食品及食品添加剂中生物性、化学性和物理性危害因素对人体健康可能造成的已知或潜在不良影响所进行的科学评价，是一种系统的、用组织科学技术信息及不确定信息回答和解决关于健康风险具体问题的评估方法，是纯科学的评估过程，由科学家独立完成。风险评估的结论可以是定性和定量两种形式。食品安全性评估适用于所有的食品危害因素的安全性评价，是食品安全风险分析的核心内容。

《食品安全法》明确规定建立食品安全风险监测和风险评估制度，食品安全风险评估结果是制定、修订食品安全标准和实施食品安全监督管理的科学依据。2011 年 10 月 13 日，我国成立了负责食品安全风险评估的国家级技术机构——国家食品安全风险评估中心（china national center for food safety risk assessment，CFSA），承担"从农田到餐桌"全过程食品安全风险管理。

由于食品具有品种繁多，性状、成分复杂，各自的生产、加工过程不同，包装、存储条件严格等特征，有针对性评价可能存在的风险因素是确保食品安全与否的办法。食品安全风险评估以食品安全风险监测和监督管理信息、科学数据以及其他有关信息为基础，遵循科学、透明和个案处理的原则进行。有下列情形之一的，应当进行食品安全风险评估。

1. 通过食品安全风险监测或者接到举报发现食品、食品添加剂、食品相关产品可能存在安全隐患的。

2. 为制定或者修订食品安全国家标准提供科学依据需要进行风险评估的。

3. 为确定监督管理的重点领域、重点品种需要进行风险评估的。

4. 发现新的可能危害食品安全因素的。

5. 需要判断某一因素是否构成食品安全隐患的。

6. 国务院卫生行政部门认为需要进行风险评估的其他情形。

通过食品安全风险评估，可以发现更多的食品中存在的危险物，降低食品中潜在的危害因素及发生食品安全事故的概率，而且，食品安全风险评估有助于对各种争议、高成本的风险管理措施进行客观评价；建立一整套有效保证食品安全的措施，达到保护消费者的目的；制订“从农田到餐桌”的食品安全计划；制定食品安全风险评估标准体系；权衡界定不同危害物质所产生的风险因子；通过科学方法证明技术标准的合理性；为合理制定法律法规政策及进行风险交流管理与决策提供科学依据。总之，食品安全风险评估可为质量监督、食品卫生监督管理和工商行政管理提供技术依据，并能及时准确制定、修订相关食品安全法规标准，确保食品生产经营过程能够优质、安全、有效地运行，确保消费者身心健康利益。

（二）我国的食品安全风险评估架构

根据食品安全风险评估管理规定的相关条例和规定，国务院卫生行政部门负责组织食品安全风险评估工作，成立国家食品安全风险评估专家委员会，并及时将食品安全风险评估结果通报国务院有关部门。

国务院有关部门按照有关法律法规的要求，提出食品安全风险评估的建议，并提供有关信息和资料。地方人民政府有关部门应当按照风险所在的环节，协助国务院有关部门收集食品安全风险评估有关的信息和资料。

食品安全风险评估技术机构开展与风险评估相关工作，接受国家食品安全风险评估专家委员会的委托和指导。国家食品安全风险评估专家委员会依据食品安全风险评估管理规定的相关条例和规定及国家食品安全风险评估专家委员会章程独立进行风险评估，保证风险评估结果的科学、客观和公正。任何部门不得干预国家食品安全风险评估专家委员会和食品安全风险评估技术机构承担的风险评估相关工作。

（三）食品安全风险评估的内容

食品安全风险评估分为两个部分，第一部分是确定评估的危害，即确定评估的对象（如某种动物、植物、微生物、化学物质或毒素等），解决何种危害及其存在载体的问题；第二部分是评估风险，即确定危害发生概率及严重程度的函数关系，是真正意义上的风险评估。

食品安全风险评估的内容包括危害识别（hazard identification）、危害特征描述（hazard

characterization）、暴露评估（exposure assessment）、风险特征描述（risk characterization）四个基本的步骤，其中，危害识别采用定性方法，其余三步采用定量方法（图 12-2）。

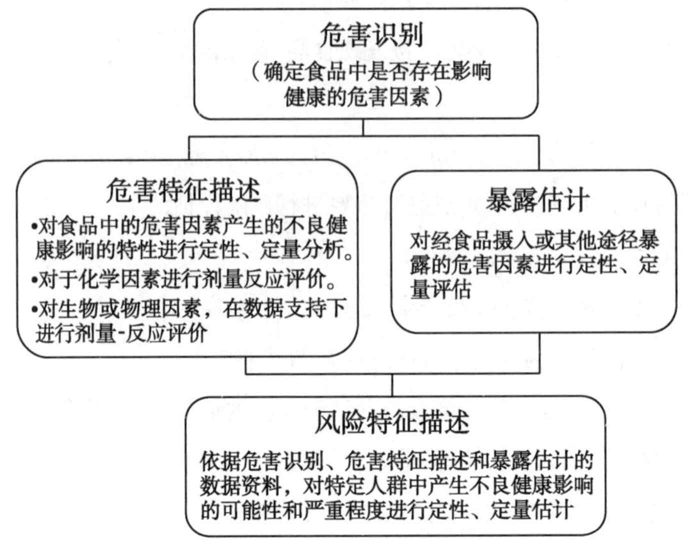

图 12-2　食品安全风险评估体系组成

1. 危害识别　危害识别是根据流行病学、动物试验、体外试验、结构 - 活性关系等数据和资料，识别、确认食品中可能存在的某种（类）生物性、化学性和物理性有害因素是否会对健康产生不良影响、产生不良影响的确定性和不确定性，产生危害的严重程度、水平如何，产生以及获得支持该种（类）食品产生危害的证据。

危害识别不是对暴露人群的危险性进行定量评价，而是对暴露人群可能发生不良作用的可能性进行评价，属于定性风险评估的范围，主要是根据已有的毒理学资料确定食品中可能存在的因素是否会对健康产生不利影响，影响的性质、特点、严重程度，大多数情况下，需要对危害的作用进行分级。

食品安全中生物性危害的危害识别主要是确定病原物及病原物所导致病害的症状、病害程度、持续性等；病害的传染性、传播媒介；病害的发病率及死亡率；哪些人属于该病害特殊的易感人群；该种病原物在自然条件下的存在状态及适应的环境。

食品安全中物理性危害的危害识别主要是了解和控制食品原料、食品加工过程物理性掺杂物可能产生的潜在危险因素。

食品安全中化学性危害的危害识别主要是确定物质的毒性，在可能时对这种物质导致不良效果的固有性质进行鉴定。化学性危害通常按照流行病学研究、毒理学研究、体外试验和定量的结构 - 活性关系的顺序进行研究。

（1）流行病学研究：是评价人类健康风险最有说服力的理论依据，可以明确暴露与人群健康的关系。由于流行病学资料都是来自于人群的试验研究（干预试验、人体志愿者的试食试验）、观察性研究（队列研究、病例对照研究），以及临床案例报道，与动物试验的数据相比，流行病学资料用于评价食物中有害因素对人体的不良影响时，不确定因素少。虽然人体志愿者的试食试验可以提供危害因素暴露与健康效应之间的关系，但是，由于伦理、经济等条件的限制，实际开展受到很多限制，具有很多的局限性。相比之下，观察性研究的数据资料在危害识别中就更显其重要性。

在分析流行病学资料时，不能忽视人群个体的遗传易感性、年龄、性别、家庭经济条件、自身营养状况等差异的影响。同时，由于统计学效率的限制，很多流行病学研究不容易发现低水平的暴露，因此，对于一些流行病学的阴性危害统计结果，要谨慎得出暴露危害因素对人体无害的结论。

（2）动物研究：由于人体数据资料难以获得，风险评估的绝大多数毒理学数据资料来自于动物试验。为了确保试验数据的准确性、可靠性，动物试验的开展必须遵循国际认可的毒理学标准化试验方法开展，如联合国经济合作发展组织（OECD）、美国环境保护局（EPA）的化学品危险性评价程序，以及我国制定的《食品安全性毒理学评价程序和方法》，而且所有的动物试验也应该按照良好实验室规范和标准化的质量保证 / 质量控制方案实施。

动物试验中的短期（急性）试验，可以根据 LD_{50} 的数值大小，确定暴露因素的急性毒性分级；慢性试验（长期试验）的终点是观察和检测到毒性作用，如致癌、致畸、致突变、致死、生殖和发育毒性作用、神经毒性作用、免疫毒性作用等。为了尽可能地减少动物试验中的假阴性，应该先通过动物试验，找出暴露危害因素的无作用剂量水平（NOEL）、无不良作用剂量水平（NOAEL），或者临界剂量，然后选择较高剂量开展试验。

动物试验不仅要确定对人类健康可能产生的不利影响，而且要提供这些不利影响对人类危害的相关资料，如作用机制的阐明、给药剂量和药物作用剂量关系以及药物代谢动力学和药效学研究，其中作用机制的资料，还也可以用于体外试验的补充。

（3）短期试验与体外试验：短期试验由于试验周期短，试验费用低的特点，常用于观察分析化学物质是否具有潜在的致癌性。体外试验是指在动物体外观察暴露因素作用的试验方法，可以采用各种体外器官、组织、细胞或细菌、病毒等病原体进行试验。体外试验的数据资料可作为作用机制的补充资料，但是由于部分与整体的差异，以及体外毒性试验难以预测慢性毒性，而且某些体外系统难以达到长期维持生理状态的要求，所以体外试验的结果不能作为预测对人体危害的唯一资料来源。

（4）结构 - 活性关系：由于物质的许多性质取决于物质分子的结构，所以一旦分子结构确定了，其性质也就确定了。一般化学物结构 - 活性关系是一个定量关系，因此主要是从分子结构入手，进一步明确分子结构与生物活性之间的定量关系，并借此预测化合物的性质或活性。在对化学物质进行危害性评价时，如果此类化学物的一种或多种有足够的毒理学资料，可以采用毒物当量的方法，预测人群暴露于该类化学物中的其他化学物对健康的影响。

2. 危害描述　危害描述主要是对存在于食品中的生物性、化学性和物理性危害因素可能对健康产生的不良影响进行描述，可以利用动物试验、临床研究以及流行病学研究，确定危害因素与各种不良健康作用之间的剂量 - 反应和剂量 - 效应关系及作用机制等。

危害描述是食品安全风险评估的定量阶段，在食品安全风险评估中，此阶段的主要任务是获得食品中某种食源性因素对健康影响的剂量 - 反应和剂量 - 效应关系及其各自伴随的不确定性的研究。剂量 - 反应关系可反映不同剂量条件下，群体对危害产生反应的百分数或百分率，而剂量 - 效应关系则反映了不同剂量条件下，个体从低剂量到高剂量效应的累积效应之和，因此效应为量反应，反应为质反应。

由于人类资料往往有限，因而常常需要动物试验的资料用于风险评估。在风险评估过程中，低剂量暴露人群是大家最关注的，但是这一接触水平常常会低于动物试验观察的范围，因此需要将动物试验的高剂量向低剂量外推，或者将动物毒性资料向人类风险外推，这也是风险评估中危害特征描述的主要内容。

对食品中化学物的危险性进行评估时，可根据化学物作用类型的不同，将其剂量 - 反应关系的评定分为有阈值化学毒物的剂量 - 反应关系评定和无阈值化学毒物的剂量 - 反应关系评定，对于毒性作用有阈值的危害，还应建立人体安全摄入量水平。

（1）有阈值化学毒物的剂量 - 反应关系评价：食品中参考剂量（RfD）是对某一物质每日接触量的估计值，其在此水平下对人群的健康不会产生有害作用。每日允许摄入量（ADI）是指如果按ADI值或以下的量摄入某化学物，对健康没有明显的风险性。制定化学物质的RfD或ADI，主要是依据动物毒理学试验中确定的、未观察到有害作用水平（NOAEL）或观察到有害作用的最低剂量水平（LOAEL），与合适的安全系数相乘后得到的安全阈值水平，这种计算的理论依据是人体与试验动物存在着合理可比的阈剂量值，但是试验动物与人体之间存在种属差别，人的敏感性或许较高，遗传特性的差异更大，并且膳食习惯更为不同。鉴于此，FAO/WHO食品添加剂专家委员会（JECFA）采用安全系数以克服此类不确定性。通常对动物长期毒性试验资料的安全系数为100，这包括人与试验动物种属差别的10倍和人群个体差异的10倍，但是从理论上讲，可能某些个体的敏感程度超出了安全系数的范围。目前，不同国家的卫生机构有时会采用不同的安全系数，当数据资料数量有限或制定暂行每日允许摄入量时，JECFA采用更大的安全系数，其他卫生机构按效应的强度和可逆性来调整ADI，因此采用安全系数也不能够保证每一个个体的绝对安全。ADI的差异构成了一个重要的风险管理问题。

（2）不确定系数：把动物试验结果向人类外推的过程中，由于存在许多不确定因素会造成误差，特别是以mg/kg表示剂量时造成误差的可能性更大，所以在计算RfD或ADI时，建议把动物试验的NOAEL或者LOAEL缩小一定的倍数来校正误差，缩小的倍数即为不确定系数（UF），UF可以防止低估有阈值化学毒物对人类健康的危害。修正系数（MF）由专家判断而确定附加的UF，介于0~10。食品中的外源化学物通常定为100，同时可以根据毒性性质与反应强度、暴露人群的种类不同而有所变化。在RfD的推导过程中，不确定性系数和修正系数包括人群个体敏感性的变异估计；使用动物资料外推到人类的变异估计；亚慢性研究外推到慢性研究的变异估计；由LOAEL代替NOAEL的变异估计；数据库不完整的不确定性。

（3）基准剂量：在有阈值化学物的危险度评价中，长期使用NOAEL法推导参考剂量，但是在应用的过程中，该方法的局限性和弊端逐渐显现，特别是当试验动物较少时，会导致较大的NOAEL，进而得到较大的参考剂量，使NOAEL的不确定程度增大等。因此在有阈值化学物的危险评定中，目前逐渐提倡使用基准剂量（benchmark dose，BMD）法推导RfD。BMD是根据动物试验的剂量 - 反应关系的结果，采用一定的统计方法求得的引起一定比例（通常为5%）动物出现阳性反应剂量（95%可信区间）的下限值。用BMD代替NOAEL，除以不确定系数即可推导出RfD。另外，目前 FAO/WHO 联合专家委员会（JECFA）、FAO/WHO 农药残留联席会议（JMPR）对食品添加剂、污染物、农药残留等经过毒理学评价后确定的 ADI、暂定每周耐受量（PTWI）和暂定每日最大耐受量（PMTD），均考虑了物种、人种和个体之间的差异。

（4）无阈值化学毒物的剂量 - 反应关系评价：对于遗传毒性致癌物，一般不能用 NOAEL 乘以安全系数的方法来制定允许摄入量，因为即使在最低摄入量时，很多有遗传毒性的物质仍然有致癌危险性，即一次受到致癌物的攻击造成遗传物质的突变就有可能致癌，因此遗传毒性致癌物不存在阈值，但是致癌物零阈值的概念在现实管理中是难以实行的。

目前，大家普遍认可的是采用可接受危险性的概念。但是确定化学物质的可接受危险性仍然需要对致癌物进行定量危险性评估，评估的结果来自高剂量动物试验，但高剂量时的剂量 - 反应关系与低剂量时可能完全不同，因此现在主要利用各种外推数学模型进行评估。这些数学模型的特点是对动物试验中所用的高剂量区域拟合较好，不同模型对人类暴露的低剂量区域的结果差别较大，而且不同数学模型预测化学物的致癌能力的结果也有较大差别。当前的模型主要是采用统计学的分析方法，根据试验性肿瘤发生率与剂量进行分析，并没有其他的生物学资料。目前的线性模型被认为是对风险性的保守估计，根据线性模型的结果作出的危险性特征描述时，一般以“合理的上限”或“最坏估计量”等文字表述，由于无法预测人体真正或极可能发生的风险，所以很多管理机构认可上述的危险描述方法。

目前，许多国家尝试采用非线性模型代替传统的线性模型，虽然非线性模型可以部分克服线性模型固有的保守性，但是采用非线性模型时，仍然需要制定一个可接受的风险水平，对于可接受的危险性水平，不同的国家会有不同的选择，这取决于每个国家危险性管理者的决策，美国 FDA、EPA 选用百万分之一（10^{-6}）作为一个可接受风险水平，认为该水平代表一种不显著的风险水平。

对非遗传毒性致癌物，鉴于其本身并不诱发遗传物质突变，主要是通过促进靶细胞的增殖来诱发癌变，因此原则上非遗传毒性致癌物可以按阈值方法进行管理，但这需要完整的有关致癌机制的科学资料。

3. 暴露评估 对食品添加剂、农药和兽药残留以及污染物等危害物暴露评估的目的在于求得某危害物的剂量、暴露频率、时间长短、途径及范围等。暴露评估主要是根据膳食调查和各种食品中化学物质暴露水平调查的数据进行的，通过计算可以得到人体对于该种化学物质的暴露量。

进行暴露评估需要有相应的食品消费量和这些食品中相关化学物质浓度两方面的资料。膳食摄入量评估一般可以采用总膳食研究、个别食品的选择性研究和双份饭研究。食品添加剂、农药和兽药残留的膳食摄入量可根据规定的使用范围和使用量来估计，当食品中某添加剂含量保持恒定时，原则上以最高使用量计算摄入量，但是在许多情况下，食品中添加剂的量在食用前就发生了变化，实际上食品中食品添加剂、农药和兽药残留的实际量远远低于最大允许量。

食品中添加剂的含量可以从食品加工制造商处获得，如果要计算膳食污染物暴露量，需要通过敏感和可靠的分析方法，对有代表性的食物进行分析，进而明确该污染物在食品中的分布情况。

膳食中食品添加剂、农药和兽药的理论摄入量必须低于相应的 ADI，而实际的摄入量远远低于 ADI。如果数据不足，不能确定污染物的限量，可以制定暂行摄入限量。

根据测定的食品中化学物的含量进行暴露评估时，必须要有确实、可信的膳食摄入量资料。评估化学物的摄入量时，要有不同人群的食物消费资料，特别是敏感人群的资料，而且还要考虑不同地区来源的膳食资料的可比性，由于加工食品在发达国家居民的膳食中占有较高的比重，因此发达国家居民比发展中国家居民摄入了较多的食品添加剂。

4. 风险特征描述　风险特征描述是根据危害识别、危害描述和暴露量评估，对某一给定人群的已知或潜在的健康不良影响发生的可能性和严重程度进行定性或定量的估计，其中包括伴随的不确定性。对于化学物质风险评估，如果是有阈值的化学物，采用摄入量与ADI（或其他测量值）比较，作为化学物对人群危险性特征的描述。如果所评价物质的摄入量比ADI小，则对人体健康产生不良作用的可能性为零。如果所评价的物质的摄入量比ADI大，该化学物质对食品安全影响的风险超过了可接受的限度，需要采取适当的风险管理措施。如果所评价的化学物质没有阈值，根据摄入量和危害程度综合考虑其对人群的危险性。

对于食品添加剂、农药和兽药残留，建议采用固定的危险性水平是比较合适的，如果所评价物质的危险性超过了规定的可接受水平，可以禁止这些化学物的使用；而对于污染物，由于污染情况不明确，很容易超过所制定的可接受水平。

与公众健康有关的生物性危害因素包括致病性细菌、霉菌、病毒、寄生虫、藻类，以及这些微生物产生的某些毒素，其中与食品安全关系最密切的是致病性细菌。目前，由于食品中微生物病原体可以繁殖，也可能死亡，因此生物学相互作用比较复杂。很多食物原料进入食物链后，其受到污染的程度可受很多因素的影响而发生改变；不同的动物品系和环境也会影响病原体的致病性；病原体在外界环境中也会发生变异，这些不确定性使生物危害因素的定量评估变得比较复杂，而且可行性降低，因此对于生物性危害进行定量评估是非常困难的。

由于还没有较为统一的、科学的方法用于生物因素的风险评估，因此一般认为食品中的生物危害应该完全消除或者降低到一个可接受的水平，CAC认为HACCP体系是迄今为止控制食源性危害最经济有效的手段。HACCP体系可以确定具体的危害，并制定控制这些危害的预防措施。在制订具体的HACCP计划时，必须明确所有潜在的危害，而且将这些危害消除或者降低到可接受的水平是生产安全食品的关键，但是要确定必须控制的潜在危害，还需要以风险为基础的危害评估。

四、食品风险评估实例：明虾中的硝基呋喃

（一）背景

2013年10月15日，澳新食品标准局得知，对进口食品的检测表明一些销售于澳大利亚市场的进口明虾中含有微量（几个ppb）硝基呋喃代谢物（AOZ）。

硝基呋喃是用于人和动物医疗的抗菌素，有证据表明，硝基呋喃在高剂量下是致癌物。许多国家，包括澳大利亚在内，禁止硝基呋喃用于作为食品的动物饲养，但是有些国家至今还没有完全禁止这类化学药物的使用。由于硝基呋喃在澳大利亚不允许在作为食品的动物的饲养过程中使用，《澳新食品标准法典》中没有这类抗菌素在食品中的最低残留量。在此情况下，最低残留量是零。

（二）准备工作

有关部门请求澳新食品标准局就硝基呋喃在明虾中的残留量对公众健康的影响作出评估。为此，澳新食品标准局建立了一个由风险评估人员（毒理学专业人员）、饮食暴露专业人员、风险管理人员和风险情况交流人员组成的风险分析小组，并做了如下的工作。

1. 风险分析小组通过讨论决定了各方的任务，确认了和外界交流的方式，即谁负责和传媒的对话、谁负责向有关政府部门的部长和公众作及时的报告、谁是主要对外发言人等。

2. 考虑了所给予的评估报告准备时间，就评估的范围、深度作了讨论和决定。

3. 对现有信息进行了细致的搜索，包括期刊、有关部门在这方面的信息、世界卫生组织的食品添加剂专家联席会和癌症研究机构的信息、互联网上的信息以及同行对这方面的了解，对以上信息作了总结，即准备了硝基呋喃的毒理简介。

（三）风险评估

风险评估的目的是为风险管理人员提供足够的信息，从而决定风险的本质和程度，以及是否要采取风险管理的措施。此次风险评估的目的是明确明虾中的硝基呋喃残留量对消费者构成危害的程度，以及确定保护消费者健康的必要的风险管理措施和行动。

1. 危害识别　此次评估的危害因素是通过明虾摄入的硝基呋喃的代谢物 AOZ，该物质可能是致癌物质。研究结果表明，对硝基呋喃类物质的长期暴露，会引起小鼠和大白鼠的多种肿瘤，体外接触可对基因结构造成影响，但是硝基呋喃类物质的体内接触对基因结构的影响至今尚无结论，而且国际上尚无硝基呋喃类物质的规定平均日摄入量（ADI）。

2. 危害描述　动物毒理学试验得出如下的结果。

（1）大白鼠长期暴露于硝基呋喃类物质[试验剂量≥25mg/（kg·d）]会引起恶性肿瘤。

（2）有一例体外动物试验表明 AOZ 不会引起基因结构的变化。

（3）缺乏人体暴露于硝基呋喃类物质后健康方面的数据。

（4）由于没有相应的 ADI，没有对人体暴露于硝基呋喃物质方面的致病数据，缺乏 AOZ 致癌性的确切证据，对危害的描述无法深化。

3. 暴露评估

（1）根据澳大利亚膳食摄入量的数据资料，2 岁和 2 岁以上的澳大利亚人民平均每人每天摄入明虾 75g，食用量分布的 5% 上限为 250g。

（2）由于没有相应的 ADI，通过食用明虾造成的 AOZ 的暴露评估无法深化。

（3）结合上述的情况，通过饮食暴露评估，比较了在明虾中所测到的 AOZ 的含量和硝基呋喃类化合物（AOZ 是这类物质的分解物）在大鼠和小白鼠身上引起肿瘤的剂量；如果以 2 岁和 2 岁以上的澳大利亚人民摄入明虾的平均量来计算的话，明虾中所测到的 AOZ 的含量和硝基呋喃类化合物的量之间的差距约为 4×10^5；如果以 2 岁和 2 岁以上澳大利亚人民明虾摄入量的分布的上限的 5% 来计算的话，明虾中所测到的 AOZ 的含量和硝基呋喃类化合物的量之间的差距则超过 3×10^6。

4. 风险描述　残留于明虾中的硝基呋喃分解物可能会引起癌症；没有相应的硝基呋喃分解物

的 ADI；缺乏长期暴露于硝基呋喃类物质或其分解物时的致癌性数据；假设 AOZ（硝基呋喃的分解物）和硝基呋喃类物质具有同样的致癌能力，明虾中所检测到的 AOZ 的含量比所知道的致癌剂量要低 4×10^5~10×10^5；鉴于以上数据，明虾中所检测到的 AOZ 的含量对消费者健康和安全的威胁应该很小。

（四）有关的风险管理措施

由于《澳新食品标准法典》对这类物质在食品中的含量没有上限，所以建议有关执法部门对所有进口明虾做硝基呋喃类物质的监测；以上监测的级别为低频率，因为到目前为止，进口明虾中所检测到的 AOZ 的含量均很低，明虾消费者所面临的健康和安全的风险很小；在目前情况下，这些进口明虾无须回收。

（五）经验教训

硝基呋喃的风波提醒相关部门，应该尽快建立一套解决类似问题的措施，即如何解决食品标准法典中没有残余量上限，同时又没有平均日摄入量，但在实践中有可能检测到微量残留物的有害化学物质在食品中出现的问题；对含有微量禁用化学物质的食品的进口问题，政府应有一套相应的管理政策。

点滴积累

1. 根据食品法典委员会（CAC）的定义，风险分析即为由风险评估、风险管理和风险交流组成的一个不断重复持续进行的互动过程，其 3 个组成部分紧密相关，其中风险评估在食品安全性评价中占有中心位置。
2. 对食品的安全性进行评估时，其内容包括危害识别、危害特征描述、暴露评估、风险特征描述 4 个基本的步骤，其中危害识别采用的是定性方法，其余 3 步采用定量方法。

目标检测

一、选择题

（一）单项选择题

1. 对任何食品及食品的相关产品进行安全性毒理学评价，都应参照（　　）
   A. GB 15193.1—2014 食品安全性毒理学评价程序
   B. GB 15193.1—2003 食品安全性毒理学评价程序
   C.《食品安全法》
   D. 地方性的食品安全相关的法律法规
   E. 以上都不是
2. 要制定受试物的 LD_{50}，应该采用（　　）方法
   A. 急性毒性试验　　B. 遗传毒性试验　　C. 慢性毒性试验
   D. 致畸试验　　E. 以上都不是
3. 将动物毒性试验结果外推到人时，鉴于动物与人的物种和个体之间的生物学差异，不确定系

数通常为(　　)

A. 100　　B. 10　　C. 50

D. 1 000　　E. 以上都不是

4. (　　)已被公认为是制定食品安全标准的基础

A. 风险分析　　B. 动物毒理学试验　　C. 风险评估

D. 危害识别　　E. 以上都不是

5. (　　)是风险分析体系的核心和基础

A. 风险评估　　B. 风险交流　　C. 风险管理

D. 毒理学评价　　E. 以上都不是

(二)多项选择题

1. 食品安全性毒理学评价试验的内容包括(　　)

A. 急性经口毒性试验　　B. 遗传毒性试验

C. 慢性毒性试验　　D. 致畸试验

E. 致癌试验

2. 风险分析的组成部分包括(　　)

A. 风险管理　　B. 风险评估　　C. 风险交流

D. 动物试验　　E. 危害识别

3. 食品安全风险评估的内容包括(　　)

A. 危害识别　　B. 危害特征描述　　C. 暴露评估

D. 风险特征描述　　E. 风险管理

二、简答题

1. 进行食品安全性毒理学评价时,对受试物有什么要求?

2. 简述食品安全中化学性危害的危害识别步骤和过程。

(李新莉)

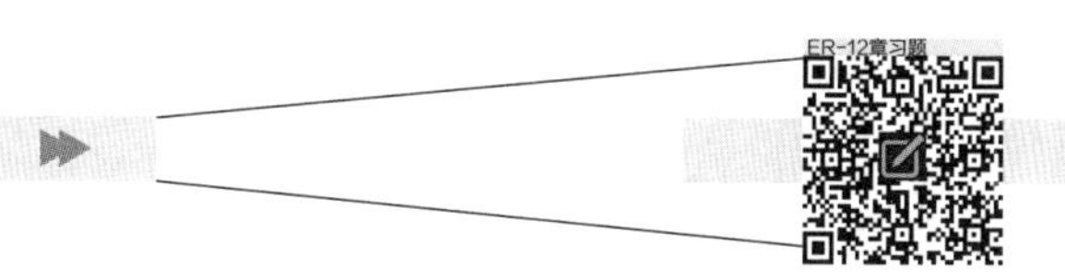

第十三章

食品安全政策与标准

第一节　概述

导学情景

情景描述：

2015年7月，浙江省温州市瓯海区食品药品监管部门接到群众举报，称对一家卤味烤肉店销售的卤肉上瘾，怀疑添加违禁物质。瓯海区食品药品监管部门联合公安机关对该店进行了突击检查，现场查获混有罂粟粉的调味料20g、罂粟壳350g。经调查，该店为拉拢回头客，自2014年8月起，在加工卤肉时采用将完整罂粟壳放在汤料包里置于卤汤中，或将罂粟壳碾磨成粉末混入其他香料，直接撒在卤肉上等方式，进行非法添加。根据店主供述，执法人员查处了向其销售罂粟壳的调味品店，以及该店的上线——位于福建省福州市的某香料商行，共查获罂粟壳19kg。卤味烤肉店经营者被瓯海区食品药品监管部门列入2015年第二期瓯海区食品安全黑名单，向社会公示。

学前导语：

近年来，食品安全问题多次被曝光，成为人们关注的热点问题。食品安全关系到公民的生命健康。要想保障食品安全，有效的规范和制度非常重要。本章我们将带领同学们学习食品安全方面的法律规范和标准，深入理解食品安全的法律要求。

一、食品安全政策与标准实施的必要性

1. 食品安全问题关系公众身体健康和生命安全。不安全的食品含有对人体有害的物质，进入人体后可引起各种不良反应，对健康造成伤害。对正在发育中的青少年来说，还可能造成严重不良后果，产生后遗症，影响终生。

2. 食品安全问题关系到社会的稳定。食品是人们维持日常生活正常运行不可或缺的必备要素，发生食品安全事故必然会使人们对整个社会的安全感和对生活质量的满意度降低，消费信心下降，甚至引起人们对整个社会安全产生恐慌。

3. 食品安全问题影响我国对外贸易。我国食品企业受经济发展水平、科学技术水平、制度不健全等因素的制约，与某些已经成为贸易伙伴的发达国家存在较大差距，许多方面不能满足对方的要求，影响企业的国际竞争力，这种“技术壁垒”“绿色壁垒”直接导致我国在对外贸易中处于不利地

位。例如2007年韩国在我国的水产品中发现了未经许可使用的抗菌化学物质，韩国禁止我国多家水产养殖企业向其出口鱼类等水产品。

食品安全问题已给我国的国民经济和社会发展造成了不可弥补的损失，是一个亟待解决的问题，只有采取有力措施，制定更加有效的政策，才能改善我国的食品安全现状。

二、中国食品安全政策与标准的发展历程

我国的食品安全政策与标准在中华人民共和国成立初期发展缓慢，主要侧重于工业卫生和疾病预防。1958年1月中央人民政务院第167次会议批准的《卫生部关于全国卫生行政会议与第二届全国卫生会议的报告》一文正式提出了"卫生监管制度"，明确提出了"重点推行卫生监督调度"。1958年我国又实施了放射卫生监督，基本形成了各级政府卫生机关领导下的分别由各级卫生防疫站承担的环境卫生、劳动卫生、食品卫生、学校卫生和传染病防治的监督管理体系。此阶段的食品安全政策对违法行为所应承担的相关法律责任都规定明确，但缺乏国家强制力的保障。

1966—1976年间是新中国历史上比较艰难的岁月，食品卫生立法、卫生监督体系建设和卫生检疫防疫工作几乎全面停顿，没有任何进展。

1978年召开的十一届三中全会是新中国历史的一个转折点，食品安全政策与标准由此进入全面快速发展时期，各项法规制度逐步完善并与国际接轨。1981年9月，中华医学会第一届全国食品卫生学术会议对《中华人民共和国食品卫生法》的制定进行了专题讨论。1982年后，卫生监督工作的法律地位得到确认，卫生监督的内容和范围得到充实和扩展，卫生监督的手段和方式在原有的基础上增添了依法监督、行政监督检查、行政处罚等法律手段，进入法制化和系统化发展时期。1982年11月19日全国人大常委会公布了《中华人民共和国食品卫生法》，规定于1983年7月1日试行，是新中国第一部食品安全方面的专门法，也是中国食品安全方面的基本法。1985年12月1日颁布了《食品安全性毒理学评价程序（试行）》。1990年首次全国卫生监督会议是卫生监督体制改革的前奏，也是卫生监督史上的里程碑，提出了"强化行政法，监督检测合理分开，统一综合管理，建立新的卫生监督体系"的目标。

1994年《食品安全性毒理学评价程序》正式作为国家标准颁布，结束了我国食品安全评价工作长久以来没有标准的局面。同年颁布了179个食品营养强化剂使用卫生标准、食品企业通用卫生规范、食品中铅限量卫生标准等国家卫生标准。1995年10月2日，卫生部组织召开国际卫生政策规划会议。1995年10月30日，第八届人大常委会十六次会议通过了经过修订的《中华人民共和国食品卫生法》，执法主体从卫生防疫站转变为卫生行政部门，标志着国家开始强化卫生行政执法职能。

1996年3月，卫生部为适应《中华人民共和国食品卫生法》执法主体的转变，发布了《进一步改革完善公共卫生监督执法体制的通知》。2009年2月28日，十一届全国人大常委会第七次会议通过了《食品安全法》。2015年4月24日第十二届全国人民代表大会常务委员会第十四次会议修订通过新的《食品安全法》，确立了以食品安全风险监测和评估为基础的科学管理制度，明确指出要

将食品安全的风险评估结果作为制定、修订食品安全标准的科学依据。根据 2018 年 12 月 29 日第十三届全国人民代表大会常务委员会第七次会议《关于修改〈中华人民共和国产品质量法〉等五部法律的决定》修正。2019 年 3 月 26 日国务院第 42 次常务会议修订通过《中华人民共和国食品安全法实施条例》自 2019 年 12 月 1 日起施行。

三、食品安全政策与标准的意义

1. 食品安全政策是社会公众身体健康和生命安全的基本保障。通过建立以食品安全标准为基础的科学管理制度，明确监管部门的职责，有效解决当前食品安全管理工作中出现的各种问题，可预防和控制食源性疾病的发生，切实保障公众身体健康和生命安全。

2. 食品安全政策促进了我国食品工业和食品贸易的发展。通过各种食品安全政策与标准的实施，严格规范食品生产经营行为，促使食品生产者依据法律法规和食品安全标准从事生产经营活动，在食品生产经营活动中重质量、重服务、重信誉、重自律，对社会和公众负责，以良好的质量、可靠的信誉推动食品产业规模不断扩大，市场不断发展，树立我国良好的国际形象，促进我国食品行业和对外食品贸易的发展。

3. 各种食品安全政策与标准的实施使我国的法律制度更加完善。新修订的《食品安全法》与《中华人民共和国农产品质量安全法》《中华人民共和国农业法》《中华人民共和国动物防疫法》《中华人民共和国农药管理条例》等法律法规互相配合、相互补充，进一步完善了我国的食品安全法律制度，为社会主义市场经济的健康发展提供了法律保障。

四、我国食品安全政策与标准的完善

我国的食品安全政策与标准目前仍然存在许多问题，仍在发展完善中。首先，我国食品安全法律效力不够，还没有建成一个合理、高效的食品安全法律体系，对部分违法行为不能有效管控，达不到震慑和处罚的效果。其次，我国的食品安全标准尚未与国际标准完全接轨，一些领域仍然存在差距，影响对外贸易，目前应主要从以下几个方面进行完善。

1. 紧跟社会经济发展和国际标准的要求，不断修订和完善《食品安全法》，完善配套法规规章和规范性文件，形成有效衔接的食品安全法律法规体系，加大对不法行为的处罚力度，提高违法成本。严格规定执法和管理主体的职责，明确各部门的具体职责，对渎职行为给予严厉惩罚，改变食品安全相关法规效力低、执行不力的现象。

2. 改革现有的食品安全综合监管机制，建立统一高效的决策指挥系统。完善现有的食品安全协调机构，形成强有力的食品安全工作决策指挥系统。健全并落实重大食品安全事故行政责任追究制度，做到权责分明、指挥有力。

3. 加强食品安全标准制修订工作，尽快完成现行食用农产品质量安全、食品卫生、食品质量标准和食品行业标准中强制执行标准的清理整合工作，加快重点品种、领域的标准制定修订工作，充实完善食品安全国家标准体系。坚持公开透明、科学严谨、广泛参与的原则，根据我国食品生产、加工和流通领域具体情况，制定具有可操作性的过渡标准或分级标准。建立健全的全国统一食品认证体系，完善认证制度，加快我国食品认证的国际互认进程，全面实施食品安全“绿色”工程，贯彻“绿色”理念，积极采取保障食品安全的有效措施。

4. 加强宣传和科普教育，让食品安全意识深入人心。充分发挥媒体和人民群众的监督作用，动员社会全体成员共同参与，努力营造“人人关心食品安全、人人维护食品安全”的良好社会氛围。

点滴积累

1. 食品安全政策与标准实施的必要性包括：①食品安全问题已严重危害到公众身体健康和生命安全；②食品安全问题关系到社会的稳定；③食品安全严重影响我国的对外贸易。
2. 完善我国的食品安全政策与标准包括：①完善食品安全政策法规；②进一步健全科学合理、职能清晰、权责一致的食品安全部门监管分工，加强综合协调，完善监管制度；③建立与国际标准接轨的食品安全认证标准；④加强宣传和科普教育，充分发挥媒体和广大人民群众的监督作用。

第二节　食品安全法律体系

食品安全法律体系是指有关食品生产和流通的安全质量标准、安全质量检测标准及相关法律、法规、规范性文件构成的体系。

食品安全法律法规体系是一个庞大的体系，涉及食品加工、生产、销售、进出口、卫生监管、国家干预等各环节，代表了一个国家的综合实力和对人民生命健康的重视程度。我国的食品安全法律体系是由《食品安全法》《中华人民共和国食品卫生行政处罚法》等有关食品安全的法律以及《消费者权益保护法》《传染病防治法》《中华人民共和国刑法》等法律中有关食品安全的相关规定构成的法律体系。

一、食品安全法律体系的构成

（一）食品安全法律

我国与食品安全相关的法律主要包括《食品安全法》《中华人民共和国农产品质量安全法》《中华人民共和国农业法》《中华人民共和国进出境动植物检疫法》等。

（二）食品安全法规

法规指国家机关制定的规范性文件，也具有法律效力。如国务院制定和颁布的行政法规，省、自治区、直辖市人大及其常委会制定和公布的地方性法规。设区的市、自治州，也可以制定地方性法规。

国务院制定的行政法规包括《突发公共卫生事件应急条例》（2003 年）、《农业转基因生物安全管理条例》（2001 年）、《中华人民共和国进出境动植物检疫法实施条例》（1996 年）和《食盐加碘消除碘缺乏危害管理条例》（2017 年）等。

地方人大制定的地方性法规包括《××省农药管理条例》《××省〈中华人民共和国食品安全法〉实施办法》《××市食用农产品质量安全条例》等。此类法规是国务院或省、自治区、市人民代表大会及其常务委员会根据全国或本行政区的情况和实际需要，在不与宪法、法律、行政法规相抵触的前提下，按法定程序而制定，其法律效力层级低于法律，高于规章。

（三）食品安全规章

规章是行政性法律规范文件，主要指国务院组成部门及直属机构，省、自治区、直辖市人民政府及省、自治区政府所在地的市和设区市的人民政府，在职权范围内，为执行法律、法规，或属于本行政区域的具体行政管理事项而制定的规范性文件，包括国务院相关行政部门制定的部门规章和地方人民政府制定的地方规章。

国务院相关行政部门制定的部门规章有，卫生行政部门制定的《新食品原料安全性审查管理办法》《餐饮业食品卫生管理办法》等。农业部制定的《农业转基因生物安全评价管理办法》和《水产养殖质量安全管理规定》等。

地方规章如《××省行政执法证管理办法》《××省〈重大动物疫情应急条例〉实施办法》等。

（四）食品安全标准

食品安全法律法规具有很强的技术性，大多要求有与其配套的相关标准。食品安全标准属于技术规范性质，是食品安全法律体系中不可缺少的重要部分。我国的食品安全相关标准由国家标准化管理委员会统一管理，国务院卫生行政部门制定。

（五）其他规范性文件

我国食品安全法律法规体系还包括一些既不属于食品安全法律、法规和规章，也不属于食品卫生标准的规范性文件。如省、自治区、直辖市政府卫生行政部门制定的有关食品卫生管理办法，以及不属于以上范围的各级政府及其职能部门制定的各种政策、规定、文件等。此类规范性文件虽然是由不具有规章以上规范文件制定权的相关行政部门制定的，但也是依据《食品安全法》授权制定的，属于委任性的食品安全法律规范文件。

案例分析

案例：

2015年2月25日，古浪县食品药品监管局接到群众举报，称87名就餐者在天×居大酒楼就餐后出现呕吐、腹痛、腹泻、发热等食物中毒症状。古浪县食品药品监管局派执法人员立即赶赴事发现场，在配合卫生行政部门做好中毒患者救治的同时，对天×居大酒楼可能存在的违法行为开展调查。经调查，该酒楼擅自变更了经营场所、食品加工间布局，未重新申请办理食品经营许可证；热菜加工间存有食品原料，且生熟不分；操作人员违反食品安全操作规程，不认真执行餐具清洗消毒制度。上述违法行为增加了发生食物中毒的风险。经对现场留样的菜品和食物中毒患者排泄物抽样检验，致病性微生物沙门菌超过食品安全标准限量。

分析：

天 × 居大酒楼的行为违反了《中华人民共和国食品安全法实施条例》第二十一条第一款的规定，依据《食品安全法》第八十五条和《中华人民共和国食品安全法实施条例》第五十五条规定，古浪县食品药品监管局对天 × 居大酒楼作出以下处罚：没收违法所得 12 920 元，处以货值金额十倍罚款 129 200 元，并吊销食品经营许可证。

二、我国现行食品安全法律体系存在的问题

我国现行食品安全法律体系所涵盖的许多法律法规并不是以食品安全为目的进行构建，而是随着社会经济的发展逐步自发形成，主要以实现部门管理目标为目的，以部门行政管理中存在的问题为规范对象，以惩治违法行为为主要内容的食品安全法律体系。国际认可的食品安全法律原则和制度，如整体性原则、预防性原则、风险分析原则、可追溯原则等并没有贯穿于我国现有的食品安全法律体系中。因此，必须重新审视以前所制定的有关法律法规是否符合食品安全的目的，并进行增补或修改。

点滴积累

食品安全法律体系是指有关食品生产和流通的安全质量标准、安全质量检测标准及相关法律、法规、规范性文件构成的体系。

第三节　食品安全标准

食品安全质量标准是企业组织食品生产的主要依据，要确保食品质量与安全就必须实行从农田到餐桌的全程标准化管理。

1. 食品安全标准的概念　食品安全标准是对食品中各种影响消费者健康的危害因素进行控制的技术规范。《食品安全法》规定了食品安全标准的范围，并将其定性为“强制执行的标准”，且“除食品安全标准外，不得制定其他的食品强制性标准”。

2. 食品安全标准的性质　食品安全标准是建立在科学分析的基础之上，为实现食品安全目标而制定的技术规范，如对食物中成分危害性的判断。食品安全标准具有科学属性和社会属性的双重属性。其特征包括规制性、对有限风险的容忍性、利益协调性和强制执行性。

（1）规制性：食品安全标准是保障食品安全，规范食品生产经营行为的技术规范，是政府干预市场自由的工具。以规制的程度不同，标准可以分为三类，分别代表三种不同的干预强度。①目标标准，不对供应商的生产作出具体的规定，但若出现特定的损害后果则需承担刑事责任。②性能标准，要求进入供应阶段的产品或服务必须满足特定的质量条件，而让生产商自由选择如何满足这些标准。③规格标准，强制要求生产商采取特定生产方式或材料，或者禁止使用特定生产方式和材料。

食品安全标准主要属于将第二种和第三种标准形式结合。

（2）对有限风险的容忍性：判断食品是否安全，必须有科学依据，这个依据也是食品安全标准制定的基础。科学不同于理想。食品安全的理想状态是完全排除危害，实现绝对意义上的安全。但是伴随着分析技术的提高，人们逐渐认识到食品安全零风险是不可能的，只有在客观上承认风险的存在，并对其作出科学的评价，进而努力降低风险，才是可行之道。我国食品安全法也引入了风险分析原则，规定食品安全风险评估结果是制定、修订食品安全标准的科学依据。食品安全标准中，诸如农药残留等指标正是建立在风险分析的基础上。因此，符合食品安全标准的食品不是绝对安全和没有任何风险的食品，而是相对安全的食品。

（3）利益协调性：食品安全标准是各方利益协调的结果。标准作为一种利益分配工具，在横向方面涉及标准拥有者、其他竞争对手和消费者的利益；在纵向方面则涉及企业利益、产业利益和国家利益。标准的制定不仅涉及国内相关利益主体的权益协调平衡，还事关一国与他国的贸易关系。食品安全标准制定应首先保障消费者消费安全，同时又要兼顾食品生产经营者的利益和国际贸易的需要。我国的《食品安全法》中关于食品安全国家标准的制定充分体现这一考量因素，该法规定制定国家标准应依据食品安全风险评估结果，参照相关的国际标准和国际食品安全风险评估结果，并广泛听取食品生产经营者和消费者的意见。

（4）强制执行性：《中华人民共和国食品安全法实施条例》第二条规定，食品生产经营者应当依照法律、法规和食品安全标准从事生产经营活动，建立健全食品安全管理制度，采取有效管理措施预防和控制食品安全风险，保证食品安全。食品生产经营者对其生产经营的食品安全负责，对社会和公众负责，承担社会责任。因此，食品安全标准是强制执行的标准。新修订的《食品安全法》第二十五条规定，食品安全标准是强制执行的标准。除食品安全标准外，不得制定其他食品强制性标准。该条明确了食品安全国家标准的法律效力，即强制性和唯一性。

3. 食品安全标准的意义　食品安全标准以保障公众身体健康为宗旨，是政府管理部门为保证食品安全、防治疾病的发生、对食品生产经营过程中影响食品安全的各种要素以及各关键环节所规定的统一的技术要求，是保证食品安全质量，预防和控制疾病的基本手段，可降低食源性疾病的发生，提高国民身体素质，减少医疗费用支出，促进经济建设的发展，还能有效地防止食物浪费，促进食品进出口贸易，推动产业和社会的健康发展。

一、食品安全标准的分类

1. 按适用对象分类，主要包括国际标准、区域标准、国家标准、行业标准、地方标准和企业标准。

（1）国际标准：主要由国际标准化组织（ISO）制定，此外 FAO 和 WHO 也制定有关食品的国际标准。食品安全国际标准理论上没有强制性，但是各出口国企业必须遵守出口贸易中食品安全国际标准，属于事实采用，实际上具有一定的强制性。

（2）区域标准：由区域标准化组织或区域标准组织通过并公开发布的食品安全标准，其种类通常按制定区域标准的组织进行划分。

（3）国家标准：由国家机构通过并公开发布的食品安全标准，是强制执行的标准。

（4）行业标准：由食品行业组织通过并公开发布的食品安全标准。

（5）地方标准：在国家的某个地区通过并公开发布的食品安全标准。对于没有国家标准和行业标准而又需要在省、自治区、直辖市范围内统一的食品安全、卫生安全要求，可以制定食品安全地方标准。

（6）企业标准：食品生产企业制定并由企业法人代表或其授权人批准、发布的食品安全标准。食品安全企业标准有两种情况，一是当企业生产的食品没有国家标准、行业标准和地方标准的，企业必须制定相应的企业标准作为组织生产的依据；二是当企业生产的食品已经有国家标准、行业标准或地方标准的，企业也可以根据需要制定严于国家标准、行业标准或地方标准要求的企业标准，以提高食品的安全水平。

2. 我国食品安全标准发生作用的范围及审批权限。

（1）国家标准：对需要在全国范围内统一的食品安全质量要求所制定的标准。根据《食品安全法》和《中华人民共和国标准化法》（简称《标准化法》）规定，国家食品卫生标准的审批权限属于国务院卫生行政部门和国家质量技术监督局。

（2）行业标准：对没有国家食品卫生标准，而需要由国务院卫生行政部门在全国范围内统一的食品卫生技术要求所制定的标准。在相应的国家食品卫生标准颁布实施后，行业标准即行废除。

（3）地方标准：对没有国家或卫生部行业食品卫生标准，而又需要在省、自治区、直辖市范围内统一的食品卫生质量要求所制定的标准。地方食品卫生标准的制定与审批权限属于省级卫生行政部门，但须报国务院卫生行政部门和国家质量技术监督局备案。在国家或国务院卫生行政部门行业标准颁布实施后，该项地方标准即行废除。

（4）企业标准：在没有相应的国家标准或者国务院卫生行政部门行业标准情况下，企业为其生产的产品制定的标准；已有国家标准或者国务院卫生行政部门行业标准的，国家鼓励企业制定严于国家或者国务院卫生行政部门行业标准的企业标准。一般说来，企业标准的内容除了食品卫生技术要求外，还包括食品的一般质量要求等内容。

3. 标准的约束性，分为强制性标准与推荐性标准。

《食品安全法》规定：食品必须符合相应的卫生标准要求，如不符合各类食品卫生标准，即违法，应根据《食品安全法》进行处罚。我国《标准化法》规定，涉及人体健康与安全的标准应是强制性标准。所以，国家、行业和地方食品卫生标准中除了某些检测方法标准外，其他均为强制性标准。

对于强制性标准，使用者没有其他选择的余地，必须遵照执行；对于推荐性标准，使用者有使用或不使用的自由，但一旦在标签或企业标准中声称使用，就成为该企业强制性实施的标准。《食品安全法》实施后，规定除了食品安全标准外，不得制定其他的食品强制性标准。按此规定，应当对食品标准进行清理整合。

二、食品安全标准制定(修订)程序

我国的食品安全标准还存在一些问题,主要表现在体系不合理、标准不协调、时效性差、部分标准与食品法典等国际标准差异较大等方面。

制定食品安全国家标准一般分为以下几个步骤:制订标准研制计划、确定起草单位及起草标准草案、征求意见、委员会审查、国务院卫生行政部门批准。

1. 制订标准研制计划　国务院有关部门以及任何公民、法人、行业协会或者其他组织均可提出制定或者修订食品安全国家标准立项建议。国务院卫生行政部门会同相关部门制定食品安全国家标准规划及其实施计划,并公开征求意见。国务院卫生行政部门对审查通过的立项建议纳入食品安全国家标准制定或者修订规划、年度计划。

2. 确定起草单位及起草标准草案　国务院卫生行政部门应当选择具备相应技术能力的单位起草食品安全国家标准草案,提倡由研究机构、教育机构、学术团体、行业协会等单位共同起草。标准起草单位的确定应当采用招标或者指定等形式,择优落实。一旦按照标准研制项目确定标准起草单位后,标准研制者应该组成研制小组或者写作组按照标准执行定计划完成标准的起草工作。标准制定过程中,既要充分考虑食用农产品风险评估结果及相关的国际标准,也要充分考虑国情,注重标准的可操作性。

3. 标准征求意见　标准草案制定出来以后,国务院卫生行政部门应当将食品安全国家标准草案向社会公布,公开征求意见。完成征求意见后,标准研制者应当根据征求的意见进行修改,形成标准送审稿,提交食品安全国家标准审评委员会审查。该委员会由国务院卫生行政部门负责组织,按照有关规定定期召开食品安全国家标准审评委员会,对送审标准的科学性、实用性、合理性、可行性等多方面进行审查。委员会由来自不同部门的医学、农业、食品、营养等方面的专家以及国务院有关部门的代表组成。行业协会、食品生产经营企业及社会团体可以参加标准审查会议。

4. 标准的批准与发布　食品安全国家标准委员会审查通过的标准,一般情况下,涉及国际贸易的标准还应履行向世界贸易组织通报的义务,最终由国务院卫生行政部门批准、国务院标准化行政部门提供国家标准编号后,由国务院卫生行政部门编号并公布。

5. 标准的追踪与评价　标准实施后,国务院卫生行政部门和省、自治区、直辖市人民政府卫生行政部门应当会同同级农业行政、质量监督、工商行政管理、食品药品监督管理、商务、工业和信息化等相关部门,对食品安全国家标准和食品安全地方标准的执行情况分别进行跟踪评价,并应当根据评价结果适时组织修订食品安全标准。国务院和省、自治区、直辖市人民政府的农业行政、质量监督、工商行政管理、食品药品监督管理、商务、工业和信息化等部门应当收集、汇总食品安全标准在执行过程中存在的问题,并及时向同级卫生行政部门通报。食品生产经营者、食品行业协会发现食品安全标准在执行过程中存在问题的,应当立即向食品安全监督管理部门报告。食品安全国家标准审评委员会也应当根据科学技术和经济发展的需要适时进行复审。标准复审周期一般不超过5年。

三、国际食品安全标准

随着国际食品贸易的发展，食品卫生安全问题不再是各个国家自己的事，而是成为国际社会共同关心的问题。为维护国际食品贸易的公平性，保证食品贸易安全，1962年联合国粮农组织与世界卫生组织联合成立食品法典委员会（CAC），宗旨是保护消费者健康和促进国家食品贸易。目前，美国、英国、新西兰、新加坡和日本等国已将食品良好操作规范、危害分析和关键控制点体系列入强制性规定，要求企业实施。

1. 国际标准化组织　国际标准化组织（international organization for standardization，ISO）是一个全球性的非政府组织，是国际标准化领域中一个十分重要的组织。ISO的任务是促进全球范围内的标准化及其有关活动，以利于国际间产品与服务的交流，以及在知识、科学、技术和经济活动中发展国际间的相互合作。ISO于1947年2月23日正式成立，总部设在瑞士日内瓦。我国在1978年9月1日以中国标准化协会的名义参加ISO，并在1982年9月当选并连任理事国（1983—1994年），代表中国参加ISO的国家机构是中国国家技术监督局（CSBTS）。

2. 国际食品法典委员会　国际食品法典委员会是由FAO和WHO共同建立，以保障消费者的健康和确保食品贸易公平为宗旨的一个制定国际食品标准的政府间组织，现有165个成员国以及众多政府间组织和来自国际科学团体、食品工业和贸易界及科技界以及消费者组织的观察员，其成员国覆盖了世界人口的98%。所有国际食品法典标准都主要在其各下属委员会中讨论和制定，然后经CAC大会审议后通过。CAC标准都是以科学为基础，并在获得所有成员国的一致同意的基础上制定出来的。CAC成员国参照和遵循这些标准，既可以避免重复性工作又可以节省大量人力和财力，而且可有效地减少国际食品贸易摩擦，促进贸易的公平和公正。

总的来说，国际标准通常是反映全球工业界、研究人员、消费者和法规制定部门经验的结晶，包含了各国的共同需求，因此采用国际标准是消除贸易技术壁垒的重要基础之一。为了发展对外贸易，应尽量采用和使用国际标准，废止与国际标准有冲突的国家标准和其他标准，但是完全采用国际标准有时是不合实际的。因此在积极采用国际标准的同时需要考虑我国国情，尤其是当涉及国家安全、保护人民身体健康和安全，保护环境、气候等重大问题时。

点滴积累

1. 食品安全标准的特点包括：①规制性；②有限风险的容忍性；③利益协调性；④强制执行性。
2. 食品安全标准制定（修订）程序包括：①制订标准研制计划；②确定起草单位及起草标准草案；③标准征求意见；④标准的批准与发布；⑤标准的追踪与评价。

目标检测

一、选择题

（一）单项选择题

1.《食品安全法》第十三届全国人民代表大会常务委员会第七次会议《关于修改〈中华人民共

和国产品质量法〉等五部法律的决定》修正，自(　　)起施行

A. 2018年5月1日　B. 2018年6月1日　C. 2018年7月1日

D. 2018年12月29日　E. 2015年11月1日

2. 国家建立(　　)，对存在或者可能存在食品安全隐患的状况进行风险分析和评估

A. 食品安全风险监测和评估制度　B. 食品安全监督制度

C. 食品安全抽检制度　D. 食品安全检查制度

E. 食品安全考察制度

3. (　　)统一负责、领导、组织、协调本行政区域的食品安全监管工作

A. 县级以上地方人民政府　B. 乡级以上地方人民政府

C. 县级以上食品安全委员会　D. 县级以上卫生行政部门

E. 县级以上监督管理部门

4. 违反《食品安全法》的有关规定，最高可处违法货值金额(　　)倍罚款

A. 3　B. 5　C. 6

D. 10　E. 20

5. 食品安全标准的性质是(　　)

A. 鼓励性标准　B. 引导性标准　C. 强制性标准

D. 自愿性标准　E. 选择性标准

(二) 多项选择题

1. 以下说法正确的有(　　)

A.《食品安全法》实施后，原有的《食品安全法》仍继续有效

B. 食品生产者发现其生产的食品不符合食品安全标准，应当立即停止生产，召回已经上市销售的食品，通知相关生产经营者和消费者，并记录召回和通知情况

C. 食品加工过程中成品与半成品可以混合存放

D. 原辅料的运输不得与有毒、有害物品一同运输

E. 食品安全全权由政府负责监管和承担

2. 食品经营者发现其经营的食品不符合食品安全标准，以下做法中不正确的是(　　)

A. 立即停止经营

B. 通知相关生产经营者和消费者

C. 记录停止经营和通知情况

D. 自行处理后，继续销售

E. 更改标准，重贴标签

3. 食品广告的内容包括(　　)

A. 应当真实合法

B. 不得含有虚假、夸大的内容

C. 不得涉及疾病预防、治疗功能

D. 可以涉及具体疗效

E. 不得标明含量

4. 任何组织和个人有权（　　）

A. 举报食品经营生产中违反《食品安全法》的行为

B. 向有关部门了解食品安全信息

C. 对食品安全监督管理工作提出意见和建议

D. 修改食品安全地方标准

E. 强制食品生产经营者改正食品生产类型

5. 食品安全标准包括下列哪些内容（　　）

A. 物质以及其他危害人体健康物质的限量规定

B. 食品添加剂的品种、使用范围、用量

C. 专供婴幼儿和其他特定人群的主辅食品的营养成分要求

D. 对与食品安全、营养有关的标签、标识、说明书的要求

E. 食品检验的流程

二、简答题

1. 简述食品安全政策与标准的重要意义。

2. 简述食品安全法律体系的主要内容。

3. 简述食品安全标准性质与分类。

三、实例分析

1. 2015 年 9 月 1 日，海南省食品药品监管局查获疑似问题青枣 3.3 吨，经检测其含有糖精钠（网友称之为“糖精枣”）。经调查，2015 年 8 月 20 日以来，涉案人邓某从外地运来青枣，先在烧热的水中过一遍，然后将焯过水的青枣倒入水池里，加入糖精钠、甜蜜素、苯甲酸钠等添加剂进行浸泡，制成“糖精枣”，然后运往南宁、北海、海口等地销售，总数达 30 余吨。

按照国家标准，糖精钠、甜蜜素、苯甲酸钠等添加剂严禁对青枣使用。依据刑法规定，邓某等生产销售“糖精枣”的行为涉嫌构成生产、销售伪劣产品罪。

（1）食品安全问题出现的原因有哪些？

（2）简述遵照食品安全国家标准保障食品安全的重要意义。

2. 2013 年 5 月 9 日，山东省潍坊市农户使用剧毒农药“神农丹”种植生姜，被央视焦点访谈曝光，引发全国舆论哗然。而这次曝光是记者在山东潍坊地区采访时，一次意外的反面查获报道。本来是准备对生姜种植大市，收集素材对潍坊“菜篮子”工程作正面的典型报道。没有想到从当地田间，突然发现了剧毒农药包装袋，记者看到这个蓝色包装袋，上面显示神农丹农药。每包重量 1kg，正面印有“严禁用于蔬菜、瓜果”的大字，背面有骷髅标志和红色“剧毒”字样。这一发现让记者大吃一惊，这里竟然还有人明目张胆滥用剧毒农药种植生姜，这可不是一般的小问题，而是涉及众多老百姓的生命安全问题。记者不动声色，在 3 天的时间里，默默走访了峡山区王家庄街道管辖的 10 多

个村庄，发现这里违规使用神农丹的情况比较普遍。田间地头随处都能看到丢弃的神农丹包装袋，姜农们不是违法偷偷地用，而是成箱成箱地公开使用这种剧毒农药。此报道一出，立即成为一个公共事件。

据悉，神农丹主要成分是一种叫涕灭威的剧毒农药，50mg 就可致一个体重 50kg 的人死亡。当地农民对神农丹的危害性都心知肚明，使用剧毒农药种出的姜，他们自己根本就不吃。而且当地生产姜本身就有两个标准。一个是出口国外的标准，那是绝对不使用剧毒农药的，因为检测严格骗不了外商。另一个就是国内销售的标准，可以使用剧毒农药，因为国内的检测不严格，当地农民告诉记者，只要找几斤不施农药的姜送去检验，就能拿到农药残留合格的检测报告出来。

（1）完善食品安全需要遵守哪些法律法规？

（2）食品安全标准有哪些？

（吴　昊）

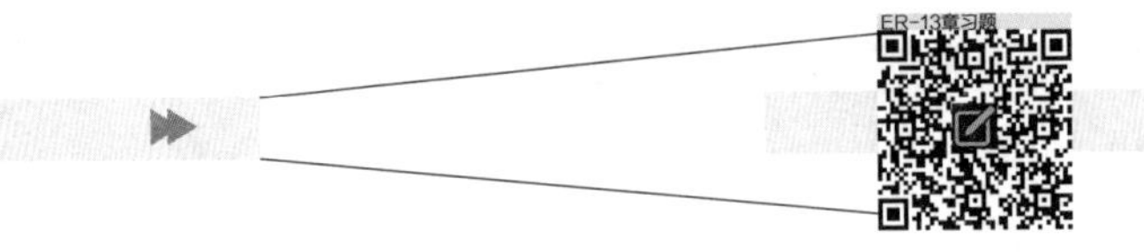

实训 13　食品生产、流通及餐饮企业现场监督与管理

项目一　食品生产企业现场监督与管理

【实训目的和要求】

1. 掌握食品生产企业现场监督与管理的程序及有关文书撰写。
2. 熟悉国家有关食品监督管理的法律、法规，食品生产工艺流程和企业标准结构等基本常识。
3. 了解食品安全国家标准《食品生产通用卫生规范》（GB 14881—2013）及本教材第六章（表 6-1 我国现行食品企业卫生规范）和第十章第三节（我国现行有效的食品 GMP）中的相关标准及规范的审查条款，准确运用于检查工作；培养具有较强的分析和判断能力，对检查中发现的问题能够客观分析，并做出正确判断。

【实训原理】

食品生产企业现场监督与管理依据《食品生产企业日常监督现场检查工作指南》，适用于食品监督管理部门对已取得《食品生产许可证》的食品生产企业，按照《食品安全法》及相关的法律、法规、规章、标准，如《食品生产许可管理办法》《保健食品注册与备案管理办法》《特殊医学用途配方食品注册管理办法》《婴幼儿配方乳粉产品配方注册管理办法》《新食品原料安全性审查管理办法》《食品标识管理规定》、食品 GMP、食品批准证书及核准的产品配方、工艺、企业标准、及其他相关法规文件等进行的现场监督检查。

【实训人员与材料】

（一）监督与管理人员要求

现场检查人员至少 2 名，并对所承担的检查项目和内容负责。检查人员应当符合以下要求：

1. 遵纪守法，廉洁正派，实事求是。

2. 熟悉掌握国家有关食品监督管理的法律、法规。

3. 熟悉食品生产工艺流程和企业标准结构等基本常识。

4. 理解和掌握相关食品 GMP 审查条款，准确运用于检查工作。

5. 具有较强的沟通和理解能力，在检查中能够正确表达检查要求，正确理解对方所表达的意见。

6. 具有较强的分析和判断能力，对检查中发现的问题能够客观分析，并作出正确判断。

（二）检查计划及准备

1. 根据影响产品质量因素（人员、设备、物料、制度、环境）的动态变化情况，选择检查内容，制订现场检查实施方案。检查方案包括检查目的、检查范围、检查方式（如事先通知或事先不通知）、检查重点、检查时间、检查分工、检查进度等。检查重点可以是许可情况、原料控制、洁净车间管理、出厂检验控制等相关食品 GMP 的部分项目或全部项目。

2. 准备“现场检查笔录”“现场监督检查意见书”等相关检查文书以及必要的现场记录设备。

3. 根据既往检查情况和企业报送资料情况，了解企业近期生产状况，主要包括以下内容。

（1）企业相应的证照取得或变化情况（如营业执照、生产许可证、保健食品批准证书）。

（2）企业质量管理人员变动情况。

（3）企业生产工艺、生产检验设备、主要原材料变化情况。

（4）产品生产、销售情况。

（5）产品抽验情况。

4. 了解拟检查产品的相关资料，如食品批准证书、企业标准等。

（三）实施检查

1. 进入企业现场后，首先向企业出示执法证件，告知企业检查目的，介绍检查组成员、检查依据、检查内容、检查流程及检查纪律，确定企业的检查陪同人员。听取企业生产、经营状况及质量管理等情况的介绍。

2. 在企业相关人员陪同下，分别对企业保存的文字资料、生产现场进行检查。

3. 检查过程中，对于检查的内容，尤其是发现的问题应当随时记录，并与企业相关人员进行确认。必要时，可进行产品抽样或对有关情况进行证据留存（如资料复印件、影视图像等）。

4. 现场检查流程图（图 13-1）

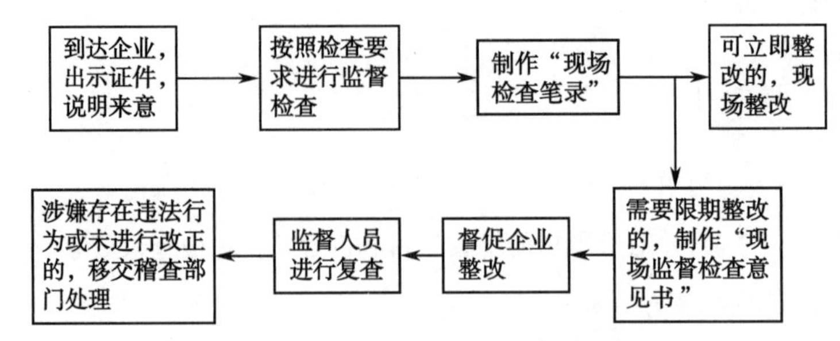

图 13-1　食品生产企业现场检查流程图

（四）检查重点内容

以下列出的现场检查重点内容，可以此为参考，结合实际情况，有针对性地选择检查内容，并制订相应的实施方案。

1. 许可事项和标签标识

序号	检查内容	检查方式	审查要点
1	食品生产许可证	查阅“食品生产许可证”	要求企业提供“食品生产许可证”原件，参照“营业执照”，核查实际企业名称、法定代表人、许可范围、注册地、生产地、许可期限等是否与批准的一致
2	标签、说明书	抽样	①从成品库或留样室抽取样品，逐个核对产品的说明书及标签信息是否与“食品批准证书”核准的内容一致。②标签标识内容是否符合“食品标识管理规定”，标签标识使用是否符合规定
3	厂房、设施设备	查阅设计图纸和设备设施清单；现场检查	根据企业提供的厂房设计图纸、设备设施清单，现场核对厂房车间、设施是否有擅自改建或扩建行为，是否与审批一致

2. 人员

序号	检查内容	检查方式	审查要点
1	人员变动情况	询问； 查阅人员档案	①询问企业生产负责人、质量负责人、质检人员等主要人员是否发生过变动，记录姓名；②查看人员档案，是否有生产负责人和质量负责人任命书或劳动用工合同，人员资质是否符合要求
2	人员培训	询问； 查阅人员培训档案	①查看人员培训档案，看从业人员是否经过上岗培训，尤其对新录用人员是否及时进行了上岗培训；②查看质检人员是否有职工登记表及学历证书或资质证书，必要时现场提问相关技术问题；③查看采购人员是否经过相关培训，有本岗工作经验，必要时现场提问相关技术问题
3	人员健康	查阅人员健康档案	现场随机抽查企业内一定比例从业人员，看其是否有有效的健康体检证明

3. 原料

序号	检查内容	检查方式	审查要点
1	原料库	现场检查，查阅原料库台账、原料称量记录	①检查原料库存放的原料种类、原料用途：库房内是否有非申报成分的物质，如果发现存放有与所生产的保健食品品种无关的原料，要求企业说明其用途。②检查原料贮存环境是否符合要求：是否保持仓库内通风、干燥；是否有防蝇、防尘、防鼠设施；温湿度是否符合要求；应当阴凉保存的原料是否在阴凉库。③检查原料是否按待检、合格和不合格分区管理，是否隔墙离地存放，合格备用的原料是否按不同批次分开存放。④检查是否设置有原料标识卡，卡上内容至少包含名称、批号（编号）、出入库记录（进货时无批号的原料，企业应当自行编号，以便质量追溯）。⑤对原料库台账、标识卡及原料进行核对，检查是否做到账、物、卡一致。⑥抽查若干原料，记录名称、供货商和批号（编号），进一步追溯原料购进情况
2	原料购进记录和供应商档案	查阅原料的购进记录和供应商资质	要求企业提供原料的购进记录和供应商资质，查看原料供应商档案建立情况，看其资质是否有效。必要时可要求企业提供财务账本，核对企业所进原料是否属实
3	原料出入库记录	查阅原料出入库记录、生产记录	①检查原料出入库记录，看记录内容是否完整和真实，记录应当包括品名、规格、原料批号或编号、出入库数量、出入库时间、库存量、责任人。②比对出入库记录和生产记录，看原料领取量、批次与批生产记录中记录的使用量、批次是否一致
4	原料质量（原料的品种、来源、规格、质量应与批准的配方及产品企业标准相一致）	查阅企业标准、原料检验报告（可与批生产记录检查结合进行）	①对照企业标准规定的原料要求，要求企业提供所抽批次原料的原料检验报告。核对原料检测引用的标准是否齐全、有效；检测项目是否符合引用标准的规定。②检查检验报告内容是否齐全、完整，是否有质检人员和质检负责人的签字。③企业需委托检验的项目，是否能提供相应的委托检验报告

4. 生产过程

序号	检查内容	检查方式	审查要点
1	工艺规程	查阅产品的工艺规程文件	要求企业提供所抽产品的工艺规程文件，检查工艺规程是否包括配方、工艺流程、加工过程的主要技术条件及关键工序的质量和卫生控制点、物料平衡的计算方法等内容
2	批生产记录	查阅批生产记录（步骤：抽取样品，记录产品名称和批号，按批号追溯批生产记录。取样地点为成品库或留样室）	①以所抽批次产品的批生产记录为追溯起点，检查批生产记录反映的生产过程是否完整，向前检查是否可追溯到所用原料的批次及原料检测报告，向后检查是否可追溯到成品出厂检验报告。②查看投料记录是否有原料名称、批号（编号）、用量、原料检测报告单号，投料记录是否完整并经第二人复核。③查看批生产记录中的原料及用量是否与批准证书和企业提供的配方一致。（植物提取物与原植物不能相互代替）④查看批生产记录中的生产工艺与参数（尤

续表

序号	检查内容	检查方式	审查要点
2	批生产记录		其是主要技术条件及关键工序的质量和卫生控制点）是否与企业提供的工艺规程一致。⑤查看是否有物料平衡记录，复核物料平衡记录的计算方法是否正确、结果是否准确；偏差是否按规定要求进行处理。⑥批生产记录中原料名称是否规范（不得使用数字、字母、编码组合等代名称）。⑦批生产记录是否包括了成品出厂检验报告。⑧批生产记录中是否留存了包装和说明书。⑨查看记录是否真实和完整，有无随意涂改现象
3	水系统	现场检查水处理系统并查阅水质报告	①检查生产用水是否符合《生活饮用水卫生标准》（GB 5749—2006）的规定，是否具有水质报告。核对工艺规程，检查工艺用水是否达到工艺规程要求，是否具有水质报告。②检查水处理系统运行是否正常，是否有记录
4	清场情况	查阅清场规程和记录； 现场检查	①查阅有关清场的操作规程，检查批生产记录是否包括上一批次产品的生产清场记录。②设备设施有无清洁状态标识。③检查现场卫生状况，重点检查回风口、地漏等部位的清洁消毒是否符合要求
5	生产操作人员的卫生	现场检查	①现场查看更衣、洗手、消毒等卫生设施是否齐全有效。②现场查看操作人员的工作服、鞋、帽是否符合相应生产区的卫生及管理要求
6	空气净化系统	现场检查； 查阅空调的运行时间表和运行记录，空气净化设施、设备维修记录	①查看生产时的空气净化系统是否正常运行，是否定期进行检测。压差计显示的数据是否符合规定。②检查洁净厂房的温湿度记录是否按时记录，记录的数据是否符合生产工艺的要求，温湿度记录中是否记录了当温湿度超过标准时所采取的措施。③检查洁净厂房内的空气净化设施、设备的维修记录，各设施设备的维修周期是否符合要求。④检查空气净化设施、设备维修时采取的措施是否能够切实有效地保证不对保健食品的生产造成污染
7	原料前处理	现场检查； 查阅批记录	①现场查看原料前处理车间是否装备有必要的通风、除尘、降温设施，运行是否正常。②现场查看提取完的提取物贮存是符合要求，是否有标识。③有前处理工艺的，在批记录里应当有记录

5. 成品贮存

序号	检查内容	检查方式	审查要点
1	成品库	现场检查； 查阅温湿度记录	①检查成品库是否地面平整，便于通风换气；是否有防鼠、防虫设施。②检查成品是否离地、离墙存放。③检查成品库的容量是否与生产能力相适应。④检查成品库是否设有温湿度监测和调节装置。⑤检查是否有温湿度定期检测记录
2	成品出入库记录	查阅出入库记录	检查出入库记录是否先进先出，记录的信息是否齐全（成品入库应当有存量记录，出货记录内容至少包括批号、出货时间、地点、对象、数量等）

续表

序号	检查内容	检查方式	审查要点
3	非常温下保存的保健食品贮运时的温度控制	现场检查	①检查成品温控设备(如冷藏室)是否正常运行。②检查成品贮存和设备是否符合企业标准规定

6. 品质管理

序号	检查内容	检查方式	审查要点
1	品质管理组织机构运行情况	查阅品质管理机构文件;询问	①查阅品质管理机构文件,是否直属企业负责人领导。②询问品质管理机构是否现行有效,是否与实际情况相符
2	质量管理人员	查阅人员岗位职责;询问	①查阅各级质量管理人员岗位职责。②询问质量检验、质量控制人员是否清楚自己的岗位职责
3	加工过程的品质管理	查阅关键控制点监控记录	①查看各产品是否有质量、卫生关键控制点计划(工艺文件)。②抽查各产品的质量、卫生关键控制点计划中的关键控制点1~3个,索取相应的监控记录3~5批,看是否有超出控制限的情况;如果有,是否进行了纠偏,品质管理部门是否有相关记录
4	检验室	现场检查;询问	①现场查看是否有符合要求的微生物和理化检验室及相应的仪器设备;仪器设备是否与所生产产品种类相适应。②查看成品检验记录及现场提问,以了解是否有能力检测产品企业标准中规定的出厂检验指标
5	仪器和计量器具的检定(校准)	查阅检定报告;现场检查	依据企业标准核查检验仪器和计量器具的配置情况,现场随机记下3~5个计量器具或检测仪器编号,查看是否有相应的检定报告
6	成品出厂检验和型式检验	查阅出厂检验报告和型式检验报告。(可与批生产记录检查结合进行)	①根据已备案的企业标准,检查所抽产品出厂检验所引用的标准是否齐全、有效。②随机抽取2~3个批号的产品,查看是否按企业标准规定的出厂检验项目进行检验。③查看所抽产品的型式检验报告项目是否齐全,按企业标准规定的检验周期是否在有效期内
7	留样情况	现场检查	现场查看是否有专设的留样室和留样记录;是否按品种、批号分类存放,标识明确;留样数量是否符合标准要求
8	生产环境检测能力	查阅生产环境检测记录或检测报告	检查企业是否按操作规程的要求,定期对生产环境进行检测,是否有检测记录或检测报告

7. 委托生产

序号	检查内容	检查方式	审查要点
1	委托生产协议	查阅委托生产协议	查看委托生产协议是否明确委托双方产品质量责任(委托方负有向受托方提供经注册审批的产品配方、工艺流程、质量标准的义务;受托方应当对委托方提供的原辅料、包材的质量进行检验,并对标签、标识、说明书内容的合法性进行检查;保健食品批准证书持有者对产品质量负总责)

续表

序号	检查内容	检查方式	审查要点
2	批生产指令台账	查阅批生产指令台账	①检查有无批生产指令台账,批生产指令台账是否明确产品名称、规格、剂型、批量,原料预算用量等内容。②检查批生产指令台账是否与批生产记录一起保存
3	批记录留存	查阅批记录	检查受托方是否留存批记录原件,委托方是否留存复印件。批记录至少包括批生产记录、批包装记录和批检验记录
4	生产过程	查阅批生产记录	①检查从投料至生产出最小销售包装的全过程是否都在同一企业完成(前处理除外)。②前处理(如提取工艺)若有二次委托的,查看是否有二次委托手续(应当留存二次委托合同和前处理批生产记录)
5	标签和说明书	查看产品包装、标签和说明书	检查产品最小销售包装、标签和说明书是否标注委托方和受托方双方的企业名称、地址和食品生产企业卫生许可证号

(五)主要检查方式

1. 语言交流

(1)积极与企业领导层沟通,通过了解企业发展历史、质量体系近期运行状况和产品市场情况,分析判断企业运行中质量管理工作是否存在问题、存在哪方面问题、当前哪些问题亟待解决。

(2)可与企业部门领导以及质量管理和质量控制等特殊岗位人员采取面对面交流的方式,判断人员能否承担该岗位赋予的相应职责。对于不了解、不熟悉、不能行使职权的或由他人代答的,应当视企业整体情况提出人员调配建议。

(3)对于现场检查中发现的问题,应当认真地与企业沟通交流,提出切实可行的整改要求和时限。

2. 文件检查

(1)检查文件中涵盖的质量体系过程,判断质量体系的全过程是否都已被识别。

(2)检查对识别出的过程是否都已形成控制文件,判断文件内容是否覆盖了全过程。

(3)检查文件规定的内容,判断是否与现场观察的实际情况相一致。

(4)检查文件间的关联性,判断文件要求是否能够满足企业和产品的特点,是否恰当。

(5)检查各项记录间的可追溯性,判断能否根据各项记录的相互关系完成产品生产过程的质量追溯。

3. 现场观察

(1)根据工艺的不同,生产现场包括前处理、制粒、填充、压片、包装现场;原辅料、半成品、成品检验现场;原料库、中转库、成品库等。

(2)根据生产流程,查看生产现场布局是否合理,有无反复交叉、往复的情况。生产场地的整体规划与生产情况(生产量和销售量)是否匹配。

（3）正常生产车间是否整洁，设备、场地实际状况与记录或文件是否一致。现场有无刻意遮挡、破乱不堪的角落。生产废料、办公垃圾堆积的地方是否会对产品质量造成影响。

（4）观察生产人员、检验人员操作是否熟练，生产能力与实际销售情况是否匹配。在生产现场，可以适时地询问员工操作要求，判断是否与文件规定一致。

4. 考察企业负责质量管理的人员，是否可以独立完成质量管理工作。

（六）处理措施

1. 检查结束后，检查人员可要求企业人员回避，汇总检查情况，核对检查中发现的问题，讨论确定检查意见。遇到特殊情况时，应当及时向主管领导汇报。

2. 与企业沟通，核实发现的问题，通报检查情况。经确认，填写“现场检查笔录”。笔录应当全面、真实、客观地反映现场检查情况，并具有可追溯性（符合规定的项目与不符合规定的项目均应记录）。

3. 对发现的不合格项目，能立即整改的，应当监督企业当场整改。不能立即整改的，监督人员应当下达“现场监督检查意见书”，根据企业生产管理情况，责令限期整改，并跟踪复查。逾期不整改或整改后仍不符合要求的，应当移交稽查部门处理。

4. 对发现涉嫌存在违法行为的，应当直接移交稽查部门依法查处。

5. 若检查中发现保健食品广告存在夸大宣传等问题，应当及时移送负责广告监管的行政管理部门。

6. 要求企业负责人在“现场检查笔录”“现场监督检查意见书”上签字确认，拒绝签字或由于企业原因无法实施检查的，应当由至少 2 名检查人员在检查记录中注明情况并签字确认。

7. 将日常监督现场检查材料、企业整改材料及跟踪检查材料，归入日常监督管理档案。

项目二　食品流通现场监督与管理

【实训目的和要求】

1. 掌握食品流通现场监督与管理的程序及有关文书撰写。
2. 熟悉国家有关食品监督管理的法律、法规；食品经营环节的基本常识。
3. 培养较强的沟通和理解能力，对检查中发现的问题能够客观分析，并做出正确判断。

【实训原理】

食品流通现场监督与管理依据《食品经营企业日常监督现场检查工作指南》，适用于食品监督管理部门对已取得食品经营许可证的食品经营企业，按照《食品安全法》及相关规定等进行的现场监督检查。

【实训人员与材料】

（一）监督与管理人员要求

对现场检查人员要求同实训项目一，另外还应具有食品经营环节的基本常识。

（二）检查计划及准备

1. 根据影响产品质量因素（人员、制度、环境）的动态变化情况，选择检查内容，制订现场检查实施方案。检查方案包括检查目的、检查范围、检查方式（如事先通知或事先不通知）、检查重点、检查时间、检查分工、检查进度等。

2. 准备“现场检查笔录”“现场监督检查意见书”等相关检查文书以及必要的现场记录设备。

3. 根据既往检查情况，了解企业近期经营状况。

（三）实施检查（同实训项目一）

（四）检查重点内容

以下列出的现场检查重点内容，可以此为参考，结合实际情况，有针对性地选择检查内容，并制订相应的实施方案。如有其他需要检查项目，应当根据现场需要具体安排。

序号	检查内容	检查方式	审查要点	检查结果 符合画√； 不符合画 ×
1	食品管理制度及其落实情况	查阅文件 现场检查	①检查是否有以下相应制度：索证索票制度、卫生管理制度、进货检查验收制度、贮存制度、出库制度（无库房可不查）、不合格产品处理制度、培训制度。 ②检查企业制度的落实情况	各项制度： 健全□ 不健全□ 企业按照制度要求落实工作： 是□ 否□
2	标识标签	现场检查	抽查若干食品，检查标识标签是否符合有关要求； 是否销售盗用、假冒批准文号的伪劣食品产品	发现不合格产品□ 未发现不合格产品□ 发现□ 未发现□
3	产品保质期	现场检查	抽查食品是否过期	发现过期产品□ 未发现过期产品□
4	供货商及产品资质	现场检查	检查有无供货商及产品资质（连锁企业或统一配送企业由总部统一收集）	许可证复印件□ 营业执照复印件□ 食品批准证书（注册批件）□ 产品检验合格报告（从生产企业购进必须索取）□
5	进货查验记录、批发记录或者票据	现场检查 查阅文件	检查有无进货查验记录、批发记录或者票据，是否真实，保存期限是否少于2年	记录和票据齐全□ 记录和票据不全□ 没有记录和票据□ 保存期限少于2年□
6	产品台账	查阅文件	检查台账是否记录进货时间、产品名称、数量、供货商等内容（供货清单如内容齐全可作为企业台账）	能够清楚地显示进销存记录□ 不能够清楚地显示进销存记录□
7	从业人员体检情况	查阅文件	抽查从业人员是否具有健康体检证明，例如健康证或体检表（有肝功、便培养、皮肤、胸透项即可）	企业从业人员 具有□ 不具有□

续表

序号	检查内容	检查方式	审查要点	检查结果符合画√；不符合画 ×
8	场地卫生及产品码放	现场检查	①现场查看经营场所卫生、贮存环境：防虫、防鼠、防尘、防污染等是否符合要求。②检查产品是否有相对独立的专用销售区域或专用货柜（架）	符合卫生要求□ 不符合卫生要求□ 集中码放（分区存放） 是□不是□
9	库房卫生贮存环境	现场检查	现场查看库房卫生、贮存环境：防虫、防鼠、防尘、防污染等是否符合要求；容器、工具和设备是否符合要求（无库房可不查）	卫生、贮存环境符合要求□ 卫生、贮存环境不符合要求□ 容器、工具和设备符合要求□ 容器、工具和设备不符合要求□
10	店内宣传	现场检查	检查店内宣传资料是否存在宣称预防、治疗疾病功能等违法违规行为	发现违规宣传存在□ 未发现违规宣传存在□

（五）主要检查方式

1. 语言交流

（1）积极与企业领导层沟通，通过企业和产品经营情况，分析判断企业经营中是否存在问题、存在哪方面问题、当前急需解决哪些问题。

（2）与经营企业部门领导、采购和销售等相关人员采取面对面交流的方式，全面了解经营情况。

（3）对于现场检查中发现的问题，应当认真地与企业沟通交流，提出切实可行的整改要求和时限。

2. 文件检查　检查各项记录间的可追溯性，判断能否根据各项记录的相互关系，完成产品经营的质量追溯。

3. 现场观察　查看经营现场布局是否合理，库房卫生是否符合要求；经营产品与记录或文件是否一致。

（六）检查措施（同实训项目一）

项目三　餐饮行业（食堂）现场监督与管理

【实训目的和要求】

1. 掌握餐饮行业现场监督与管理方法（程序及有关文书撰写）。
2. 熟悉餐饮行业现场监督与管理内容与项目。
3. 培养具有较强的分析和判断能力、增强法制观念。

【实训原理】

为加强餐饮服务监督管理，保障餐饮服务环节食品安全，根据《食品安全法》《 × × 市实施食品安全法办法》《餐饮服务许可管理办法》《餐饮服务食品安全监督管理办法》《餐饮业食品索证管理规定》《学校食堂与集体用餐卫生管理规定》《食（饮）具卫生监督办法》《餐饮业和集体用餐配送单位卫生规范》等法律法规，进行现场监督管理餐饮行业（食堂）的食品原料采购、室内外环境卫生、食品加工与存放卫生、库房卫生情况和餐具清洗消毒及从业人员个人卫生等情况，确保学校食堂食品安全，防止在餐饮业场所引起的食物中毒，保障师生身体健康。

【实训人员与材料】

（一）监督与管理人员要求

对现场检查人员要求同实训项目一，另外还应具有食品生产工艺流程和标准结构等基本常识，并熟悉《餐饮服务相关规范》审查条款。

（二）检查计划及准备

1. 根据餐饮行业影响因素（人员、设备、原料、制度、环境）的动态变化情况，选择检查内容，制订现场检查实施方案。检查方案包括检查目的、检查范围、检查方式（如事先通知或事先不通知）、检查重点、检查时间、检查分工、检查进度等。检查重点可以是许可证、人员卫生、场所环境卫生、设施设备卫生、食品原料卫生、加工操作卫生、专间操作卫生、餐具消毒卫生、留样等餐饮行业现场监督部分项目或全部项目。

2. 准备“食品安全检查记录表现场检查笔录”“现场监督检查意见书”等相关检查文书以及必要的现场记录设备。

3. 食品安全监督检查人员对餐饮服务提供者进行监督检查时，应当对下列内容进行重点检查。

（1）餐饮服务许可情况。

（2）从业人员健康证明、食品安全知识培训和建立档案情况。

（3）环境卫生、个人卫生、食品用工具及设备、食品容器及包装材料、卫生设施、工艺流程情况。

（4）餐饮加工制作、销售、服务过程的食品安全情况。

（5）食品、食品添加剂、食品相关产品进货查验和索票索证制度及执行情况、制定食品安全事故应急处置制度及执行情况。

（6）食品原料、半成品、成品、食品添加剂等的感官性状、产品标签、说明书及贮存条件。

（7）餐具、饮具、食品用工具及盛放直接入口食品的容器的清洗、消毒和保洁情况。

（8）用水的卫生情况。

（9）其他需要重点检查的情况。

（三）实施检查

食品药品监管部门开展餐饮服务食品安全监督抽检工作，应当坚持依法、科学、客观、公正的原则，严格遵守一定规范。

1. 进入餐饮行业现场后，首先出示执法证件，告知检查目的，介绍检查组成员、检查依据、检查内容、检查流程及检查纪律，确定餐饮行业的检查陪同人员。

2. 在餐饮行业相关人员陪同下，分别对餐饮行业保存的文字资料、生产现场进行检查。

3. 检查过程中，对于检查的内容，记录应当全面、准确、客观，尤其是发现的问题应当随时记录，并与餐饮行业相关人员进行确认签字，注明日期。“现场检查笔录”一式两份，一份交被检查人，一份留存。必要时，可进行食品抽样或对有关情况进行证据留存（如资料复印件、影视图像等）。

4. 食品安全监督检查人员抽样时必须按照抽样计划和抽样程序进行，并填写抽样记录。抽样检验应当购买产品样品，不得收取检验费和其他任何费用。及时将样品送达有资质的检验机构。

（四）检查重点内容（见表格）

1. 许可证照

检查内容	检查项目			检查规程	重点注释	常见问题
A1 许可证照	A101	亮证经营	A1011	【许可亮证】查看食品经营许可证是否悬挂或摆放在店堂醒目位置	①悬挂或摆放于店堂醒目处，顾客进入店堂即可见；位置高度应便于检查人员实施查验。②宜与“营业执照”统一摆放。③许可证为复印件的应加盖单位公章	①许可证未悬挂或摆放在店堂醒目处。②许可证有涂改
			A1012	【监督公示】查看是否张贴监督公示牌。脸谱标识是否真实，是否能醒目易见	①张贴于店门口或收银台等醒目处，便于顾客在店门外或进门即可见；位置高度应便于检查人员查验和扫描二维码。②可登录核实脸谱	哭脸、平脸脸谱被遮挡或撕毁
	A102	证照有效	A1021	【证照一致】查看许可证与营业执照内容是否一致。查看店招名、广告牌是否明显存在违规行为	①重点核对内容包括：单位名称、经营地址、法定代表人（负责人或业主）、经营类别、备注项目。②店名、广告牌或菜单不得违反有关法律法规、社会公序良俗、或可能对公众造成欺骗或者误解的广告用语。如“野味”“狗肉”“河鲀”等	营业执照已变更，与许可证内容不一致，如法定代表人不一致
			A1022	【地址相符】查看实际经营地址是否与许可证核定地址相符合		①加工场所一楼换到二楼；②借用他人许可证在此处经营；③食品经营场所改扩建后未及时变更
			A1023	【核查效期】查看许可证是否在有效期限内	①正式“食品经营许可证”有效期为五年。②临时“食品经营许可证”有效期不超过六个月	①许可证已超过有效期限。②许可证即将到期尚未办理延续
			A1024	【验证真伪】查看许可证真伪，可登录许可信息平台查询相关信息	①本地餐饮许可信息平台；②中央厨房应核查“食品经营许可证”附页规定的“加工制作即食食品品种”	许可证信息不符，可能为假证

续表

检查内容	检查项目			检查规程	重点注释	常见问题
A1 许可证照	A103	经营范围	A1031	【核准类别】查看实际经营情况是否符合许可类别	对照许可证标明的经营类别予以核对	擅自改变经营类别:如饮品店、小吃店供应饭菜;食堂外送盒饭;核定“桶饭”,实际经营盒饭
			A1032	【经营品种】查看菜单、观察供餐品种,核对其经营类别是否在许可证核准范围内(备注栏)	①许可证备注栏加注“含熟食卤味”“含裱花蛋糕”“含生食海产品”的,方可经营上述品种。②应按备注栏加工或经营的:“单纯火锅”“单纯烧烤”“全部使用半成品加工”	①“单纯经营火锅”“单纯经营烧烤”的超范围经营饭菜;②擅自供应凉菜、裱花蛋糕、生食海产品;③申请许可证时承诺全部使用半成品加工,但实际进行原料粗加工
			A1033	【供餐数量】查看餐位数、配送单,询问供餐量,核对是否符合核定供餐量	①集体用餐配送单位“食品经营许可证”备注栏中加注:“×× 人份 / 餐次”。②许可档案内可查询学生食堂申请核定的供餐人数	超过核准供餐量生产加工

2. 从业人员

检查内容	检查项目			检查规程	重点注释	常见问题
A2 机构人员	A201	聘用培训	A2011	【管理人员】检查询问是否设置食品安全管理机构并配备食品安全管理人员,并告知企业落实食品安全管理职责。检查食品安全管理人员是否在岗	①大型及以上饭店、学校食堂、供餐人数500人以上的集体食堂、连锁餐饮总部、集体用餐配送单位、中央厨房应设置食品安全管理机构并配备专职食品安全管理人员。②其他餐饮单位的食品安全管理人员可兼职	未按规定设置食品安全管理机构及食品安全管理人员
			A2012	【禁聘人员】检查询问是否聘用禁聘人员	被吊证的单位,其直接负责的主管人员自处罚决定作出之日起五年内不得从事食品生产经营管理工作,食品生产经营者不得聘用其从事管理工作	聘用禁聘人员

续表

检查内容	检查项目			检查规程	重点注释	常见问题
A2机构人员	A201	聘用培训	A2013	【培训考核】抽查相关人员是否取得有效培训合格证,或登录本地平台网站查询是否真实有效	①专职食品安全管理员A1类培训合格证明。②厨师长、兼职食品安全管理员A2类培训合格证明。③负责人B类培训合格证明。④关键环节操作人员C类培训合格证明。包括原料采购人员、厨师、分餐人员、专间操作人员、餐饮具消毒人员、餐饮主管人员。⑤原A1 A2 A3培训合格证从2012年9月12日计算起三年内继续有效	关键岗位人员未经考核合格上岗
			A2014	【内部培训】检查询问是否对职工开展食品安全知识培训;抽查询问关键环节操作人员是否掌握食品安全知识;检查询问是否建立培训制度并抽查内部培训记录;并告知企业落实食品安全培训工作	①新参加工作及临时参加工作的从业人员,应参加食品安全培训,合格后方能上岗。②食品安全管理人员原则上每年应接受不少于40小时的餐饮服务食品安全集中培训	未开展企业内员工上岗和在岗培训
	A202	健康管理	A2021	【健康证明】检查告知是否建立健康检查制度,抽查从业人员健康档案。并告知企业落实健康管理职责。抽查从业人员是否取得有效健康证,可登录本地平台网站查询	①食品生产经营人员(包括新参加和临时参加工作的人员)取得健康证明后方可参加工作。②每年进行健康检查,取得健康合格证明后方可参加工作	①未建立健康检查制度。②未建立从业人员健康档案。③新参加和临时参加工作的、岗位流动频繁的(如洗碗工)从业人员未取得健康证上岗。④健康证为假证
			A2022	【动态健康】询问是否有五病人员上岗。告知企业发现“五病”人员应调离。检查询问是否落实关键岗位从业人员晨检制度。告知企业发现有碍食	①患有痢疾、伤寒、甲肝、戊肝等消化道传染病,以及患有活动性肺结核、化脓性或者渗出性皮肤病等有碍食品安全的疾病的人员,不得从事接触直接入口食品的工作。②食品生产经营者应建立每日晨检制度,有发热、腹泻、皮肤伤口	①从业人员手指破损化脓进行凉菜加工。②无晨检记录。③晨检记录上的名单与实际不符

续表

检查内容	检查项目			检查规程	重点注释	常见问题
A2机构人员	A202	健康管理	A2022	品安全病症人员应停止上岗	或感染、咽部炎症等有碍食品安全病症的人员，应立即离开工作岗位，待查明原因并将有碍食品安全的病症治愈后，方可重新上岗	
	A203	个人卫生	A2031	【衣帽口罩】抽查在岗从业人员是否穿戴清洁的工作衣帽，头发是否外露。专间人员是否穿戴非专用工作衣帽和口罩	①工作服（包括衣、帽、口罩）宜用白色或浅色布料制作，专间工作服宜从颜色或式样上予以区分。②工作服应定期更换，保持清洁。接触直接入口食品的操作人员的工作服应每天更换。从业人员上厕所前应在食品处理区内脱去工作服。待清洗的工作服应远离食品处理区。③专间操作人员进入专间时，应更换专用工作衣帽并佩戴口罩，操作前应严格进行双手清洗消毒，操作中应适时消毒。不得穿戴专间工作衣帽从事与专间内操作无关的工作	①从业人员未穿戴统一工作衣帽上岗。②进入专间未洗手、消毒、戴口罩。③口罩未遮掩鼻子
			A2032	【手部卫生】抽查从业人员双手是否留长指甲、涂指甲油、佩戴饰物；必要时进行ATP快速检测，检测值≤30RLU为良好，≤100RLU为可接受，>100RLU责令重新清洗消毒	①食品生产经营人员操作前手部应洗净，操作时应保持清洁，手部受到污染后应及时洗手。②接触直接入口食品前，手部还应进行消毒。③ATP快检是检测物体表面上的细菌或其他微生物以及食物残留物中所含的总ATP（三磷酸腺苷）活性，可用来评价物体表面清洁度	①食品处理区无专用洗手水池，从业人员上厕所后未洗手上岗。②从业人员留长指甲，指甲内残留污垢，涂指甲油，佩戴饰物
			A2033	【行为卫生】检查食品处理区内是否放置私人物品，地面是否有烟蒂	①不得在食品处理区内吸烟、饮食或从事其他可能污染食品的行为。进入食品处理区的非操作人员，应符合现场操作人员卫生要求。②非食品从业人员随意出入专间或专用场所	①在厨房吸烟，私人物品随意摆放。②私人物品随意摆放

3. 设置布局

检查内容	检查项目			检查规程	重点注释	常见问题
A3设置布局	A301	场所设置	A3011	【周边环境】查看和询问经营场所25m内是否有因环境改变导致的污染,必要时可询问周边人员	①有碍食品卫生的污染源:非水冲式公共厕所、粪坑、污水池、暴露垃圾场(站、房)等污染源,以及粉尘、有害气体、放射性物质、圈养、宰杀活禽畜类动物和其他扩散性污染源。②有建筑围护结构、使用流动水冲洗的公共厕所不属于有碍食品卫生的污染源。③某些生产加工厂可能产生有毒有害粉尘,进入食品经营场所造成污染。例如:家具厂、农药厂、石材切割厂、喷漆厂、汽车修理厂等	①因台风雨季等原因出现河道涨水、污水倒灌进入食品加工区。②周边地块拆迁、新增垃圾堆场或产生粉尘的工厂等
			A3012	【加工场所】查看设置的食品加工操作功能场所是否改动或是否满足加工供应需要,各场所是否均设在室内。如发现可疑,可查阅发证档案核对原始图纸	①全部使用半成品原料的可不设置粗加工场所;单纯经营火锅、烧烤的可不设置烹饪场所。②中型以上饭店、供餐300人以上学校食堂、供餐500人以上集体食堂必须单独设置餐用具清洗消毒间。③大型饭店、供餐500人以上的集体单位食堂必须单独设置粗加工、切配及烹饪场所	①发证后改变原有各场所的功能布局。②粗加工、洗碗等在露天场所或居住公共部位内操作。③拆除洗碗间,使粗加工与洗碗混于一处。④食堂就餐人数与加工场所面积明显不匹配
			A3013	【专间】查看供应品种,核查是否配有相应的专间或专用场所	专间是指处理或短时间存放直接入口食品的专用操作间,为独立隔间,内应设有专用工具、容器、清洗消毒设施和空气消毒设施。包括裱花专间、凉菜间、盒饭分装专间、备餐专间。水果也可在专间加工制作	无专间供应凉菜、制作裱花蛋糕
			A3014	【专用场所】查看供应品种,核查是否配有相应的专间或专用场所	①加工供应以下品种应设置专用场所:生食海产品、现榨饮料、水果拼盘。②专用场所与专间区别在于,专用场所可以为非独立隔间,但场所属于专用,一般没有空气消毒、温度控制设备	在厨房、点心间等非专用场所制作生食海产品、切配水果等

续表

检查内容	检查项目			检查规程	重点注释	常见问题
A3设置布局	A302	场所布局	A3021	【场所面积】核查是否有缩小食品处理区面积，是否有增加就餐场所面积的情况。如发现可疑，可查阅发证档案核对原始图纸	食品处理区面积与就餐场所面积比规定见C1。 食品处理区：食品的粗加工、切配、烹调和备餐场所、专间、食品库房（包括鲜活水产品中贮存区）、餐用具清洗消毒和保洁场所等区域	①将加工场所改为用餐场所。②未申请变更在原核定场所外增加就餐场所和食品处理区面积
			A3022	【生进熟出】检查加工操作场所布局是否符合"生进熟出"的单一流向	生进熟出的单一流向依次为：原料进入、粗加工、切配、烹调、分装或备餐、成品出口。其中大中型饭店成品出口与原料入口通道应分开，成品出口与餐具回收通道应分开	①发证后封闭了原出菜口。②擅自改变了某一场所的功能，造成流程中有交叉

4. **设施设备**

检查内容	检查项目			检查规程	重点注释	常见问题
A4设施设备	A401围护设施	地面	A4011	【地面材质】查看粗加工、切配、烹饪等食品处理区的地面是否用无毒、无异味、不透水、耐腐蚀的材料铺设，并有一定坡度	①地面应铺设地砖、红钢砖等不易破损，便于清洗、防滑的地坪。②为便于排水，需经常冲洗的地面，应有一定坡度（不小于1.5%），其最低处应设在排水沟或地漏的位置。③检查时以是否有积水来判定坡度是否符合要求	①地坪使用的材料不易清洗，易破损。②粗加工、切配、烹饪和餐饮具清洗消毒场所等易潮湿的场所地面无坡度
				【地面卫生】查看粗加工、烹饪、餐饮具清洗等食品处理区地面是否平整，有无破损、积水、积存污垢及废弃物残渣	①食品处理区的地面需经常清洗，保持清洁，不着地堆放食品、乱扔废弃物等。②为防止食品受到环境污染，专间等清洁要求较高的操作场所地面应定期消毒	①食品处理区地面有裂缝、破损、积水、积垢等。②在粗加工、餐饮具清洗等场所地面乱扔废弃物、积存食物残渣等
		排水	A4012	【排水系统】检查粗加工、切配、烹饪餐饮具清洗等场所是否设有排水系统；排水沟是否有坡度，保持畅通	①排水沟应有坡度、保持通畅、便于清洗。②沟内不应设置其他管路，侧面和底面接合处应有一定弧度。③检查时以排水是否畅通判定是否符合要求	①排水沟无坡度，表面毛糙，不易清洗。②排水沟堵塞；积垢、积存食物残渣

续表

检查内容	检查项目			检查规程	重点注释	常见问题
A4设施设备	A401围护设施	排水	A4012	【排水流向】检查排水系统的流向是否由高清洁区流向低清洁区，并有防止污水逆流的设计	①专间等清洁操作区内不得设置明沟。②地漏应能防止废弃物流入及浊气逸出。③检查时以清洁区是否有污水判定是否符合要求	①专间、专用操作场所等设置有明沟。②使用无水封的地漏
				【盖板网罩】检查排水沟是否有可拆卸的盖板，出口处有金属网罩	排水沟设有可拆卸的盖板，出口处应有网眼孔径小于6mm的金属隔栅或网罩，以防鼠类侵入	排水沟出口处无金属网罩，或已破损、网眼孔径过大，起不到防鼠类侵入的作用
		墙壁	A4013	【墙壁材质】检查食品处理区的墙壁是否采用无毒、无异味、不透水、不易积垢、平滑的浅色材料构筑	粗加工、切配、烹饪和餐用具清洗消毒等需经常冲洗场所的墙壁，为便于清洁，需设置1.5m以上的易清洗墙裙	墙壁采用非防水涂料或不易清洗的材料
				【墙裙设置】检查粗加工、切配、烹饪和清洗消毒等需经常冲洗的场所及易潮湿的场所是否有易清洗的墙裙	①墙裙应光滑、可使用瓷砖、合金材料等易清洗材质。②各类专间的墙裙，为便于清洁，应铺设到墙顶	各类专间的墙裙未铺设到墙顶
				【墙壁卫生】检查粗加工、切配、烹饪等场所的墙裙瓷砖是否有脱落、破损；烹饪等场所的墙壁是否有霉斑、积油腻、污垢	围护结构的各个平面之间的结合处（地面和墙面、墙面和天花板），宜采用弧形结构，避免污垢在死角处积聚	①粗加工、切配、烹饪等场所的墙裙瓷砖脱落、破损。②墙壁上积油腻、污垢，有霉斑
		门窗	A4014	【门窗结构】检查室内窗台是否下斜45°或采用无窗台结构。查看食品处理区的门、窗是否装配严密；与外界直接相通的门和各类专间的门是否能自动关闭；与外界直接相通的门和可开启的窗是否设有防蝇纱网或空气幕	①窗台是室内易于积聚灰尘的地方，为减少灰尘的积聚，宜不设室内窗台或采用向内侧倾斜的形式。②需经常冲洗、易潮湿场所和各类专间的门，应采用易清洗、不吸水的材料（如塑钢、铝合金）。③自助餐及非专间方式备餐的快餐店和食堂，朝向就餐场所窗户应为封闭式或装有防蝇防尘设施，门应设有空气幕等设施。④专间内外食品传送应设置可开闭的传递窗。⑤检查时可以以是否积灰来判定	①设置无倾斜的室内窗台，上面放置个人生活用品等。②与外界直接相通的门不能自动关闭。③与外界直接相通的门和可开启的窗未安装防蝇纱网、空气幕。④凉菜间未设置可开闭的传递窗

续表

检查内容	检查项目			检查规程	重点注释	常见问题
A4设施设备	A401围护设施	门窗	A4014	【卫生状况】检查门窗、防蝇纱网等设施是否有破损、发霉和变形；空气幕是否能正常使用	①门与地面的空隙应不超过6mm，门的下边缘以金属包覆，以防老鼠啃咬后进入。②不宜使用未经油漆的木质门，以免使用后因受潮引起发霉和变形	①厨房、库房的门与地面的空隙较大，无金属包覆，下边缘破损。②防蝇设施有破损。③空气幕不能使用。④木质门已发霉、变形
		天花板	A4015	【天花板材质】查看食品处理区天花板是否采用无毒、无异味、不吸水、不易积垢、表面光洁、耐腐蚀、耐高温、浅色材料涂覆或装修；天花板与横梁或墙壁结合处是否有一定弧度	①加工场所天花板的设计应易于清扫，能防止害虫隐匿和灰尘积聚，避免长霉或建筑材料脱落等情形发生。②烹饪场所天花板离地面宜2.5m以上，小于2.5m的应采用机械排风系统，有效排出蒸汽、油烟、烟雾等	①食品处理区天花板采用纤维板、泡沫塑料等不易清洁的材质。②烹饪场所天花板离地面小于2.5m，且无机械排风设施
				【吊顶设置】查看食品处理区及其他半成品、成品暴露场所屋顶若为不平整的结构或有管道通过，是否加设了平整易于清洁的吊顶	①吊顶应采用铝合金、不锈钢等不易吸附水汽的材质。②在水汽较多场所设置的吊顶，应封闭吊顶材料之间的缝隙，避免水汽通过缝隙进入，导致吊顶内部霉变	①吊顶采用纤维板等吸附水汽的材质。②天花板吊顶不密封，有老鼠等四害活动迹象
				【卫生状况】检查食品处理区天花板是否有脱落、变形、霉斑、积油腻、污垢；在烹饪等场所是否有凝结水滴落	水蒸气较多场所（如蒸箱、烹饪等场所）的天花板应有适当坡度，在结构上减少凝结水滴落	①天花板有脱落、灰尘积聚、霉斑。②蒸箱、烹饪等场所有冷凝水滴落
		通风排烟	A4016	【排风设施】检查烹饪场所是否采用机械排风设施并能满足需要	①产生油烟的设备上方应加设附有机械排风及油烟过滤的排气装置，过滤器应便于清洗和更换。②产生大量蒸汽的设备上方应加设机械排风排气装置，宜分隔成小间，防止结露并做好凝结水的引泄	蒸箱无单独排风设施或排风功率不够，造成蒸汽排放不畅
				【通风状况】查看食品处理区是否保持良好通风并及时排除潮湿和污浊的空气	通风口应装有易清洗、耐腐蚀并可防止有害动物侵入的网罩	

续表

检查内容	检查项目			检查规程	重点注释	常见问题
A4设施设备	A402工用具、容器和设备	设备配置	A4021	【配置数量】查看和询问配备的工用具容器设备是否能满足加工需要	工具、用具、容器设备主要包括在食品加工、使用过程中直接接触食品或食品添加剂的工用具、容器、餐具、机械设备等	①在承办宴会时，容器及餐具可能会存在数量不足问题。②集体用餐配送单位保温箱数量配置不足
				【接触表面】查看工用具、容器、设备是否便于清洗消毒	接触食品的设备、工具和容器与食品的接触面应平滑、无凹陷或裂缝，不使用木质材料（因工艺要求必须使用除外），易于清洗消毒	陈旧的工用具、容器、设备表面凹凸不平
		设备材质	A4022	【材料性质】查看工用具容器设备的材质是否符合食品安全要求	接触食品的设备、工具、容器、包装材料应符合食品安全标准或要求	①用彩色pvc塑料容器盛放食品。②垃圾袋或回收塑料容器盛放食品
				【使用方法】查看工用具容器设备的使用方法是否正确	每个食品级塑料器皿，底部都有一个数字标识（一个带箭头的三角形，内有一个数字），不同数字分别代表不同的塑料材质及用途（参见C3）	①用非pp材质的塑料容器微波加热或盛放热烫食品。②反复使用不宜重复使用的容器
		设备标识	A4023	【区分标识】查看、询问不同用途的工用具容器设备是否有区分标识	用于原料、半成品、成品的工具和容器，以及原料加工中切配动物性食品、植物性食品、水产品的工具和容器，应有明显的区分标识，避免混用	不同用途的工具和容器无明显区分标识
				【定位存放】查看、询问不同用途的工用具容器设备是否分开定位存放	不同用途的工用具容器设备可采用不同的材质、不同的形状，或者在各类盛器标上不同的标记，或者直接标识生、熟、半成品的字样等方法进行区分，并定位存放	不同用途工用具容器没有明确规定存放的位置或未按标识定位存放
		卫生状况	A4024	【运转状态】查看工用具及容器设备是否完好		①工用具设备损坏不能正常运转（如洗碗机），容器缺损。②洗碗机洗涤剂缺失
				【区分使用】查看工用具容器设备是否按区分标识使用	用于原料、半成品、成品的工具和容器，以及原料加工中切配动物性食品、植物性食品、水产品的工具和容器，应按区分标识、或采用不同材质、不同颜色、不同形状等方式予以区分使用，避免混用	盛放成品膳食的容器与盛放半成品、原料的容器混用

续表

检查内容	检查项目			检查规程	重点注释	常见问题
A4设施设备	A402工用具、容器和设备	卫生状况	A4024	【清洗消毒】查看待用的工用具容器是否洗净、消毒，必要时可开展ATP快检和实验室抽检	工用具容器使用前应洗净，定位存放，保持清洁。接触直接入口食品的工用具容器应按照规定洗净并消毒	①待用的工用具容器未清洗干净有污渍。②接触直接入口食品的工用具容器ATP检测不合格

5. 食品检查

检查内容	检查项目			检查规程	重点注释	常见问题
A5食品检查	A501	食品、添加剂和相关产品	A5011食品包装	【食品包装】检查预包装食品、食品添加剂和食品相关产品包装是否完整	注意鉴别气调包装、真空包装食品胀袋或漏气、罐头食品胖听和漏听现象	①包装破损，内容物溢出。②包装袋积灰尘、油污等
			A5012标签标识	【预包装标签】查看预包装食品、食品添加剂标签是否符合《预包装食品标签通则》(GB 7718—2011)和《预包装食品营养标签通则》(GB 28050—2011)标准以及相关地方食品安全标准要求	①包装食品标签应符合《预包装食品标签通则》(GB 7718—2011)、《预包装食品营养标签通则》(GB 28050—2011)预包装特殊膳食用食品还应符合《预包装特殊膳食用食品标签通则》(GB 13432—2013)等。②中央厨房加工配送食品的最小使用包装或食品容器包装上的标签应标明加工单位、生产日期及时间、保存条件、保质期、加工方法与要求，成品食用方法等。中央厨房加工食品过程中使用食品添加剂的，应在标签上标明；非即食的熟制品种应在标签上明示“食用前应彻底加热”。③包装销售的农产品，应当在包装物上标注或者附加标识标明品名、产地、生产者或者销售者名称、生产日期。④获得无公害农产品、绿色食品、有机农产品等认证的农产品，必须包装，但鲜活畜、禽、水产品除外，同时应当标注相应标志和发证机构。	①无产品标签或标签不全。②夸大宣传。③超过保质期限。④进口食品无中文标识

续表

检查内容	检查项目			检查规程	重点注释	常见问题
A5食品检查	A501	食品、添加剂和相关产品	A5012标签标识		⑤通过 http://samr.saic.gov.cn/查询加工产品证书编号、企业名称、产品名称、生产地址、证书有效期等信息。⑥品包装材料、清洗剂、消毒剂标签内容是否齐全，是否有食品生产许可证编号（由SC和14位阿拉伯数字组成），编号是否真实准确（数字从左至右依次为：3位食品类别编码、2位省（自治区、直辖市）代码、2位市（地）代码、2位县（区）代码、4位顺序码、1位校验码）	
				【散装食品标签】查看盛放散装食品的容器或货架上食品标识内容是否齐全	散装食品贮存应在散装食品的容器、外包装上标明食品的名称、生产日期、保质期、生产者名称及联系方式等内容	产品无任何信息
				【添加剂标签】查看标签是否符合《预包装食品标签通则》（GB 7718）标准要求。标签上载明“食品添加剂”字样	①标注使用范围、用量、使用方法，并在标签上载明“食品添加剂”字样。②他要求参照同普通预包装食品标签要求。③品生产许可证编号是否真实。食品生产许可证编号中第1位数字为“2”代表食品添加剂。第2、3位数字代表添加剂类别	①无产品标签或标签不全。②标签上未载明“食品添加剂”字样。③是否超过保质期
			A5013感官检查	【感官检查】检查食品品质，查看是否存在腐败变质、油脂酸败、霉变生虫、污秽不洁、混有异物、掺假掺杂或者感官性状异常	①透明容器包装食品，观察其中有无夹杂物下沉或絮状物悬浮。②食品色泽是否异常，是否霉变生虫、结块	①霉变生虫。②浑浊、有杂质沉淀（除果类饮料）
			A5014添加剂使用	【添加剂使用】食品添加剂贮存、使用和公示是否符合要求	①食品添加剂是否有专用台账。②是否配备必要的盛量工具。③食品添加剂使用是否符合相关标准，是否达到“五专”要求（即专人采购、专人保管、专人领用、专人登记、专柜保存）。	①未配备必要的盛量工具。②自制火锅底料、自制饮料、自制调味料的餐饮服务单位使用食品添加剂未申报和公示

续表

检查内容	检查项目				检查规程	重点注释	常见问题
A5 食品检查	A501	食品、添加剂和相关产品	A5014	添加剂使用		④自制火锅底料、自制饮料、自制调味料的餐饮服务单位按时、如实向所在地市场监督管理部门备案所使用的食品添加剂名称、使用量和使用范围,并在店堂醒目位置或菜单上予以公示。⑤餐饮单位不得采购贮存和使用亚硝酸盐。⑥核对食品添加剂的使用范围及使用量	
	A502	违禁食品	A5021		【违禁食品】重点检查是否存在经营使用添加非食用物质、检验结果超标、过期食品、未检疫或检疫不合格、病死或死因不明畜禽和水产、有毒动植物,以及其他禁止食品品种	①根据《食品安全法》及本地人民政府关于禁止生产经营食品品种的公告检查违禁食品。②对原卫生部《既是食品又是药品的物品名单》《可用于食品的菌种名单》《可用于保健食品的物品名单》《保健食品禁用物品名单》和《禁止食品加药卫生管理办法》。③看厨师烹饪用原料以及菜单上是否存在违禁食品以及有毒动植物原料。④询问可疑食品加工工艺,查找滥用食品添加剂、非食用物质或药物等异常问题	①超范围使用食品添加剂。②食品中添加药品。③加工供应河鲀、蚶类、炝虾等违禁生食水产品。④使用未经检疫或检验的羊肉、狗肉及其制品、畜禽血。⑤非法添加非食用物质

6. 采购贮存

检查内容	检查项目				检查规程	重点注释	常见问题
A6 采购贮存	A601	索证索票	资质证明	A6011	【资质证明】查看食品许可证、工商营业执照等资质证明,并核对证照有效期和经营范围等内容。必要时上网查询: 工商执照查询网址为 http://www.gsxt.gov.cn/	①生产企业或生产基地采购的,留存加盖公章的《营业执照》和《食品生产许可证》复印件。②批量或长期从流通经营单位(商场、超市、批发零售市场)采购的,以及从个体工商采购的,留存加盖公章(或签字)的《营业执照》和《食品经营许可证》复印件。③从屠宰企业采购的,留存加	①无法提供或资质不全。②资质无效(过期、超经营范围)。③资质复印件未盖章确认

续表

检查内容	检查项目			检查规程	重点注释	常见问题
A6采购贮存	A601索证索票	资质证明	A6011	生产许可证查询网址为http://www.samr.saic.gov.cn/	盖公章的《营业执照》《定点屠宰证》复印件。④实行统一配送的,可以由餐饮服务企业总部统一查验、索取并留存供货方盖章(或签字)的许可证、营业执照、产品合格证明文件,建立采购记录。⑤从流通经营单位(商场、超市、批发零售市场等)少量或临时采购时,查验营业执照和食品经营许可证后,只需留存盖有供货方公章(或签字)的每笔购物凭证或每笔送货单	
		合格证明	A6012	【合格证明】查看产品合格证明文件,包括检疫合格证、卫生证书、产品合格证、检测报告	①成箱或成批采购鲜冻畜禽肉的,留存加盖公章的由动物卫生监督部门出具的同批次动物产品检疫合格证;核对对动物检疫合格证明(日期、数量、送达目的地等)以及道口盖章是否齐全。②从进口代理商采购的进口产品,留存加盖公章的由口岸食品监督检验机构出具的同批次产品食品检验合格证明;可登录海关总署网站查询(网址为http://www.customs.gov.cn/。③从生产企业或生产基地采购的,留存加盖公章的由检验机构或生产企业出具的该批次产品的检验合格报告或有合格证号的合格证	①无法提供或不全。②合格证明与被查产品不属同一批次。③复印件未盖章确认。④动物产品检疫证明与产品不一致,合格证造假
		采购凭证	A6013	【采购凭证】查看采购凭证,包括送货单据和购物凭证	①留存盖有供货方公章(或签字)的每笔购物凭证或每笔送货单。购物凭证应当包括供货方名称、产品名称、产品数量、送货或购买日期等内容。②按产品类别或供应商、进货时间顺序整理、妥善保管索取的相关证照、产品合格证明文件和进货记录,不得涂改、伪造,保存期限不得少于2年。③采购豆制品、非定型包装凉菜的,还应索取生产企业出具的该批次豆制品、熟食送货单	①未索取留存每笔购物凭证。②索取的购物凭证信息不全,无送货单位名称或是无供货商盖章、签字。③票据凌乱,未归档管理

续表

检查内容	检查项目			检查规程	重点注释	常见问题
A6采购贮存	A602	台账记录	A6021	【书面记录】询问、查看食品进货台账是否登记齐全，符合要求。 【溯源系统】必要时登录国家食品（产品）安全追溯平台（http://www.chinatrace.org/）或本地餐饮食品安全溯源系统网站查看	①采购记录应当如实记录产品的名称、规格、数量、生产批号、保质期、供应单位名称及联系方式、进货日期等。②鼓励建立电子台账登记记录。③现场可抽查部分重点产品进行核对	①登记台账信息存在缺漏项。②有明显造假记录迹象或不合理登记，如台账登记记录与采购原始单据不吻合
	A603	贮存场所	A6031	【防“四害”设施】检查是否用无毒、坚固的材料建成，且易于维持整洁，是否有防止“四害”侵入的装置	除冷冻（藏）库外的库房应有良好的通风、防潮、防鼠等设施	①无机械通风设施。②库房地面、墙面渗水或天花板霉变、漏水
			A6032	【环境卫生】查看库房场所环境是否清洁	贮存场所应保持清洁，无霉斑、鼠迹、苍蝇、蟑螂等；不得存放有毒、有害物品及个人生活用品	
			A6033	【贮存温度】查看库房制冷设备运转及维护情况。查看库房温度是否符合贮存食品温度要求。必要时监督员现场测量库房温度	①冷藏（冻）库房是否定期除霜、清洁和维修，以确保冷藏、冷冻温度达到要求并保持整洁。②冷藏温度0~10℃。冷冻温度-20~-1℃。③冷藏（冻）库房明显区分标识，设外显式温度计并定期校验，以便于对冷藏（冻）库房内部温度的监测	①酸奶、牛奶等需冷藏食品置于常温库房。②需冷冻贮存食品置于冷藏温度内。③冷藏、冷冻库、冰箱温度不符合要求，未配置温度计。④冷藏、冷冻库和冰箱未定期除霜、清洁和维护，导致食品污染变质
	A604	食品存放	A6041	【分类分架】检查食品是否分类、分架存放，距离墙壁、地面均在10cm以上	①预包装食品等应该与散装食品原料（干货等）分区域放置。②散装食品应放置在食品级容器内并加贴生产日期、保质期等标识。③食品原料、食品添加剂使用遵循先进先出的原则。④原料、半成品、成品分开存放。⑤植物性食品、动物性食品和水产品分类摆放	①食品不分类置于同一区域导致交叉污染。②未执行先进先出原则，导致食品过期

续表

检查内容	检查项目			检查规程	重点注释	常见问题
A6 采购贮存	A604	食品存放	A6042	【有毒物品】检查食品与非食品、有毒有害物品是否混放，是否存放非法添加物质	①同一库房内贮存不同类别食品和物品的区分存放区域，不同区域应有明显标识。②食品库房不得存放有毒有害物品，如农药、鼠药等剧毒物品	食品靠墙、着地放置，导致食品受潮，生虫
			A6043	【废弃物品】检查是否设置废弃食品暂存标识和区域，是否及时清理销毁变质和过期的食品原料及食品添加剂		变质、过期等待废弃食品放置处无标识，导致误用
			A6044	【食品检查】参照A5和C4、C5检查		

7. **粗加工及切配**

检查内容	检查项目			检查规程	重点注释	常见问题
A7 粗加工切配	A701	清洗水池	A7011	【水池配置】查看是否有足够的畜禽肉类食品、植物性食品、水产品清洗水池	禽、水产品、植物性食品原料往往带菌不同，加工烧制方法不同，故水池应分开设置，以免交叉污染	①清洗水池挪作他用，水池数量不足。②水池配置与发证时要求未保持一致，擅自改动
			A7012	【标识区分】查看水池是否标识区分，实际用途与标识是否相符合		水池未加贴标识，导致水池混用，如粗加工水池洗餐具、洗拖把等
	A702	操作过程	A7021	【加工过程】查看粗加工、切配、存放过程是否符合要求	①剔除不可食用部分。②不得着地放置或靠近污染源放置。③未清洗原料分开存放并分类存放。④易腐半成品应及时冷藏。⑤冷冻品建议采用冷藏或流动水解冻	①鱼类、禽肉粗加工清洗后不立即使用，同时置于常温下存放。②发现食品原料变质等感官异常仍使用加工。③粗加工在室外操作，靠近污染源等
			A7022	【工具卫生】检查工用具是否清洁，是否定位存放，有明显的区分标识并区分使用		①操作台面采用木质材料，工用具保养清洁不当，如刀具生锈、砧板开裂，裂缝中积污垢等。②工用具未定位存放，与清洁用具（拖把、消毒剂）混放导致污染

续表

检查内容	检查项目			检查规程	重点注释	常见问题
A7粗加工切配	A702	操作过程	A7023	【垃圾清理】检查是否配置厨房垃圾容器是否加盖。垃圾是否及时收集及清理		厨余垃圾未及时清理，虫蝇滋生
			A7024	【食品检查】参照A5和C4、C5检查		①食品腐败变质，有异味畜禽肉等。②混有异物。③混有有毒动植物，如发芽土豆
	A703	场所设置	A7041	参照A3		未在专用的粗加工场所进行食品粗加工
	A704	设施设备	A7051	参照A4		

8. 烹饪加工

检查内容	检查项目			检查规程	重点注释	常见问题
A8烹饪加工	A801	加工过程	A8011	【烧熟煮透】查看食品热加工过程是否符合要求，是否烧熟煮透。必要时感官检查或测温	①鱼、肉类动物食品、块状食品、有容器存放的液态食品的中心温度不低于70℃。②使用中心温度计测量，中心温度不低于70℃。③切开食品查看中心部位有无血水	①大块食品未烧熟煮透，动物性食品血水未凝固。②豆浆假沸。③四季豆翻炒不均，外观未失去原有的生绿色。④隔餐或冷藏冷冻食品回烧不彻底
			A8012	【煎炸油脂】查看煎炸油脂使用是否符合要求，必要时进行快速检测极性组分、酸价、过氧化值等指标	①参考标准：极性组分≤27%；过氧化值≤0.25g/100g（19.7meq/kg）；酸价≤3mg KOH/g。②极性组分指食用植物油经高温加热和反复使用后会产生某些物理极性较大且对人体有害的物质，如丙烯酰胺、多环芳烃、醛基和羰基物质等。③酸价是指中和1g油脂中游离脂肪酸所需的氢氧化钾的量。酸价是脂肪中游离脂肪酸含量的标志，脂肪在长期保藏过程中，由于微生物、酶和热的作用发生缓慢水解，产生游离脂肪酸。④过氧	①非法获取“地沟油”四种途径：一是餐厨垃圾（俗称泔水）漂浮的油脂或回收剩菜“口水油”；二是反复煎炸使用的“老油”；三是废弃动物脂肪熬制的油；四是流入下水道的油脂。②餐饮单位易发生使用火锅、川湘辣味菜肴等用油量大的菜品、汤汁加工制作“口水油”

续表

检查内容	检查项目			检查规程	重点注释	常见问题
A8 烹饪加工	A801	加工过程	A8012		化值表示油脂和脂肪酸等被氧化程度的一种指标。油脂氧化后生成过氧化物、醛、酮等。⑤煎炸油使用期限最长不得超过 3 天；连续煎炸食品的，累计使用期限不得超过 12 小时。⑥不得以添加新油的方式延长食用油脂使用期限	
			A8013	【菜肴装饰】查看菜品用的围边、盘花、雕刻等物品是否清洁新鲜、无腐败变质、是否有污染食品		用于装饰的原料或装饰物品未清洗消毒或反复使用
			A8014	【冷却冷藏】查看需要冷藏的熟制品冷却后是否及时冷藏	冷却应在清洁操作区进行，并标注加工时间	①需冷藏的熟制品放在烹饪间、粗加工间进行冷却。②需冷藏的熟制品未及时冷藏或隔餐使用的不冷藏存放。③冷却后仍放置在室温环境下
			A8015	【垃圾清理】检查是否配置厨余垃圾容器是否加盖。厨余垃圾是否及时收集及清理	①烹饪区应设有厨余垃圾容器，厨余垃圾应及时清除。②清除后的容器应及时清洗，必要时进行消毒	厨余垃圾积污垢、油腻，垃圾溢出桶外
	A802	食品存放	A8021	【时间控制】查看和询问食品烧熟后至食用前在 10~60℃条件存放是否超过 2 小时	超过 2 小时的应在 10℃以下或 60℃以上条件下存放	
			A8022	【防污措施】查看食品存放是否受到污染，防止冷凝水、灰尘、虫害、地面污物、照明设备及消毒剂、杀虫剂等污染食品及食品接触面	传递食品时应使用保鲜膜等防护食品免受污染的用品	①盛装食品的容器直接放置于地上。②拆包使用的调味料未密闭保存

续表

检查内容	检查项目			检查规程	重点注释	常见问题
A8 烹饪加工	A802	食品存放	A8023	【分类存放】查看食品成品、半成品、原料是否分开，并根据性质分类存放	①冷藏、冷冻柜应定期除霜（蒸发器霜厚度不应超过1cm）、清洁和维修，校验温度（指示）计。②不得将食品堆积、挤压存放，食品保存应加盖或密闭保存。③有专用调味料容器并有明显标签，落市后能做到密闭保存，盛放调味料的器皿定期清洗消毒	①冰箱内积霜较厚影响制冷效果。②冰箱内生熟制品存放在同一冰室内。③消毒剂放在食品贮存柜内
			A8024	【食品检查】参照A5和C4、C5检查		自制调味料无配料标识及加工日期、使用期限等
	A803	场所设置	A8031	参照A3	查看是否具有合理的设施布局和工艺流程，必要时核对发证档案与目前烹饪场所现状进行比较	
	A804	设施设备	A8041	参照A4	产生大量蒸汽的设备上方应加设机械排风，还宜分隔成小间，防止结露并做好凝结水的引流	①排水口处无金属网罩或金属网罩已破损、网眼孔径过大，起不到防鼠类侵入的作用。②排油烟机外表未定期清洗，积污严重

9. 专间操作

检查内容	检查项目			检查规程	重点注释	常见问题
A9 专间操作	A901	硬件条件	A9011	【许可资质】查看许可证或登录本地许可平台网站查询核准经营备注项目	①专间是指处理或短时间存放直接入口食品的专用操作间，包括凉菜间、裱花间、备餐间、分装间等。②《食品经营许可证》备注项目中加注有“含熟食卤味”“裱花蛋糕”方可经营熟食卤味、裱花蛋糕。冰点心也应在裱花专间制作。③中小学校、幼托机构的食堂不得制售凉菜。④裱花蛋糕是指以粮、糖、油、蛋为主要原料经焙烤加工而成的糕点胚，在其表面裱以奶油等制成的食品。⑤冰点心以稀奶油、	未经许可擅自增设或拆除专间

续表

检查内容	检查项目			检查规程	重点注释	常见问题
A9专间操作	A901	硬件条件	A9011		植脂奶油、乳制品、鸡蛋、白砂糖为主要原料，冷藏或冷冻等工艺制成的含食用胶的即食食品，如提拉米苏、慕斯等。冰点心制作也应在专间内进行	
			A9012	【场所条件】检查预进间、操作专间场所面积、布局、流程是否存在改动迹象。检查设施设备和围护设施是否完好	①专间应独立隔间，面积与就餐场所面积和就餐人数相适应。凉菜间应占食品加工操作场所面积10%以上，凉菜间最小面积为5m^2。②专间应只设置一扇门，如有窗户应为封闭式。传送食品应通过可开闭的传递窗。③中型以上饭店、快餐店、学校食堂、供餐人数50人以上食堂、集体用餐配送单位、中央厨房应设置有洗手、消毒、更衣设施的通过式预进间。④预进间或专间入口洗手消毒设施附近应设有相应的清洗、消毒用品和干手用品或设施。员工专用洗手消毒设施附近应有洗手消毒方法标识。⑤专间不得有排水明沟	①擅自拆除专间或缩小专间面积。②传递窗不能关闭；擅自拆除预进间。③预进间未设置洗手消毒池
	A902	环境条件	A9021	【空气消毒】查看紫外线灯安装方位是否正确，数量是否足够。检查紫外线灯是否正常	①紫外线灯应按功率不小于1.5W/m^{3}设置，紫外线灯应安装反光罩，强度大于70μW/cm^2。专间内紫外线灯应分布均匀，悬挂于距离地面2m以内高度。②专间每餐（或每次）使用前应进行空气和操作台的消毒。使用紫外线灯消毒的，应在无人工作时开启30分钟以上	①紫外线灯数量不足；安装位置偏离操作台上方；安装位置过高。②紫外灯开关安装在专间内。③紫外线使用过长，灯管发黑。④把日光灯、灭蝇灯当作紫外线灯
			A9022	【工用具消毒】检查专间是否配备工用具消毒液，必要时用余氯测试纸测试消毒液浓度是否符合要求	专间内消毒液主要用于消毒刀、砧板、勺子、筷子、抹布等工用具	①专间内未配置消毒设施。②消毒液浓度不符合要求

续表

检查内容	检查项目			检查规程	重点注释	常见问题
A9专间操作	A902	环境条件	A9023	【手部消毒】查看专间内是否设置洗手消毒设施；必要时用余氯测试纸测试消毒液浓度是否符合要求		①专间内未设置洗手消毒设施；②消毒液浓度不符合要求
			A9024	【环境温度】查看空调设施是否正常启动，查看专间温度计或用环境温度计测量专间温度是否控制在25℃以下	专间应设有独立的空调设施	①使用中央空调。②空调不制冷
	A903	加工过程	A9031	【食品感官】检查熟食品是否存在腐败变质或感官异常，询问熟食品加工时间；制作好的熟食品应尽量当餐用完	①剩余尚需使用的熟食品应存放于专用冰箱中冷藏或冷冻，食用前彻底再加热。②制作裱花蛋糕的裱浆、经清洗消毒的新鲜水果当天加工、当天使用	①隔餐隔夜凉菜未经回烧。②改刀凉菜供应超过2小时
			A9032	【净水检查】查看净水设施设备是否正常使用；查看净水滤芯更换记录	凉菜间直接接触成品的用水，应通过符合相关规定的净水设施或设备净化过滤。中央厨房专间内需要直接接触成品的用水，应加装水净化设施	①专间内未设置净水设施或净水设施已破损；②净水滤芯不定期更换
			A9034	【专人操作】询问或查看是否由专人加工制作	非专间人员不得擅自进入专间。不得在专间内从事与凉菜配制无关的活动	高温季节，其他人员到专间休息乘凉
			A9035	【个人卫生】参照A203检查操作人员个人卫生。 注：该项如不符合计A203		
	A904	食品存放	A9041	【冰箱存放】查看是否有生食品存放专用冰箱，专用冰箱是否处冷藏状态	成品及高风险半成品（如裱浆、蛋糕胚等）存放在冷藏冰箱内	①将食品专用冰箱当作留样冰箱；②专用冰箱放置食品原料、半成品和不洁物；③专用冰箱不制冷
			A9042	【防污措施】查看熟食品贮存是否存在交叉污染。专间内是否存放生食品、半成品等以及未经清洗的蔬菜水果	熟食品是否叠盆摆放，先前加工的应用保鲜膜或密闭容器存放	①凉菜直接叠盆摆放，先前加工的未用保鲜膜或密闭容器存放。②生鸡蛋存放在专间内。③在专间水池内清洗海蜇等

续表

检查内容	检查项目			检查规程	重点注释	常见问题
A9专间操作	A904	食品存放	A9043	【备餐时间】对食堂、快餐店以及提供自助餐的，查看、询问了解膳食备餐时间和膳食温度是否符合要求，必要时可测量饭菜中心温度	①在烹饪后至食用前需要较长时间（超过2小时）存放的食品应当在高于60℃或低于10℃的条件下存放。②常温食品保存不超过2小时。③保存温度低于60℃或高于10℃、存放时间超过2小时的熟食品，若无变质需再次利用的应充分加热	①提前加工菜肴，常温下存放时间超过2小时。②提前加工菜肴且未采取有效保存措施。③自助餐供餐中，添加食物时不同时段加工的食物混用。④隔顿隔夜膳食简单加温后使用，未彻底加热
			A9044	【食品检查】参照A5和C4、C5检查		

10. 清洗消毒

检查内容	检查项目			检查规程	重点注释	常见问题
A10清洗消毒	A1001	设施设备	A10011	【清洗设施】查看餐具、工用具清洗水池数量是否满足需要。查看清洗消毒水池是否专用	①采用化学消毒的，至少设有3个专用水池。采用人工清洗热力消毒的，至少设有2个专用水池。②餐用具清洗消毒水池应专用，与食品原料、清洁用具及接触非直接入口食品的工具、容器清洗水池分开	①水池数量不够。②餐用具清洗水池用于清洗食品原料、食品原料解冻、或清洗拖把、地刷等清洁工具
			A10012	【消毒设施】询问和查看采用何种消毒方式及是否配有相应的消毒设备设施，并是否能正常运转	①采用热力消毒的，配有蒸箱、煮沸炉、洗碗机、消毒柜等设备；采用化学消毒的，配有含氯消毒剂、碘消毒剂、季铵盐等消毒剂。②大型及以上餐饮单位必须使用洗碗机。③消毒设备、设施运转正常，处理能力满足供餐要求	①设施设备配备不全。②洗碗机等设施设备损坏。③设施设备不使用
			A10013	【保洁设施】询问和查看密闭保洁设施是否满足需要、标识清晰	应设专供存放消毒后餐用具的保洁设施，标识明显，其结构应密闭并易于清洁	①无保洁设施或保洁设施数量不足；②保洁设施无标识；③保洁设施无门，不密闭；④保洁设施内存放杂物

续表

检查内容	检查项目			检查规程	重点注释	常见问题
A10清洗消毒	A1002	（a）餐具卫生	A10021	【洗消过程】查看和询问餐用具清洗消毒过程是否规范，消毒温度、消毒药物浓度、消毒时间是否符合要求，可快检测定消毒药物浓度、消毒温度	①餐用具宜用热力方法进行消毒，因材质、大小等原因无法采用热力消毒的可采用化学消毒等方法。②煮沸、蒸汽消毒通常应保持100℃ 10分钟以上，红外线消毒通常是120℃保持10分钟以上。③化学消毒有效氯浓度为250mg/L（PPM），浸没浸泡5分钟以上。化学消毒后的餐用具应用净水冲去表面残留的消毒剂。④洗碗机消毒控制水温85℃以上，冲洗消毒40秒以上	①用具未消毒或消毒不规范；②肉眼见污渍；③快速检测或抽检结果不合格
			A10022	【餐具保洁】查看餐用具清洗消毒后是否存放在指定的清洁保洁柜中。查看待用餐用具是否清洁，必要时用ATP检测仪快速检测待用餐用具或抽检待用餐用具送检	①餐用具使用后应及时洗净，定位存放，保持清洁。已消毒和未消毒的餐用具应分开存放，保洁设施内不得存放其他物品。②物理消毒（包括蒸汽、煮沸等热消毒）：食（饮）具必须表面光洁、无油浸、无水渍、无异味。③化学（药物）消毒：食（饮）具表面必须无泡沫、无洗消剂的味道，无不溶性附着物。④待用餐用具ATP ≤30RLU为良好，≤100RLU为可接受，>100RLU责令重新清洗消毒。⑤待用餐用具有食物残渣或油脂可能引起ATP数据异常	①清洁消毒后未存放于保洁设施中已消毒和未消毒的餐用具存放于同一保洁柜中。保洁设施内存放私人物品及其他物品。②待用餐用具表面有污渍。③快速检测、实验室检测不合格
		（b）集中消毒餐具	A10023	【执照证明】查看和询问餐具索证索票是否齐全	购置、使用集中消毒企业供应的餐用具应当查验其经营资质《营业执照》、索取每批次产品消毒合格证明	无相应的资质证明
			A10024	【餐具包装】检查餐饮具包装是否破损，是否在保质期内		包装餐饮具已过期

续表

检查内容	检查项目			检查规程	重点注释	常见问题
A10清洗消毒	A1002	(b)集中消毒餐具	A10025	【餐具卫生】感官查看餐具是否清洁。必要时用ATP检测仪快速检测待用餐用具或抽检待用餐用具送检		待用餐用具表面有污渍和霉斑

11. 食品留样

检查内容	检查项目			检查规程	重点注释	常见问题
A11食品留样	A1101	(a)留样制度	A11011	【制度落实】查看是否按规定落实食品留样制度	①学校食堂(含托幼机构食堂)、超过100人的建筑工地食堂、集体用餐配送单位、中央厨房,重大活动餐饮服务和超过100人的一次性聚餐,每餐次的食品成品应留样。②倡导所有集体食堂开展食品留样工作	未建立并落实食品留样制度
		(b)留样设施	A11012	【留样冰箱】检查是否配有专用的留样设施,包括留样冰箱、取样工具	①食品留样冰箱应为标识有食品留样字样的专用冷藏设施。冷藏温度控制在0℃到10℃之间。②专用留样容器和取样工具使用前要经消毒	①无留样专用冰箱;留样食品放置在原料冰箱内。②无专用取样工具,使用未消毒的夹子或用手直接抓取。③留样容器不密封或无盖子
				【专用容器】是否按品种配备足够数量的带盖密闭专用留样容器		
		(c)留样管理	A11013	【留样数量】检查每个品种留样量是否在100g以上;留样食品是否按品种分别盛放于清洗消毒后的密闭专用容器内	①留样的食品样品应采集在加工完毕后的食品成品,不得特殊制作;②重大活动时的食品留样应上锁保管,并对汤汁、原料等留样	①仅对部分菜肴留样;②留样量少于100g,甚至不到50g;③留样食品采用高温等特殊处理
				【留样时间】留样时间是否达到48小时	每餐每种食品均需留样,并在冷藏条件下保存48小时以上	留样食品在冰箱内保存1天后即倒掉

续表

检查内容	检查项目			检查规程	重点注释	常见问题
A11食品留样	A1101	(c)留样管理	A11013	【留样标签】留样食品容器外面是否有标签	留样食品容器外面贴有标签，标明留样时间、品名、餐次等，并有留样人签名	留样食品容器外面无标明留样时间、餐次等信息的标签
			A11014	【留样记录】查看食品留样记录是否完整；是否保存有以往的留样记录	①要做好每次留样记录，记录留样食品名称、留样量、留样时间、留样人员、审核人员等；②留样记录至少应保存2年	①食品留样无记录，或记录不完整。②仅保存短期内的留样记录

12. 废弃物处置

检查内容	检查项目			检查规程	重点注释	常见问题
A12废弃物处置	A1201	(a)处置协议	A12011	【垃圾清运协议】【废弃油脂收运协议】查看餐饮单位是否与正规收运企业签订餐厨废弃垃圾油脂收运处置协议	①餐饮单位需出示与正规收运企业签订的厨废弃垃圾油脂收运处置协议。②协议上双方需加盖公章，收运期限需在有效期限内	①未签订厨废弃垃圾油脂收运处置协议；②签订的处置协议已超过有效期限
		(b)台账记录	A12012	【废弃油脂台账】查看餐饮单位是否建立餐厨废弃油脂收运处置台账记录和留存三联单票据	①台账记录要求做到记录清晰、完整、准确，对收运时间、收运数量、收运人员以及验收人员进行记录；②每批餐厨废弃油脂收运能做到账目清晰，并与实际生产能力相符合；③有相关人员负责监督落实	①收运处置台账登记缺项、漏项；②台账登记与实际生产能力明显不符
		(c)设备设施	A12013	【油水分离器】检查餐饮单位是否安装油水分离设施以及运行状况是否正常	①油水分离设施由具有资质的正规企业生产，能出示相关合格证和检验报告；2013年3月1日起，新发证和许可延续单位应安装油水分离器。②油水分离设施需能够正常运转，并与餐厨废弃油脂生产能力相符合。③油水分离设施（室外安装）应加盖加锁。④油水分离设施应及时清理	①未安装油水分离设施；②所安装的油水分离设施功率与实际生产能力明显不符；③油水分离设施（室外安装）未加盖加锁
			A12014	【煎炸油容器】检查餐饮单位是否配备专用煎炸废弃油收集容器并有明显标识	专用煎炸废弃油收集容器需设置在厨房内，并在容器上标明“废弃油专用”或类似字样	①未配备专用煎炸废弃油收集容器；②专用容器没有明显标识

（五）主要检查方式

1. 语言交流

（1）积极与餐饮行业领导层沟通，来了解运行中质量管理工作是否存在问题、存在哪方面问题、当前急需解决哪些问题。

（2）对于现场检查中发现的问题，应当认真地与餐饮行业负责人沟通交流，提出切实可行的整改要求和时限。

2. 文件检查

（1）食品经营许可证。

（2）食品安全管理制度。

（3）从业人员健康合格证明、培训档案。

（4）食品原料、食品添加剂和食品相关产品的采购查验和索证索票制度及台账等。

3. 现场观察

（1）在制作加工过程中应当检查待加工的食品及食品原料，发现有腐败变质或者颜色、气味、性状、味道等感官性状异常的。

（2）贮存食品原料的场所、设备应当保持清洁，禁止存放有毒、有害物品及个人生活物品，应当分类、分架、隔墙、离地存放食品原料，并定期检查、处理变质或者超过保质期限的食品。

（3）应当保持食品加工经营场所的内外环境整洁，消除老鼠、蟑螂、苍蝇和其他有害昆虫及其滋生条件。

（4）应当定期维护食品加工、贮存、陈列、消毒、保洁、保温、冷藏、冷冻等设备与设施，校验计量器具，及时清理清洗，确保正常运转和使用。

（5）操作人员应当保持良好的个人卫生。

（6）需要熟制加工的食品，应当烧熟煮透；需要冷藏的熟制品，应当在冷却后及时冷藏；应当将直接入口食品与食品原料或者半成品分开存放，半成品应当与食品原料分开存放。

（7）制作凉菜应当达到专人负责、专室制作、工具专用、消毒专用和冷藏专用的要求。

（8）用于餐饮加工操作的工具、设备必须无毒无害，标志或者区分明显，并做到分开使用，定位存放，用后洗净，保持清洁；接触直接入口食品的工具、设备应当在使用前进行消毒。

（9）应当按照要求对餐具、饮具进行清洗、消毒，并在专用保洁设施内备用，不得使用未经清洗和消毒的餐具、饮具；购置、使用集中消毒企业供应的餐具、饮具，应当查验其经营资质，索取消毒合格凭证。

（10）应当保持运输食品原料的工具与设备设施的清洁，必要时应当进行消毒。运输保温、冷藏（冻）食品应当有必要的且与提供的食品品种、数量相适应的保温、冷藏（冻）设备设施。

（陈林军）

参考文献

1. 孙长颢 . 营养与食品卫生学 .7 版 . 北京：人民卫生出版社，2012.
2. 刘为军 . 中国食品安全控制研究 . 咸阳：西北农林科技大学，2006.
3. 张瑞菊 . 食品安全与健康 . 北京：中国轻工业出版社，2011.
4. 柳春红，刘烈刚 . 食品卫生学 . 北京：科学出版社，2016.
5. 钟耀广 . 食品安全学 . 北京：化学工业出版社，2010.
6. 李扬 . 食品安全与质量管理 . 北京：中国轻工业出版社，2014.
7. 尤玉龙 . 食品安全与质量控制 . 北京：中国轻工业出版社，2015.
8. 王淑珍，白晨，黄玥 . 食品卫生与安全 . 北京：中国轻工业出版社，2014.
9. 国食药监食[2011]第 395 号文件，餐饮服务食品安全操作规范 . 北京：国家食品药品监督管理局，2011.
10. 曾翔云，徐明杜 . 餐饮企业厨房砧板和抹布的使用卫生 . 中国食品，2008，(5)：12-13.
11. 马长路，王立辉 . 食品安全质量控制与认证 . 北京：北京师范大学出版社，2015.
12. 曹竑 . 食品质量安全认证 . 北京：科学出版社，2015.
13. 赵文 . 食品安全性评价 . 北京：化学工业出版社，2015.

目标检测参考答案

第一章　食品安全绪论

一、选择题

（一）单项选择题

1. D　2. D　3. C　4. A　5. C　6. C　7. E　8. D　9. A　10. C　11. E　12. A

（二）多项选择题

1. ABCD　2. ABC　3. ABCDE

二、简答题（略）

三、实例分析

1. 答：分析（略）；解决办法为远离核污染区。

2. 答：饲料黄曲霉毒素污染。

第二章　食品污染及其预防

一、选择题

（一）单项选择题

1. A　2. A　3. C　4. A　5. B　6. E　7. A　8. D　9. C　10. E　11. E

（二）多项选择题

1. ABC　2. ABCE　3. ABC　4. ABCD

二、简答题（略）

三、实例分析

答：黄曲霉毒素；防霉为主。

第三章　食源性疾病及其预防

一、选择题

（一）单项选择题

1. C　2. A　3. B　4. B　5. C

（二）多项选择题

1. ABCD　2. ABDE　3. AD　4. ABCDE　5. ABC

二、简答题（略）

三、实例分析

答：这是一起食用了不新鲜或腐败鲐鱼（青皮红肉鱼）引起的鱼类组胺中毒事件。

第四章　食品添加剂

一、选择题

（一）单项选择题

1. B　2. D　3. A　4. A　5. B　6. B　7. D　8. C　9. B　10. E　11. D　12. B　13. D　14. A　15. B　16. C

（二）多项选择题

1. DE　2. ABCD　3. ABCE　4. ABCDE

二、简答题（略）

第五章　食品生产企业建筑与设施卫生

一、单项选择题

1. E　2. C　3. A　4. D　5. D

二、简答题（略）

第六章　食品企业的卫生管理

一、单项选择题

1. C　2. C　3. E　4. D　5. D　6. B

二、简答题（略）

第七章　餐饮业安全与卫生管理

一、选择题

（一）单项选择题

1. A　2. E　3. D　4. D　5. B　6. A　7. B　8. C

（二）多项选择题

1. BCD　2. CD

二、简答题（略）

三、案例分析（略）

第八章　食品流通中的安全与卫生管理

一、选择题

（一）单项选择题

1. D　2. D　3. B　4. C　5. E　6. A　7. E

（二）多项选择题

1. ABCDE　2. AC　3. ACD

二、简答题（略）

第九章　各类食品的卫生及管理

一、选择题

（一）单项选择题

1. A　2. A　3. A　4. A　5. A　6. B

（二）多项选择题

1.　ABCD　2. ABCD　3. ABCD　4. CDE　5. BCDE

二、简答题（略）

第十章　食品质量控制体系

一、选择题

（一）单项选择题

1. A　2. E　3. D　4. A　5. C　6. C　7. E　8. A

（二）多项选择题

1. BE　2. BD

二、简答题（略）

三、案例分析（略）

第十一章　食品质量安全认证

一、选择题

（一）单项选择题

1. C　2. C　3. A　4. B

（二）多项选择题

1. ACD　2. BD　3. ADE　4. ACDE　5. BCE

二、简答题（略）

第十二章　食品安全性评价

一、选择题

（一）单项选择题

1. A　2. A　3. A　4. A　5. A

（二）多项选择题

1. ABCDE　2. ABC　3. ABCD

二、简答题（略）

第十三章　食品安全政策与标准

一、选择题

（一）单项选择题

1. D　2. A　3. A　4. D　5. C

（二）多项选择题

1. BD　2. ABC　3. ABC　4. ABC　5. ABCD

二、简答题（略）

三、实例分析（略）

食品安全课程标准